26년 대비
건설안전기술사
핵심개념 총정리

안우현(안길웅) 편저

도서출판 **오스틴북스**

머리말

안녕하세요,

이 책을 손에 들어주셔서 감사합니다. 건설안전기술사 시험을 준비하며, 과년도 기출문제를 분석하고 반영한 이 교재는 보다 실질적이고 전략적인 학습을 지원하기 위해 만들어졌습니다. 안전은 건설 현장에서 가장 중요한 요소이며, 이 분야의 전문가로서의 책임을 다하기 위해서는 철저한 준비가 필요합니다.

본 교재는 과년도 기출문제를 분석하여 핵심 개념을 도출하고, 이를 바탕으로 여러분이 시험에서 성공할 수 있도록 돕기 위해 구성되었습니다. 각 장은 기출문제의 유형을 반영하여 실전 감각을 키우고, 자주 출제되는 주제와 문제를 중점적으로 다루고 있습니다. 이를 통해 여러분은 시험에 출제될 가능성이 높은 문제를 미리 파악하고, 체계적인 준비가 가능할 것입니다.

특히, 본 교재는 다음과 같은 점에서 차별화되었습니다.

첫째, 과년도 기출문제 분석: 기출문제의 분석을 통해 출제 경향과 주요 포인트를 파악하여, 반복적으로 출제되는 주제에 대한 이해를 깊이 할 수 있습니다. 이를 통해 시험에서 자주 다루어지는 주제를 체계적으로 학습할 수 있습니다.

둘째, 핵심 개념 정리: 각 장의 핵심 개념을 명확히 정리하여, 복잡한 내용을 보다 쉽게 이해하고 기억할 수 있도록 돕습니다.

셋째, 실전 대비 강화: 기출문제와 유사한 문제를 통해 실전 감각을 키우고, 문제 해결 능력을 향상시킬 수 있도록 하였습니다.

이 교재가 여러분의 학습 여정에 실질적인 도움이 되기를 바라며, 건설안전기술사로서의 길을 성공적으로 개척할 수 있도록 응원하겠습니다. 시험 준비 과정에서의 노력이 여러분의 안전 전문가로서의 미래를 밝히는 밑거름이 되기를 기원합니다.

감사합니다.

안전명장지도사사무소 대표 안우현(안길웅)

26년 대비
건설안전기술사 핵심개념 총정리

▶ ▶ ▶ 차   례

제1장 산업안전보건법 ··· 8

제2장 중대재해 처벌 등에 관한 법률(중대재해처벌법) ·· 58

제3장 건설기술진흥법 ·· 64

제4장 시설물의 안전 및 유지관리에 관한 특별법(시설물안전법) ································ 80

제5장 지하안전관리에 관한 특별법(지하안전법) ··· 94

제6장 안전관리론 ··· 102

제7장 가설공사 ··· 138

제8장 건설기계 ··· 166

제9장 토공사 ··· 192

제10장 철근콘크리트 ·· 244

제11장 철골공사 ·· 286

제12장 초고층공사 ·· 304

제13장 해체공사 ·· 318

제14장 터널공사 ·· 334

제15장 교량공사 ·· 362

26년 대비

건설안전기술사 핵심개념 총정리

건설안전기술사 핵심개념 총정리

제 1 장

산업안전보건법

제01장 산업안전보건법

01	산업안전보건법
	1. 총칙
	2. 안전보건관리체제 등
	3. 안전보건교육
	4. 유해. 위험 방지 조치
	5. 도급 시 산업재해 예방
	6. 유해. 위험 기계 등에 대한 조치
	7. 유해. 위험물질에 대한 조치
	8. 근로자 보건관리

01	산업안전보건법 기출문제
1. 1장 총칙	
	1) 정부의 책무, 사업주 등의 의무, 근로자의 의무
	- 106(10). 산업안전보건법령상 정부의 책무 및 사업주의 의무
	- 124(10). 산업안전보건법상 사업주의 의무
	- 104(25). 산업안전보건법령에서 정하는 정부의 책무, 사업주의 의무, 근로자의 의무에 대하여 설명하시오.
	2) 건설업체의 산업재해예방활동 실적 평가
	- 118(25).121(25). 건설업체의 산업재해예방활동 실적 평가 제도에 대하여 설명
	- 133(25). 건설업체의 산업재해예빙활동 실적 평가대상, 평가항목, 평가방법에 대하여 설명하시오.

01-1-1 산업안전보건법의 체계

1. 개요

　산업현장 노무자의 안전.보건 유지. 증진을 위해 국가에 의한 법적 강제력이 발휘되는 법령

2. 산업안전보건법령의 체계도

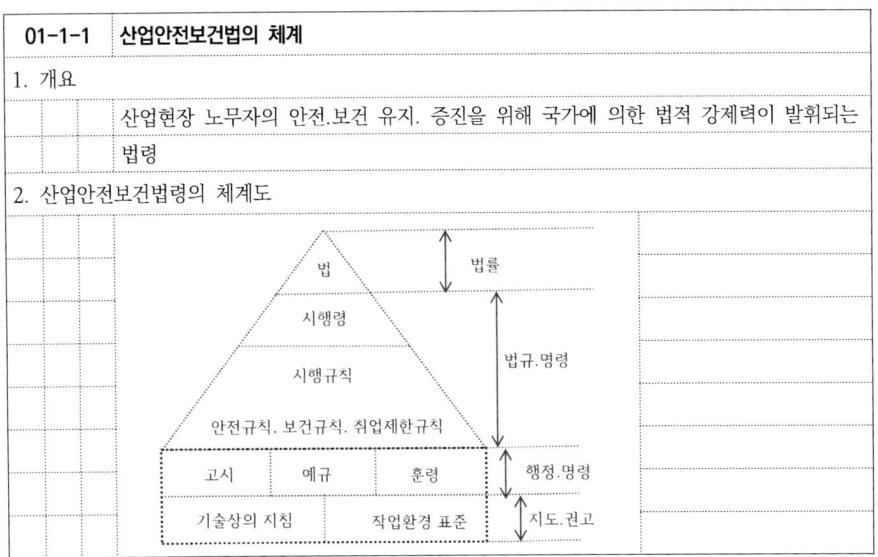

01-1-2 산업안전보건법의 목적   98(10)

1. 개요

　산업안전.보건에 관한 기준 확립하고 그 책임의 소재를 명확하게 하여 산업재해를 예방하고 쾌적한 작업환경 조성함으로 노무자의 안전.보건유지 증진 목적

2. 산업안전보건법의 목적

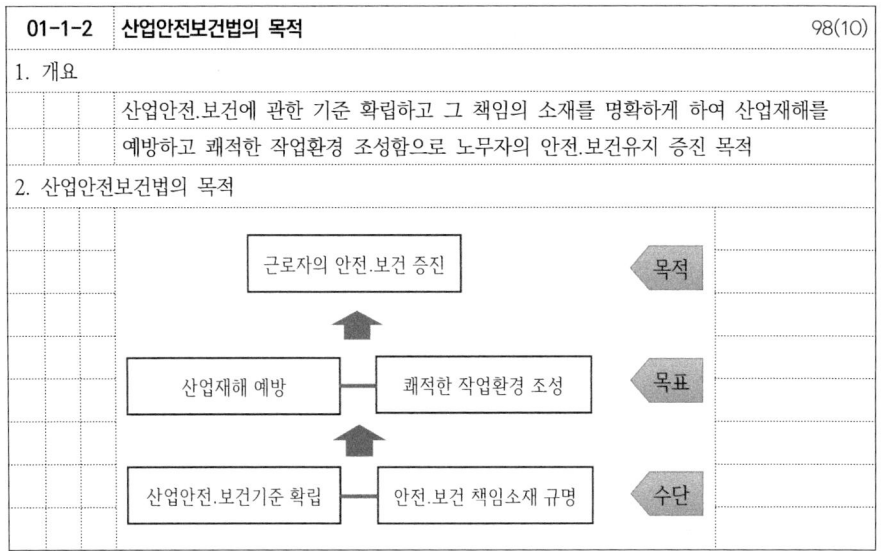

01-1-3	중대재해		
1. 개요			
		산업재해 중 재해정도가 심하거나 다수의 재해자가 발생한 경우로 고용노동부령으로 정하는 재해	
2. 중대재해 범위			
		① 사망 1명이상	
		② 3개월이상 요양이 필요한 부상자 2명이상	
		③ 부상자, 직업성 질병자 동시 10명이상	

01-1-4	각종 법령에 따른 재해범위		
1. 산업안전보건법			
	● 중대재해	① 사망 1명이상 ② 3개월 이상 요양이 필요한 부상자 2명이상 ③ 부상자, 직업성 질병자 동시 10명이상	
2. 건설기술진흥법			
	● 중대한 건설사고	① 사망 3명 이상 ② 부상 10명 이상 ③ 건설중, 완공시설물 붕괴,전도 재시공	
	● 건설사고	① 사망 1명 이상 ② 3일이상 휴업 부상 ③ 천만원이상의 재산피해	
3. 중대재해처벌법			
	● 중대산업재해	① 사망 1명 이상 ② 동일사고로 6개월이상 치료 필요한 부상자 2명 이상 ③ 동일 유해요인으로 직업성 질병 1년이내 3명 이상	
	● 중대시민재해	① 사망 1명 이상 ② 동일사고로 2개월 이상 치료가 필요한 부상자 10명 이상 ③ 동일원인 3개월 이상 치료가 필요한 질병자 10명 이상	

01-1-5	정부의 책무	106(10), 104(25)
1. 개요		
	산업안전보건법의 목적을 달성 하기 위해 의무 부여	
2. 정부의 책무		
	① 안전보건정책수립. 집행	
	② 재해예방지원. 지도	
	③ 직장 내 괴롭힘 예방기준 마련. 지도	
	④ 자율안전보건경영체제 확립. 지원	
	⑤ 안전문화확산 추진	
	⑥ 안전보건 기술연구 개발	
	⑦ 재해조사 통계유지. 관리	
	⑧ 안전보건단체 지원. 지도. 감독	
	⑨ 노무자 안진. 건강보호. 증진	

01-1-6	사업주 및 근로자의 의무	106(10), 124(10), 104(25)
1. 사업주 의무		
	① 산업재해예방 시책 준수	
	② 산업재해발생보고	
	③ 산업재해기록 보존	
	④ 산업안전보건법령 요지 게시	
	⑤ 유해 위험한 장소에 안전보건표지 부착	
	⑥ 안전.보건상 필요한 조치	
	⑦ 근로자 안전보건 유지 증진	
	⑧ 안전보건규정 작성 및 게시	
2. 근로자 의무		
	① 사업주 행한 안전보건상의 조치사항 준수	
	② 근로자 건강진단 실시	
	③ 사업주 제공한 보호구 착용	

01-1-7 건설업체의 산업재해예방활동 실적 평가   118(25), 121(25), 133(25)

1. 개요
   - 건설업체의 산업재해예방활동 실적을 평가, PQ에 반영하여 사전 자율안전활동을 촉진하기 위한 제도

2. 산업재해예방활동 실적 평가대상
   - 시공능력 1천위 이내 건설업체 → 시공능력을 평가받은 종합건설업체로 확대

3. 산업재해예방활동 실적 평가항목

사업주 안전.보건활동	안전.보건관리자 정규직 비율	본사 안전.보건 전담자 현황	가점
40	40	20	5

   - 공통항목 : 100점
   - 안전보건경영시스템
   - 합계 : 105

01-1-8 건설업체의 산업재해예방활동 실적 평가   133(25)

1. 건설업체의 산업재해예방활동 실적 평가방법
   ① 공단은 사업주가 제출한 산업재해예방활동 실적을 검토하여 평가
   ② 공단은 산업재해예방활동 실적의 진위여부를 본사 방문 등을 통하여 확인
   ③ 공단은 산업재해예방활동 실적의 적정성 여부를 위해 심사단을 구성·운영
   - 고용노동부의 5급 이상 공무원
   - 공단의 전문직 2급 이상 임직원
   - 전문대학 이상의 학교에서 건설안전 관련 분야를 전공하는 조교수 이상인 사람
   - 건설안전 분야에 학식. 경험이 있는 사람(건설안전기술사, 산업안전지도사 등)
   ④ 고용노동부장관은 사업주가 제출한 산업재해예방활동 결과에 대한 확인 결과 허위로 판정된 경우에는 해당 기준에 대한 산업재해예방활동 평가점수를 부여 하지 않을 수 있다

01-1-9 산업재해 발생건수 등 공표   123(10), 115(10)

1. 개요
   - 고용노동부장관은 도급인의 재해건수 등은 수급인의 건수 등 포함 공표

2. 공표대상 사업장
   ① 사망 2명이상
   ② 같은업종의 평균 사망만인율이상
   ③ 중대산업사고
   ④ 산재 은폐
   ⑤ 3년이내 2회이상 산재 미보고

$$사망만인율‰ = \frac{사고사망자수}{상시근로자수} * 10,000$$

$$상시근로자수 = \frac{연 국내공사실적액 * 노무비율}{건설업 평균임금 * 12}$$

01 산업안전보건법 기출문제

1. 2장 안전보건관리체제 등

　　1) 이사회 보고 및 승인 등

　　　- 126(25). 산업안전보건법령상 안전보건관리체제에 대한 이사회 보고·승인 대상 회사와 안전 및 보건에 관한 계획수립 내용에 대하여 설명하시오.

　　2) 관리감독자

　　　- 116(10). 관리감독자의 업무내용(산업안전보건법 시행령 제10조)

01 산업안전보건법 기출문제

1. 2장 안전보건관리체제 등

　　3) 안전관리자

　　　- 115(10). 산업안전보건법상 안전관리자의 증원·교체 임명 사유

　　4) 보건관리자

　　　- 106(10) 산업안전보건법령상 건설업 보건관리자의 배치기준, 선임자격, 업무

　　　- 131(10). 보건관리자 선임 및 대상 사업장

01 산업안전보건법 기출문제

1. 2장 안전보건관리체제 등

　　5) 산업안전보건위원회

　　　- 111(25). 산업안전보건위원회에 대하여 설명하시오

　　　- 131(25). 산업안전보건위원회의 구성 대상과 역할, 회의개최 및 심의·의결 사항에 대하여 설명하시오

　　6) 안전보건관리규정

　　　- 122(25). 안전보건관리규정의 필요성 및 작성 시 유의사항에 대하여 설명하시오.

01-2-1 안전보건관리체제

1. 개요

　　산업안전보건법은 효과적인 안전보건 활동을 위해 구성원의 역할을 규정

2. 안전보건관리체제 구성도

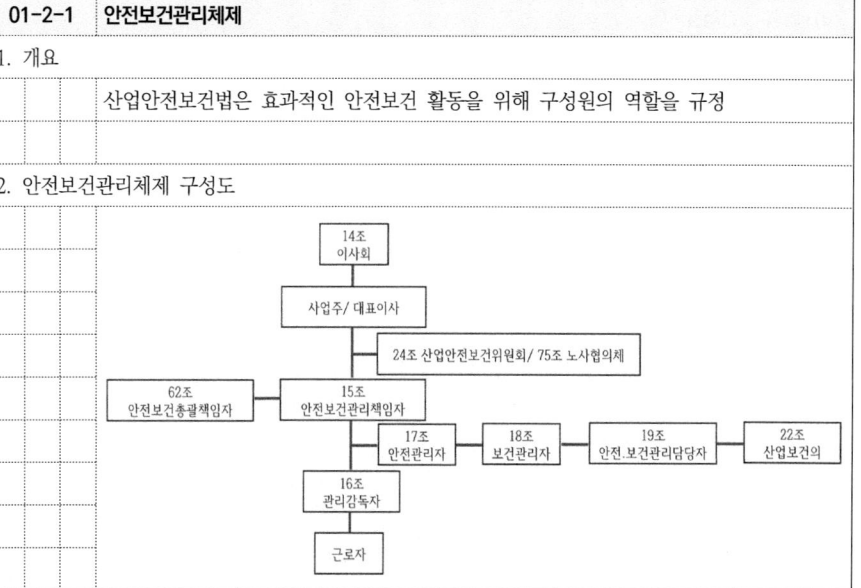

01-2-2 이사회 보고 및 승인   126(25)

1. 개요
- 대표이사는 매년 안전보건계획 수립하여 이사회에 보고 및 승인

2. 대상
- ① 상시근로자 500명 이상을 사용하는 회사
- ② 시공능력의 순위 상위 1천위 이내의 건설회사

3. 안전보건계획수립시 포함 내용
- ① 안전보건경영방침
- ② 안전보건관리조직 구성.인원 및 역할
- ③ 안전보건 예산 및 시설 현황
- ④ 안전보건활동실적 및 활동계획

FLOW
매년 안전보건계획 수립.검토
↓
이사회 보고 및 승인
↓
안전보건계획 이행
↓
안전보건계획 이행실적 평가
↓
차년도 안전보건계획 수립에 반영

01-2-3 안전보건관리책임자

1. 개요
- 건설업 20억이상 사업주는 산재예방관련 업무 총괄관리 하도록 선임

2. 업무
- ① 재해예방계획수립
- ② 안전보건관리규정 작성. 변경
- ③ 안전보건교육
- ④ 작업환경점검. 개선
- ⑤ 근로자 건강관리
- ⑥ 재해 원인조사. 재발방지 대책수립
- ⑦ 재해 통계기록.유지
- ⑧ 안전장치.보호구 적격품 여부 확인
- ⑨ 유해위험방지조치(위험성평가실시/ 안전보건규칙에서의 위험.건강장해 방지사항)

01-2-4 관리감독자   116(10)

1. 개요
- 건설업 직장 조장 및 반장 지위에서 작업 직접 지휘 감독하는 관리감독자 지정
- 안전 및 보건업무 수행

2. 업무
- ① 기계.기구점검. 이상 유무 확인
- ② 보호구. 방호장치 점검.착용 교육.지도
- ③ 재해보고 및 응급조치
- ④ 작업장 정리정돈.통로확보 확인.감독
- ⑤ 안전/보건관리자 지도.조언에 협조
- ⑥ 유해위험요인파악 및 개선조치시행 참여
- ⑦ 그 외 고용노동부령으로 정한사항
- (유해위험방지/작업시작전 점검사항/점검결과 이상발견 시 즉시 조치)

01-2-5 안전관리자

1. 개요
- 안전의 기술적 사항을 사업주, 안전보건관리책임자 보좌 및 관리감독자 지도.조언
- 120억(토목 150억) 전담안전관리자 선임

2. 업무
- ① 산업안전보건위원회/노사협의체 심의.의결업무, 안전보건관리규정 및 취업규칙 정한 업무
- ② 위험성평가에 관한 보좌.지도
- ③ 안전인증대상기계등 구입 시 적격품선정에 관한 보좌,지도
- ④ 안전교육계획의 수립에 관한 보좌,지도
- ⑤ 순회점검. 지도 및 조치건의
- ⑥ 산재 원인조사 및 재발 방지사항 보좌,지도
- ⑦ 산재 통계 유지.관리 보좌,지도
- ⑧ 안전 관련 이행에 관한 보좌,지도
- ⑨ 업무수행 기록.유지

01-2-6 보건관리자 106(10), 131(10)

1. 개요
- 보건의 기술적 사항을 사업주, 안전보건관리책임자 보좌 및 관리감독자 지도.조언
- 건축800억/토목1000억 선임

2. 업무
① 안전관리자와 공통직무(①/②/⑤/⑥/⑦/⑨)
② 보건보호구 구입 적격품 선정에 관한 보좌,지도
③ 보건교육계획의 수립에 관한
④ 물질안전보건자료의 게시 또는 비치에 관한 보좌,지도
⑤ 산업보건의 직무
⑥ 의료행위
⑦ 환기장치등 설비점검.작업방법의 공학적 개선에 관한 보좌,지도
⑧ 보건 관련 이행에 관한 보좌,지도

01-2-7 안전.보건관리자 공통사항 115(10)

1. 둘이상의 사업장 공동선임
① 같은 시.군.구 지역 소재
② 경계 15km이내

2. 증원.교체임명 명령사유
① 평균재해율 2배이상
② 중대재해 2건이상
③ 3개월이상 직무수행 불가
④ 질병자(화학적인자) 3명이상

01-2-8 안전보건관리담당자

1. 개요
- 안전 및 보건에 관하여 사업주 보좌, 관리감독자에게 지도.조언하는 업무

2. 안전관리자 선임대상

상시 근로자 20인이상 50인 미만	① 제조업	② 임업
	③ 하수, 폐수 및 분뇨 처리업	④ 환경 정화 및 복원업
	⑤ 폐기물 수집, 운반, 처리 및 원료 재생업	

3. 업무
① 안전보건교육 보좌, 지도.조언
② 위험성평가에 관한 보좌, 지도.조언
③ 작업환경측정 및 개선에 관한 보좌, 지도.조언
④ 각종 건강진단에 관한 보좌, 지도.조언
⑤ 산재원인조사, 재해통계 기록 유지사항 보좌, 지도.조언
⑥ 안전장치 및 보호구 구입시 적격품 선정에 관한 보좌, 지도.조언

01-2-9 안전관리자 등의 지도.조언

1. 개요
- 사업주, 안전보건관리책임자 및 관리감독자는 안전.보건 기술적인 사항 지도.조언에 상응하는 적절한 조치

2. 안전관리자 등의 지도.조언
① 안전관리자
② 보건관리자
③ 안전보건관리담당자
④ 안전관리전문기관
⑤ 보건관리전문기관

01-2-10 산업보건의

1. 개요
   - 근로자의 건강관리나 보건관리자의 업무를 지도하는 사람을 선임

2. 선임 및 선임하지 않아도 되는 기준

선임	선임하지 않아도 되는 경우
- 상시근로자수 50명이상	- 보건관리자를 의사로 선임
- 건설업 800억이상	- 보건관리전문기관에 위탁시

3. 산업보건의 직무
   ① 건강보호 조치
   - 건강진단 결과의 검토
   - 결과에 따른 작업배치
   - 작업전환 또는 근로시간 단축 등
   ② 건강장해 원인조사 및 재발방지의 의학적 조치
   ③ 건강유지 및 증진 위해 고용노동부장관이 정한 사항

01-2-11 산업안전보건위원회   111(25), 131(25)

1. 개요
   - 건설120억/토목150억 사업주는 근로자와 사용자 동수로 구성

2. 심의.의결사항
   ① 산재예방계획수립
   ② 안전보건관리규정 작성 및 변경
   ③ 안전보건교육
   ④ 작업환경점검 및 개선
   ⑤ 근로자 건강관리
   ⑥ 산재통계 기록.유지
   ⑦ 중대재해 원인조사 및 재발방지대책
   ⑧ 유해.위험 기계.기구.설비의 안전 및 보건관련 조치사항
   ⑨ 그 외 근로자 안전 및 보건을 유지.증진의 필요한 사항

근로자위원	사용자위원
-근로자대표	-대표자
-명예산업안전감독관	-안전관리자1명
-근로자대표 지명 9명 이내의 근로자	-보건관리자1명
	-산업보건의
	-대표자 지명 9명이내 부서의 장

01-2-12 안전보건관리규정   122(25)

1. 개요
   - 작성대상 : 상시근로자 100명 이상인 건설업
   - 산업안전보건위원회의 심의 의결하여 작성.변경

2. 포함되어야 할 사항
   ① 안전보건관리조직과 직무
   ② 안전보건교육
   ③ 작업장 안전보건관리
   ④ 사고조사 및 대책수립
   ⑤ 그 외 안전 및 보건사항

3. 유의사항
   ① 단체협약이나 취업규칙에 반할 수 없다.
   ② 30일 이내 작성 및 변경
   ③ 산업안전보건위원회 미설치시 근로자 대표 동의

01	산업안전보건법 기출문제
1. 3장 안전보건교육	
	1) 총칙
	- 131(25). 「산업안전보건법」상 안전보건교육의 교육과정별 교육내용, 대상, 시간에 대하여 설명하시오.
	- 129(25). 건설근로자를 대상으로 하는 정기안전보건교육과 건설업 기초안전보건 교육의 교육내용과 시간을 제시하고, 안전교육 실시자의 자격요건과 효과적인 안전교육방법에 대하여 설명하시오.
	- 123(25). 건설현장 근로자에게 실시하여야 할 안전보건교육의 종류 및 교육내용에 대하여 설명하시오
	- 106(25). 산업안전보건법령상 건설현장에서 일용근로자를 대상으로 시행하는 안전·보건교육의 종류, 교육시간, 교육내용에 대하여 설명하시오
	- 117(10). 근로자 안전·보건교육 강사기준
	- 128(10). 안전보건관련자 직무교육

01	산업안전보건법 기출문제
1. 3장 안전보건교육	
	1) 총칙
	- 117(25). 건설현장에서 실시하는 안전교육의 종류를 열거하고, 외국인 근로자에게 실시하는 안전교육에 대한 문제점 및 대책을 설명하시오.
	- 123(25). 지게차의 운전자격 기준 및 지게차 운전원 안전교육에 대하여 설명
	- 124(25). 스마트 건설기술을 적용한 안전교육 활성화 방안과 설계·시공 단계별 스마트건설 기술적용 방안에 대하여 설명하시오.
	- 135(25). 건설현장에서 실시하는 안전보건교육 중 정기교육과 작업내용 변경 시 교육에 대하여 근로자와 관리감독자로 구분하여 교육대상별 교육 시간을 제시하고 안전보건교육강사기준에 대하여 설명하시오.

01	산업안전보건법 기출문제
1. 3장 안전보건교육	
	2) 기초안전보건교육
	- 106(10). 건설업 기초안전·보건교육
	- 115(10). 건설업 기초안전·보건교육 시간 및 내용

01	산업안전보건법 기출문제
1. 3장 안전보건교육	
	3) 특별안전보건교육
	- 122(10). 산업안전보건법령 상 특별안전보건교육 대상작업
	- 114(10). 특별안전보건교육 대상작업 중 건설업에 해당하는 작업(10개)
	- 118(25). 건설업에 해당하는 특별안전교육의 대상 및 교육시간에 대해서 설명
	- 122(25). 타워크레인의 신호작업에 종사하는 일용근로자의 교육시간, 교육내용 및 효율적 교육 실시방안에 대하여 설명하시오.
	- 125(25). 「산업안전보건법령」상 안전교육의 종류를 열거하고, 아파트 리모델링 공사 중 특별 안전교육 대상작업의 종류 및 교육내용에 대하여 설명하시오.
	- 130(10). 특별교육 대상 작업 중 해체공사와 관련된 작업의 종류 및 교육내용

01-3-1	안전보건교육		106(25),117(10),123(25),129(25),131(25),135(25)
1. 개요			
		사업주는 소속 근로자에게 안전보건교육을 실시해야 한다.	
2. 근로자 안전보건교육 교육과정			
		① 정기교육	
		② 채용 시 교육	
		③ 작업내용 변경 시 교육	
		④ 특별교육	
		⑤ 건설업 기초 안전.보건교육	
3. 사업주 자체적 안전보건교육의 자격 기준			
		① 안전보건관리책임자/관리감독자/안전관리자/보건관리자/산업보건의	
		② 공단의 강사요원 교육과정 이수자	
		③ 산업안전지도사/산업보건지도사	
		④ 산업안전보건 학식과 경험자로 고용노동부장관이 정한 기준에 해당자	

01-3-2	근로자 정기교육		112(10), 123(25), 135(25)
1. 근로자 정기교육 대상 및 시간			
		① 사무직	매반기 6시간 이상
		② 판매업무	매반기 6시간 이상
		③ 판매업무 외	매반기 12시간 이상
2. 근로자 정기교육 내용			
		① 산업안전 및 산업재해 예방에 관한 사항	
		② 산업보건 및 건강장해 예방에 관한 사항	
		③ 위험성 평가에 관한 사항	
		④ 건강증진 및 질병 예방에 관한 사항	
		⑤ 유해.위험 작업환경 관리에 관한 사항	
		⑥ 산업안전보건법령 및 산업재해보상보험 제도에 관한 사항	
		⑦ 직무스트레스 예방 및 관리에 관한 사항	
		⑧ 직장 내 괴롭힘 등의 건강장해 예방 및 관리에 관한 사항	

01-3-3	채용 시 및 작업내용 변경 시 교육		135(25)
1. 채용 시 교육 대상 및 시간			
		① 일용근로자 및 1주일 이하인 기간제근로자	1시간 이상
		② 1주일 ~ 1개월 이하인 기간제근로자	4시간 이상
		③ 그 밖의 근로자	8시간 이상
2. 작업내용 변경 시 교육 대상 및 시간			
		① 일용근로자 및 1주일 이하인 기간제근로자	1시간 이상
		② 그 밖의 근로자	2시간 이상

01-3-4	채용 시 및 작업내용 변경 시 교육내용	
1. 채용 시 및 작업내용 변경 시 교육내용		
		① 산업안전 및 산업재해 예방에 관한 사항
		② 산업보건 및 건강장해 예방에 관한 사항
		③ 위험성 평가에 관한 사항
		④ 산업안전보건법령 및 산업재해보상보험 제도에 관한 사항
		⑤ 직무스트레스 예방 및 관리에 관한 사항
		⑥ 직장 내 괴롭힘 등의 건강장해 예방 및 관리에 관한 사항
		⑦ 기계 · 기구의 위험성과 작업의 순서 및 동선에 관한 사항
		⑧ 작업 개시 전 점검에 관한 사항
		⑨ 정리정돈 및 청소에 관한 사항
		⑩ 사고 발생 시 긴급조치에 관한 사항
		⑪ 물질안전보건자료에 관한 사항

01-3-5 특별교육 118(25). 122(25)

1. 교육대상 및 시간

① 일용근로자 및 1주일 이하인 기간제근로자	2시간 이상
② 일용근로자 및 1주일 이하인 기간제근로자 (타워크레인 신호작업)	8시간 이상
③ 일용근로자 및 1주일 이하인 기간제근로자 외	16시간 이상
	2시간 이상(단기간/간헐적작업)

01-3-6 건설현장 특별교육 대상 작업 114(10),122(10),130(10),125(25),130(10)

1. 건설현장 특별교육 대상 작업의 종류

① 건설용 리프트·곤돌라를 이용한 작업
② 전압이 75볼트 이상인 정전 및 활선작업
③ 콘크리트 파쇄기 사용작업
④ 굴착면의 높이가 2미터 이상이 되는 지반 및 암석 굴착작업, 터널 굴착작업
⑤ 흙막이 지보공의 보강 또는 동바리를 설치하거나 해체하는 작업
⑥ 거푸집 동바리의 조립 또는 해체작업
⑦ 비계의 조립·해체 또는 변경작업
⑧ 밀폐공간에서의 작업
⑨ 타워크레인을 설치·해체하는 작업
⑩ 석면 해체·제거작업
⑪ 가연물이 있는 장소에서 하는 화재 위험작업
⑫ 타워크레인을 사용하는 작업 시 신호업무를 하는 작업

01-3-7 특별교육 내용 122(25). 125(25). 130(10)

1. 특별교육 내용

① 공통내용 - 채용 시 및 작업변경 시 교육내용과 동일
② 작업별 교육내용 (시행규칙 별표 5 라목)

가연물이 있는 장소에서 하는 화재 위험작업	- 작업준비 및 작업절차에 관한 사항
	- 작업장 내 위험물, 가연물의 사용·보관·설치 현황에 관한 사항
	- 인화성 액체 방호조치 및 불꽃, 불티 등 흩날림 방지 조치 사항
	- 인화성 증기가 남아 있지 않도록 환기 등 조치에 관한 사항
	- 화재감시자의 직무 및 피난교육 등 비상조치에 관한 사항
타워크레인 신호작업	- 타워크레인의 기계적 특성 및 방호장치 등에 관한 사항
	- 화물의 취급 및 안전작업방법에 관한 사항
	- 신호방법 및 요령에 관한 사항
	- 인양 물건의 위험성 및 낙하·비래·충돌재해 예방에 관한 사항
	- 인양하중, 풍압 등이 인양물과 타워크레인에 미치는 영향

01-3-8 건설업 기초안전보건교육 106(10). 115(10)

1. 교육대상 및 시간

교육대상	교육시간
건설 일용근로자	4시간 이상

2. 교육내용 및 시간

교육 내용	시간
건설공사의 종류(건축.토목 등) 및 시공절차	1시간
산업재해 유형별 위험요인 및 안전보건조치	2시간
안전보건관리체제 현황 및 산업안전보건 관련 근로자 권리.의무	1시간

01-3-9 관리감독자 안전보건교육 135(25)

1. 관리감독자 안전보건교육 교육과정 및 교육시간

교육과정	교육시간
① 정기교육	연간 16시간 이상
② 채용 시 교육	8시간 이상
③ 작업내용 변경 시 교육	2시간 이상
④ 특별교육	16시간 이상(단기간/간헐적작업-2시간)

01-3-10 관리감독자 정기교육 내용

1. 관리감독자 정기교육 내용

① 산업안전 및 산업재해 예방에 관한 사항
② 산업보건 및 건강장해 예방에 관한 사항
③ 위험성평가에 관한 사항
④ 유해·위험 작업환경 관리에 관한 사항
⑤ 산업안전보건법령 및 산업재해보상보험 제도에 관한 사항
⑥ 직무스트레스 예방 및 관리에 관한 사항
⑦ 직장 내 괴롭힘, 고객의 폭언 등으로 인한 건강장해 예방 및 관리에 관한 사항
⑧ 작업공정의 유해·위험과 재해 예방대책에 관한 사항
⑨ 사업장 내 안전보건관리체제 및 안전·보건조치 현황에 관한 사항
⑩ 표준안전 작업방법 결정 및 지도·감독 요령에 관한 사항
⑪ 근로자와의 의사소통능력 및 강의능력 등 안전보건교육 능력 배양에 관한 사항
⑫ 비상 시 또는 재해 발생 시 긴급조치에 관한 사항

01-3-11 관리감독자 채용 시 교육 및 작업내용 변경 시 교육

1. 관리감독자 채용 시 교육 및 작업내용 변경 시 교육 내용

① 산업안전 및 산업재해 예방에 관한 사항
② 산업보건 및 건강장해 예방에 관한 사항
③ 위험성평가에 관한 사항
④ 산업안전보건법령 및 산업재해보상보험 제도에 관한 사항
⑤ 직무스트레스 예방 및 관리에 관한 사항
⑥ 직장 내 괴롭힘, 고객의 폭언 등으로 인한 건강장해 예방 및 관리에 관한 사항
⑦ 기계·기구의 위험성과 작업의 순서 및 동선에 관한 사항
⑧ 작업 개시 전 점검에 관한 사항
⑨ 물질안전보건자료에 관한 사항
⑩ 사업장 내 안전보건관리체제 및 안전·보건조치 현황에 관한 사항
⑪ 표준안전 작업방법 결정 및 지도·감독 요령에 관한 사항
⑫ 비상시 또는 재해 발생 시 긴급조치에 관한 사항

01-3-12 관리감독자 특별교육 내용

1. 관리감독자 특별교육 내용

① 공통내용 - 채용 시 및 작업변경 시 교육내용과 동일
② 작업별 교육내용 (시행규칙 별표 5 라목)과 동일

작업	교육내용
굴착면의 높이가 2미터 이상이 되는 지반 굴착(터널 및 수직갱 외의 갱 굴착은 제외)작업	- 지반의 형태·구조 및 굴착 요령에 관한 사항 - 지반의 붕괴재해 예방에 관한 사항 - 붕괴 방지용 구조물 설치 및 작업방법에 관한 사항 - 보호구의 종류 및 사용에 관한 사항
거푸집 동바리의 조립 또는 해체작업	- 동바리의 조립방법 및 작업 절차에 관한 사항 - 조립재료의 취급방법 및 설치기준에 관한 사항 - 조립 해체 시의 사고 예방에 관한 사항 - 보호구 착용 및 점검에 관한 사항 - 그 밖에 안전·보건관리에 필요한 사항

01-3-13 안전보건관리책임자 등에 대한 직무교육

1. 교육대상 및 교육시간

교육대상	교육시간	
	신규교육	보수교육
① 안전보건관리책임자	6시간	6시간
② 안전관리자,안전관리전문기관 종사자	34시간	24시간
③ 보건관리자, 보건관리전문기관 종사자		
④ 건설재해예방전문지도기관 종사자		
⑤ 석면조사기관 종사자		
⑥ 안전검사기관, 자율안전검사기관 종사자		
⑦ 안전보건관리담당자	-	8시간

2. 교육이수 시기
   ① 신규교육 : 선임/채용된 후 3개월이내 이수
   ② 보수교육 : 신규교육 이수 후 매2년이 되는 날을 기준으로 전후 6개월 사이

01-3-14 안전보건관리책임자에 대한 직무교육

1. 안전보건관리책임자에 대한 직무교육 내용
   1) 신규교육
      ① 관리책임자의 책임과 직무에 관한 사항
      ② 산업안전보건법령 및 안전.보건조치에 관한 사항
   2) 보수교육
      ① 산업안전.보건정책에 관한 사항
      ② 자율안전.보건관리에 관한 사항

01	산업안전보건법 기출문제
1. 4장 유해·위험 방지 조치	
	1) 위험성평가
	- 132(10). 135(10). 위험성평가의 방법 및 실시 시기
	- 128(10). 위험성평가 절차, 유해·위험요인 파악방법 및 위험성 추정방법
	- 123(10). 산업안전보건법에 따른 위험성평가의 절차
	- 134(25). 건설현장에서 시행하고 있는 위험성 평가 방법과 그 종류 및 절차에 대하여 설명
	- 133(25). 상시적인 위험성평가의 실시방법 및 근로자의 참여방법에 대하여 설명
	- 131(25). 사업장 위험성평가에 관한 지침에 따른 위험성평가의 목적과 방법, 수행절차, 실시 시기별 종류에 대하여 설명하시오.
	- 130(25). 위험성평가의 실시주체별 역할, 실시시기별 종류를 설명하고, 위험성평가 전파교육 방법에 대하여 설명하시오.
	- 129(25). 위험성 평가의 정의, 평가시기, 평가방법 및 평가 시 주의사항에 대하여 설명
	- 126(25). 위험성평가의 정의, 단계별 절차를 설명하시오.

01	산업안전보건법 기출문제
1. 4장 유해·위험 방지 조치	
	1) 위험성평가
	- 120(25). 위험성평가 종류별 실시시기와 위험성 감소대책 수립 실행시 고려사항을 설명
	- 110(25). 위험성평가의 절차와 위험성 감소대책 수립 및 실행에 대하여 설명하시오.
	- 109(25). 다음 건축현장의 상황을 고려하여 위험성평가를 실시하시오.
	- 위험성평가의 정의 및 절차
	- 공종분류 및 위험요인을 파악, 핵심위험요인의 개선대책을 제시
	(현장설명) - 공사종류 : 공사금액 40억원, 12층 빌딩 신축공사
	- 작업종류 : 건축 마감공사
	- 위험성 평가시기 : 해당 작업 직전일
	- 평가 대상작업 : 골조공사 완료 후 고소작업대(차) 위에서 외부 창호작업
	- 상황설명 : 연약지반에 설치된 고소작업대(차)에 작업자 2명이 탑승하여 지상 9층높이에서 외부 창호작업 실시(근로자 사전 교육 미 실시)

01	산업안전보건법 기출문제
1. 4장 유해·위험 방지 조치	
	2) 안전보건표지
	- 116(25). 건설현장에서 사용하는 안전표지의 종류에 대하여 설명하시오.
	- 98(10). 안전·보건표지
	- 135(10). 안전보건표지의 종류 및 형태
	3) 유해위험방지계획서
	- 94(10). 유해위험방지계획서 제출대상과 심사제도 및 확인제도
	- 133(25). 건설업 유해위험방지계획서 작성 대상사업장 및 제출서류, 계획수립절차, 심사구분에 대하여 설명하시오.
	- 126(25). 산업안전보건법령상 유해위험방지계획서 제출대상 및 작성내용을 설명하시오
	- 115(25). 건설업 유해위험방지계획서 작성 중 산업안전지도사가 평가확인 할 수 있는 건설공사 범위와 지도사요건 및 확인사항

01	산업안전보건법 기출문제
1. 4장 유해·위험 방지 조치	
	4) 공정안전보고서
	- 106(10). 위험성평가 기법의 종류
	- 91(10). 위험관리를 위한 위험성 처리기법
	5) 안전진단 및 안전보건개선계획
	- 112(25).113(10). 안전보건진단의 종류 및 진단보고서에 포함하여야 할 내용 설명
	- 127(25). 안전보건개선계획 수립 대상과 진단보고서에 포함될 내용을 설명하시오
	6) 작업중지
	- 119(25). 건설공사에서 작업 중지 기준을 설명하시오
	- 128(10). 근로자 작업중지권
	- 136(10). 사업주의 작업중지와 근로자의 작업중지

01	산업안전보건법 기출문제
1. 4장 유해·위험 방지 조치	
	7) 산업재해 보고
	- 127(10). 산업안전보건법상 산업재해발생시 보고체계
	- 123(10). 산업재해발생 시 조치사항 및 처리절차

01	산업안전보건법 기출문제
1. 4장 유해·위험 방지 조치	
	8) 중대재해
	- 129(10). 산안법상 중대재해 발생 시 사업주의 조치 및 작업중지 조치사항
	- 133(25). [산업안전보건법]과 [중대재해 처벌 등에 관한 법률] 상의 중대재해를 구분하여 정의하고 현장에서 중대재해 발생 시 조치사항을 설명하시오.
	- 125(25). 중대재해 발생 시「산업안전보건법령」에서 규정하고 있는 사업주의 조치 사항과 고용노동부 장관의 작업중지 조치 기준 및 중대재해 원인 조사내용에 대하여 설명하시오.
	- 114(25). 고용노동부 안전정책 중, '중대재해 등 발생 시 작업중지 명령 해제 운영기준'에 대하여 설명하시오
	- 112(25). 중대재해의 정의와 발생 시 보고사항 및 조치순서에 대하여 설명하시오
	- 136(10). 사업주의 작업중지와 근로자의 작업중지

01-4-1	법령 요지 등의 게시 등
1. 개요	
	본 법령요지 및 안전보건관리규정을 게시하여 근로자로 하여금 알게 해야함.
2. 법령 요지	
	① 안전보건관리체제
	② 안전보건교육
	③ 위험성평가
	④ 안전.보건조치
	⑤ 작업중지
	⑥ 산업재해 발생보고
	⑦ 도급인의 의무
	⑧ 건설업 산업재해 예방
	⑨ 기계.기구 안전조치
	⑩ 화학물질 재해예방 및 건강장해 예방

01-4-2	근로자대표의 통지 요청
1. 개요	
	근로자대표는 사업주에게 산업안전보건위원회가 의결한 사항 등을 요청하면 사업주는 이에 응해야함.
2. 근로자대표의 통지 요청할수 있는 사항	
	① 산업안전보건위원회 의결한 사항
	② 안전보건진단결과
	③ 안전보건개선계획의 수립, 시행 내용
	④ 도급인의 산업재해 예방조치 이행 사항
	⑤ 물질안전보건자료
	⑥ 작업환경측정
	⑦ 그 외 고용노동부령으로 정한 안전.보건에 관한 사항

01-4-3 위험성 평가
109(25),110(25),111(10),115(10),120(25),123(10),124(25)
126(25),128(10),129(25),130(25),131(25),132(10),133(25),134(25)

1. 정의
   ① 위험성평가 : 사업주가 스스로 유해·위험요인을 파악하고 해당 유해·위험 요인의 위험성 수준을 결정하여, 위험성을 낮추기 위한 적절한 조치를 마련하고 실행하는 과정
   ② 유해.위험요인 : 유해.위험을 일으킬 잠재적 가능성의 고유한 특징.속성
   ③ 위험성 : 유해·위험요인이 사망, 부상 또는 질병으로 이어질 수 있는 가능성과 중대성 등을 고려한 위험의 정도
   - 가능성 : 작업자의 부상·질병 발생의 확률
   - 중대성 : 부상 질병 발생했을 때 미치는 영향의 정도

01-4-4 위험성평가 실시주체 및 대상

1. 위험성평가 실시주체
   ① 사업주 : 위험성평가 총괄
   ② 도급인 사업주, 수급인 사업주 각각 위험성평가 실시

2. 위험성평가의 대상
   ① 업무중 관련 유해.위험요인이 대상
   ② 아차사고도 포함

01-4-5 위험성평가 근로자 참여

1. 위험성평가 근로자 참여시켜야 하는 경우
   ① 유해·위험요인의 위험성 수준을 판단하는 기준을 마련하고, 유해·위험요인별 허용 가능한 위험성 수준을 정하거나 변경하는 경우
   ② 해당 사업장의 유해·위험요인을 파악하는 경우
   ③ 유해·위험요인의 위험성이 허용 가능한 수준인지 여부를 결정하는 경우
   ④ 위험성 감소대책을 수립하여 실행하는 경우
   ⑤ 위험성 감소대책 실행 여부를 확인하는 경우

01-4-6 위험성평가의 방법

1. 위험성평가의 수행체계 구성 및 운영방법
   1) 구성
      ① 안전보건관리책임자에게 위험성평가의 실시를 총괄 관리하게 할 것
      ② 안전관리자, 보건관리자는 위험성평가에 관한 보좌 및 지도.조언하게 할 것
      ③ 유해·위험요인을 파악하고 그 결과에 따른 개선조치를 시행할 것
      ④ 기계·기구, 설비 등 위험성평가에는 전문 지식을 갖춘 사람을 참여하게 할 것
      ⑤ 안전·보건관리자 선임의무 없는 경우 제2호에 따른 업무를 수행할 사람을 지정하는 등 그 밖에 위험성평가를 위한 체제를 구축할 것
   2) 위험성평가를 실시하기 위해 필요한 교육을 실시하여야 한다
   3) 산업안전·보건 전문가 또는 전문기관의 컨설팅을 받을 수 있다
   4) 위험성평가 방법 선정 시 사업장의 규모와 특성을 고려

01-4-7 위험성평가를 갈음하는 조치 관련 규정

1. 개요

사업주가 다음 각 호의 어느 하나에 해당하는 제도를 이행한 경우에는 위험성평가를 실시한 것으로 본다.

2. 위험성평가를 갈음하는 조치 관련 규정

① 위험성평가 방법을 적용한 안전·보건진단(법 제47조)
② 공정안전보고서(법 제44조) : 공정위험성 평가서 4년 이내에 정기적 작성된 경우
③ 근골격계부담작업 유해요인조사(안전보건규칙 제657조부터 제662조까지)
④ 그 밖에 법과 이 법에 따른 명령에서 정하는 위험성평가 관련 제도

01-4-8 위험성평가 방법
129(25), 134(25)

1. 개요

사업주는 사업장의 규모와 특성 등을 고려하여 선정

2. 위험성평가 방법

① 위험 가능성과 중대성을 조합한 빈도·강도법
② 체크리스트(Checklist)법
③ 위험성 수준 3단계(저·중·고) 판단법
④ 핵심요인 기술(One Point Sheet)법
⑤ 그 외 규칙 제50조제1항제2호 각 목의 방법
- 상대위험순위 결정(Dow and Mond Indices)

- 작업자 실수 분석(HEA)	- 사고 예상 질문 분석(What-if)
- 위험과 운전 분석(HAZOP)	- 이상위험도 분석(FMECA)
- 결함 수 분석(FTA)	- 사건 수 분석(ETA)

- 원인결과 분석(CCA)

01-4-9 위험성평가의 절차
110(25), 126(25), 134(25)

1. 위험성평가의 절차

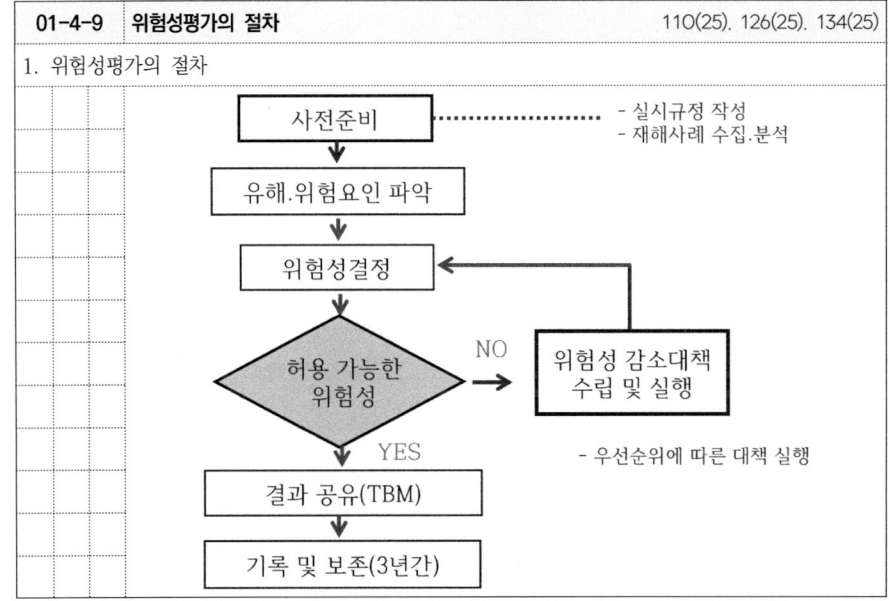

01-4-10 유해.위험요인

1. 개요

사람에게 부상을 입히거나 질병을 일으킬 수 있는 잠재적 가능성이 있는 모든 요인

2. 유해.위험요인 파악하는 방법

① 사업장 순회점검에 의한 방법(필수)
② 근로자들의 상시적 제안에 의한 방법
③ 설문조사·인터뷰 등 청취조사에 의한 방법
④ MSDS, 작업환경측정결과, 특수건강진단결과 등 안전보건 자료에 의한 방법
⑤ 안전보건 체크리스트에 의한 방법
⑥ 그 밖에 사업장의 특성에 적합한 방법

01-4-11 위험성 감소대책 수립 및 실행   110(25)

1. 개요
    - 사업주는 허용 가능한 위험성이 아니라고 판단 시 위험성의 수준, 영향을 받는
    - 근로자 수 및 다음 각호의 순서를 고려하여 위험성 감소대책 수립, 실행해야 함.

2. 위험성 감소대책 수립 및 실행 시 우선순위
    - ① 위험한 작업의 폐지·변경, 유해·위험물질 대체 등의 조치 또는 설계나 계획 단계에서 위험성을 제거 또는 저감하는 조치
    - ② 연동장치, 환기장치 설치 등의 공학적 대책
    - ③ 사업장 작업절차서 정비 등의 관리적 대책
    - ④ 개인용 보호구의 사용

01-4-12 위험성평가의 실시 시기   135(10)

1. 위험성평가의 실시 시기
    - ① 최초평가 : 착공 후 1개월 이내
    - ② 수시평가 : 기계,기구 설비 등 도입,변경/ 재해발생 등
    - ③ 정기평가 : 최초평가 후 1년마다
    - ④ 상시평가 : 월.주.일 단위의 주기적 평가

01-4-13 안전보건표지의 설치.부착   98(10). 116(25)

1. 개요
    - 유해.위험 장소.시설.물질에 대한 경고.비상 시 대처 지시.안내, 안전의식 고취 등
    - 그림 기호 및 글자 나타낸 표지 쉽게 볼수 있도록 설치.부착 (외국인 모국어로 작성)

2. 안전보건표지 제작
    - ① 근로자가 쉽게 알아볼수 있는 크기
    - ② 그림 또는 부호크기 : 전체규격의 30% 이상
    - ③ 파손.변형되지 아니하는 재료사용
    - ④ 야간용 표지 : 야광물질 사용
    - ⑤ 글자표기 : 흰색바탕에 검은색 한글 고딕체

3. 안전보건표지 설치기준
    - ① 쉽게 볼 수 있는 장소, 시설, 물체에 부착
    - ② 견고하게 설치.부착
    - ③ 설치.부착 곤란 시 해당물체에 직접도색

01-4-14 안전보건표지   116(25). 135(10)

1. 안전보건표지의 종류와 형태 (시행규칙 별표6)

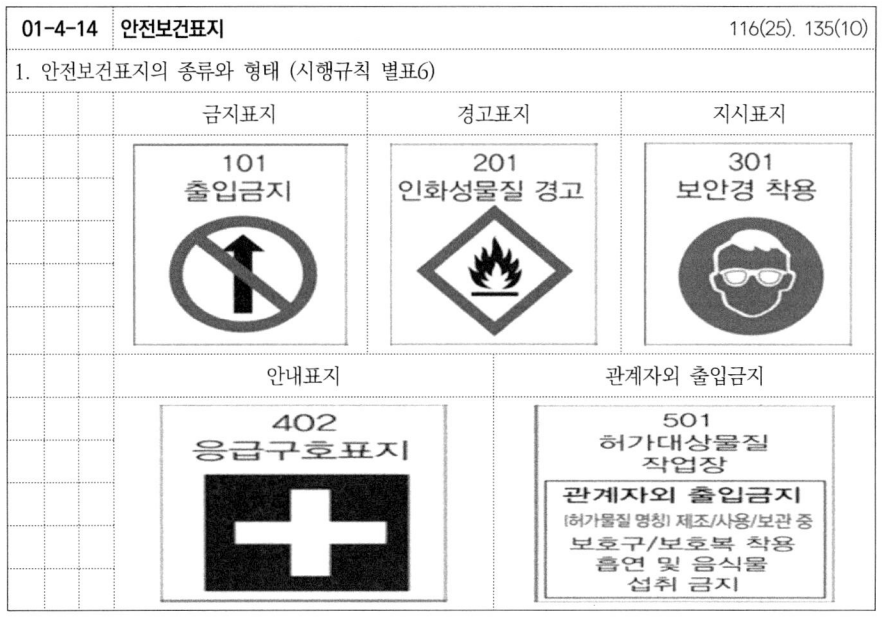

01-4-15	안전조치
1. 개요	
	사업주는 위험요인으로 인한 산업재해를 예방하기 위해 필요한 조치를 해야함.
2. 안전조치를 해야 하는 위험요인	
	① 기계, 기구, 설비 등에 의한 위험요인
	② 폭발성, 발화성, 인화성. 부식성 물질 등에 의한 위험요인
	③ 전기, 열 등의 에너지에 의한 위험요인
	④ 굴착. 해체. 중량물 취급 등 불량한 작업방법 등에 의한 위험요인
	⑤ 작업장소에 관계된 위험요인
	가. 추락위험이 있는 장소
	나. 토사.구축물 등 붕괴 우려 장소
	다. 물체 떨어지거나 날아올 위험 장소
	라. 천재지변으로 인한 위험 발생우려 장소

01-4-16	보건조치
1. 개요	
	사업주는 유해요인으로 인한 건강장해를 예방하기 위해 필요한 조치를 해야함.
2. 보건조치를 해야 하는 유해요인	
	① 원재료.가스.증기.분진 등에 의한 유해요인
	② 방사선.유해광선.고열.한랭.소음.진동.이상기압 등에 의한 유해요인
	③ 사업장에서 배출되는 기체.액체 등에 의한 유해요인
	④ 계측감시, 정밀공작 등 작업에 의한 유해요인
	⑤ 단순반복작업 또는 인체 과도한 부담작업에 의한 유해요인
	⑥ 환기.채광.조명 등의 적정기준 미준수로 인한 유해요인
	⑦ 폭염·한파에 장시간 작업함에 따라 발생하는 유해요인 (시행 25.6.1)

01-4-17	건설공사 유해위험방지계획서의 작성.제출 등	94(10).115(25).126(25).133(25)
1.개요		
	재해발생 위험이 높은 건설공사 착공 전에 설계도서, 안전보건관리계획 등의	
	적정성 여부를 심사 및 이행 여부 확인하여 재해예방을 위한 법정 제도	
2.유해위험방지계획서 제출대상 공사		

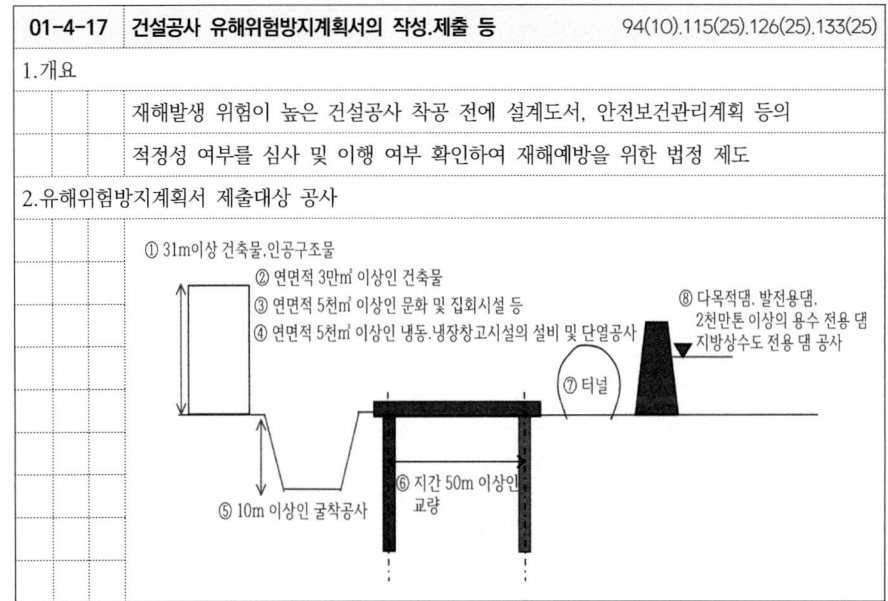

① 31m이상 건축물.인공구조물
② 연면적 3만㎡ 이상인 건축물
③ 연면적 5천㎡ 이상인 문화 및 집회시설 등
④ 연면적 5천㎡ 이상인 냉동.냉장창고시설의 설비 및 단열공사
⑤ 10m 이상인 굴착공사
⑥ 지간 50m 이상인 교량
⑦ 터널
⑧ 다목적댐, 발전용댐, 2천만톤 이상의 용수 전용 댐 지방상수도 전용 댐 공사

01-4-18	유해위험방지계획서 첨부 서류
1 .공사개요 및 안전보건관리계획	
	① 공사개요서
	② 주변현황 및 주변관계 도면
	③ 전체공정표
	④ 산업안전보건관리비 사용계획
	⑤ 안전관리조직표
	⑥ 재해위험시 연락 및 대피방법
2. 작업공사 종류별 유해위험방지계획	
	1) 공통
	① 해당작업 공사종류별 작업개요 및 재해예방계획
	② 위험물질의 종류별 사용량과 저장.보관 및 사용시 안전작업계획
	2) 공통 외- 시행규칙 별표 10 비고사항

| 01-4-19 | 유해위험방지계획서 심사 | 94(10), 115(25) |

1. 심사 FLOW

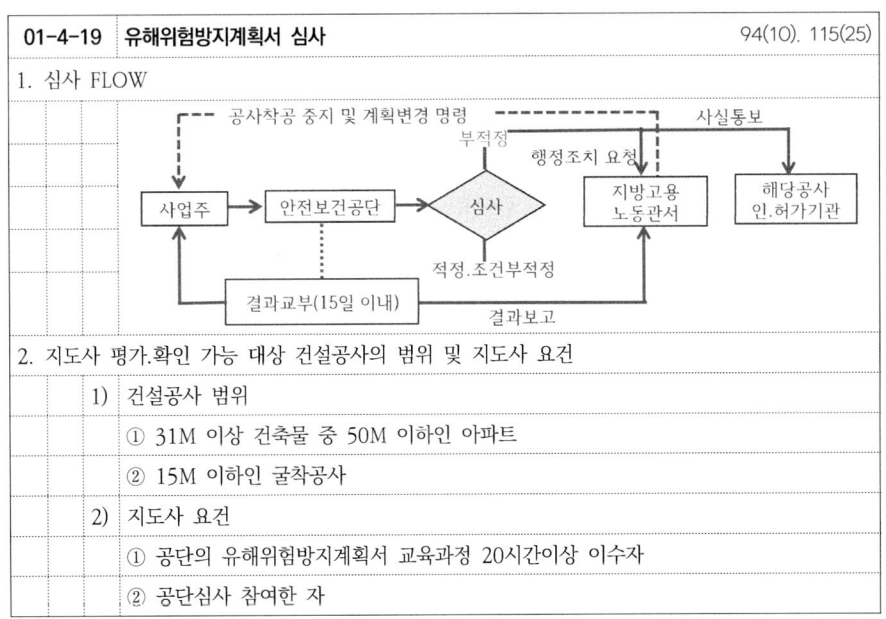

2. 지도사 평가.확인 가능 대상 건설공사의 범위 및 지도사 요건
   1) 건설공사 범위
      ① 31M 이상 건축물 중 50M 이하인 아파트
      ② 15M 이하인 굴착공사
   2) 지도사 요건
      ① 공단의 유해위험방지계획서 교육과정 20시간이상 이수자
      ② 공단심사 참여한 자

| 01-4-20 | 유해위험방지계획서 이행의 확인 등 | 94(10), 115(25) |

1. 확인 FLOW

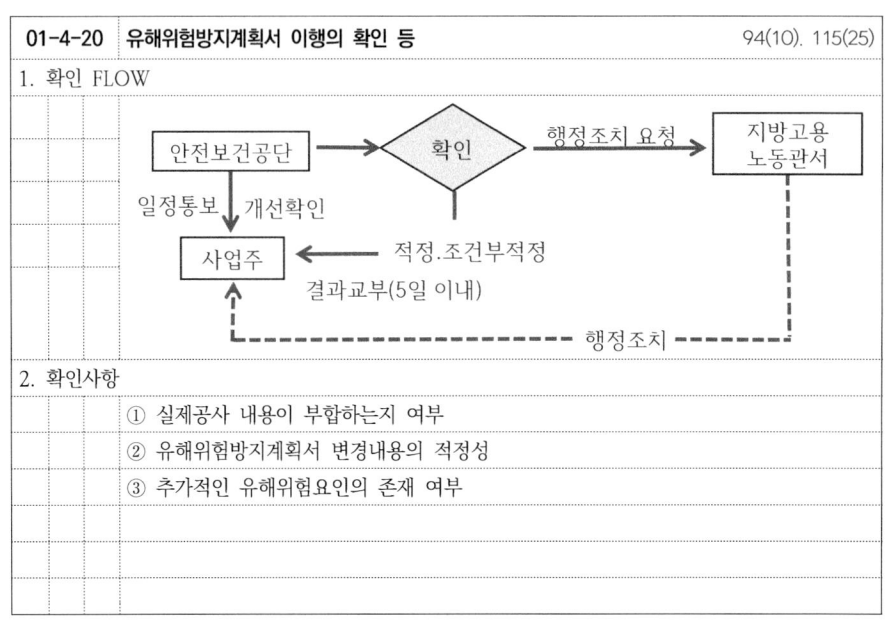

2. 확인사항
   ① 실제공사 내용이 부합하는지 여부
   ② 유해위험방지계획서 변경내용의 적정성
   ③ 추가적인 유해위험요인의 존재 여부

| 01-4-21 | 유해위험방지계획서 자체심사 및 확인 | |

1. 자체심사 및 확인업체의 기준
   ① 시공능력 200위 이내
   ② 3년간 평균산재율 이하
   ③ 3명이상의 안전전담과.팀조직 구성(안전관리자1명포함)
   ④ 산재예방활동 실적평가점수 70점 이상
   ⑤ 2년간 사망재해 없는 업체

2. 자체심사 및 확인업체 지정 해제
   ① 동시 2명이상 사망 재해
   ② 안전관리 부실문제로 사회적 물의 야기

3. 자체심사 및 확인방법
   ① 자체심사 및 확인 인력기준
      • 산업안전지도사(건설안전분야)
      • 건설안전기술사
      • 건설안전기사(실무3년) 유해위험방지계획서 심사전문화 교육이수
   ② 자체확인결과서 작성 및 비치

| 01-4-22 | 공정안전보고서 위험성평가 기법 | 91(10), 106(10) |

1. 공정위험성평가서의 위험성평가 기법
   ① 체크리스트
   ② 상대위험순위 결정(DMI)
   ③ 작업자 실수 분석(HEA)
   ④ 사고 예상 질문 분석(What-if)
   ⑤ 위험과 운전 분석(HAZOP)
   ⑥ 이상위험도 분석(FMECA)
   ⑦ 결함수 분석(FTA)
   ⑧ 사건수 분석(ETA)
   ⑨ 원인결과 분석(CCA)
   ⑩ 규정과 같은 수준 이상의 기술적 평가기법

01-4-23 안전보건진단 112(25). 113(10)

1. 개요

   산업재해를 예방하기 위해 사업장 내 잠재적 위험성을 발견, 그 개선대책을 수립할 목적으로 조사·평가하는 것을 말한다.

2. 안전보건진단의 종류 및 내용

• 종합진단	• 안전진단	• 보건진단
① 경영.관리적 사항 평가	X	X
② 재해,사고 원인	O	O
③ 작업조건 및 방법 평가	O	O
④ 유해.위험요인 측정 및 분석	위험요인	유해요인
⑤ 보호구, 안전.보건장비 및 작업환경 개선시설의 적정성	O	O
⑥ MSDS의 작성 및 교육,경고표시 부착의 적정성	X	O
⑦ 그 외 작업환경 및 보건관리개선 사항	X	O

01-4-24 안전보건개선계획의 수립. 시행 명령 127(25)

1. 개요

   사업장 내 잠재된 위험요인을 제거하여 산재예방을 위해 종합적인 개선조치

2. 안전보건개선계획 수립대상 사업장

   ① 동종 규모 평균산재율 보다 높은 사업장

   ② 중대재해(안전보건조치 미 이행)

   ③ 연간 2명이상의 직업성 질병자

   ④ 유해인자 노출기준 초과

3. 안전보건진단을 받아 안전보건개선계획을 수립할 대상

   ① 평균 산재율 2배 이상

   ② 안전보건조치 미 이행으로 중대재해

   ③ 직업성 질병자 연간 2명이상(상시근로자 1천명이상-3명이상)

   ④ 작업환경불량, 화재.폭발,누출사고 등 주변 피해 확산

01-4-25 안전보건개선계획서의 제출 등 127(25)

1. 안전보건개선계획서 포함사항

   ① 시설의 개선에 필요한 사항

   ② 안전보건관리체제 개선에 필요한 사항

   ③ 안전보건교육 개선에 필요한 사항

   ④ 산업재해 예방 및 작업환경개선에 필요한 사항

2. 안전보건개선계획서 제출방법 및 시기

   ① 작성 시 근로자대표 및 산업안전보건위원회의 의견 수렴

   ② 제출명령을 받은 날로부터 60일 이내

   ③ 안전보건공단의 검토 및 기술지도를 득할 것

01-4-26 작업중지 119(25). 128(10). 136(10)

1. 사업주의 작업중지

   ① 산재 발생할 급박한 위험

   ② 중대재해 발생

2. 근로자 요청에 의한 작업중지 범위

   ① 2M 이상 장소에 안전시설 미 설치로 인한 추락사고 우려 높음

   ② 가시설물의 설치기준 미 준수로 인한 붕괴사고 우려 높음

   ③ 토사, 구축물 변형, 변위로 붕괴사고 우려 높음

   ④ 가연성, 인화성물질 취급과 동시에 화기작업으로 화재 및 폭발 우려 높음

   ⑤ 밀폐공간 작업의 적정공기 미 준수로 질식사고 우려 높음

3. 고용노동부장관의 작업중지 요건

   ① 중대재해 발생한 해당작업

   ② 중대재해작업과 동일한 작업

   ③ 토사.구축물붕괴, 화재.폭발, 유해물질누출 등 주변 확산 높은 경우

01-4-27 작업중지 범위 및 해제절차   114(25), 125(25), 129(10)

1. 작업중지 범위

1)	전면 중지	토사.구축물붕괴, 화재.폭발 등 주변으로 확산 우려 높은 경우
2)	부분 중지	① 중대재해 발생 해당작업
		② 중대재해와 동일한 작업

2. 작업중지 해제절차

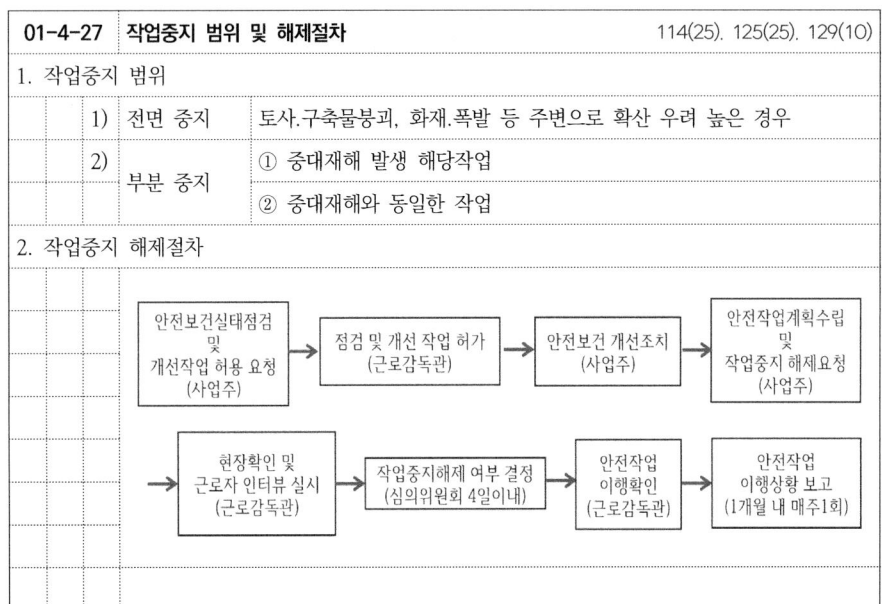

01-4-28 중대재해 발생 시 사업주의 조치   112(25),114(25),125(25),129(10),133(25)

1. 개요
재해자 발견 시 조치사항 및 발생보고, 기록보존 및 재발방지를 위한 종합적인 개선 조치

2. 중대재해 발생 시 사업주의 조치
① 해당작업을 중지. 근로자 대피
② 재해자 발견 시 조치

재해발생 → 기계정지 및 재해자 긴급병원 후송 → 지체없이 보고 → 현장보존
- 발생개요 및 피해상황
- 조치 및 전망
- 그 밖의 중요한 사항

01-4-29 중대재해 원인조사 등   125(25)

1. 개요
고용노동부장관은 원인규명 또는 재해예방대책 수립위해 원인 조사/ 사업주에게 안전보건개선계획수립.시행을 명할 수 있다.

2. 중대재해 원인조사의 내용
현장방문하여 조사하며 안전보건관련 서류 및 목격자 진술 등을 확보
원인이 사업주의 법위반으로 발생한것인지 조사

01-4-30 산업재해 은폐 금지

1. 개요
산업재해 발생원인 등을 기록 보존(3년간)

2. 산업재해 기록
① 사업장 개요 및 근로자 인적사항
② 재해 일시 및 장소
③ 재해원인 및 과정
④ 재해 재발방지 계획

3. 산업재해 은폐 시 처벌

은폐 경우	처 벌
산업재해 은폐, 교사, 공무	1년이하 징역 또는 1천만원 이하 벌금
산업재해 미 보고	재해발생 시 1,500만원 과태료
	중대재해 시 3,000만원 과태료

01-4-31	산업재해 발생 보고	123(10). 127(10)
1. 개요		
	3일이상 휴업의 부상,질병자 발생시 1개월 이내에 재해조사표를 작성하여	
	지방고용노동관서의 장에게 제출	
2. 산업재해 조사표 작성 시 주의사항		
	① 근로자 대표 확인 필요	
	② 재해자 본인 확인 필요 ⟶ (근로자 대표 없을 시)	
	③ 질병재해 사고시점 특정할수 없으므로 ⟶ 근로복지공단 요양승인 후 30일이내	

01	산업안전보건법 기출문제
1. 5장 도급 시 산업재해 예방	
	1) 도급인의 안전조치 및 보건조치
	- 103(10). 산업안전보건법령 상 도급사업에서의 안전·보건 조치사항
	- 132(10). 도급인이 이행하여야 할 안전보건조치 및 산업재해 예방조치

01	산업안전보건법 기출문제
1. 5장 도급 시 산업재해 예방	
	2) 건설공사발주자의 산업재해 예방조치
	- 121(10).125(10). 산업안전보건법 상 건설공사 발주단계별 조치사항
	- 122(10). 건설공사 단계별 작성해야 하는 안전보건대장의 종류
	- 120(25).131(25). 건설공사 발주자의 산업재해예방조치와 관련하여 발주자와 설계자 및 시공자는 계획, 설계, 시공단계에서 안전관리대장을 작성 안전관리대장의 종류 및 작성사항에 대하여 설명하시오
	- 127(25).134(25). 건설공사 발주자의 산업재해 예방조치의무를 계획단계, 설계단계, 시공단계로 나누고 각 단계별 작성항목과 내용을 설명
	- 135(25). 발주자의 산업재해예방조치에서 안전보건대장 작성 대상 건설공사 및 계획단계, 설계단계, 시공단계별 발주자의 역할과 각 단계별 작성항목과 주요 내용에 대하여 설명하시오.

01	산업안전보건법 기출문제
1. 5장 도급 시 산업재해 예방	
	3) 안전보건조정자
	- 114(10).120(10). 안전보건조정자
	- 133(10). 안전보건조정자를 두어야 하는 건설공사의 공사금액, 안전보건조정자의 자격·업무

01	산업안전보건법 기출문제
1. 5장 도급 시 산업재해 예방	
	4) 노사협의체
	- 113(10). 안전·보건에 관한 노사협의체의 의결사항
	- 130(10). 안전 및 보건에 관한 노사협의체의 심의·의결사항

01	산업안전보건법 기출문제
1. 5장 도급 시 산업재해 예방	
	5) 설계변경의 요청
	- 128(25). 산업안전보건법 상 도급사업에 따른 산업재해 예방조치, 설계변경 요청 대상 및 설계변경 요청시 첨부서류에 대하여 설명하시오
	- 123(25). 건설공사 중에 가설구조물의 붕괴 등으로 산업재해가 발생할 위험이 있을 때 건설공사 발주자에게 설계변경을 요청하는 대상, 전문가 범위 및 설계변경 요청 시 첨부서류를 설명하시오.
	- 115(25). 산업안전보건법 상 위험한 가설구조물이라고 판단되는 가설구조물에 대한 설계변경 요청제도에 대하여 설명하시오.
	- 135(10). 가설구조물의 설계변경 요청 시 토목 건축 분야 의견을 들을 수 있는 전문가와 해당 가설구조물의 종류

01	산업안전보건법 기출문제
1. 5장 도급 시 산업재해 예방	
	6) 산업안전보건관리비
	- 132(25). 산업안전보건법과 건설기술진흥법의 건설안전 주요 내용을 비교하고, 산업안전보건관리비와 안전관리비를 설명하시오.
	- 129(25). 산업안전보건관리비 계상 및 사용기준을 기술하고 최근(22.06.02) 개정 내용과 개정 사유에 대하여 설명하시오.
	- 117(25). 설계변경 시 건설업 산업안전보건관리비의 계상방법에 대하여 설명하시오.
	- 115(25). 산업안전보건법 상 산업안전보건관리비와 건설기술진흥법상 안전관리비의 계상목적, 계상기준, 사용범위 등을 비교 설명하시오.
	- 114(25). 건설업 산업안전보건관리비 사용 가능 내역과 불가능 내역 및 효율적 사용방안에 대하여 설명하시오.
	- 107(25). 건설업 산업안전보건관리비의 항목별 사용기준 및 공사별 계상기준에 대하여 설명하시오.

01	산업안전보건법 기출문제
1. 5장 도급 시 산업재해 예방	
	6) 산업안전보건관리비
	- 135(25). 건설업 산업안전보건관리비 계상 및 사용기준에서 정하는 공사 종류 및 규모별계상기준과 설계변경 시 산업안전보건관리비 조정·계상 방법에 대하여 설명하시오.

01	산업안전보건법 기출문제
1. 5장 도급 시 산업재해 예방	
	7) 건설공사의 산업재해 예방 지도
	- 121(10). 건설재해예방 기술지도 횟수
	- 123(25). 건설재해예방전문지도기관의 인력·시설 및 장비 등의 요건, 기술지도 업무 및 횟수에 대하여 설명하시오
	- 116(25). 건설업 재해예방 전문지도기관의 인력·시설 및 장비기준과 지도기준에 대하여 설명하시오.
	- 113(25). 건설재해예방기술지도 대상사업장과 기술지도 업무내용 및 재해예방 전문지도기관의 평가기준을 설명하시오.

01-5-1	안전보건총괄책임자
1. 개요	
	도급을 주는 사업은 안전보건관리책임자를 안전보건총괄책임자로 지정
2. 지정대상	
	건설업 20억 이상
3. 업무	
	① 위험성평가 실시
	② 급박한 위험,중대재해 시 작업중지
	③ 도급시 산재 예방조치
	④ 산업안전관리비 협의 및 집행감독
	⑤ 안전인증대상기계등과 자율안전확인대상 기계 등의 사용여부 확인

01-5-2	도급인의 안전조치 및 보건조치
1. 개요	
	도급인은 관계수급인 근로자가 도급인 사업장에서 작업시 산재예방을 위한 안전 및 보건시설의 설치 등 조치를 해야함
2. 도급인의 안전보건조치 책임 부담 범위(=도급인 사업장)	
	① 도급인이 지배.관리하는 장소(시행령 11조)
	② 도급인의 안전.보건조치 장소(시행규칙 6조)

01-5-3	도급에 따른 산업재해 예방조치	103(10), 129(25), 132(10)
1. 개요		
	도급인은 관계수급인의 근로자가 도급인의 사업장에서 작업 시 재해예방조치	
2. 도급인의 산재예방조치		
	① 안전보건 협의체 구성 및 운영	
	② 작업장 순회점검(1회/2일)	
	③ 안전보건교육 장소 및 자료제공 등 지원	
	④ 관계수급인의 안전보건교육 실시 확인	
	⑤ 발파작업 및 화재.폭발 등의 경보체계 운영과 대피방법 등 훈련	
	⑥ 위생시설 설치 등 장소제공 및 이용협조	
	⑦ 혼재작업의 작업시기.내용, 안전조치 및 보건조치 등 확인	
	⑧ 작업혼재로 위험발생 우려 시 관계수급인의 작업시기.내용 조정	
	⑨ 정기,수시 안전보건점검 실시	

01-5-4	안전보건협의체 구성 및 운영
1. 구성	
	도급인 및 수급인 전원
2. 운영	
	매월 1회 이상
	회의결과 기록.보존
3. 협의내용	
	① 작업시작 시간
	② 작업장 간의 연락방법
	③ 대피방법
	④ 위험성평가
	⑤ 연락방법 및 작업공정의 조정

01-5-5 합동 안전.보건점검

1. 구성
    - ① 도급인
    - ② 관계수급인
    - ③ 도급인 및 관계수급인(해당 공정)의 근로자 각1명
2. 점검실시 주기
    - 2개월에 1회이상

01-5-6 도급인의 안전 및 보건정보 제공

1. 개요
    - 도급인은 수급인 근로자가 작업 시작 전에 수급인에게 안전 및 보건에 관한 정보 문서로 제공 후 안전보건조치 이행 확인
2. 안전보건 정보 제공해야 하는 작업
    - ① 위험물질 및 관리대상 유해물질의 배관 개조,해체작업
    - ② 위험물질 및 관리대상 유해물질 설비 내부에서 이루어지는 작업
    - ③ 질식, 붕괴위험 작업
    - - 산소결핍, 유해가스 등의 질식위험장소의 밀폐공간에서 이루어지는 작업
    - - 토사.구축물.인공구조물등 붕괴 우려 장소에서 이루어지는 작업
3. 안전.보건 정보
    - ① 위험물질 및 관리대상 유해물질의 명칭과 유해성.위험성
    - ② 안전.보건상의 주의사항
    - ③ 유해물질 누출 등 사고 시 조치내용

01-5-7 도급인의 관계수급인에 대한 시정조치

1. 개요
    - 도급인은 관계수급인 근로자가 도급인 사업장에서 작업시 안전보건정보 제공 해야하는 작업을 도급시 수급인이 도급받은 작업의 법령위반시 시정하도록 조치

01-5-8 건설공사발주자의 산업재해 예방조치   121(10), 122(10), 125(10), 135(25)

1. 개요
    - 발주자는 건설공사 계획, 설계 등 단계별로 안전보건상의 조치의무를 해야함.
2. 대상
    - 총 공사금액 50억원 이상
3. 각 단계별 조치사항

단계	안전보건관리대장	작성자	조치사항
계획	기본안전보건관리대장	발주자	기본안전보건관리대장 작성
설계	설계안전보건관리대장	설계자	최종 설계도서 납품 시 확인
공사	공사안전보건관리대장	시공자	안전작업 이행 여부 확인

4. 안전보건관리대장 확인 및 조치
    - ① 확인자 : 발주자
    - ② 확인주기 : 매 3개월마다 1회이상
    - ③ 작업중지 요청 : 시공사가 미 이행으로 급박한 위험 시

| 01-5-9 | 안전보건관리대장 각 대장별 포함사항 | 120(25), 127(25), 131(25), 134(25), 135(25) |

1. 기본안전보건대장에 포함되어야 하는 사항
    ① 건설공사 계획단계에서 예상되는 공사내용, 공사규모 등 공사 개요
    ② 공사현장 제반 정보
    ③ 건설공사에 설치·사용 예정인 구조물, 기계·기구 등 고용노동부장관이 정하여 고시하는 유해·위험요인과 그에 대한 안전조치 및 위험성 감소방안
    ④ 산업재해 예방을 위한 건설공사발주자의 법령상 주요 의무사항 및 이에 대한 확인

| 01-5-10 | 안전보건관리대장 각 대장별 포함사항 | 120(25), 127(25), 131(25), 134(25), 135(25) |

2. 설계안전보건대장에 포함되어야 하는 사항
    ① 안전한 작업을 위한 적정 공사기간 및 공사금액 산출서
    ② 건설공사 중 발생할 수 있는 유해·위험요인 및 시공단계에서 고려해야 할 유해·위험요인 감소방안
    ③ 산업안전보건관리비의 산출내역서

| 01-5-11 | 안전보건관리대장 각 대장별 포함사항 | 120(25), 127(25), 131(25), 134(25), 135(25) |

3. 공사안전보건대장에 포함하여 이행여부 확인해야 할 사항
    ① 설계안전보건대장의 유해·위험요인 감소방안을 반영한 건설공사 중 안전보건 조치 이행계획
    ② 유해위험방지계획서의 심사 및 확인결과에 대한 조치내용
    ③ 고용노동부장관이 정하여 고시하는 건설공사용 기계·기구의 안전성 확보를 위한 배치 및 이동계획
    ④ 건설공사의 산업재해 예방 지도를 위한 계약 여부, 지도결과 및 조치내용

| 01-5-12 | 안전보건조정자 | 114(10), 120(10), 133(10) |

1. 개요

    2개이상의 건설공사를 도급한 발주자는 같은 장소에서 행해지는 작업의 혼재로 인한 재해예방을 위해 선임 또는 지정

2. 안전보건조정자 선임대상

    각 건설공사 금액의 합이 50억원 이상

3. 안전보건조정자 지정. 선임기준
    ① 지정 - 공사감독자, 책임감리자
    ② 선임 - 산업안전지도사, 건설안전기술사
        - 실무경력 : 안전보건관리책임자 3년/ 건설안전기사, 산업안전기사 5년/ 건설안전산업기사, 산업안전산업기사 7년

4. 업무

① 혼재된 작업 파악	② 혼재작업의 위험성 파악
③ 작업시기.내용 안전조치 등 조정	④ 작업내용 정보 공유 여부 확인

01-5-13 건설공사 기간의 연장   111(10)

1. 연장 사유
   - ① 불가항력의 사유
     - 태풍. 홍수 등 악천후
     - 전쟁, 사변, 지진, 화재 등
     - 그 밖에 계약 당사자의 통제범위 초월 사태 발생
   - ② 발주자에게 책임이 있는 사유로 착공 지연 및 시공 중단

2. 연장요청 절차

   관계수급인 → 도급인 → 발주자

   (관계수급인 → 도급인) 사유종료 10일 이내 지연증명서류 등 첨부
   (도급인 → 발주자) 요청일로부터 10일이내

01-5-14 설계변경의 요청   103(25). 115(25). 123(25). 128(25). 135(10)

1. 개요
   - 수급인은 가설구조물의 붕괴위험이 있다고 판단 시 전문가의 의견을 들어 도급인에게 설계변경 요청

2. 설계변경 요청 대상
   - ① 31m이상인 비계
   - ② 작업발판 일체형 거푸집 또는 5m이상 거푸집 동바리
   - ③ 터널지보공 또는 2m이상인 흙막이 지보공
   - ④ 동력 이용하여 움직이는 가설구조물

3. 수급인이 의견을 들어야 하는 전문가
   - ① 건축구조기술사(토목공사 및 ③항 구조물 제외)
   - ② 토목구조기술사(토목공사 한정)
   - ③ 토질 및 기초기술사(③항 구조물 한정)
   - ④ 건설기계기술사(④항 구조물 한정)

01-5-15 산업안전보건관리비   107(25). 114(25). 115(25). 129(25). 132(25)

1. 개요
   - 발주자가 도급계약을 체결하거나 자기공사자가 사업계획 수립 시 산업재해 예방을 위해 사용하는 비용을 도급금액 또는 사업비에 계상

2. 적용범위

구분	기준
① 토목, 건축 등 건설공사	총공사금액 2천만원 이상인 공사 (단가계약에 의한 공사 -총계약금액을 기준으로 적용)
② 전기공사	
③ 정보통신공사	
④ 소방시설공사	
⑤ 국가유산 수리공사	

3. 사용
   - 건설공사도급인은 매월 사용명세서 작성
   - 공사 종료 후 1년간 보존

01-5-16 산업안전보건관리비 계상기준   107(25). 135(25)

1. 개요
   - 대상액은 산업안전보건관리비 산정의 기초가 되는 금액으로 공사내역의 구분 여부에 따라 대상액을 산정해야 함.

2. 대상액 산정

① 공사내역 구분	② 공사내역 미구분
- 재료비 + 직접노무비	- 총공사금액 * 70%

3. 산업안전보건관리비 계상방법
   - ① 대상액 5억원 미만/ 50억 이상 : 대상액*요율
   - ② 대상액 5억원 이상- 50억원 미만 : (대상액*요율)+기초액
   - ③ 대상액 미 구분(㉠㉡ 중 작은금액 이상 계상)
     - ㉠ 총공사금액 * 70% * 요율
     - ㉡ (총공사금액 * 70% - 완제품 가액) * 요율 *1.2

| 01-5-17 | 산업안전보건관리비의 조정계상 | 117(25), 135(25) |

1. 개요
   - 설계변경, 물가변동, 관급자재의 증감 등으로 대상액의 변동이 있는 경우에는
   - 변경시점을 기준으로 다시 계상하여야 하며, 800억 원 이상으로 증액된 경우에는
   - 증액된 대상액에 기준 요율을 적용하여 새로 계상하여야 함
2. 설계변경 시 안전관리비 조정. 계상 방법
   - ① 안전관리비 = 설계변경 전 안전관리비 + 설계변경 안전관리비 증감액
   - ② 설계변경 안전관리비 증감액 = 설계변경 전 안전관리비 * 대상액 증감 비율
   - ③ 대상액 증감 비율 = (변경 후 대상액-변경 전 대상액)/변경 전 대상액 * 100%

| 01-5-18 | 산업안전보건관리비 사용항목 | 107(25) |

1. 산업안전보건관리비 사용항목
   - ① 안전관리자. 보건관리자 임금 등
   - ② 안전시설비 등
   - ③ 보호구 등
   - ④ 안전보건진단비 등
   - ⑤ 안전보건교육비 등
   - ⑥ 근로자 건강장해예방비 등
   - ⑦ 건설재해예방전문지도기관의 지도에 대한 대가로 지급하는 비용
   - ⑧ 본사인건비
   - ⑨ 산업안전보건위원회 또는 노사협의체(안전보건협의체)에서 결정한 사항 이행 비용

| 01-5-19 | 산업안전보건관리비 항목별 사용기준 | |

1. 안전관리자. 보건관리자 임금 등
   - ① 전담 안전.보건관리자의 임금과 출장비(비전담자는 2분의 1 비용)
   - ② 산업재해 예방 업무만을 수행하는 작업지휘자, 유도자, 신호자 등의 임금 전액
   - ③ 관리감독자의 안전보건업무 수행시 업무수당
2. 안전시설비
   - ① 추락방호망, 안전대 부착설비, 방호장치 등 안전시설의 구입·임대 및 설치 비용
   - ② 스마트 안전장비 구입·임대 비용
   - ③ 용접 작업 등 화재 위험작업 시 사용하는 소화기의 구입·임대비용
3. 보호구 등
   - ① 보호구의 구입·수리·관리 등에 소요되는 비용
   - ② 보호구를 직접 구매·사용하여 합리적인 범위 내에서 보전하는 비용
   - ③ 안전관리자 등의 업무용 피복, 기기 등을 구입하기 위한 비용
   - ④ 안전 및 보건관리자가 점검 시 사용하는 차량의 유류비·수리비·보험료

| 01-5-20 | 산업안전보건관리비 항목별 사용기준 | |

4. 안전보건진단비 등
   - ① 유해위험방지계획서의 작성 등에 소요되는 비용
   - ② 안전보건진단에 소요되는 비용
   - ③ 작업환경 측정에 소요되는 비용
   - ④ 재해예방을 위해 법에서 지정한 전문기관에서 실시하는 진단, 검사, 지도 비용
5. 안전보건교육비 등
   - ① 건설공사 현장의 교육 장소 설치·운영 등에 소요되는 비용
   - ② 이외 산업재해 예방이 주된 목적인 교육을 실시하기 위해 소요되는 비용
   - ③ 구조 및 응급처치에 관한 교육
   - ④ 안전보건관리책임자 등 업무수행 정보를 취득 위한 목적의 도서 구입 비용
   - ⑤ 안전기원제 등 산업재해 예방을 기원하는 행사를 개최하기 위해 소요되는 비용
   - ⑥ 건설공사 현장의 유해·위험요인을 제보, 개선방안을 제안한 근로자 격려 비용

01-5-21	산업안전보건관리비 항목별 사용기준
6. 근로자 건강장해예방비 등	
	① 법·영·규칙에서 규정하는 각종 근로자의 건강장해 예방에 필요한 비용
	② 중대재해 목격으로 발생한 정신질환을 치료하기 위해 소요되는 비용
	③ 감염병 예방을 위한 마스크, 손소독제, 체온계 구입 비용
	④ 휴게시설의 온도, 조명 설치·관리를 위해 소요되는 비용
	⑤ 근로자 심폐소생 자동심장충격기(AED) 구입 비용
	⑥ 임시 휴게시설 설치·해체·임대 비용 및 냉·난방기기의 임대 비용
7. 기술지도비	
	- 건설재해예방전문지도기관의 지도에 대한 대가로 자기공사자가 지급하는 비용
8. 본사 인건비	
	- 본사 안전전담조직에 소속된 근로자의 임금 및 출장비
9. 산업안전보건위원회 또는 노사협의체(안전보건협의체)에서 결정한 사항 이행 비용	
	- 위험성평가 발굴 품목 등

01-5-22	산업안전보건관리비 사용기준	114(25). 129(25)

1. 공사진척에 따른 안전관리비 사용기준

공정율	50%-70% 미만	70%-90% 미만	90% 이상
사용기준	50% 이상	70% 이상	90% 이상

2. 사용 불가 내역 포함된 내용

① 예정가격 작성기준 19조 경비(전력비, 운반비 등)에 해당되는 비용
② 다른 법령에서 의무사항으로 규정한 사항 이행하는데 필요한 비용
③ 재해예방 외의 시설·장비나 물건 등을 사용하기 위해 소요되는 비용
④ 환경관리, 민원 또는 수방 대비 등 목적이 포함된 경우

01-5-23	건설공사의 산업재해 예방 지도	121(10). 113(25). 116(25). 123(25)

1. 개요

건설공사 발주자는 건설재해예방전문지도기관과 산업재해 예방을 위한 지도계약을
착공 전날까지 체결

2. 대상 사업장

공사금액 1억원이상 120억원 미만(토목 150억원 미만)

3. 제외공사

① 공사기간이 1개월 미만인 공사
② 육지와 연결되지 않은 섬 지역(제주도 제외)에서 이루어지는 공사
③ 전담안전관리자 선임 현장
④ 유해위험방지계획서를 제출해야 하는 공사

01-5-24	건설재해예방전문지도기관의 지도 기준	121(10)

1. 건설재해예방전문지도기관의 업무수행 절차

① 계약 : 기술지도 계약체결 → 착공신고서에 계약서 첨부
② 기술지도 : 기술지도 실시 (월2회) → 지도결과서 작성 → K2B 입력
③ 기술지도 종료 : 기술지도 완료증명서 발부 → 서류보관(3년)

2. 기술지도의 수행방법

1) 기술지도 횟수

① 공사시작 후 15일마다 1회
② 40억이상 : 기술사 또는 지도사 8회마다 1회이상 방문

2) 기술지도 한계

① 요원 1명당 : 일 4회, 월 최대 80회 제한
② 지역 : 지방고용노동관서 관할지역

01-5-25	건설재해예방전문지도기관의 기술지도 업무내용	113(25)
1. 기술지도 범위 및 준수의무		
	① 기술지도 담당자 지정 - 공사종류, 규모 등 고려	
	② 기술지도 담당자에게 최근 사망사고 사례 등 연1회이상 교육 실시	
	③ 산안법 등 관계 법령에 따라 지도	
	④ 도급인(시공사)이 적절한 조치를 하지 않은 경우 발주자에게 그 사실을 통보	
2. 기술지도 결과 관리		
	① 결과보고서 작성 후 안전보건총괄책임자에게 통지	
	② 7일이내 전산시스템(K2B 프로그램) 입력	
	③ 50억이상-도급인 사업주와 경영책임자에게 매 분기 1회이상 결과보고서 송부	
	④ 공사 종료 시 발주자에게 기술지도 완료증명서 발급	

01-5-26	건설재해예방전문지도기관	116(25), 123(25)
1. 설립기준		
	1) 인력	
	① 산업안전지도사 (건설) 또는 건설안전기술사 1명 이상	
	② 2명이상 : 건설안전기사 5년, 건설안전산업기사 7년경력	
	토목,건축기사 5년, 토목,건축산업기사 7년 경력	
	③ 2명이상 : 건설안전기사 1년, 건설안전산업기사 3년경력	
	토목,건축기사 1년, 토목,건축산업기사 3년 경력	
	④ 1명이상 : 안전관리자 자격 + 실무경력 2년	
	2) 직무교육 - 신규교육 34시간, 보수교육 24시간	
	3) 사무실 장비	
	① 가스농도측정기　　② 산소농도측정기	
	③ 접지저항측정기　　④ 절연저항측정기	
	⑤ 조도계	

01-5-27	노사협의체	113(10), 130(10)
1. 개요		
	도급인이 노사협의체 구성.운영(2개월 마다) 시 산업안전보건위원회 및 안전 및 보건에 관한 협의체를 각각 구성.운영한 것으로 갈음	
2. 노사협의체의 설치대상		
	120억 이상 건설업(토목업 150억 이상)	
3. 노사협의체 구성(동수)		

사용자위원	근로자 위원
• 사업 대표자 • 안전관리자 1명 • 공사금액 20억원이상 사업주	• 근로자 대표 • 명예산업안전감독관 또는 근로자대표가 지명한 근로자 1인 • 공사금액 20억원이상 사업의 근로자대표

4. 협의사항		
	① 작업의 시작시간　　② 작업장 간 연락방법	
	③ 산업재해 예방방법 및 대피방법	

01-5-28	기계.기구 등에 대한 건설공사 도급인의 안전조치	
1. 개요		
	도급인은 기계.기구, 설비 등의 설치.해체.조립 작업 시 안전.보건조치 해야함	
2. 대상 기계.기구		
	① 타워크레인	
	② 건설용 리프트	
	③ 항타기 및 항발기	
3. 설치.해체.조립 작업 시 확인 또는 조치사항		
	① 작업 전 기계.기구 등 소유 또는 대여하는 자와 합동 안전점검실시	
	② 작업계획서 작성 및 이행여부 확인(리프트 제외)	
	③ 자격.면허.경험.기능을 가지고 있는지 여부 확인(리프트 제외)	
	④ 안전보건규칙에서 정하고 있는 안전.보건조치	
	⑤ 결함, 작업방법과 절차 미 준수, 강풍 등 이상 환경 시 작업중지	

01-5-29	특수형태근로종사자에 대한 안전조치 및 보건조치	121(10)
1. 개요		
	특수형태근로종사자로부터 노무를 제공받는 자는 산재예방을 위해 안전.보건조치	
2. 범위		
	건설기계관리법에 따라 등록된 건설기계(27종)를 직접 운전하는 사람	
3. 안전.보건조치(산업안전보건기준에 관한 규칙 제672조 제2항)		
	① 작업장 관련 전반(전도방지, 작업장 청결 등)	
	② 통로 관련 전반(조명 및 통로 설치 등)	
	③ 보호구 관련 전반	
	④ 추락 또는 붕괴에 의한 위험 방지 관련 전반	
	⑤ 기계.기구 및 그 밖의 설비 위험예방 전반	
	⑥ 건설기계 위험예방 전반	
	⑦ 중량물 취급 및 하역작업 등에 의한 위험방지	
	⑧ 벌목작업에 의한 위험방지	

01-5-30	특수형태근로종사자에 대한 안전보건교육	
1. 개요		
	특수형태근로종사자에게 노무를 제공받는 자는 안전 및 보건교육을 실시해야 함	
2. 특수형태근로종사자에 대한 안전보건교육		
	교육과정	교육시간
	① 최초 노무제공 시 교육	2시간 이상
	② 특별교육	16시간 이상
3. 특수형태근로종사자에 최초 노무제공 시 교육내용		
	① 산업안전 및 산업재해 예방	② 산업보건 및 건강장해 예방
	③ 건강증진 및 질병 예방	④ 유해.위험 작업환경 관리
	⑤ 직무스트레스 예방 및 관리	⑥ 작업 개시 전 점검에 관한 사항
	⑦ 직장 내 괴롭힘 등의 건강장해 예방	⑧ 정리정돈 및 청소에 관한 사항
	⑨ 물질안전보건자료에 관한 사항	⑩ 교통안전 및 운전안전에 관한 사항
	⑪ 기계 · 기구의 위험성과 작업의 순서 및 동선에 관한 사항 등	

01	산업안전보건법 기출문제
1. 6장 유해·위험 기계 등에 대한 조치	
	1) 유해하거나 위험한 기계 등에 대한 방호조치 등
	- 134(25). 건설용 유해·위험기계에 대한 안전조치 사항 중 방호조치, 안전인증 및 안전검사에 대하여 설명하시오.
	- 136(25). 산업안전보건법령상 대여자 등이 안전조치를 해야하는 기계,기구 등의 종류, 대여자의 조치사항, 대여받는 자의 조치사항 및 타워크레인을 대여받은 자의 조치사항에 대하여 설명하시오.

01	산업안전보건법 기출문제
1. 6장 유해·위험 기계 등에 대한 조치	
	2) 안전인증 및 안전검사
	- 92(10). 안전인증제
	- 100(10). 의무안전인증대상 보호구
	- 101(10). 유해위험기계 등의 안전검사(검사종류, 대상, 시기, 방법 등)
	- 127(10). 안전인증대상 기계 및 보호구의 종류
	- 123(25). 건설현장에서 사용하는 안전검사대상기계등의 종류, 안전검사의 신청 및 안전검사 주기에 대하여 설명하시오.
	- 102(25). 의무안전 인증대상기계기구 및 설비, 방호장치, 보호구에 대하여 설명
	- 136(10). 양중기의 안전검사 기준

01	산업안전보건법 기출문제
1. 6장 유해·위험 기계 등에 대한 조치	
	3) 보호구
	- 121(10). 안전보호구 종류
	- 105(10). 보호구의 종류와 관리 방법
	- 105(25).112(25). 건설현장에서 사용되는 안전보호구 종류를 나열하고 그 중 안전대의 종류와 사용 및 폐기기준에 대하여 설명하시오.
	- 120(10). 안전화의 종류, 가죽제 안전화 완성품에 대한 시험성능기준
	- 128(10). 손보호구의 종류 및 특징
	- 104(10). 방진마스크의 종류 및 안전기준
	- 133(10). 안전대의 종류 및 착용 대상작업
	- 118(10). 안전대의 종류 및 최하사점
	- 128(10). 안전대의 점검 및 폐기기준
	- 111(10). 보안경의 종류와 안전기준

01	산업안전보건법 기출문제
1. 6장 유해·위험 기계 등에 대한 조치	
	3) 보호구
	- 137(25). 안전대 부착설비 중 구명줄의 종류와 역할에 대하여 설명하시오.

01-6-1 유해하거나 위험한 기계.기구에 대한 방호조치

1. 유해.위험 방지를 위한 방호조치가 필요한 기계. 기구

종류	방호장치
① 예초기	날접촉 예방장치
② 원심기	회전체 접촉 예방장치
③ 공기압축기	압력방출장치
④ 금속절단기	날접촉 예방장치
⑤ 지게차	헤드가드, 백레스트, 전조등, 후미등, 안전벨트
⑥ 포장기계(진공포장기, 래핑기)	구동부 방호 연동장치

01-6-2 방호조치를 해체 시 안전조치

1. 방호조치
   - 위험기계.기구 부위에 접근하지 못하도록 하는 제한조치
   - 방호망, 방책, 덮개, 각종 방호장치

2. 방호조치 해체 등에 필요한 조치내용
   - ① 방호조치를 해체 : 사업주의 허가를 받아 해체할 것
   - ② 방호조치 해체 사유가 소멸 : 방호조치를 지체 없이 원상으로 회복
   - ③ 방호조치의 기능이 상실 : 지체 없이 사업주에게 신고

01-6-3 기계.기구 등의 대여자 등의 조치

1. 대여자 등이 안전조치를 해야하는 기계.기구

1) 양중기		타워크레인, 이동식크레인, 리프트
2) 차량계 하역운반		지게차, 고소작업대
3) 차량계 건설기계	도저형	불도저, 스크레이퍼, 도저
	굴착	크램쉘, 드래그라인, 버킷굴착기
	천공용	어스드릴, 어스오거, 천공기
	지반 압밀침하	페이퍼드레인머신
	지반 다짐	롤러기
	기타	항타기 및 항발기, 파워셔블, 모터그레이더, 로더, 스크레이퍼, 트렌치, 콘크리트 펌프

01-6-4 기계등 대여하는 자의 조치

1. 타인에게 대여하는 자의 조치
   - ① 점검, 보수 등 정비
   - ② 방호조치 내용등의 서면발급
     - -성능 및 방호조치 내용
     - -특성 및 사용 주의사항
     - -수리.보수 및 점검내역과 주요부품 제조일
     - -안전점검내역, 주요안전부품 교환이력
   - ③ 설치.해체 작업을 위탁 시 준수사항
     - -법령상 자격과 필요한 장비 여부 확인
     - -방호조치 내용 등의 내용 주지
     - -안전보건규칙에 따른 기준 준수 여부 확인
   - ④ 대여자에게 설치,해체 작업시의 준수사항의 확인결과 통보
   - ⑤ 대여에 관한 사항 기록.보존

01-6-5 기계등을 대여받는 자의 조치　　　　　　136(25)

1. 대여받는자의 조치
   ① 조작하는 사람의 자격.기능 여부 확인
   ② 조작자에게 작업내용 등 주지
      - 작업내용
      - 지휘계통
      - 연락.신호 등 방법
      - 운행경로, 제한속도 등
      - 조작에 따른 재해방지 위한 사항

2. 타워크레인 대여받을 시 조치
   ① 장비 간, 인접구조물 간에 충돌방지장치 설치
   ② 설치.해체 시 작업과정 전반을 영상 기록.보관

01-6-6 안전인증　　　92(10),100(10),102(25),127(10),134(25)

1. 안전인증대상

기계.기구	방호장치	보호구
(설치.이전/주요구조부 변경 시)	① 프레스 및 전단기	① 안전모(추락.감전방지용)
① 프레스	② 양중기용 과부하방지	② 안전화
② 전단기 및 절곡기	③ 보일러 압력방출용 밸브	③ 안전장갑
③ 크레인(설치.이전)	④ 압력용기 압력방출용 밸브	④ 방진마스크
④ 리프트(설치.이전)	⑤ 압력용기 압력방출용 파열판	⑤ 방독마스크
⑤ 압력용기	⑥ 절연용방호구 및 활선작업용기구	⑥ 송기마스크
⑥ 롤러기	⑦ 방폭구조 전기기계.기구 및 부품	⑦ 전동식 호흡보호구
⑦ 사출성형기	⑧ 추락.낙하 및 붕괴방지 가설기자재	⑧ 보호복　⑨ 안전대
⑧ 고소작업대		⑩ 차광, 비산방지 보안경
⑨ 곤돌라(설치.이전)	⑨ 산업용 로봇 방호장치	⑪ 용접용 보안면
		⑫ 방음용 귀마개/귀덮개

01-6-7 안전인증 절차 및 심사 종류　　　　123(25), 134(25)

1. 안전인증 절차

   예비심사 7일 → 서면심사 15일 → 기술능력 및 생산체계심사 30일 → 제품심사 (개별: 15일 / 형식별: 30일) → 확인 2년에 1회이상

2. 안전인증 심사의 종류
   ① 예비심사 : 기계 및 방호장치·보호구가 유해·위험기계 인지 확인하는 심사
   ② 서면심사 : 제품기술과 관련된 문서가 안전인증기준에 적합한지 심사
   ③ 기술능력 및 생산체계 심사
   ④ 제품심사 : 서면심사 내용 일치와 기계 성능이 인증기준에 적합한지 심사
   - 개별 제품심사 : 서면심사 결과가 적합할 경우에 기계 모두에 대한 심사
   - 형식별 제품심사 : 서면심사와 기술능력 및 생산체계 심사 결과가 적합할 경우에 기계 등의 형식별로 표본을 추출하여 하는 심사

01-6-8 자율안전확인의 신고

1. 자율안전인증대상

기계.기구	방호장치	보호구
① 연삭기/ 연마기	① 아세틸렌 및 가스집합 용접장치용 안전기	① 안전모(낙하방지용)
② 산업용 로봇	② 교류 아크용접기용 자동전격방지기	
③ 혼합기	③ 롤러기 급정지장치	② 차광 및 비산방지 외 보안경
④ 파쇄기/ 분쇄기	④ 연삭기 덮개	
⑤ 컨베이어	⑤ 목재가공둥근톱 반발 및 날 접촉 예방장치	③ 용접용외 보안면
⑥ 식품가공용 기계		
⑦ 자동차정비용 리프트	⑥ 동력식 수동대패용 칼날 접촉 방지장치	
⑧ 공작기계	⑦ 추락.낙하 및붕괴 가설기자재 (안전인증제외)	
⑨ 고정형 목재가공용기계		
⑩ 인쇄기		

01-6-9 안전검사대상 및 주기   101(10), 123(25), 136(10)

1. 안전검사대상 및 주기

대 상	최초 안전검사	정기검사	비고
크레인 리프트 곤돌라	-설치 후 3년이내	-최초 검사 후 2년마다	-건설현장 설치 후 6개월마다
이동식크레인 고소작업대	-신규등록 후 3년이내	-최초 검사 후 2년마다	
프레스/전단기/원심기 롤러기/압력용기/사출성형기/산업용로봇/컨베이어/국소배기장치	-설치 후 3년이내	-최초 검사 후 2년마다	-압력용기 : 공정안전보고서 확인 후 4년마다
혼합기 **파쇄기 또는 분쇄기**			-24.6.25 개정 -26.6.26 시행

01-6-10 자율검사프로그램에 따른 안전검사

1. 개요
   - 안전검사대상 사업주가 근로자대표와 협의하여 자율검사프로그램을 정함
   - 고용노동부장관의 인정 시 안전검사 면제(2년간)

2. 자율검사프로그램 인정요건
   ① 검사원을 고용하고 있을 것
   ② 검사를 할 수 있는 장비를 갖추고 이를 유지·관리할 수 있을 것
   ③ 안전검사 주기의 2분의 1에 해당하는 주기마다 검사를 할 것
   ④ 자율검사프로그램의 검사기준이 안전검사기준을 충족할 것

01-6-11 보호구   105(10), 112(25), 121(10)

1. 개요
   - 보호구는 재해나 건강장해를 방지하기 위해 작업자가 착용하는 기구나 장치

2. 보호구를 지급해야 하는 작업
   ① 물체 낙하, 비래위험, 근로자 추락위험 : 안전모
   ② 2m 이상에서 추락위험 : 안전대
   ③ 물체 낙하.충격, 끼임, 감전위험 : 안전화
   ④ 물체 흩날릴 위험 : 보안경
   ⑤ 용접 시 불꽃 흩날릴 위험 : 보안면
   ⑥ 감전위험 : 절연용 보호구
   ⑦ 화상위험 : 방열복
   ⑧ 분진이 심한 하역작업 : 방진마스크
   ⑨ 영하 18도 이하에서의 작업 : 방한모, 방한복, 방한화, 방한장갑

01-6-12 안전모

1. 안전모의 종류
   ① A종 : 낙하.비래위험 방지(자율안전확인신고대상)
   ② AB종 : 낙하.비래.추락위험 방지(안전인증대상)
   ③ AE종 : 낙하.비래.감전위험 방지(안전인증대상)
   ④ ABE종 : 낙하.비래.추락.감전위험 방지(안전인증대상)

2. 안전모 시험성능기준 항목
   ① 내관통성
   ② 충격흡수성
   ③ 내전압성
   ④ 내수성
   ⑤ 난연성
   ⑥ 턱끈 풀림

01-6-13 안전화　　　　120(10)

1. 안전화 종류
   - ① 가죽제 안전화
   - ② 고무제 안전화
   - ③ 정전기 안전화
   - ④ 발등 안전화
   - ⑤ 절연화
   - ⑥ 절연장화
   - ⑦ 화학물질용 안전화

01-6-14 안전화의 성능기준 및 재료시험　　　　120(10)

1. 안전화의 성능기준
   - ① 내압박성
   - ② 내답발성
   - ③ 내충격성
   - ④ 박리저항성

2. 안전화의 재료시험
   - ① 가죽 두께 측정, 결렬시험, 인열시험
   - ② 강재 선심의 부식시험
   - ③ 겉창의 인장강도, 인열, 노화, 내유성시험
   - ④ 봉합사의 인장시험

01-6-15 안전장갑　　　　128(10)

1. 안전장갑 종류
   - ① 내전압용 절연장갑
   - ② 화학물질용 안전장갑

2. 등급 및 선정기준
   - ① 용도와 작업내용에 맞게 선정
   - ② 내전압용 절연장갑 : 00등급 - 4등급
   - - 숫자가 클수록 절연성이 높음
   - ③ 화학물질용 안전장갑 : 성능수준 1 - 6
   - - 숫자가 클수록 보호시간이 길며 성능 높음
   - - 화학물질 보호성능 표시 확인
   - - 사용물질에 맞는 보호성능 확인

01-6-16 방진마스크　　　　104(10)

1. 개요
   - 분진 등의 입자상 물질을 걸러내 호흡기를 보호

2. 방진마스크 등급에 따른 사용장소

등급	사용장소
특급	베릴륨등과 같이 독성이 강한 물질들을 함유한 분진 등 발생장소
특급	석면 취급장소
1급	금속흄 등과 같이 열적으로 생기는 분진 등 발생장소
1급	기계적으로 생기는 분진 등 발생장소
2급	특급 및 1급 마스크 착용장소를 제외한 분진 등 발생장소

- 밸기밸브 없는 안면부 여과식은 특급 및 1급 장소에 사용금지
- 방진마스크 산소농도 18% 이하인 장소 사용금지
- 착용 후 밀착도 자가검사 실시

01-6-17 방독마스크

1. 방독마스크의 주요 보호기능
   - 유기용제, 산과 알칼리성 화학물질 가스와 증기 독성으로 호흡기 보호, 중독방지

2. 방독마스크의 형태별 구분
   - 직결식 : 전면형, 반면형
   - 격리식 : 전면형
   - 고, 중농도에서 전면형 사용

3. 방독마스크 등급에 따른 사용장소

등급별/ 농도	가스, 증기 농도	암모니아 농도
고농도	2% 이하	3% 이하
중농도	1% 이하	1.5% 이하
저농도 및 최저농도	0.1% 이하	-

   - 산소농도 18% 이상인 장소에서 사용
   - 정화통 외부 측면의 표시 색 등을 확인(유기화합물용: 갈색/ 아황산용: 노랑색)
   - 착용 후 밀착도 자가 검사

01-6-18 송기마스크

1. 개요
   - 산소농도가 18%미만, 유해물질 농도가 2%(암모니아 3%)이상인 장소 등에서 착용
   - 질식위험이 있는 밀폐공간, 독성 오염물질 노출 시 등 착용

2. 사용대상 작업
   ① 산소가 결핍되거나 유해가스 등의 농도를 모르는 장소
   ② 고농도 분진이나 유해물질의 증기, 가스가 발생하는 장소
   ③ 강도가 높거나 장시간 하는 작업
   ④ 유해물질의 종류나 농도가 불분명한 장소
   ⑤ 방진· 방독마스크 착용이 부적절한 장소

01-6-19 전동식 호흡보호구

1. 개요
   - 고효율 정화통 및 여과재를 전동장치에 부착하여 분진 및 유해물질 등의 체내 유입 방지 목적
   - 고농도 분진이나 유해물질이 있는 장소에서 작업 시 작업시간, 작업강도 등으로 인한 호흡 부담요인을 줄여 작업자의 원활한 호흡을 도움

2. 전동식 호흡보호구의 분류
   ① 전동식 방진마스크
   ② 전동식 방독마스크

01-6-20 보호복

1. 개요
   - 화학적, 기계적, 물리적 작용으로부터 전신 보호하는 의류
   - 방열복(안전인증), 화학물질용 보호복(안전인증)으로 구분

2. 화학물질용 보호복 건설현장 착용 요구작업
   ① 석면이 함유된 제품 철거작업
   ② 페인트 작업, 스프레이 코팅 등 도장 스프레이 작업

01-6-21 안전대   105(25), 112(25), 118(10), 133(10)

1. 개요
   - 높이 및 깊이 2m 이상의 장소에서 작업 시 떨어짐을 방지하기 위한 것이나
   - 안전대만으로는 보호하지 못하므로 안전대를 걸 수 있는 부착 설비를 설치해야 함.

2. 안전대의 종류

종류	등급	사용구분
벨트식 안전그네식	1종	U자걸이 전용
	2종	1개걸이 전용
	3종	1개걸이 U자걸이 공용
	4종	안전블록
	5종	추락방지대

- 추락방지대 및 안전블록은 안전그네식에만 적용

01-6-22 안전대의 착용대상 작업   133(10)

1. 안전대의 착용대상 작업
   ① 작업발판(폭 40㎝)이 없는 장소의 작업
   ② 작업발판이 있어도 난간대가 없는 장소의 작업
   ③ 난간대로부터 상체를 내밀어 작업하는 경우
   ④ 작업발판과 구조체 사이의 거리가 30cm 이상으로 수평방호시설이 없는 장소의 작업

01-6-23 안전대 부착설비 및 최하사점   118(10), 137(25)

1. 안전대 부착설비 설치 시 준수사항
   ① 높이 2m이상 장소 작업 시 안전대 부착설비 설치
   ② 처지거나 풀리는 것 방지 조치
   ③ 작업 전 이상유무 점검

2. 최하사점
   - 추락 시 로프를 지지한 위치에서 신체의 하사점까지의 거리

   로프 지지위치
   로프길이 ℓ
   로프 신장길이 $\ell * \alpha$
   작업자 키의 1/2
   H h
   바닥면

01-6-24 안전대 점검   128(10)

1. 안전대 점검
   ① 벨트의 마모, 흠, 비틀림, 약품류에 의한 변색
   ② 재봉실의 마모, 절단, 풀림
   ③ 철물류의 마모, 균열, 변형, 전기단락에 의한 용융, 리벳이나 스프링의 상태
   ④ 로우프의 마모, 소선의 절단, 흠, 열에 의한 변형, 풀림 등의 변형, 약품류에 의한 변색

01-6-25 안전대 폐기기준   105(25), 112(25), 128(10)

1. 안전대 폐기기준

   1) 로우프
      ① 소선에 손상이 있는 것
      ② 페인트, 기름, 약품, 오물 등에 의해 변질된 것.
      ③ 비틀림이 있는 것
      ④ 횡마로 된 부분이 헐거워진 것

   2) 벨트
      ① 끝 또는 폭에 1㎜ 이상의 손상 또는 변형이 있는 것.
      ② 양끝의 헤짐이 심한 것.
      ③ 재봉 부분의 이완 등 결함이 있는 것

   3) D링, 후크
      ① 1㎜ 이상 손상이 있는 것
      ② 심한 변형 및 녹이 슬어 있는 것

01-6-26 보안경   111(10)

1. 개요
   ① 유해광선이나 비산물, 분진 등으로부터 눈 보호하기 위한 것
   ② 자외선, 적외선, 강렬한 가시광선으로 눈 보호하기 위한 차광보안경(안전인증)
   ③ 작업 중 발생되는 비산물로부터 눈 보호하기 위한 일반보안경(자율안전확인)

2. 등급 및 선정기준
   ① 차광보안경은 용접·용단작업 등에 적합한 차광번호를 선정한다.
   ② 차광번호 숫자가 클수록 차광능력이 높아진다
   - 자외선필터는 1.2 ~ 5번까지 구분
   - 적외선필터는 1.2 ~ 10번까지 구분
   - 용접필터는 1.2 ~ 16번까지 구분하고, 숫자가 크면 시감투과율이 낮다

01-6-27 보안면

1. 개요
   ① 작업 시 유해·위험요인으로부터 얼굴 보호하기 위한 것
   ② 각종 비산물과 유해한 액체로부터 얼굴 보호 착용 일반보안면(자율안전확인)
   ③ 용접 시 유해광선이나 분진으로 눈, 안면부 보호 착용 용접용 보안면(안전인증)

2. 용접용 보안면 종류별 성능 구분
   ① 일반용접 필터형 : 작업자가 반복적으로 차광유리 개폐를 반복
   ② 자동용접 필터형 : 0.5초 내에 자외선에 반응하여 자동으로 빛을 차단

01-6-28 방음 보호구

1. 종류별 성능 구분

종류	구분	성능
귀덮개	-	-
귀마개	1종	저음부터 고음까지 차음
	2종	주로 고음을 차음하고, 저음(회화음 영역)은 차음 하지 않음

2. 청력 보호구가 필요한 근로자
   ① 1일 소음노출시간과 소음수준 초과 작업장 근로자
   ② 최초노출 이후 6개월 이상 청력검사 미실시
   ③ 청력의 표준 이탈이 있는 모든 근로자

   ▶ 청력보호구 착용이 필요한 조건

1일 노출시간	8	4	2	1	0.5
소음수준(dB)	85	90	95	100	105

01	산업안전보건법 기출문제
1. 7장 유해·위험물질에 대한 조치	
	1) GHS
	- 100(10) 화학물질 분류 표시에 관한 GHS제도
	- 112(10) GHS 경고표지에 기재되어야 할 항목

01	산업안전보건법 기출문제
1. 7장 유해·위험물질에 대한 조치	
	2) MSDS
	- 92(10).109(10).123(10) 물질안전보건자료 MSDS
	- 100(10). 물질안전보건자료MSDS 교육시기 및 내용
	- 114(25). 방수공사 중 유기용제류 사용 시 고려사항 및 안전대책에 대하여 설명
	- 128(25). 건설공사에서 사용되는 자재의 유해인자 중 유기용제와 중금속에 의한 건강장애 및 근로자의 보건상 조치에 대하여 설명하시오.
	- 110(25). 건설공사 중 용제류 사용에 의한 안전사고 발생원인 및 안전대책에 대하여 설명하시오

01	산업안전보건법 기출문제
1. 7장 유해·위험물질에 대한 조치	
	3) 석면
	- 107(10). 석면의 조사대상기준 및 해체 작업 시 준수사항
	- 101(25). 기존 건축구조물 철거공사에서 석면구조물과 설비 해체작업 시 조사대상과 안전작업 기준에 대하여 설명하시오.
	- 102(25). 건축물이나 설비의 철거 해체시, 석면조사 대상 및 조사 방법, 석면 농도의 측정방법에 대하여 설명하시오.
	- 113(25). 건축물 철거·해체 시 석면조사기관의 조사대상과 석면제거 작업 시 준수사항에 대하여 설명하시오.
	- 117(25). 건축물 리모델링 현장에서 발생할 수 있는 석면에 대한 조사대상 및 조사방법, 안전작업기준에 대하여 설명하시오.
	- 101(25). 기존 건축구조물 철거공사에서 석면구조물과 설비 해체작업 시 조사대상과 안전작업 기준

01-7-1	물질안전보건자료 작성 및 제출	92(10). 109(10). 123(10)
1. 개요		
	물질안전보건자료 대상물질을 제조 및 수입하려는 자는 물질안전보건자료를 작성해 고용노동부장관에게 제출	
2. 물질안전보건자료에 포함되어야 할 사항		
	① 제품명	
	② 화학물질의 명칭 및 함유량	
	③ 안전 및 보건상의 취급 주의 사항	
	④ 건강 및 환경에 대한 유해성, 물리적 위험성	
	⑤ 물리·화학적 특성 등 고용노동부령으로 정하는 사항	
	- 독성정보/ 폭발.화재시의 대처방법/ 응급조치 요령 등	

01-7-2 물질안전보건자료의 제공

1. 개요

   물질안전보건자료 대상물질을 양도하거나 제공하는 자는 이를 양도받거나 제공받는 자에게 물질안전보건자료를 제공

2. 물질안전보건자료 작성항목(16개항목)

① 화학제품과 회사정보	② 유해성.위험성
③ 구성성분 명칭 및 함유량	④ 응급조치요령
⑤ 폭발.화재 시 대처방법	⑥ 누출사고 시 대처방법
⑦ 취급 및 저장방법	⑧ 노출방지 및 개인보호구
⑨ 물리화학적 특성	⑩ 안정성 및 반응성
⑪ 독성 정보	⑫ 환경에 미치는 영향
⑬ 폐기 시 주의사항	⑭ 운송 정보
⑮ 법적규제 현황	⑯ 그 외 참고사항

01-7-3 물질안전보건자료의 게시

1. 개요

   사업주는 물질안전보건자료를 물질안전보건자료 대상물질을 취급하는 작업장 내에 근로자가 쉽게 볼수 있는 장소에 게시 (작업공정별로 관리요령 게시)

2. 물질안전보건자료 게시장소

   ① 물질안전보건자료 대상물질을 취급하는 작업공정이 있는 장소
   ② 작업장 내 근로자가 가장 보기 쉬운 장소
   ③ 근로자가 작업 중 쉽게 접근할 수 있는 장소에 설치된 전산장비

3. 물질안전보건자료대상물질의 관리요령 게시

   ① 제품명
   ② 건강 및 환경에 대한 유해성, 물리적 위험성
   ③ 안전 및 보건상의 취급주의 사항
   ④ 적절한 보호구
   ⑤ 응급조치 요령 및 사고 시 대처방법

01-7-4 물질안전보건자료의 교육 100(10)

1. 개요

   물질안전보건자료 대상물질 취급 근로자에게 물질안전보건자료에 관한 교육

2. 물질안전보건자료에 관한 교육시기

   ① 물질안전보건자료대상물질 제조.사용.운반.저장 작업에 근로자 배치
   ② 새로운 물질안전보건자료 대상물질이 도입된 경우
   ③ 유해성·위험성 정보가 변경된 경우

3. 물질안전보건자료에 관한 교육내용

   ① 제품명
   ② 물리적위험성 및 건강 유해성
   ③ 취급상의 주의사항
   ④ 적절한 보호구
   ⑤ 응급조치 요령 및 사고 시 대처방법
   ⑥ 물질안전보건자료 및 경고표지를 이해하는 방법

01-7-5 물질안전보건자료대상물질 용기 등의 경고표시

1. 개요

   물질안전보건자료 대상물질을 양도.제공하는 자는 이를 담은 용기 및 포장에 경고표시를 해야함

2. 경고표시 방법 및 기재항목

   ① 부착 - 화학물질 담은 용기 및 포장 (소분통 포함)
   ② 색상 : 바탕- 흰색,   그림문자 테두리- 빨간색,   글씨-검정색
   ③ 경고표시 포함되어야 할 사항
   - 명칭
   - 그림문자
   - 신호어
   - 유해.위험문구
   - 예방조치문구
   - 공급자 정보

01-7-6	석면조사	107(10), 101(25), 102(25), 113(25), 117(25)

1. 개요
    건축물. 설비소유주는 철거.해체 시 석면조사 한 후 그 결과 기록.보존
2. 석면조사의 종류
    ① 일반석면조사 : 석면함유 여부 및 함유자재 종류, 위치 및 면적
    ② 기관석면조사 : 일정 규모 이상 시 석면조사기관을 통하여 조사
3. 기관석면조사 실시 대상
    ① 건축물 연면적 $50m^2$이상 이면서 철거면적 $50m^2$이상
    ② 주택 연면적 $200m^2$이상이면서 철거면적 $200m^2$이상
    ③ 단열재/보온재 등 자재면적$15m^2$이상/부피$1m^3$이상의 설비 철거부분
    ④ 파이프길이의 합 $80m$이상이면서 보온재길이 합 $80m$이상
4. 기관석면조사 방법
    ① 예비조사(건축도면/자재이력 확인)
    ② 해체 자재의 성질별로 구분
    ③ 자재의 성질별로 크기고려 시료채취

01-7-7	석면의 해체.제거

1. 석면해체. 제거업자를 통한 석면해체. 제거대상(석면함유 중량비율 1%이상)
    ① 벽체, 바닥재, 천장재 및 지붕재 등 자재 면적합 $50m^2$이상
    ② 분무재 또는 내화피복재
    ③ 단열재, 개스킷, 패킹재, 실링재 등 면적 합$15m^2$이상/부피$1m^3$이상
    ④ 파이프 보온재 길이 합 $80m$이상
2. 석면해체.제거업자의 준수사항
    ① 해체, 제거 작업 7일 전 고용노동청에 신고
    ② 해체, 제거 시 작업기준 준수(산업안전보건기준에 관한 규칙)
    ③ 작업완료 후 작업장 공기 중 석면농도 측정(0.01개/cm^3이하)
    ④ 서류보존(30년간)

01-7-8	석면농도기준의 준수

1. 개요
    석면해체.제거업자는 작업이 완료된 후 작업장 공기 중 석면농도를 기준이하가
    (0.01개/cm^3)되도록 하며, 증명자료 관할지방노동관서에 제출
2. 석면 농도측정자의 자격
    ① 석면조사기관 소속된 산업위생관리산업기사 또는 대기환경산업기사 이상
    ② 작업환경 측정기관 소속된 산업위생관리산업기사 이상
3. 석면농도의 측정방법
    ① 작업장 내 청소 완료 후 건조한 상태
    ② 침전된 분진 비산
    ③ 지역 시료채취방법(멤브레인 여과지)

01	산업안전보건법 기출문제

1. 8장 근로자 보건관리
   1) 작업환경
      - 119(25). 건설현장의 작업환경측정기준과 작업환경개선대책에 대하여 설명하시오
      - 98(10). 작업환경측정 대상사업장
      - 97(10). 작업환경 요인별 건강장해의 종류
      - 136(10). 작업환경측정의 정의 및 주기

01	산업안전보건법 기출문제

1. 8장 근로자 보건관리
   2) 휴게시설
      - 130(10). 사업장 휴게시설
      - 129(25). 산안법상 근로자가 휴식시간에 이용할 수 있는 휴게시설의 설치대상 사업장 기준, 설치 의무자 및 설치기준을 설명하시오.
      - 117(10). 휴게시설의 필요성 및 설치기준

01	산업안전보건법 기출문제

1. 8장 근로자 보건관리
   3) 건강진단
      - 93(10). 근로자 건강진단
      - 114(10). 산업안전보건법상 건강진단의 종류, 대상, 시기
      - 116(10). 산업안전보건법령상 특수건강진단
      - 135(25). 사업주가 근로자의 건강관리를 위하여 실시해야 하는 건강진단 종류, 종류별 실시대상, 주기 및 사업주의 의무, 근로자의 의무에 대하여 설명

01-8-1	작업환경측정	119(25), 136(10)

1. 개요

   작업환경측정이란 작업환경 실태를 파악하기 위하여 해당 근로자 또는 작업장에 대하여 사업주가 유해인자측정계획을 수립 후 시료를 채취하고 분석·평가

2. 작업환경측정 FLOW

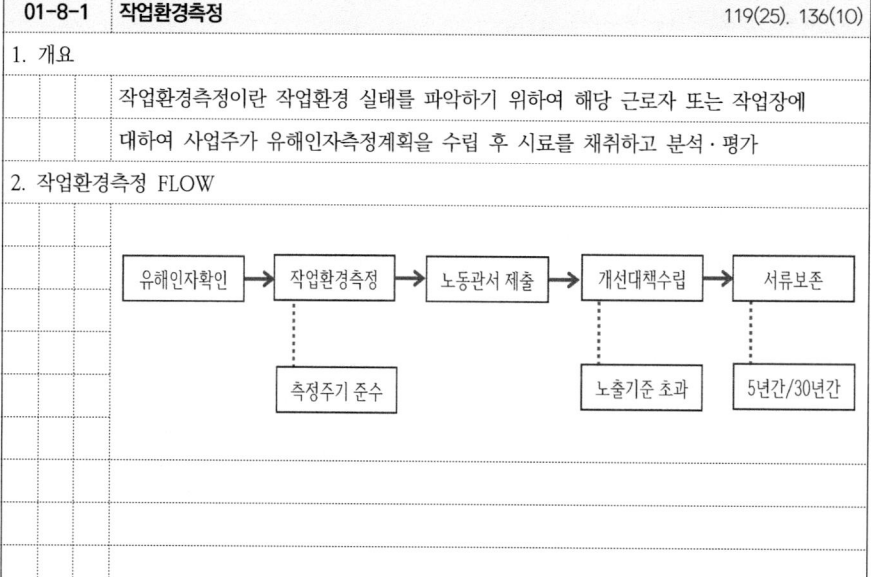

01-8-2	작업환경측정 대상 작업장		98(10)
1. 개요			
	작업환경측정 대상 유해인자에 노출되는 근로자가 있는 작업장		
2. 작업환경 측정 대상 유해인자			
	화학적 인자 (183종)	① 유기화합물 : 메탄올, 톨루엔, 벤젠 등	
		② 금속류 : 구리, 니켈, 망간, 납, 카드뮴 등	
		③ 산 및 알칼리류 : 황산, 질산, 불화수소, 수산화나트륨 등	
		④ 가스상태 물질류 : 염소, 암모니아, 황화수소 등	
		⑤ 허가대상 유해물질 : 크롬산 아연, 베릴륨, 벤조트리클로라이드	
		⑥ 금속가공유	
	물리적 인자 (2종)	① 소음 (8시간 시간가중평균 80dB이상)	
		② 고열 : 열경련, 열탈진, 열사병 등 건강장해 유발 온도	
	분진(7종)	- 용접 흄, 석면, 유리, 목재, 면, 곡물, 광물성 분진	
	기타	- 고용노동부장관 고시(허가대상 및 특별관리 물질)	

01-8-3	작업환경측정 방법 및 자격		136(10)
1. 작업환경측정 방법			
	① 측정 전 예비조사실시		
	② 정상적 작업시간에 실시		
	③ 개인시료 채취방법(곤란 시 지역시료 채취방법)		
2. 작업환경측정자 자격			
	사업장 소속된 산업위생관리 산업기사 이상		
3. 작업환경측정 주기			
	최초측정		측정대상 작업장 신규.변경 30일 이내
	정기측정		6개월 1회
	실시 주기 조정	3개월 1회	발암성물질 기준초과
			화학물질 노출기준 2배이상
		1년에 1회	소음 최근 2회 연속 85데시벨 미만
			소음외 최근 2회 연속 노출기준 미만

01-8-4	작업환경측정 후 조치	
1. 측정 후 조치		
	① 측정결과 지방고용노동관서에 보고	
	② 결과에 대한 설명회 개최	
	③ 결과 노출기준 초과 시 시설.설비의 설치.개선	
	④ 건강진단 실시	
	⑤ 측정결과 기록 5년간 보존/노동부 고시 물질 30년간 보존	

01-8-5	휴게시설의 설치	117(10), 130(10), 129(25)
1. 개요		
	사업주는 근로자가 신체적 피로와 정신적 스트레스를 해소할 수 있도록 휴식시간에 이용할 수 있는 휴게시설을 설치	
2. 휴게시설설치 대상 사업장		
	① 상시근로자 20명이상	
	② 건설업- 총공사금액 20억원이상	
3. 휴게시설 설치.관리기준		
	① 크기- 최소바닥면적 $6m^2$ *사업장 개수/천장높이: $2.1m$이상	
	② 위치- 휴식시간 20%미만/ 화재.폭발위험/유해물질취급/분진 장소와 이격	
	③ 온도(18-28도)유지,냉난방기능 구비/ 습도(50-55%)/ 조명(100-200럭스)	
	④ 환기가능/ 의자등 비품 구비/ 물/식수설비 구비	
	⑤ 휴게시설표지 부착/ 청소.관리담당자 지정	
	⑥ 목적외 용도 사용금지	

01-8-6 일반건강진단   93(10), 114(10), 135(25)

1. 개요

　사업주는 근로자 건강보호.유지 위한 실시시기. 주기 및 대상에 따라 실시

2. 건강진단의 종류 및 실시 대상

종류	일반	특수	배치전	수시	임시
대상	전체근로자	특수건강진단 대상 업무 종사		건강장해 의심	노동관서 명령

3. 일반건강진단 대상 및 주기

　① 사무직: 2년에 1회이상
　② 기타: 1년에 1회이상

4. 건강진단 절차

대상근로자 선정 → 건강진단기관의뢰 → 진단결과 통보 → 사후조치 관리 → 서류보존

진단결과 통보: 사업주와 근로자에게 통보
사후조치 관리: 작업전환/시설.설비 개선
서류보존: 5년간/30년간

01-8-7 특수건강진단   116(10)

1. 특수건강진단 대상 유해인자

화학적 인자 (164종)	① 유기화합물 : 메탄올, 톨루엔, 벤젠 등
	② 금속류 : 구리, 니켈, 망간 등
	③ 산 및 알칼리류 : 황산, 질산, 불화수소 등
	④ 가스상태 물질류 : 염소, 일산화탄소, 황화수소 등
	⑤ 허가대상 유해물질 : 크롬산 아연, 베릴륨, 벤조트리클로라이드
	⑥ 금속가공유
물리적 인자 (8종)	- 소음, 강렬한소음, 충격소음, 진동, 방사선, 고기압, 저기압 유해광선
분진(7종)	- 용접 흄, 석면, 유리, 목재, 면, 곡물, 광물성 분진
야간작업 (2종)	① 6개월간 (밤 12시- 오전 5시) 8시간 작업을 월 평균 4회 이상
	② 6개월간 (오후 10시 -오전 6시) 사이의 시간 중 작업을 월 평균 60시간 이상 수행하는 경우

01-8-8 특수건강진단의 시기 및 주기

1. 특수건강진단의 시기 및 주기

유해인자	첫 번째 시기	주기
① N,N-디메틸아세트아미드	1개월 이내	6개월
② 벤젠	2개월 이내	6개월
③ 사염화탄소/염화비닐 등	3개월 이내	6개월
④ 석면,면분진	12개월 이내	12개월
⑤ 광물성/목재/소음	12개월 이내	24개월
⑥ 그외	6개월 이내	12개월 이내

01-8-9 임시건강진단 명령 등

1. 개요

　고용노동부장관은 같은 유해인자에 노출되어 유사한 증상이 발생한 경우 등 임시건강진단을 명할수 있다.

2. 임시건강진단 명령 대상

　① 같은부서 근무자
　② 같은 유해인자 노출로 유사한 증상
　③ 직업병 유소견자 발생

| 01-8-10 | 건강진단에 관한 사업주의 의무 | 135(25) |

1. 사업주 의무
　　① 근로자대표 요구시 참석
　　② 건강진단 결과 설명회 개최
　　③ 건강진단 결과에 따른 사후관리
　　　-작업장소 변경 및 작업전환
　　　-근로시간 단축 및 야간근로 제한
　　　-작업환경측정 및 시설.설비 설치.개선
　　　-건강상담
　　　-보호구 지급 및 착용지도
　　　-추적검사
　　　-근무 중 치료조치
　　④ 결과기록 5년간보존
　　⑤ 허가대상유해물질 및 특별관리물질 취급 결과기록 30년간 보존

MEMO

26년 대비
건설안전기술사 핵심개념 총정리

제 2 장

중대재해 처벌 등에 관한 법률
(중대재해처벌법)

제 02 장 중대재해 처벌 등에 관한 법률(중대재해처벌법)

02	중대재해처벌법
	1. 총칙
	2. 중대산업재해

02	중대재해처벌법 기출문제
1. 중대재해처벌법	
	- 127(10). 중대산업재해와 중대시민재해
	- 130(10). 중대산업재해 및 중대시민재해의 정의와 범위
	- 126(25). 중대재해처벌법 상 중대재해의 정의, 의무주체, 보호대상, 적용범위, 의무내용, 처벌수준에 대하여 설명하시오
	- 128(25). 산업안전보건법과 중대재해처벌법의 목적을 설명하고, 중대재해처벌법의 사업주와 경영책임자 등의 안전 및 보건 확보의무 주요 4가지 사항에 대하여 설명하시오
	- 133(25). 「산업안전보건법」과 「중대재해 처벌 등에 관한 법률」 상의 중대재해를 구분하여 정의하고 현장에서 중대재해 발생 시 조치사항을 설명하시오.
	- 134(25). '중대재해 처벌 등에 관한 법률'에 따른 사업주와 경영책임자 등의 안전보건확보의무 4가지에 대하여 설명하시오.

02	중대재해처벌법 기출문제
1. 중대재해처벌법	
	- 135(25). 중대재해 처벌 등에 관한 법률에서 건설공사 적용대상 상시근로자수 산정방법(근로기준법상)과 '재해예방에 필요한 인력 및 예산 등 안전보건관리체계구축 및 그 이행에 관한 조치'의 관련 사항을 설명하시오.
	- 136(25). 「산업안전보건법」상 중대재해와 「중대재해 처벌 등에 관한 법률」 상의 중대산업재해를 구분하여 정의하고, 중대재해 처벌 등에 관한 법률 시행령에 따른 안전보건관리체계의 구축 및 이행 조치에 관하여 설명하시오.
	- 137(10). 중대재해 처벌 등에 관한 법률상 경영책임자의 의무

02-1-1 중대재해 처벌 등에 관한 법률

1. 제정 이유

   ① 다양한 안전·보건 관계 법령 및 제도 개편에도 불구하고 중대재해 반복 발생
   → 종전 안전·보건 관계법령은 대부분 현장에서 이행되어야 하는 안전조치 또는 행위 위주로 규정하여, 중대재해 예방에 한계 존재
   ② 이에, 중대재해 예방의 핵심요소인 인력, 예산의 배치를 결정하는 권한과 책임을 가진 사람(이하 "경영책임자등")에게 안전·보건 확보 의무를 부과
   → 경영책임자 등이 의무를 이행하지 않아 이를 원인으로 중대재해가 발생한 경우에 형사처벌을 부과할 수 있도록 규정함으로써, 기업/기관이 중대재해 예방을 위한 안전·보건관리체계 구축을 유도하기 위해 중대재해처벌법이 제정됨

02-1-2 법 제1조(목적) 128(25)

1. 목적

   사업 또는 사업장, 공중이용시설 및 공중교통수단을 운영하거나 인체에 해로운 원료나 제조물을 취급하면서 안전·보건 조치의무를 위반하여 인명피해를 발생하게 한 사업주, 경영책임자, 공무원 및 법인의 처벌 등을 규정함으로써 중대재해를 예방하고 시민과 종사자의 생명과 신체를 보호함을 목적으로 한다.

02-1-3 법 제2조(정의) 126(25), 127(10), 130(10)

1. 용어의 정의
   1) 중대재해란 "중대산업재해"와 "중대시민재해를 말함
   2) 중대산업재해란 산업안전보건법에 따른 산업재해 중 이에 해당한 결과 야기한 재해
   3) 중대시민재해란 특정 원료 또는 제조물, 공중이용시설, 공중교통수단의 설계, 제조, 설치, 관리상 결함을 원인으로 발생한 재해 중 이에 해당한 결과를 야기한 재해

구분		중대산업재해	중대시민재해
기준	사망자	1명 이상	1명 이상
	부상자	동일한 사고 2명 이상 (6개월 이상 치료要)	동일한 사고 10명 이상 (2개월 이상 치료要)
	질병자	동일한 유해요인으로 직업성 질병자 1년 이내 3명 이상	동일한 원인 10명 이상 (3개월 이상 치료要)
보호대상		종사자(근로자, 노무제공자)	이용자 또는 그 밖의 사람

   - 산업재해란 노무를 제공하는자가 업무로 인하여 발생하는 사망.부상.질병

02-1-4 법 제2조(정의)

2. 안전보건 확보의무 주체

   ① 사업주 : 자신의 사업을 영위하는 자, 타인의 노무를 제공받아 사업하는 자
   ② 경영책임자 : 사업을 대표하고 사업을 총괄하는 권한과 책임이 있는 사람 또는 이에 준하여 안전보건에 관한 업무를 담당하는 사람 (중앙행정기관, 지방자치단체, 지방공기업, 공공기관의 장도 해당)

02-2-1	법 제3조(적용범위)
1. 개요	
	상시 근로자가 5명 미만인 사업 또는 사업장의 사업주 또는 경영책임자등에게는 규정을 적용하지 아니한다.
2. 시행 시기(건설업)	
	① 공사금액 50억원 이상 : 22.1.27 시행
	② 공사금액 50억원 미만 : 24.1.27 시행

02-2-2	법 제4조(사업주와 경영책임자 등의 안전 및 보건 확보의무) 128(25), 134(25)
1. 개요	
	사업주, 법인, 기관이 실질적으로 지배·운영·관리하는 사업장 안전·보건상 유해, 위험 방지를 위한 조치를 해야 함.
2. 안전·보건 확보 의무사항 137(10)	
	① 안전보건관리체계의 구축 및 이행 조치
	② 재해 발생 시 재발방지 대책의 수립 및 그 이행에 관한 조치
	③ 중앙행정기관·지방자치단체가 개선, 시정 등 명한 사항의 이행 조치
	④ 안전·보건 관계 법령상 의무이행에 필요한 관리상의 조치

02-2-3	법 제4조 128(25), 134(25), 135(25), 136(25)
3. 안전보건관리체계의 구축 및 이행 조치	
	① 안전·보건 목표와 경영방침 설정
	② 안전·보건 업무 총괄·관리 전담 조직(시공순위 200위 이내)
	③ 유해·위험요인 확인.개선 절차 마련, 점검한 후 필요한 조치
	④ 안전·보건 인력, 시설 및 장비의 구비등 예산 편성.집행
	⑤ 안전보건관리책임자등의 충실한 업무수행 지원
	⑥ 산업안전보건법에 따른 안전관리자, 보건관리자 등 배치
	⑦ 종사자 의견 청취 절차 마련, 청취 및 개선방안 마련, 이행 여부 점검
	⑧ 중대산업재해 발생시 조치 매뉴얼 마련 및 조치 여부 점검
	⑨ 도급, 용역, 위탁시 조치능력 및 기술평가기준 등 마련, 이행 여부 점검

02-2-4	법 제4조(사업주와 경영책임자 등의 안전 및 보건 확보의무)
4. 안전·보건 관계 법령상 의무이행에 필요한 관리상의 조치	
	① 안전. 보건 관계 법령상 의무이행 여부 점검하고, 의무 이행될 수 있도록 조치
	② 유해. 위험작업 법령상 의무 교육 실시 여부 점검, 교육 실시의 필요한 조치
5. 안전보건 조치 이행사항 보관방법	
	- 사업주, 경영책임자 등은 안전보건 확보의무 이행사항을 서면으로 작성하여 5년간 보관해야함.

02-2-5 산업안전보건법과 중대재해처벌법 비교

1. 의무주체 등 비교

구분		산업안전보건법	중대재해처벌법
의무주체		사업주	개인사업주, 경영책임자 등
보호대상		노무를 제공하는 자	종사자
적용범위		전 사업 또는 사업장 적용	5명 미만 사업,사업장 적용 제외
재해정의		중대재해	중대산업재해
		① 사망자 1명 이상	① 사망자 1명 이상
		② 3개월 이상 요양이 필요한 부상자 동시 2명 이상	② 동일한 사고로 6개월 이상 치료 필요한 부상자 2명 이상
		③ 부상자, 직업성 질병자 동시 10명이상	③ 동일 유해요인으로 직업성 질병자가 1년 이내 3명 이상

02-2-6 산업안전보건법과 중대재해처벌법 비교

2. 사업주 또는 경영책임자의 의무내용

구분		산업안전보건법	중대재해처벌법
의무 내용		사업주 등이 지켜야 하는 산업안전보건에 관한 구체적 기준과 의무 규정	사업운영 주체가 지켜야 하는 안전보건 확보 등 관리상의 의무
		-사업주 안전조치(법 38조)	-개인사업주, 경영책임자 등의 종사자에 대한 의무(법 4조)
		-사업주 보건조치(법 39조)	-도급.용역.위탁 등 관계에서의 제3자의 종사자에 대한 의무(법 5조)

02-2-7 산업안전보건법과 중대재해처벌법 비교

3. 처벌수준

구분			산업안전보건법	중대재해처벌법
처벌수준	사업주, 경영책임자 등		① 사망	① 사망
			7년이하 징역 또는 1억원이하 벌금	1년이상 징역 또는 10억원이하 벌금 (병과가능)
			② 안전보건조치 위반	② 부상.질병
			5년이하 징역 또는 5천만원이하 벌금	7년이하 징역 또는 1억원 이하 벌금
	법인, 기관		① 사망	① 사망
			10억원 이하 벌금	50억 이하 벌금
			② 안전보건조치 위반	② 부상.질병
			5천만원 이하 벌금	10억원 이하 벌금

26년 대비
건설안전기술사 핵심개념 총정리

건설안전기술사 핵심개념 총정리

제 3 장

건설기술진흥법

제 03 장 건설기술진흥법

03	건설기술진흥법 기출문제
	1. 총칙
	2. 건설공사의 관리
	3. 건설공사 참여자 안전관리

03	건설기술진흥법 기출문제
1. 총칙	
	- 98(10). 건설안전관련법(산업안전보건법, 건설기술관리법, 시설물의 안전관리에 관한 특별법)의목적 및 특징

03-1-1 법 제1조 건설기술진흥법의 목적 98(10)

1. 개요

건설기술의 연구·개발을 촉진하여 건설기술 수준을 향상시키고 이를 바탕으로 관련 산업을 진흥하여 건설공사가 적정하게 시행되도록 함과 아울러 건설공사의 품질을 높이고 안전을 확보함으로써 공공복리의 증진과 국민경제의 발전에 이바지함을 목적

2. 건설기술진흥법 목적

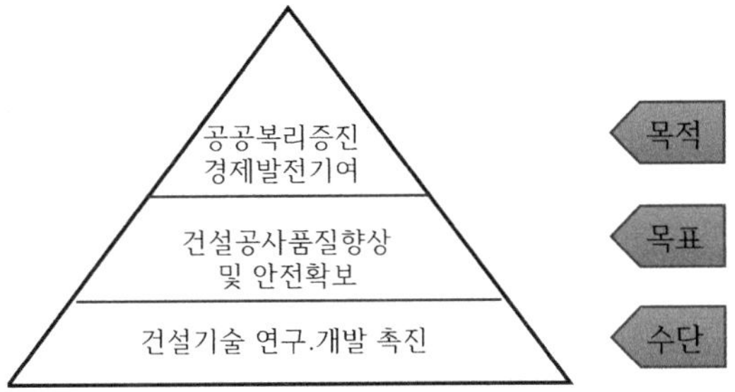

- 공공복리증진 경제발전기여 ◀ 목적
- 건설공사품질향상 및 안전확보 ◀ 목표
- 건설기술 연구·개발 촉진 ◀ 수단

03-1-2 시행령 제4조의2 건설사고의 범위 120(10)

1. 건설사고의 범위

① 사망

② 3일 이상의 휴업이 필요한 부상의 인명피해

③ 1천만원 이상의 재산피해

03	건설기술진흥법 기출문제
2. 건설공사의 관리 - 안전관리	
	1) 안전관리계획
	- 101(10).121(25). 안전관리계획서 수립 대상공사와 포함내용
	- 105(25). 건설기술진흥법에서 정한 안전관리계획서의 필요성, 목적, 대상사업장 및 검토 시스템에 대하여 설명하시오.
	- 111(25). 10층 이상 건축물의 해체 등 건설기술진흥법상 안전관리계획 의무대상 건설공사를 열거하고, 해체공사계획의 주요 내용을 설명하시오.
	- 112(25). 연면적 50,000m2(지하2층, 지상16층) 건축물을 시공하려고 한다. 건설기술진흥법을 토대로 안전관리계획서 작성항목과 심사기준 설명
	- 119(25). 안전관리계획서 작성내용 중 건축공사 주요 공종별 검토항목 설명
	- 124(10). 건설기술진흥법상 소규모 안전관리계획서 작성 대상사업과 작성내용
	- 132(25). 건설기술진흥법 상 안전관리계획서와 소규모 안전관리계획서 수립대상 및 계획수립기준에 포함되어야 할 사항에 대하여 비교하여 설명하시오.

03	건설기술진흥법 기출문제
2. 건설공사의 관리 - 안전관리	
	1) 안전관리계획
	- 103(25). 건설공사에서 안전 관리계획 수립 대상공사와 작성(포함)내용을 설명하고, 산업안전보건법 시행령에 규정한 설계변경 요청대상 및 전문가의 범위를 설명
	- 130(25). 건설공사에 적용되는 관련법에 따라 진행 단계별 안전관리 업무 및 확인사항에 대하여 설명하고, 유해위험방지계획서와 안전관리계획서의 차이점에 대하여 설명하시오.
	- 136(25). 건설기술진흥법령상 안전관리계획서 작성대상 및 작성내용과 대상 시설물별 세부 안전관리계획서에 대하여 설명하시오.

03	건설기술진흥법 기출문제
2. 건설공사의 관리 - 안전관리	
	2) 안전점검
	- 105(10). 초기안전점검
	- 99(10). 안전점검의 실시
	- 109(25). 건설기술진흥법상 건설공사 안전점검의 종류 및 실시방법
	- 120(25). 25층 건축물 건설공사 시 건설기술진흥법에서 정한 안전점검의 종류와 실시시기 및 내용에 대하여 설명하시오.
	- 121(25). 건설공사 현장의 안전점검 조사항목 및 세부시험 종류에 대하여 설명
	- 136(25). 건설기술진흥법령상 건설공사 안전점검의 종류, 실시시가, 점검내용과 시공자의 안전관리 업무에 대하여 설명하시오.

03	건설기술진흥법 기출문제
2. 건설공사의 관리 - 안전관리	
	2) 안전점검
	- 127(25). 건설기술진흥법 및 시설물의 안전 및 유지관리에 관한 특별법에서 정의하는 안전점검의 목적, 종류, 점검시기 및 내용에 대하여 설명하시오.
	- 128(25). 시공자가 수행하여야 하는 안전점검의 목적, 종류 및 안전점검표 작성에 대하여 설명하고, 법정(산업안전보건법, 건설기술진흥법) 안전점검에 대하여 설명하시오.
	- 134(25). '산업안전보건법', '건설기술 진흥법' 및 '시설물의 안전 및 유지관리에 관한 특별법'에서 정의하는 안전점검의 목적, 종류 및 점검내용에 대하여 설명하시오.

03	건설기술진흥법 기출문제
2. 건설공사의 관리 - 안전관리	
	3) 구조적 안전성 확인
	- 110(10).117(10). 건설기술진흥법 상 가설구조물의 안전성확인
	- 121(25). 건설기술진흥법 상 구조적 안전성을 확인해야 하는 가설구조물의 종류를 설명하시오
	- 129(10). 건설기술진흥법 상 가설구조물의 구조적 안전성을 확인받아야 하는 가설구조물과 관계전문가의 요건

03	건설기술진흥법 기출문제
2. 건설공사의 관리 - 안전관리	
	4) 안전관리 수준 평가
	- 130(25). 「건설기술진흥법」 상 "건설공사 참여자의 안전관리 수준 평가기준 및 절차"에 대하여 설명하시오.
	5) 안전관리 종합정보망
	- 119(10). 건설공사 안전관리 종합정보망(CSI)
	- 124(10). 건설기술진흥법상 건설공사 안전관리 종합정보망(C.S.I.)

03	건설기술진흥법 기출문제
2. 건설공사의 관리 - 안전관리	
	6) 설계의 안전성 검토
	- 118(10).127(10). 설계안전성검토(Design For Safety) 절차
	- 120(25). 건설기술진흥법에서 정한 설계의 안전성 검토 대상과 절차 및 설계안전검토보고서에 포함되어야 하는 내용에 대하여 설명하시오.
	- 110(10). 건설기술진흥법상 설계안전성검토(Design For Safety)
	- 123(10). DFS(Design For Safety)

03	건설기술진흥법 기출문제
2. 건설공사의 관리 - 안전관리	
	7) 안전관리비
	- 125(25). 「건설기술진흥법령」에서 규정하고 있는 건설공사의 안전관리조직과 안전관리비용에 대하여 설명하시오.
	- 115(25). 산업안전보건법상 산업안전보건관리비와 건설기술진흥법상 안전관리비의 계상목적,계상기준, 사용범위 등을 비교 설명하시오.
	- 132(25). 산업안전보건법과 건설기술진흥법의 건설안전 주요 내용을 비교하고, 산업안전보건관리비와 안전관리비를 설명하시오.

03	건설기술진흥법 기출문제
2. 건설공사의 관리 - 안전관리	
	8) 건설사고
	- 120(10). 건설사고조사위원회를 구성하여야 하는 중대건설사고의 종류
	9) 스마트
	- 121(10). 스마트 안전장비
	- 124(10). 스마트 추락방지대
	- 127(25). 건설현장의 스마트 건설기술 개념, 스마트 안전장비의 종류 및 스마트 안전관제시스템, 향후 스마트 기술 적용 분야에 대하여 설명
	- 129(25). '건설생산성 혁신 및 안전성 강화를 위한 스마트 건설기술'의 정의, 종류 및 적용사례에 대하여 설명하시오.
	- 137(10). 스마트 안전장비 지원사업

03-2-1	법 제54조(건설공사현장 등의 점검)제1항
1. 개요	
	국토교통부장관 또는 특별자치시장, 특별자치도지사, 시장·군수·구청장, 발주청은 건설공사의 부실방지, 품질 및 안전 확보가 필요한 건설공사에 대하여는 현장 등을 점검할 수 있다.
2. 건설공사현장 점검 대상 건설공사	
	① 재해, 재난이 발생한 건설공사
	② 중대한 결함이 발생한 건설공사
	③ 인·허가기관의 장이 점검이 필요하다고 인정하여 요청하는 건설공사
	-부실에 대한 민원 제기, 안전사고 예방 점검이 필요하다고 인정
	④ 국토교통부장관, 특별자치시장, 시장·군수·구청장, 발주청이 필요하다고 인정

03-2-2	법 제54조(건설공사현장 등의 점검)제3항
1. 개요	
	발주청은 안전사고, 부실공사가 우려되어 민원이 제기되는 경우 그 민원을 접수한 날부터 3일 이내에 현장 등을 점검하여야 하고, 점검결과 및 조치결과를 국토교통부장관에게 제출하여야 한다.
2. 안전사고, 부실공사 우려되어 발주청의 점검 대상	
	① 건설공사의 주요 구조부 및 가설구조물
	② 건설공사로 인한 지하 10미터 이상의 굴착지점
	③ 건설공사에 사용되는 천공기, 항타·항발기 및 타워크레인
	④ 건설공사의 인근 지역에 위치한 시설물

03-2-3 법 제62조(건설공사의 안전관리)제1항 101(10),121(25),105(25),111(25),103(25),136(25)

1. 개요
   - 건설사업자와 주택건설등록업자는 안전관리계획을 수립하고, 착공 전에 이를
   - 발주자에게 제출하여 승인을 받아야 하며, 발주청이 아닌 발주자는 미리
   - 안전관리계획의 사본을 인·허가기관의 장에게 제출하여 승인을 받아야 함.

2. 안전관리계획을 수립해야 하는 건설공사
   - ① 1종시설물 및 2종시설물의 건설공사
   - ② 지하 10m 이상 굴착하는 건설공사
   - ③ 폭발물 사용으로 주변에 영향 예상되는 공사(20m 내 시설물, 100m 내 가축사육)
   - ④ 10층 이상 16층 미만인 건축물의 건설공사
   - ⑤ 10층 이상인 건축물의 리모델링 또는 해체공사
   - ⑥ 수직증축형 리모델링
   - ⑦ 천공기(10m 이상), 항타 및 항발기, 타워크레인 건설기계가 사용되는 건설공사
   - ⑧ 건진법시행령 제101조의2제1항의 가설구조물을 사용하는 건설공사
   - ⑨ 발주자, 인허가기관의 장이 필요하다고 인정하는 건설공사

03-2-4 법 제62조(건설공사의 안전관리)제1항 101(10), 121(25), 136(25)

1. 안전관리계획 수립기준
   - ① 건설공사의 개요 및 안전관리조직
   - ② 공정별 안전점검계획(계측장비 등 안전 모니터링 장비의 설치 및 운용계획)
   - ③ 공사장 주변의 안전관리대책(발파 등 주변의 피해방지대책과 굴착 계측계획)
   - ④ 통행안전시설의 설치 및 교통 소통에 관한 계획
   - ⑤ 안전관리비 집행계획
   - ⑥ 안전교육 및 비상시 긴급조치계획
   - ⑦ 공종별 안전관리계획(대상 시설물별 건설공법 및 시공절차)

03-2-5 법 제62조(건설공사의 안전관리)제1항 112(25)

1. 총괄 안전관리계획의 수립기준
   1) 건설공사의 개요
      - 공사 전반에 대한 개략을 파악하기 위한 위치도, 공사개요, 전체공정표 및 설계도서
   2) 현장 특성 분석
      - ① 현장여건 분석
      - ② 시공단계의 위험요소, 위험성 및 그에 대한 저감대책
      - ③ 공사장 주변 안전관리대책
      - ④ 통행안전시설의 설치 및 교통소통계획
   3) 현장운영계획
      - ① 안전관리조직
      - ② 안전관리비 집행계획
      - ③ 공정별 안전점검계획
      - ④ 안전교육계획
      - ⑤ 안전관리계획 이행보고 계획
   4) 비상시 긴급조치계획
      - ① 비상사태 대비 내·외부 비상연락망, 비상동원조직, 경보체제, 응급조치사항
      - ② 화재 대피로 확보 및 비상대피 훈련계획에 관한 사항

03-2-6 법 제62조(건설공사의 안전관리)제2항 105(25), 112(25)

1. 개요
   - 안전관리계획을 제출받은 발주청,인허가기관의 장은 안전관리계획의 내용을 검토
   - 하여 그 결과를 건설사업자와 주택건설등록업자에게 통보하여야 함.

2. 안전관리 제출 및 검토시스템

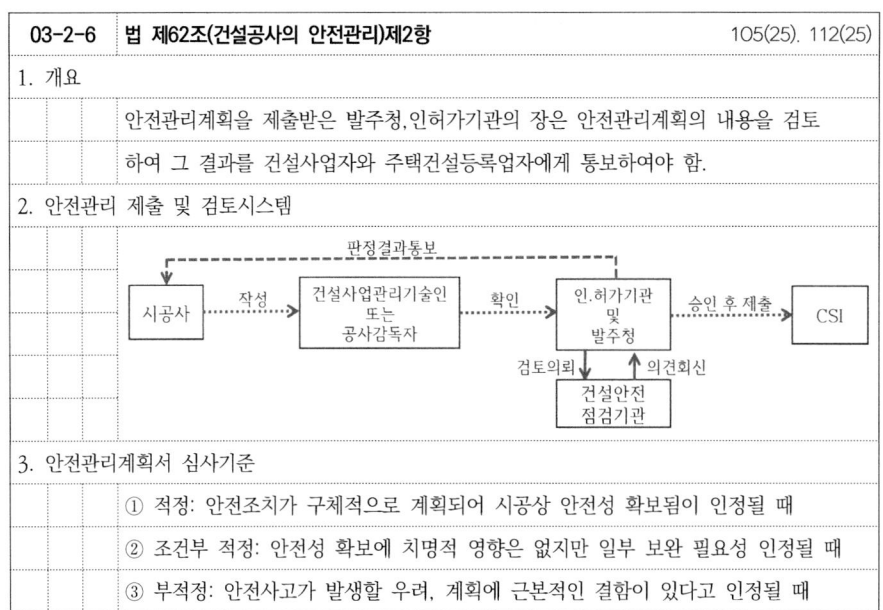

3. 안전관리계획서 심사기준
   - ① 적정: 안전조치가 구체적으로 계획되어 시공상 안전성 확보됨이 인정될 때
   - ② 조건부 적정: 안전성 확보에 치명적 영향은 없지만 일부 보완 필요성 인정될 때
   - ③ 부적정: 안전사고가 발생할 우려, 계획에 근본적인 결함이 있다고 인정될 때

03-2-7 법 제62조(건설공사의 안전관리)제3항

1. 개요
   발주청 또는 인·허가기관의 장은 제출받아 승인한 안전관리계획서 사본과
   검토결과를 국토교통부장관에게 제출하여야 한다.

2. 안전관리계획서 제출시기

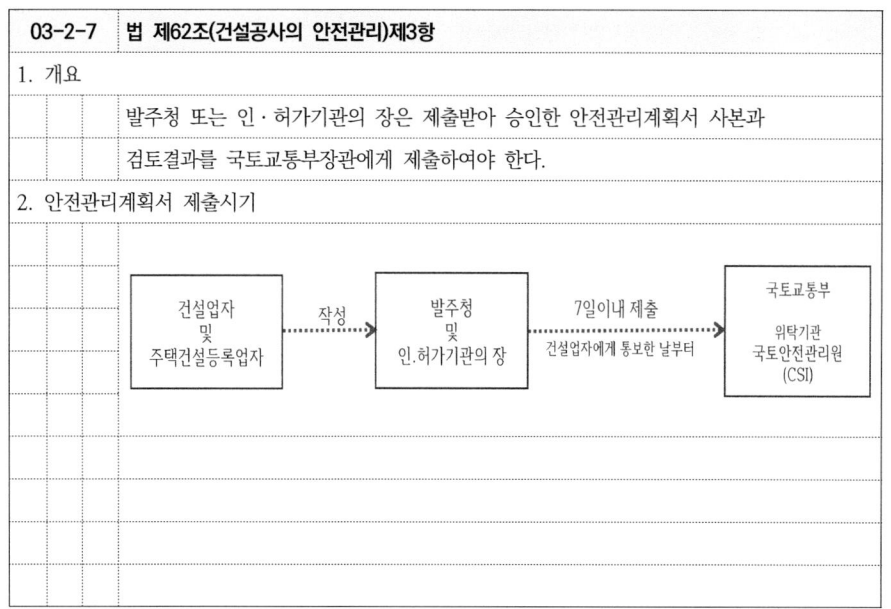

03-2-8 법 제62조 제4항   99(10),109(25),127(25),128(25),134(25), 136(25)

1. 개요
   건설사업자와 주택건설등록업자는 안전관리계획에 따라 안전점검을 하여야 한다.
   정기안전점검 및 정밀안전점검 등의 안전점검은 발주자가 기관을 지정하여야 함.

2. 안전점검의 종류 및 시기

안전점검 종류	점검시기	점검자
① 자체 안전점검	매일	건설업자
② 정기 안전점검	안전관리계획에서 정한 시기,횟수	건설안전 점검기관
③ 정밀 안전점검	정기안전점검결과 보수보강 필요 시	건설안전 점검기관
④ 초기 점검	준공 직전	건설안전 점검기관
⑤ 공사재개 전 안전점검	공사중단후 1년이상 방치된 시설물 공사 재개 전 실시	건설안전 점검기관

3. 건설안전점검기관
   ① 안전진단전문기관
   ② 국토안전관리원

03-2-9 법 제62조(건설공사의 안전관리)제4항   136(25)

4. 정기안전점검 점검사항
   ① 공사목적물의 안전시공을 위한 임시시설 및 가설공법의 안전성
   ② 공사 목적물의 품질, 시공상태 등의 적정성
   ③ 인접 건축물 또는 구조물의 안정성 등 공사장 주변 안전조치의 적정성
   ④ 건설기계 설치·해체 등 작업절차 및 전도·붕괴예방 안전조치의 적정성

5. 정밀안전점검 보고서에 포함사항
   ① 물리적·기능적 결함 현황
   ② 결함원인 분석
   ③ 구조안전성 분석결과
   ④ 보수·보강 또는 재시공 등 조치대책

03-2-10 법 제62조(건설공사의 안전관리)제4항

6. 정기안전점검 실시시기

건설공사 종류	정기안전점검 차수별 점검시기				
	1차	2차	3차	4차	5차
교량	기초 타설 전	하부공사 시공 시	상부공사 시공 시	-	-
터널	굴착 초기단계	굴착 중기단계 시공 시	라이닝콘크리트치기 중간단계		
콘크리트댐	유수전환 시공시	굴착, 기초 시공 시	댐 하상기초 완료 후	댐 축조 중기	댐 축조 말기
필댐	유수전환 시공시	굴착, 기초 시공 시	댐 축조 초기단계	댐 축조 중기	댐 축조 말기
하천수문	가시설공사 완료시	되메우기, 호안 시공 시	-		
하천제방	기초처리공사 완료시	흙쌓기 시공 시			
항만계류시설	기초, 사석 시공시	거치, 항타 시공 시	철근콘크리트 공사 시	속채움,뒷채움	
항만외곽시설 (방파제,호안)	기초, 사석 시공시	제작, 거치 시공 시	철근콘크리트 공사 시	속채움,뒷채움	
건축물	기초공사	구조체 초.중기단계	구조체 말기단계		
해체공사	총공정 초.중기단계	총공정 말기단계	-		
옹벽	가시설, 기초 시공시	구조체 시공 시			
절토/사면	발파, 굴착	비탈면 보호공 시공 시			
10m이상굴착	기초 타설 전	되메우기 완료			
폭발물 사용	총공정 초.중기단계	총공정 말기단계			

03-2-11 법 제62조(건설공사의 안전관리)제4항

7. 정기안전점검 실시시기- 건설기계,가설구조물 사용 건설공사 최소 2회 이상

종 류		정기안전점검 차수별 점검시기		
		1차	2차	3차
건설기계	천공기 (10m이상)	조립 후 최초 작업 시	천공 작업 말기	
	항타 및 항발기	조립 후 최초 작업 시	작업 말기	
	타워크레인	설치작업 시	인상 시 마다	해체작업 시
가설구조물	31m이상인 비계	최초 설치 완료 시		
	작업발판 일체형 거푸집	최초 설치 완료 시	설치 말기단계 시	
	5m이상인 거푸집 및 동바리	설치높이가 가장 긴 구간 설치 완료 시	타설 단면이 가장 큰 구간 설치 완료 시	
	터널 지보공	설치 초기단계 시	설치 말기단계 시	
	2m이상인 흙막이 지보공	최초 설치 완료 시	설치 완료 말기단계 시	
	브라켓 비계	브라켓 최초설치완료 시	브라켓 비계 설치 시	
	작업발판 및 안전시설물 일체화 가설구조물(10m이상)	최초 설치 완료 시	가설구조물 사용 말기 단계 시	-
	현장 조립 복합가설구조물	조립,설치 최초 완료 시	가설구조물 사용 말기 단계 시	-

03-2-12 법 제62조(건설공사의 안전관리)제4항

8. 안전점검 현장조사의 조사항목 및 세부시험 종류

1) 안전점검 현장조사 조사항목

육안조사	균열, 재료분리, 누수, 콜드조인트 발생여부 등
기본조사	콘크리트 비파괴강도, 철근탐사, 구조부재의 변위 등
추가조사	지질조사, 지반조사, 콘크리트 제체 시추조사, 콘크리트 재료시험 수중조사, 강재 비파괴시험, 비파괴재하시험, 계측, 측량 등

2) 기본조사 및 추가조사를 위한 각종시험

콘크리트 시험	강재 시험	실내 시험
① 반발경도 ② 초음파법 ③ 자기법 ④ 레이다법 ⑤ 방사선법	① 방사선 투과시험 ② 자분탐상시험 ③ 침투탐상시험 ④초음파탐상시험	① 콘크리트시험 : 강도, 수분함량, 공기량, 염화물 함유량 등 ② 강재시험 : 강도 등 측정 ③ 토질시험 : 입도, 함수비, 투수, 액터버그 한계, 다짐, 압밀 등

03-2-13 법 제62조(건설공사의 안전관리)제4항

1. 초기점검 개요

   1종시설물 및 2종시설물의 건설공사에 대해서는 그 건설공사를 준공하기 직전에 정기안전점검 수준 이상의 초기안전점검을 해야 함.

2. 초기점검 점검항목

   ① 문제점 발생부위 및 붕괴유발부재

   ② 문제점 발생 가능성이 높은 부위 등의 중점유지 관리사항을 파악

   ③ 향후 점검·진단시 구조물 안전성 평가기준 초기치 산정

3. 초기점검 조사내용

   ① 기본조사 : 콘크리트 비파괴강도, 철근탐사, 구조부재의 변위 등

   ② 외관 조사망도 작성

   ③ 추가조사 : 지질조사, 지반조사, 콘크리트 제체 시추조사, 콘크리트 재료시험 등

03-2-14 법 제62조(건설공사의 안전관리)제11항

1. 개요

   건설사업자 또는 주택건설등록업자는 동바리, 거푸집, 비계 등 가설구조물 설치 시 관계전문가에게 가설구조물의 구조적 안전성을 확인 받아야 함.

2. 가설구조물의 구조적 안전성 확인 대상

   ① 높이가 31미터 이상인 비계

   ② 브라켓(bracket) 비계

   ③ 작업발판 일체형 거푸집 또는 높이가 5미터 이상인 거푸집 및 동바리

   ④ 터널의 지보공 또는 높이가 2미터 이상인 흙막이 지보공

   ⑤ 동력을 이용하여 움직이는 가설구조물

   ⑥ 높이 10m 이상 외부작업의 작업발판 및 안전시설물 일체화 가설구조물

   ⑦ 공사현장에서 제작하여 조립·설치하는 복합형 가설구조물

   ⑧ 그 밖에 발주자, 인·허가기관의 장이 필요하다고 인정하는 가설구조물

03-2-15 법 제62조(건설공사의 안전관리)제14항 130(25)

1. 개요

   국토교통부장관은 건설공사의 안전을 확보하기 위하여 건설공사 참여자의 안전관리 수준을 평가하고 그 결과를 공개할 수 있다

2. 건설공사 참여자의 안전관리 수준 평가기준

   1) 발주청 또는 인·허가기관의 장에 대한 평가기준
      - ① 안전한 공사조건의 확보 및 지원
      - ② 안전경영 체계의 구축 및 운영
      - ③ 건설현장의 법적 요건 준수 및 안전관리 체계 운영 실태
      - ④ 수급자의 안전관리 수준
      - ⑤ 건설사고 발생 현황

   2) 건설엔지니어링사업자, 건설사업자 및 주택건설등록업자에 대한 평가기준
      - ① 안전경영 체계의 구축 및 운영
      - ② 관련 법에 따른 안전관리 활동 실적
      - ③ 자발적 안전관리 활동 실적
      - ④ 건설사고 위험요소 확인 및 제거 활동
      - ⑤ 사후관리 실태

03-2-16 법 제62조(건설공사의 안전관리)제14항 130(25)

3. 건설공사 참여자의 안전관리수준 평가목적
   - ① 참여주체별 안전관리 수준을 파악
   - ② 자발적인 안전관리 역량강화 유도

4. 건설공사 참여자의 안전관리수준 평가대상

   총공사비 200억원 이상 건설공사 참여자 대상

5. 건설공사 참여자의 안전관리수준 평가시기
   - ① 발주청 : 공기 20% 진행 시 회계연도 별로 1회
   - ② 시공사 — 현장평가 : 공기 20% 진행 시 1회
   - ③ 건설사업관리용역사업자 — 본사평가 : 회계연도 별로 1회

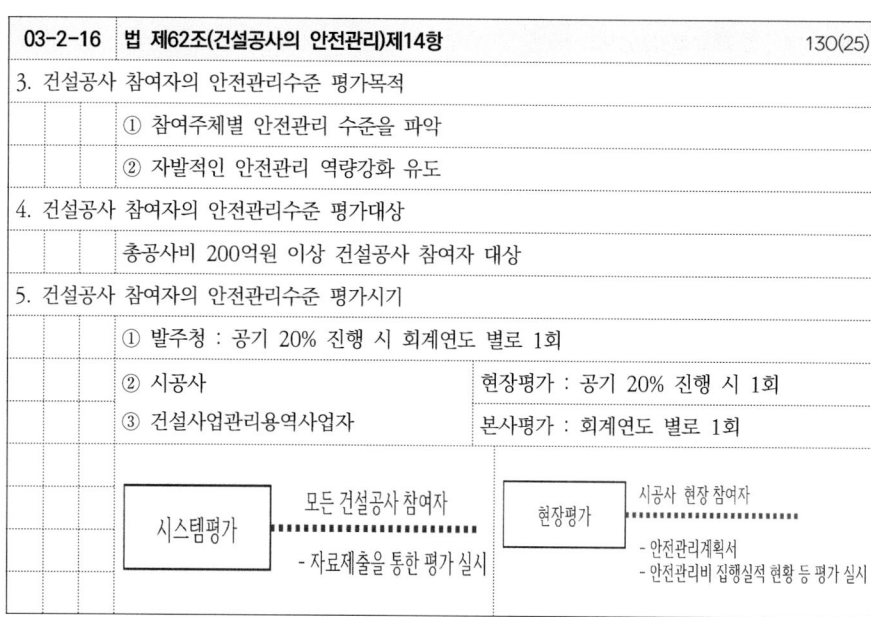

03-2-17 법 제62조(건설공사의 안전관리)제15항 119(10), 124(10)

1. 개요

   국토교통부장관은 건설사고 통계 등 건설안전 자료를 효율적으로 관리하고 공동활용 촉진을 위한 건설공사 안전관리 종합정보망 구축·운영할 수 있다

2. 건설공사 안전관리 종합정보망(Construction Safety Management Integrated Information, CSI)

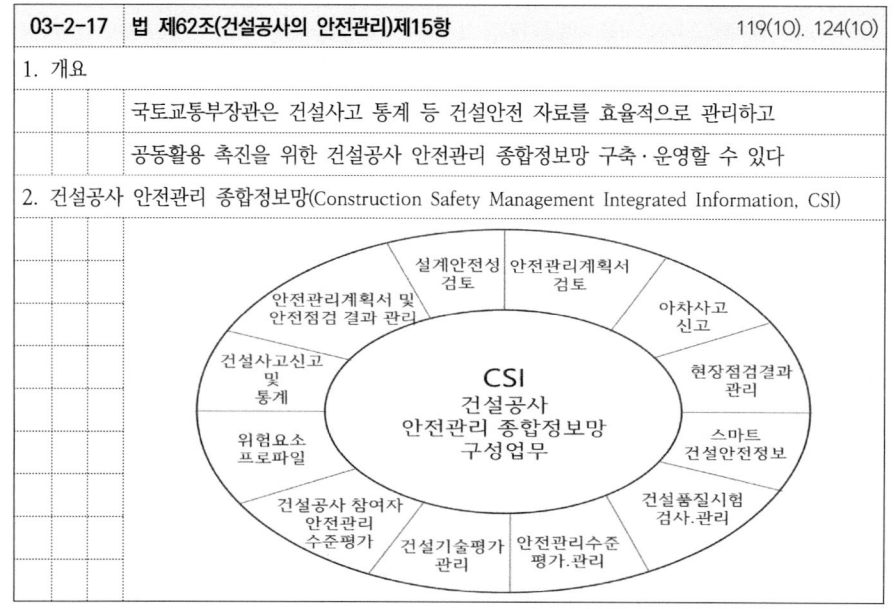

03-2-18 법 제62조(건설공사의 안전관리)제18항 110(10),118(10),123(10),120(25),127(10)

1. 개요

   발주청은 설계의 안전성을 검토하고 그 결과를 국토교통부장관에게 제출해야 함.

2. 설계의 안전성 검토

   1) 정의

      설계단계에서 시공중 위험요소를 사전에 발굴하여 위험성 저감대책을 설계에 반영하여 위험요소를 제거·저감하는 활동

   2) 대상

      -안전관리계획수립대상 중 발주청 발주공사의 실시설계

      (천공기 등 건설기계 사용되는 건설공사 제외)

03-2-19 법 제62조(건설공사의 안전관리)제18항

3. 설계안전검토보고서 작성 기준

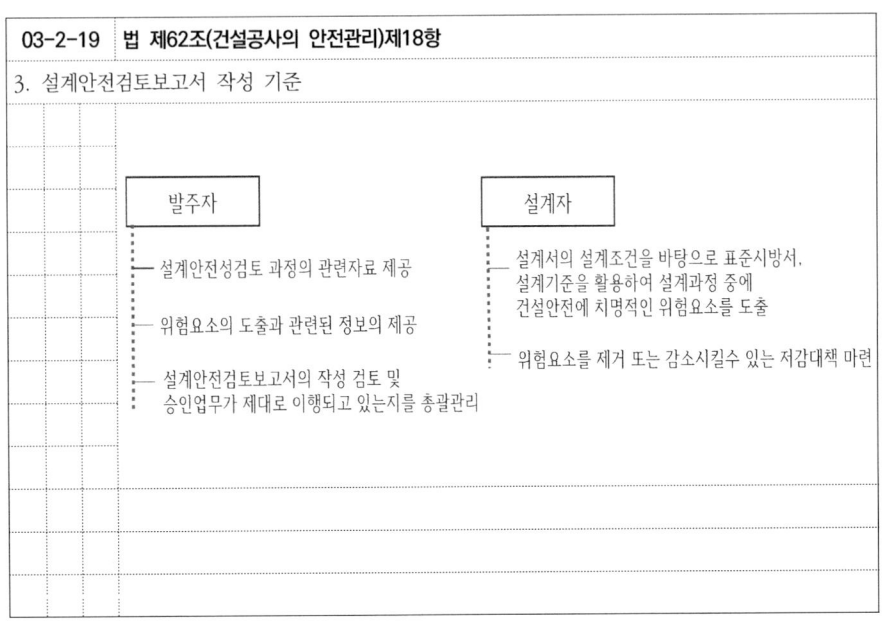

- 발주자
  - 설계안전성검토 과정의 관련자료 제공
  - 위험요소의 도출과 관련된 정보의 제공
  - 설계안전검토보고서의 작성 검토 및 승인업무가 제대로 이행되고 있는지를 총괄관리
- 설계자
  - 설계서의 설계조건을 바탕으로 표준시방서, 설계기준을 활용하여 설계과정 중에 건설안전에 치명적인 위험요소를 도출
  - 위험요소를 제거 또는 감소시킬수 있는 저감대책 마련

03-2-20 법 제62조(건설공사의 안전관리)제18항   118(10), 120(25), 127(10)

4. 설계안전검토보고서 제출 FLOW

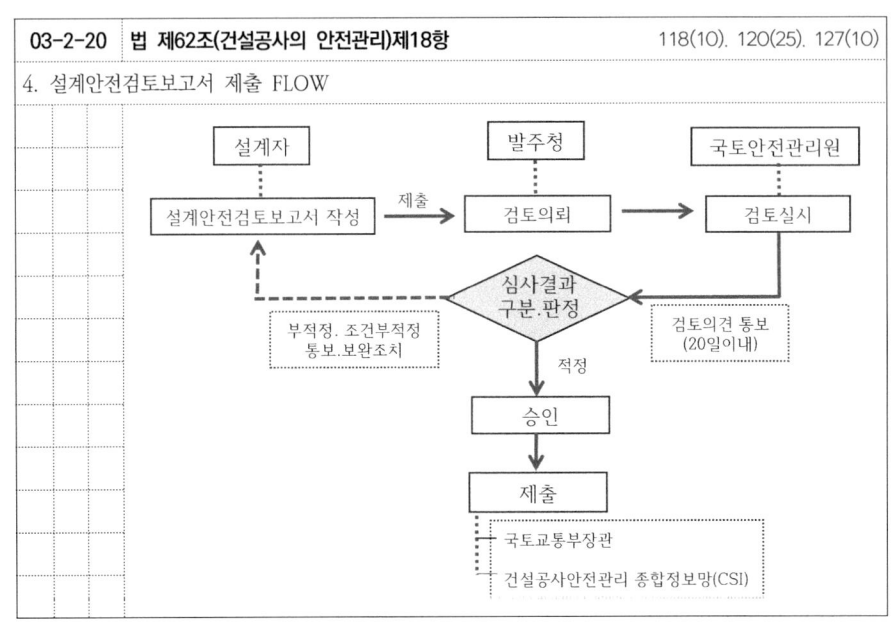

설계자 → 설계안전검토보고서 작성 → 제출 → 발주청 → 검토의뢰 → 국토안전관리원 → 검토실시 → 심사결과 구분·판정
- 부적정·조건부적정 통보·보완조치
- 검토의견 통보 (20일이내)
- 적정 → 승인 → 제출
  - 국토교통부장관
  - 건설공사안전관리 종합정보망(CSI)

03-2-21 법 제62조(건설공사의 안전관리)제18항   120(25)

5. 설계안전보고서에 포함되어야 하는 내용

① 대상 사업 개요
② DFS 목표, 수행절차, 일정, 참여자
③ 발생번호, 위험성, 심각성의 기준
④ 공종별 위험요소 도출 및 관리주체
⑤ 위험요소별 위험성 평가
⑥ 위험성 및 위험 요소에 대한 저감 대책
⑦ 기타 발주자와 설계자 협의 내용

03-2-22 법 제62조의2(소규모 건설공사의 안전관리)   124(10), 132(25)

1. 개요

건설사업자와 주택건설등록업자는 안전관리계획의 수립 대상이 아닌 건설공사 중 건설사고가 발생할 위험이 있는 공종이 포함된 경우 착공 전에 소규모안전관리계획을 수립하고, 이를 발주자에게 제출하여 승인을 받아야 한다.

2. 소규모안전관리계획을 수립해야 하는 건설공사

2층~9층 건축물 중	① 연면적 1천m² 이상인 공동주택, 근린생활시설, 공장
	② 연면적 5천m² 이상인 창고

3. 소규모안전관리계획서 절차

작성 → 제출 → 발주자 승인 → 착공

4. 소규모안전관리계획의 수립 기준

① 건설공사의 개요
② 비계 설치계획
③ 안전시설물 설치계획

03-2-23 법 제63조(안전관리비용)   115(25), 125(25), 132(25)

1. 개요

   발주자는 건설공사 계약을 체결할 때에 건설공사의 안전관리에 필요한 비용을 공사금액에 계상하여야 함.

2. 안전관리비에 포함사항

   ① 안전관리계획의 작성 및 검토 비용 또는 소규모안전관리계획의 작성 비용
   ② 안전점검 비용
   ③ 발파·굴착 등의 건설공사로 인한 주변 건축물 등의 피해방지대책 비용
   ④ 공사장 주변의 통행안전관리대책 비용
   ⑤ 계측장비, 폐쇄회로 텔레비전 등 안전 모니터링 장치의 설치·운용 비용
   ⑥ 가설구조물의 구조적 안전성 확인에 필요한 비용
   ⑦ 무선설비 및 무선통신을 이용한 건설공사 현장의 안전관리체계 구축·운용 비용

03-2-24 법 제63조(안전관리비용)   115(25)

3. 안전관리비 계상 및 사용기준

항 목	내역
1. 안전관리계획 작성 및 검토 비용	① 안전관리계획 작성 비용 ② 안전관리계획 검토 비용
2. 안전점검 비용	① 정기안전점검 비용 ② 초기점검 비용
3. 발파·굴착공사 주변건축물등의 피해방지대책 비용	① 지하매설물 보호조치 비용 ② 발파진동소음으로 인한 주변지역 피해방지 대책 비용 ③ 지하수 차단 등으로 인한 주변지역 피해방지 대책 비용 ④ 기타 발주자가 안전관리에 필요하다고 판단되는 비용
4. 공사장 주변통행 안전관리대책 비용, 신호수 배치 비용	① 공사 중 통행 안전 및 교통 소통 안전시설의 설치 및 유지관리 비용 ② 공사장 내부의 주요 지점별 건설기계.장비의 전담유도원 배치 비용 ③ 기타 발주자가 안전관리에 필요하다고 판단되는 비용
5. 공사 중 구조적 안전성 확보 비용	① 계측장비의 설치 및 운영 비용 ② CCTV 설치 및 운영 비용 ③ 가설구조물 안전성 확보를 위해 관계전문가에게 확인받는 비용 ④ 무선설비, 무선통신 이용한 건설현장 안전관리체계 구축·운용 비용

03-2-25 법 제67조(건설공사 현장의 사고조사 등)   120(10)

1. 개요

   건설사고가 발생한 것을 알게 된 건설공사 참여자는 지체 없이 그 사실을 발주청 및 인·허가기관의 장에게 통보하여야 한다.

2. 건설사고 보고 내용

   ① 사고발생 일시 및 장소
   ② 사고발생 경위
   ③ 조치사항
   ④ 향후 조치계획

3. 건설사고의 정의

건설사고 범위	중대한 건설사고 범위
① 사망 ② 3일 이상의 휴업이 필요한 부상의 인명피해 ③ 1천만원 이상의 재산피해	① 사망자가 3명 이상 발생한 경우 ② 부상자가 10명 이상 발생한 경우 ③ 건설 중이거나 완공된 시설물이 붕괴,전도로 재시공이 필요한 경우

03-2-26 건설사고 신고 (CSI)   120(10)

1. 개요

   건설공사 참여자가 모든 건설사고를 국토교통부로 신고토록하여 건설사고 통계를 관리하고 정책자료로 활용하기 위함

2. 건설공사 참여자별 건설사고 신고 절차

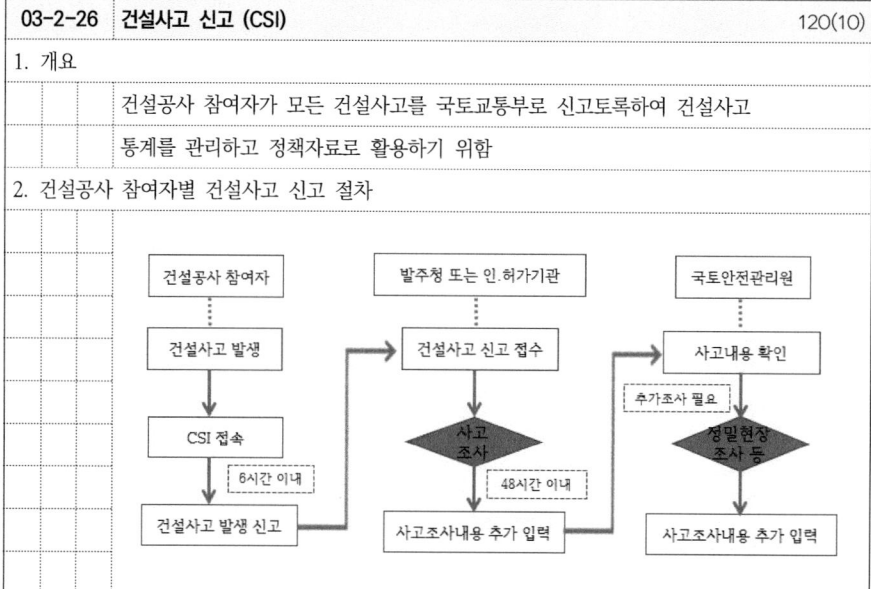

03-2-27	법 제68조(건설사고 조사위원회)	120(10)
1. 개요		
	국토교통부장관, 발주청 및 인·허가기관의 장은 중대건설현장사고 조사를 위하여	
	필요하다고 인정하는 경우에는 건설사고조사위원회를 구성·운영할 수 있다.	
2. 건설사고조사위원회 구성		
	① 12명이내 위원(위원장 1인 포함)	
	② 위원자격	
	- 건설공사업무 관련 공무원	
	- 건설공사업무 관련 단체 및 연구기관 임직원	
	- 건설공사업무에 관한 학식과 경험이 풍부한 사람	

03-2-28	스마트 건설안전장비	121(10), 127(25), 137(10)
1. 개요		
	건설사고 예방을 위한 무선안전장비와 융복합 건설기술을 결합한 안전장비	
2. 스마트 안전장비 종류		
	① 지능형 (AI) CCTV	
	② 붕괴변위 위험경보 장비	
	③ 스마트 밴드	
	④ 웨어러블 카메라(착용하기 편한 카메라)	
	⑤ 스마트 에어백 조끼	

03	건설기술진흥법 기출문제
3. 건설공사 참여자 안전관리	
	- 118(25). 건설공사의 진행단계별 발주자의 안전관리 업무에 대하여 설명
	- 130(25). 건설공사에 적용되는 관련법에 따라 진행 단계별 안전관리 업무 및 확인사항에 대하여 설명하고, 유해위험방지계획서와 안전관리계획서의 차이점에 대하여 설명하시오.
	- 119(25). 건설사업관리기술자의 공사 시행 중 안전관리업무에 대하여 설명하시오

03-3-1	건설공사 참여자 안전관리업무	118(25)
1. 발주자의 단계별 안전관리		

사업계획	▪ 설계안전성 검토 대상 공사 확인 ▪ 위험요소 및 저감대책 발굴(건설사고 자료 등)
설계발주	▪ 설계조건 작성
설계	▪ 저감대책 확인. 검토 ▪ 설계도서, 안전관리문서 확인 ▪ 설계안전검토보고서 심의(국토안전관리원)
시공중	▪ 시공사의 안전관리문서 및 이행결과 확인

03-3-2	건설공사 참여자 안전관리업무
2. 설계자의 안전관리업무	
	① 설계조건의 안전관리 요구사항 확인 및 검토
	② 위험요소 자료수집
	③ 발생빈도, 심각성, 허용수준 기준 설정
	④ 저감대책 반영 위험성평가 실시- 위험성추정평가, 위험성 허용여부 결정
	⑤ 저감대책 설계도서 반영
	⑥ 잔존 위험요소 문서 기록

03-3-3	건설공사 참여자 안전관리업무	119(25)
3. 건설사업관리기술자의 안전관리업무		
	① 건설사고 보고 및 조치	
	② 안전관련문서 반영 확인	
	③ 잔존 위험요소 저감대책 실행 확인	
	④ 보완사항에 대해 시공자가 보완토록 조치	
	⑤ 안전관리문서의 적정성 검토 후 발주자에게 제출	

03-3-4	건설공사 참여자 안전관리업무	136(25)
4. 시공자의 안전관리업무		
	① 안전관리계획서 작성	
	② 가설구조물 안전성 확인	
	③ 안전관리비의 관리	
	④ 건설사고 보고	
	⑤ 안전관리문서 작성 및 제출 → 발주자	
	⑥ 잔존 위험요소 저감대책 수립 이행	

MEMO

26년 대비
건설안전기술사 핵심개념 총정리

제 4 장

시설물의 안전 및
유지관리에 관한 특별법
(시설물안전법)

제 04 장 시설물의 안전 및 유지관리에 관한 특별법(시설물안전법)

04	시설물의 안전 및 유지관리에 관한 특별법 기출문제
	1. 총칙
	2. 기본계획 등
	3. 시설물의 안전관리
	4. 시설물의 유지관리
	5. 보칙

04	시설물의 안전 및 유지관리에 관한 특별법 기출문제
1. 총칙	
	- 98(10). 건설안전관련법(산업안전보건법, 건설기술관리법, 시설물의 안전관리에 관한 특별법)의 목적 및 특징
2. 기본계획 등	
	1) 시설물 범위
	- 108(10). 2종 시설물의 범위와 시설물의 정기점검실시 시기
	- 111(25). 시설물의 안전관리에 관한 특별법상 1종 시설물과 2종 시설물을 설명
	- 114(25). 3종 시설물의 지정 권한 대상 및 시설물의 범위에 대하여 설명
	- 118(10). 제3종시설물 지정 대상 중 토목분야 범위
	- 112(25). 준공된 지 3개월이 경과된 철근콘크리트 건축물에 열화현상을 설명하고 시설물의 안전및 유지관리 기본계획에 대하여 설명하시오.
	- 125(25). 제3종 시설물의 정기안전점검 계획수립 시 고려하여야 할 사항과 정기안전점검시 점검항목 및 점검방법에 대하여 설명하시오.

04	시설물의 안전 및 유지관리에 관한 특별법 기출문제
2. 기본계획 등	
	2) 시설물 보수. 보강 등
	- 104(10). 시설물의 안전관리에 관한 특별법령에서 규정하는 시설물의 중요한 보수·보강 범위
	- 100(25). 시특법상 건축물 상태평가항목 및 보수보강 방법 도시하여 설명
	- 105(25). 시설물의 안전관리에 관한 특별법에서 정하고 있는 콘크리트 및 강구조물의 노후화 원인, 예방대책 및 보수·보강 방안에 대하여 설명

04	시설물의 안전 및 유지관리에 관한 특별법 기출문제
3. 시설물의 안전관리	
	1) 관련법 점검.진단
	- 127(25). 건설기술진흥법 및 시설물의 안전 및 유지관리에 관한 특별법에서 정의하는 안전점검의 목적, 종류, 점검시기 및 내용에 대하여 설명
	- 134(25). '산업안전보건법', '건설기술 진흥법' 및 '시설물의 안전 및 유지관리에 관한 특별법'에서 정의하는 안전점검의 목적, 종류 및 점검내용 설명
	- 119(25). 「산업안전보건법」,「건설기술진흥법」,「시설물의 안전 및 유지관리에 관한 특별법」에따른 안전검검 종류를 구분하고, 시특법상 정밀안전진단 실시시기 및 상태평가방법에 대하여 설명
	- 109(25). 시설물의 안전관리에 관한 특별법에 관한 다음 항목에 대하여 설명
	1) 1종 시설물
	2) 안전점검 및 정밀안전진단 실시주기
	3) 시설물정보관리종합시스템(FMS : Facility Management System)

04	시설물의 안전 및 유지관리에 관한 특별법 기출문제
3. 시설물의 안전관리	
	2) 안전점검
	- 102(10). 시설물의 정밀점검 실시시기
	- 115(25). 소규모 취약시설의 안전점검에 대하여 설명하시오.
	- 130(25). 안전점검의 종류와 구 교량의 안전성을 평가하는 목적 및 평가를 위해 필요한 조사방법 설명
	- 132(25). 안전점검의 종류, 안전점검·정밀안전진단 및 성능평가 실시시기, 시설물 안전등급 기준에 대하여 설명
	- 124(25). 공용중인 철근콘크리트 교량의 안전점검 및 정밀안전진단 주기와 중대결함 종류, 보수·보강 시 작업자 안전대책에 대하여 설명하시오.
	- 112(25). 콘크리트 교량 안전성 확보를 위한 안전점검의 종류와 정밀안전진단의 절차에 대하여 설명
	- 109(10). 안전점검 시 콘크리트 구조물의 내구성시험

04	시설물의 안전 및 유지관리에 관한 특별법 기출문제
3. 시설물의 안전관리	
	2) 안전점검
	- 135(25). 시설물의 안전 및 유지관리 실시 등에 관한 지침상 점검의 대상 시설물과 안전점검등 실시 시기, 실시자 자격, 시설물의 안전점검 등 주요 과업내용에 대하여 설명하시오.

04	시설물의 안전 및 유지관리에 관한 특별법 기출문제
3. 시설물의 안전관리	
	2) 안전점검
	- 102(10). 시설물의 정밀점검 실시시기
	- 115(25). 소규모 취약시설의 안전점검에 대하여 설명하시오.
	- 130(25). 안전점검의 종류와 구 교량의 안전성을 평가하는 목적 및 평가를 위해 필요한 조사방법 설명
	- 132(25). 안전점검의 종류, 안전점검·정밀안전진단 및 성능평가 실시시기, 시설물 안전등급 기준에 대하여 설명
	- 124(25). 공용중인 철근콘크리트 교량의 안전점검 및 정밀안전진단 주기와 중대결함 종류, 보수·보강 시 작업자 안전대책에 대하여 설명하시오.
	- 112(25). 콘크리트 교량 안전성 확보를 위한 안전점검의 종류와 정밀안전진단의 절차에 대하여 설명
	- 109(10). 안전점검 시 콘크리트 구조물의 내구성시험

04	시설물의 안전 및 유지관리에 관한 특별법 기출문제
3. 시설물의 안전관리	
	3) 정밀안전진단
	- 99(10). 정밀안전진단 시 기존자료 활용법
	- 92(10). 교량의 정밀안전진단에서 차량재하를 위한 영향선
	- 131(25). 정밀안전진단 보고서에 포함되어야할 사항에 대하여 설명하시오.
	- 112(10). 정밀점검 및 정밀안전진단 보고서 상 사전검토사항(사전검토보고서)에 포함되어야 할 내용(정밀안전진단 중심으로)
	- 115(25). 공용중인 교량의 안전 확보를 위한 정밀안전진단의 내용 및 방법 설명
	- 103(25). 항만분야에 대한 다음 사항에 대하여 설명하시오. 가) 1종, 2종 시설물의 범위, 안전점검 및 정밀안전진단의 실시 시기 나) 중대한 결함

04	시설물의 안전 및 유지관리에 관한 특별법 기출문제
3. 시설물의 안전관리	
	4) 중대한 결함
	- 95(10).100(10).119(10) 시특법에서 규정하고 있는 중대한 결함
	- 110(10). 시설물의 안전점검 결과 중대결함 발견 시 관리주체가 하여야 할 조치사항
	- 108(25). 공공의 용도로 사용중인 터널의 주요 결함 내용과 손상원인 및 보수대책에 대하여 설명하시오.
	- 105(25). 공용중인(준공 후 운영) 콘크리트 댐 시설의 주요 결함 원인과 방지대책에 대하여 설명하시오.
	- 104(25). 공용 중인 하천 및 수도시설의 주요 손상 원인과 방지대책에 대하여 설명하시오.
	- 101(25). 기존 필댐과 콘크리트 댐 시설에 주요결함내용과 대책

04	시설물의 안전 및 유지관리에 관한 특별법 기출문제
4. 시설물의 유지관리	
	성능평가
	- 112(10). 건축물의 내진성능평가의 절차 및 성능수준
	- 115(25). 『시설물의 안전관리에 관한 특별법』에 따른 성능평가대상 시설물의 범위, 성능평가 과업내용 및 평가방법에 대하여 설명하시오.
	- 119(10). 안전점검 등 성능평가를 실시할 수 있는 책임기술자의 자격
	- 108(25). 교량의 내진성능 평가 시의 내진등급을 구분하고, 내진성능 평가방법에 대하여 설명하시오.
5. 보칙	
	- 131(10). 제3종 시설물 지정대상 및 시설물 통합정보관리시스템(FMS) 입력사항
	- 101(10).109(25).시설물 정보관리시스템(FMS)

04-1-1	법 제1조 시설물의 안전 및 유지관리에 관한 특별법의 목적	98(10)
1. 개요		
	시설물의 안전점검과 적정한 유지관리를 통하여 재해와 재난을 예방하고 시설물의 효용을 증진시킴으로써 공중의 안전을 확보하고 나아가 국민의 복리증진에 기여함을 목적	
2. 시설물의 안전 및 유지관리에 관한 특별법의 목적		

04-1-2	법 제2조(정의)
1.용어의 정의	
	1) 시설물이란 건설공사를 통하여 만들어진 구조물과 그 부대시설로서 제1종시설물, 제2종시설물 및 제3종시설물을 말함.
	2) 안전점검이란 경험과 기술을 갖춘 자가 육안이나 점검기구 등으로 검사하여 시설물에 내재되어 있는 위험요인을 조사하는 행위
	3) 정밀안전진단이란 시설물의 물리적·기능적 결함을 발견하고 구조적 안전성과 결함의 원인 등을 조사·측정·평가하여 보수·보강 등의 방법을 제시하는 행위
	4) 긴급안전점검이란 붕괴·전도로 재난, 재해가 발생할 우려가 있는 경우 물리적·기능적 결함 신속하게 발견하기 위한 점검
	5) 유지관리란 기능 보전을 위해 점검·정비하고 경과시간에 따라 요구되는 개량·보수·보강에 필요한 활동을 하는 것
	6) 성능평가란 시설물의 기능 유지를 위해 요구되는 시설물의 구조적 안전성, 내구성, 사용성 등의 성능을 종합적으로 평가하는 것

04-1-3 용어의 정의

1. 용어의 정의
   ① 안전점검 등이란 안전점검, 긴급안전점검 및 정밀안전진단을 말함.
   ② 상태평가란 안전점검에서 외관 조사하여 결함의 정도를 포함한 상태 평가
     - 상태평가는 재료시험 및 외관조사에 의해 시설물의 각 부재로부터 발견된 결함, 손상, 열화 등 상태변화를 근거로 하여 실시
   ③ 안전성평가란 안전점검등 결과 참고하여 구조·수리·수문해석 등 안전성 평가
   ④ 내진성능평가란 지진으로부터 시설물의 안전성을 확보하고 기능을 유지를 위하여 내진설계기준에 따라 시설물이 지진에 견딜 수 있는 능력을 평가

04-1-4 제3조(국가 등의 책무)

1. 국가 등의 책무
   ① 국가 및 지방자치단체는 국민의 생명·신체 및 재산을 보호하기 위하여 시설물의 안전 및 유지관리에 관한 종합적인 시책을 수립·시행하여야 한다.
   ② 관리주체는 매년 시설물의 유지관리 및 안전점검 등에 필요한 인력 및 재원을 확보하도록 노력하여야 한다. [2025. 12. 4 시행]
   ③ 관리주체는 시설물의 안전을 확보하고 지속적인 이용을 도모하기 위하여 수시점검 및 보수 등을 통한 상시관리를 하는 등 필요한 조치를 하여야 한다.
   ④ 모든 국민은 국가 및 지방자치단체, 관리주체가 수행하는 시설물의 안전 및 유지관리 활동에 적극 협조하여야 한다.

04-2-1 법 제5조(시설물의 안전 및 유지관리 기본계획의 수립·시행) 112(25)

1. 개요
   국토교통부장관은 시설물이 안전하게 유지관리될 수 있도록 하기 위하여 5년마다 시설물의 안전 및 유지관리에 관한 기본계획을 수립·시행하여야 한다.

2. 기본계획에 포함사항
   ① 안전 및 유지관리에 관한 기본목표 및 추진방향에 관한 사항
   ② 안전 및 유지관리체계의 개발, 구축 및 운영에 관한 사항
   ③ 안전 및 유지관리에 관한 정보체계의 구축·운영에 관한 사항
   ④ 안전 및 유지관리에 필요한 기술의 연구·개발에 관한 사항
   ⑤ 안전 및 유지관리에 필요한 인력의 양성에 관한 사항
   ⑥ 그 밖에 시설물의 안전 및 유지관리에 관하여 대통령령으로 정하는 사항

04-2-2 법 제6조(시설물의 안전 및 유지관리계획의 수립·시행)

1. 개요
   관리주체는 기본계획에 따라 소관 시설물에 대한 안전 및 유지관리계획을 수립·시행하여야 함.

2. 시설물관리계획의 포함사항
   ① 시설물의 안전과 유지관리를 위한 조직·인원 및 장비의 확보에 관한 사항
   ② 긴급상황 발생 시 조치체계에 관한 사항
   ③ 설계·시공·감리 및 유지관리 등 관련 설계도서의 수집, 보존에 관한 사항
   ④ 안전점검 또는 정밀안전진단의 실시에 관한 사항
   ⑤ 보수·보강 등 유지관리 및 그에 필요한 비용에 관한 사항
   ⑥ 시설물의 상시관리를 위한 수시점검에 관한 사항

04-2-3 법 제7조(시설물의 종류) - 제1종시설물   111(25)

1. 개요
   - 공중의 이용편의와 안전을 도모하기 위하여 특별히 관리할 필요가 있거나
   - 구조상 안전 및 유지관리에 고도의 기술이 필요한 대규모 시설물로서
   - 대통령령으로 정하는 시설물

2. 제1종시설물의 범위
   ① 고속철도 교량, 연장 500미터 이상의 도로 및 철도 교량
   ② 고속철도 및 도시철도 터널, 연장 1000미터 이상의 도로 및 철도 터널
   ③ 갑문시설 및 연장 1000미터 이상의 방파제
   ④ 다목적댐, 발전용댐, 홍수전용댐 및 총저수용량 1천만톤 이상의 용수전용댐
   ⑤ 21층 이상 또는 연면적 5만제곱미터 이상의 건축물
   ⑥ 하구둑, 포용저수량 8천만톤 이상의 방조제
   ⑦ 광역상수도, 공업용수도, 1일 공급능력 3만톤 이상의 지방상수도

04-2-4 법 제7조(시설물의 종류) - 제2종시설물   108(10), 111(25)

1. 개요
   - 제1종시설물 외에 사회기반시설 등 재난이 발생할 위험이 높거나 재난을 예방하기
   - 위하여 계속적으로 관리할 필요가 있는 시설물로서 대통령령으로 정하는 시설물

2. 제2종시설물의 범위
   ① 연장 100미터 이상의 도로 및 철도 교량
   ② 고속국도, 일반국도, 특별시도, 광역시도 도로터널 및 특별시, 광역시 철도터널
   ③ 연장 500미터 이상의 방파제
   ④ 지방상수도 전용댐 및 총저수용량 1백만톤 이상의 용수전용댐
   ⑤ 16층 이상 또는 연면적 3만제곱미터 이상의 건축물
   ⑥ 포용저수량 1천만톤 이상의 방조제
   ⑦ 1일 공급능력 3만톤 미만의 지방상수도

04-2-5 법 제7조(시설물의 종류) - 제3종시설물   114(25), 118(10), 125(25)

1. 개요
   - 제1종시설물 및 제2종시설물 외에 안전관리가 필요한 소규모 시설물로서
   - 중앙행정기관의 장, 지방자치단체의 장이 지정·고시한 시설물

2. 제3종시설물의 범위
   - 재난이 발생할 위험이 높거나 재난을 예방하기 위하여 계속적으로 관리할
   - 필요가 있다고 인정되는 소규모 시설물
   ① 토목분야 : 준공 후 10년 경과된 교량, 터널, 육교, 옹벽
   ② 건축분야 : 준공 후 15년 경과된 공동주택, 공동주택외 건축물

04-2-5 제3종시설물의 범위

1. 토목분야

구분	대상범위
가. 교량	1) 연장 20m 이상 100m 미만인 도로교량 2) 연장 20m 이상인 교량 3) 연장 100m 미만인 철도교량
나. 터널	1) 연장 300m 미만의 지방도, 시도, 군도 및 구도의 터널 2) 「농어촌도로 정비법 시행령」제2조제1호에 따른 터널 3) 연장 100m 미만의 지하차도 4) 제1종시설물에 해당하지 않는 터널로서 특별시 및 광역시 외의 지역에 있는 철도터널
다. 방음시설	방음시설 중 터널 구조로 된 시설
라. 육교	보도육교
마. 옹벽	1) 지면으로부터 노출된 높이가 5m 이상인 부분이 포함된 연장 100m 이상인 옹벽 2) 지면으로부터 노출된 높이가 5m 이상인 부분이 포함된 연장 40m 이상인 복합식 옹벽
바. 그 밖의 시설물	그 밖에 중앙행정기관의 장 또는 지방자치단체의 장이 재난예방을 위해 안전관리가 필요한 것으로 인정하는 교량·터널·옹벽·항만·댐·하천·상하수도 등의 구조물(부대시설 포함)과 이와 구조가 유사한 시설물

04-2-5 제3종시설물의 범위

1. 건축분야

구분	대상범위
가. 공동주택	1) 5층 이상 15층 이하인 아파트 2) 연면적이 660제곱미터를 초과하고 4층 이하인 연립주택 3) 연면적 660제곱미터 초과인 기숙사
나. 공동주택 외건축물	1) 11층 이상 16층 미만/ 연면적 5천㎡ 이상 3만㎡ 미만인 건축물 2) 연면적 1천㎡ 이상 5천㎡ 미만인 문화 및 집회시설, 종교시설, 판매시설, 운수시설, 의료시설, 교육연구시설, 노유자시설, 수련시설, 운동시설, 숙박시설, 위락시설, 관광휴게시설, 장례시설 3) 연면적 500㎡ 이상 1천㎡ 미만인 문화 및 집회시설, 종교시설 및 운동시설 4) 연면적 300㎡ 이상 1천㎡ 미만인 위락시설 및 관광휴게시설 5) 연면적 1천㎡ 이상인 공공업무시설 6) 연면적 5천제곱㎡ 미만인 지하도상가
바. 그 밖의 시설물	그 밖에 중앙행정기관의 장 또는 지방자치단체의 장이 재난예방을 위해 안전관리가 필요한 것으로 인정하는 시설물

04-2-6 법 제9조(설계도서 등의 제출 등)

1. 개요

   제1종시설물 및 제2종시설물을 건설 사업주체는 설계도서, 시설물관리대장 등 관련 서류를 관리주체와 국토교통부장관에게 제출해야 함.

2. 설계도서. 시설물관리대장 등 관련 서류의 종류

구분	제1종시설물·제2종시설물	제3종시설물
1. 설계도서 등	가. 준공 도면 나. 준공 내역서 및 시방서 다. 구조계산서 라. 그 밖에 시공상 특기한 사항에 관한 보고서 등	준공 도면(준공 도면이 없는 경우 실측 도면)
2. 시설물관리대장	법 제21조제1항에 따른 안전점검등에 관한 지침에서 정한 시설물 관리대장	법 제21조제1항에 따른 안전점검등에 관한 지침에서 정한 시설물 관리대장
3. 감리보고서	최종감리보고서	

04-2-6 법 제9조(설계도서 등의 제출 등) 104(10)

3. 설계도서 등을 제출하여야 하는 보수·보강의 범위

   ① 철근콘크리트구조부 또는 철골구조부
   ② 건축물의 내력벽·기둥·바닥·보·지붕틀 및 주계단
   ③ 교량받침
   ④ 터널의 복공부위
   ⑤ 하천시설의 수문의 문짝
   ⑥ 댐의 본체, 시공이음부 및 여수로
   ⑦ 조립식 건축물의 연결부위
   ⑧ 상수도 관로이음부
   ⑨ 항만시설 중 갑문의 문짝 작동시설, 계류시설, 방파제, 파제제 및 호안의 구조체

04-3-1 건축물 안전관리

1. 건축물 안전관리

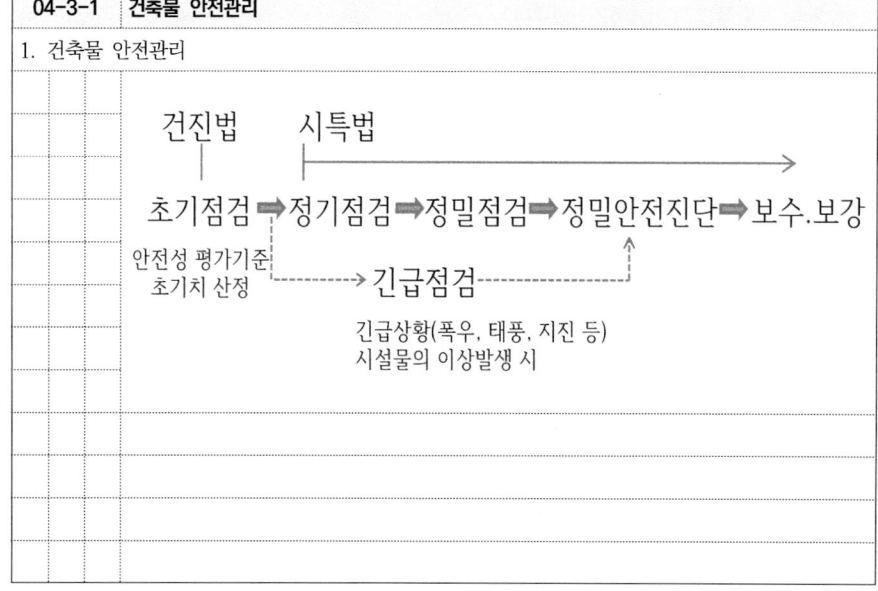

04-3-2 법 제11조(안전점검의 실시) 135(25)

1. 개요
    관리주체는 소관 시설물의 안전과 기능을 유지하기 위하여 정기적으로 안전점검을 실시해야 함.

2. 안전점검의 종류
    ① 정기안전점검: 시설물의 상태를 판단하고 시설물이 점검 당시의 사용요건을 만족시키고 있는지 확인할 수 있는 수준의 외관조사를 실시하는 안전점검
    ② 정밀안전점검: 시설물의 상태를 판단하고 시설물이 점검 당시의 사용요건을 만족시키고 있는지 확인하며 시설물 주요부재의 상태를 확인할 수 있는 수준의 외관조사 및 측정·시험장비를 이용한 조사를 실시하는 안전점검

3. 시설물 종류에 따른 안전점검의 수준
    ① 제1종시설물 및 제2종시설물: 정기안전점검 및 정밀안전점검
    ② 제3종시설물: 정기안전점검, 정밀안전점검(D.E등급 지정 후 1년 이내)

04-3-2 법 제11조(안전점검의 실시) 102(10),109(25),119(25),127(25),134(25), 135(25)

4. 안전점검의 실시시기

안전등급	정기안전점검	정밀안전점검	
		건축물	그 외 시설물
A 등급	반기에 1회 이상	4년	3년
B·C 등급		3년	2년
D·E 등급	1년에 3회 이상	2년	1년

5. 점검사항

정기안전점검	정밀안전점검
① 육안조사에 의한 상태평가	① 육안조사 및 비파괴검사에 의한 상태평가
② 결함부위에 대한 종합평가	② 결함부위에 대한 종합평가
	③ 보수, 보강 방법 제시

04-3-3 법 제12조(정밀안전진단의 실시) 103(25),124(25),132(25)

개요
    관리주체는 제1종시설물과 제2종시설물에 대하여 정기적으로 정밀안전진단 실시
    관리주체는 안전점검, 긴급안전점검을 실시한 결과 재해 및 재난을 예방하기 위하여 필요하다고 인정되는 경우에는 정밀안전진단을 실시해야 함.
    관리주체는 준공 후 30년이 경과된 시설물 중 다음 각 호의 요건에 모두 해당하는 시설물에 대하여 정밀안전진단을 실시하여야 한다.
    1. 준공 후 30년이 경과한 이후 정밀안전진단을 받지 아니한 제2종시설물이나 제3종시설물
    2. 안전점검을 실시한 결과 대통령령으로 정하는 안전등급으로 지정된 경우

04-3-3 법 제12조(정밀안전진단의 실시)

2. 정밀안전진단의 실시시기
    최초 실시 : 준공 후 10년이 지난 때부터 1년 이내
    안전등급에 따른 실시 주기

안전등급	정밀안전진단
A 등급	6년
B·C 등급	5년
D·E 등급	4년

04-3-3	법 제12조(정밀안전진단의 실시)

3. 정밀안전진단을 실시할 시설물(국토안전관리원 대행)

① 현수교·사장교·아치교·트러스교인 도로교량, 경간장 50미터 이상 도로교량
② 아치교·트러스교인 철도교량, 고속철도 교량
③ 연장 1천미터 이상인 터널
④ 갑문시설
⑤ 다목적댐·발전용댐·홍수전용댐 및 저수용량 2천만톤 이상인 용수전용댐
⑥ 하구둑과 특별시에 있는 국가하천의 수문 및 배수펌프장
⑦ 광역상수도, 공업용수도(용수공급능력 100만톤 이상) 및 그 부대시설
⑧ 말뚝구조의 계류시설(10만톤급 이상)
⑨ 포용조수량 8천만톤 이상의 방조제
⑩ 다기능 보(높이 5미터 이상)

04-3-3	법 제12조(정밀안전진단의 실시)	103(25), 115(25)

4. 점검사항

① 육안조사 및 비파괴검사에 의한 상태평가
② 구조해석에 의한 안전성 평가
③ 시설물 하중내하력의 평가방법에 관한 사항
④ 종합평가 및 보수, 보강안 제시

04-3-3	법 제12조(정밀안전진단의 실시)	112(25)

5. 정밀안전진단의 FLOW

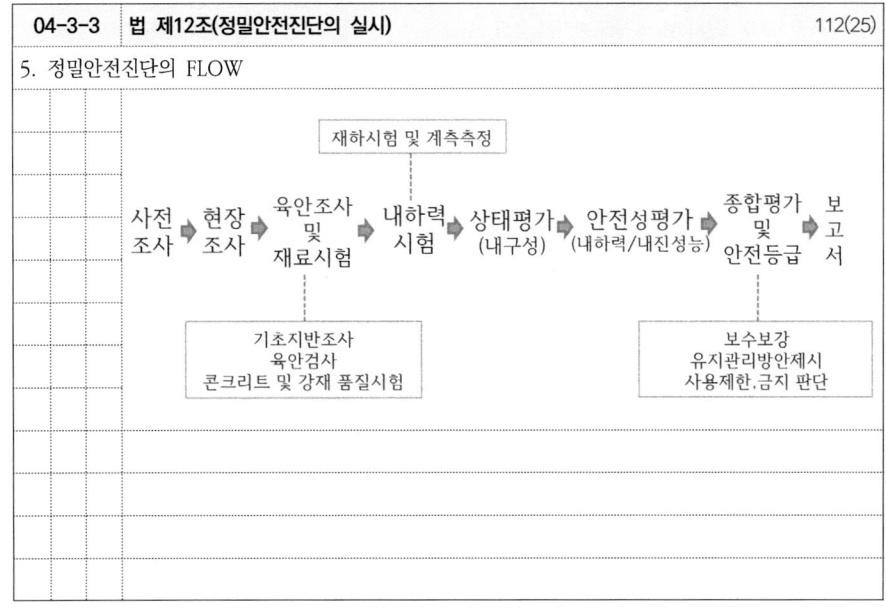

04-3-3	법 제12조(정밀안전진단의 실시)	109(10), 115(25), 130(25)

6. 안전성평가를 위해 필요한 계측, 측정, 조사 및 시험 항목

① 비파괴재하시험
② 지반조사 및 탐사
③ 지형, 지질조사 및 토질시험
④ 수리, 수충격, 수문 조사
⑤ 계측 및 분석
⑥ 수중조사
⑦ 누수탐사
⑧ 콘크리트 제체 시추조사
⑨ 콘크리트 재료시험
⑩ 기계, 전기설비 및 계측시설의 성능검사, 시험계측(건축물 제외)
⑪ 강재비파괴시험
⑫ 기타 안전성 평가를 위한 필요한 사항

04-3-4 법 제13조(긴급안전점검의 실시)

1. 개요
   - 관리주체가 필요하다고 판단한 때, 관계 행정기관의 장이 필요하다고 판단하여
   - 관리주체에게 요청한 때에 실시하는 정밀안전점검 수준의 안전점검이며
   - 실시목적에 따라 손상점검과 특별점검으로 구분

2. 긴급안전점검의 구분
   ① 손상점검 : 재해나 사고에 의한 구조적 손상을 평가하여 사용제한, 사용금지의 필요 여부, 보수·보강의 긴급성 등 결정하는 점검
   ② 특별점검 : 기초침하 또는 세굴과 같은 결함이 의심되는 경우나, 사용제한 중인 시설물의 사용여부를 판단하기 위한 점검

04-3-5 법 제16조(시설물의 안전등급 지정 등) 132(25)

1. 개요
   - 안전점검등을 실시하는 자는 안전점검등의 실시결과에 따라 시설물의 안전등급 기준에 적합하게 해당 시설물의 안전등급을 지정하여야 한다.

2. 시설물의 안전등급 기준

안전등급	시설물의 상태
A (우수)	최상의 상태
B (양호)	보조부재 경미한 결함 발생(일부 보수 필요한 상태)
C (보통)	주요부재 경미한 결함, 보조부재 광범위한 결함 (주요부재 보수 / 보조부재 간단한 보강 필요한 상태)
D (미흡)	주요부재 결함 발생 / 긴급한 보수·보강 / 사용제한 여부 결정
E (불량)	사용금지, 보강, 개축 필요한 상태

04-3-6 법 제19조(소규모 취약시설의 안전점검 등) 115(25)

1. 개요
   - 국토교통부장관은 1,2,3종 시설물이 아닌 시설 중에서 안전에 취약하거나
   - 재난의 위험이 있다고 판단되는 사회복지시설 등에 대하여 해당 시설의 관리자,
   - 소유자, 관계 행정기관의 장이 요청하는 경우 안전점검 등을 실시할 수 있다.

2. 소규모 취약시설의 범위
   ① 사회복지시설
   ② 전통시장
   ③ 농어촌도로 정비법에 따른 교량
   ④ 지하도 및 육교
   ⑤ 옹벽 및 절토사면(도로법, 급경사지 재해예방에 관한 법률 적용 받는 시설 제외)
   ⑥ 그 밖에 안전에 취약, 재난의 위험이 있어 국토교통부장관이 고시하는 시설

04-3-7 제22조(시설물의 중대한결함 등의 통보) 95(10), 100(10), 119(10)

1. 개요
   - 안전점검등을 실시하는 자는 시설물기초의 세굴, 부등침하 등 중대한 결함 등 발견하는 경우에는 지체 없이 관리주체, 관할 시장·군수·구청장에게 통보해야 함.

2. 시설물의 중대한 결함
   ① 기초의 세굴　　　　　　② 교량교각의 부등침하
   ③ 교량받침의 파손　　　　④ 터널지반의 부등침하
   ⑤ 항만 계류시설 중 강관, 철근콘크리트파일의 파손·부식
   ⑥ 댐의 파이핑(piping) 및 구조적 균열
   ⑦ 건축물의 기둥·보 또는 내력벽의 내력 손실
   ⑧ 하천시설물의 본체, 교량 및 수문의 파손·누수·파이핑, 세굴
   ⑨ 염해, 탄산화에 따른 내력 손실
   ⑩ 사면의 균열·이완 등에 따른 옹벽의 균열 또는 파손
   ⑪ 그 밖에 시설물의 구조안전에 영향을 미치는 것으로 인정되는 결함

04-3-7	제22조(시설물의 중대한결함등의 통보)
	3. 공중이 이용하는 부위에 결함
	① 시설물의 난간 등 추락방지시설의 파손
	② 도로교량, 도로터널의 포장 부분이나 신축(伸縮) 이음부의 파손
	③ 보행자 또는 차량이 이동하는 구간에 있는 환기구 등의 덮개 파손
	④ 그 밖에 공중의 안전에 영향을 미치는 것으로 인정되는 부위의 결함

04-3-7	제22조(시설물의 중대한결함등의 통보)	124(25)
	4. 시설물의 구조안전상 주요부위의 중대한 결함	
	1) 교량	
	① 주요 구조부위의 철근량 부족	
	② 주형(거더)의 균열 심화	
	③ 심한 재료분리	
	④ 부재 연결관의 균열, 심한 변형	
	⑤ 용접불량	
	⑥ 케이블, 긴장재의 손상	
	⑦ 교대. 교각의 균열	
	2) 터널	
	① 벽체균열 심화, 탈락	
	② 복공부 심한 누수, 변형	

04-3-7	제22조(시설물의 중대한결함등의 통보)
	3) 하천
	① 수문의 작동 불량
	4) 댐
	① 댐체, 여수로, 기초의 누수, 균열, 변형
	② 수문의 작동 불량
	5) 상수도
	① 관로의 파손, 변형, 부식
	② 관로이음부의 불량접합
	6) 건축물
	① 과다 변형, 균열심화
	② 지반침하
	③ 누수, 부식으로 구조물 기능 상실
	④ 조립 연결 부실로 내력 상실

04-3-7	제22조(시설물의 중대한결함등의 통보)	103(25)
	7) 항만	
	① 갑문의 문짝 작동시설 부식 노후화	
	② 갑문의 송배수로 부식 노후화	
	③ 잔교의 파손, 결함	
	④ 케이슨 구조물의 파손	
	⑤ 안벽의 법선 변위, 침하	
	5. 중대한 결함 발생 시 관리주체가 해야 하는 조치사항	
	① 위험표지의 설치	
	② 사용제한·사용금지·철거, 주민대피 등의 긴급안전조치	
	③ 통보를 받은 날부터 2년 이내에 보수·보강	
	④ 착수한 날부터 3년 이내에 완료	

04-3-8 제23조(긴급안전조치)

1. 개요

관리주체는 시설물의 중대한결함등을 통보받거나 시설물이 제16조에 따라 지정된 안전등급 중 대통령령으로 정하는 안전등급으로 지정되는 등 시설물의 구조상 공중의 안전한 이용에 미치는 영향이 중대하여 긴급한 조치가 필요하다고 인정되는 경우에는 시설물의 사용제한·사용금지·철거, 주민대피 등의 안전조치를 하여야 한다.

04-3-9 제24조(시설물의 보수·보강 등)

1. 개요

관리주체는 다음 각 호의 어느 하나에 해당하는 경우 대통령령으로 정하는 바에 따라 시설물의 보수·보강 등 필요한 조치를 하여야 한다.

① 긴급안전점검을 실시한 결과 조치명령을 받은 경우
② 정밀안전점검 또는 정밀안전진단 결과 안전등급으로 지정된 경우
③ 시설물의 중대한결함등에 대한 통보를 받은 경우

04-3-10 보수. 보강   100(25), 105(25)

1. 보수. 보강 시기

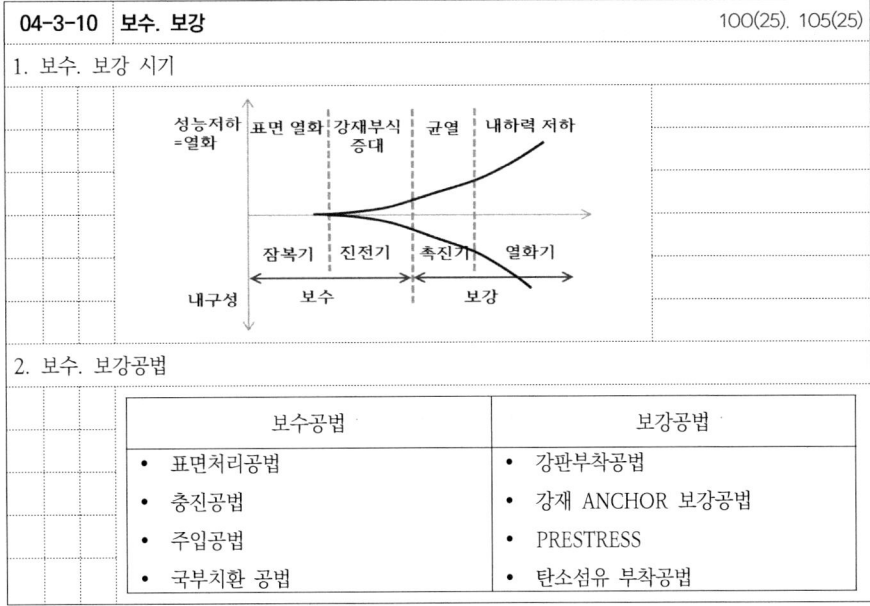

2. 보수. 보강공법

보수공법	보강공법
• 표면처리공법	• 강판부착공법
• 충진공법	• 강재 ANCHOR 보강공법
• 주입공법	• PRESTRESS
• 국부치환 공법	• 탄소섬유 부착공법

04-4-1 법 제40조(시설물의 성능평가)   108(25), 112(10), 115(25)

1. 개요

도로, 철도, 항만, 댐 등 시설물의 관리주체는 시설물의 성능을 유지하기 위하여 시설물에 대한 성능평가를 실시해야 함.

2. 성능평가 실시시기

① 최초 성능평가시기
- 1종시설물은 최초 정밀안전진단실시 시기
- 2종시설물은 하자담보책임기간이 끝나기 전에 마지막 정밀안전점검 시기
② 실시주기 : 5년에 1회 이상

04-4-2	법 제40조(시설물의 성능평가) 108(25), 112(10), 115(25)
3. 성능평가의 정의 및 업무 흐름도	
	시설물의 기능을 유지하기 위하여 요구되는 시설물의 성능(안전성능, 내구성능, 사용성능)을 종합적으로 평가하는 행위
	① 안전성능 평가란 하중으로 인해 손상, 붕괴에 저항하는 성능평가
	② 내구성능 평가란 환경조건으로 재료성질 변화에 따른 손상에 저항 성능평가
	③ 사용성능 평가란 편의성 확보 및 사용 목적 만족을 위한 성능평가
	④ 종합평가란 안전성능·내구성능·사용성능 평가로 안전, 성능수준 종합적 평가
	⑤ 성능목표란 사용연수 동안 성능 및 기능 유지할 수 있는 효율적 유지관리 수준
	성능목표 설정 → 제1종성능평가 / 제2종성능평가 → 성능평가 결과검토 (종합성능등급) → 비교 (성능목표 종합성능) → 유지관리 전략수립 (보수·보강) → 유지관리 결과검토

04-5-1	법 제55조(시설물 통합정보관리체계의 구축·운영 등) 101(10), 109(25), 131(10)
1. 개요	
	국토교통부장관은 시설물의 안전 및 유지관리에 관한 정보를 체계적으로 관리하기 위하여 시설물 통합정보관리체계를 구축·운영해야 함.
2. 시설물 통합정보관리시스템(FMS)	
	① 기본계획과 시설물관리계획
	② 설계도서 및 시설물관리대장 등 관련 서류
	③ 시설물의 준공 또는 사용승인 통보 내용
	④ 안전점검 및 정밀안전진단 결과보고서
	⑤ 정밀안전점검 또는 정밀안전진단 실시결과에 대한 평가
	⑥ 사용제한 등 긴급안전조치에 관한 사항
	⑦ 성능평가 결과보고서
	⑧ 유지관리 결과보고서

04-5-2	법 제58조(사고조사 등)
1. 개요	
	관리주체는 대통령령으로 정하는 규모 이상의 피해 발생 시 지체 없이 응급 안전조치를 하고, 사고발생 사실을 알려야 하며, 국토교통부 장관은 시설물사고조사위원회를 구성, 운영할 수 있다.
2. 대통령령으로 정하는 규모 이상의 피해	
	① 시설물이 붕괴되거나 쓰러지는 등 재시공이 필요한 시설물 피해
	② 사망자 또는 실종자가 3명 이상인 인명 피해
	③ 사상자가 10명 이상인 인명 피해
	④ 국토교통부장관이 조사가 필요하다고 인정하는 시설물 피해 또는 인명 피해

26년 대비

건설안전기술사 핵심개념 총정리

제 5 장

지하안전관리에 관한 특별법
(지하안전법)

제 05 장 지하안전관리에 관한 특별법(지하안전법)

05	지하안전관리에 관한 특별법 기출문제
	1. 총칙
	2. 지하개발의 안전관리
	3. 지하시설물 및 주변지반의 안전관리
	4. 보칙

05	지하안전관리에 관한 특별법 기출문제
	2. 지하개발의 안전관리
	- 114(25). 지하안전관리에 관한 특별법의 지하안전영향평가에 대하여 설명하시오.
	- 116(10). 지하안전관리에 관한 특별법상 국가지하안전관리 기본계획 및 지하안전영향평가 대상사업
	- 119(10). 지하안전영향평가 대상 및 방법
	- 128(25). 지하안전평가 대상사업, 평가항목 및 방법에 대하여 설명하시오.
	- 129(10). 지하안전평가의 종류, 평가항목, 평가방법과 승인기관장의 재협의 요청 대상

05	지하안전관리에 관한 특별법 기출문제
	3. 지하시설물 및 주변지반의 안전관리
	- 130(10). 안전점검 대상 지하시설물의 종류 및 안전점검의 실시 시기
	- 126(25). 지하안전관리에 관한 특별법 시행규칙상 지하시설물관리자가 안전점검을 실시하여야 하는 지하시설물의 종류를 기술하고, 안전점검의 실시시기 및 방법과 안전점검결과에 포함되어야 할 내용에 대하여 설명하시오.

05-1-1	법 제1조 지하안전관리에관한 특별법의 목적
1. 개요	
	지하를 안전하게 개발하고 이용하기 위한 안전관리체계를 확립함으로써
	지반침하로 인한 위해를 방지하고 공공의 안전을 확보함을 목적
2. 지하안전관리에관한 특별법의 목적	

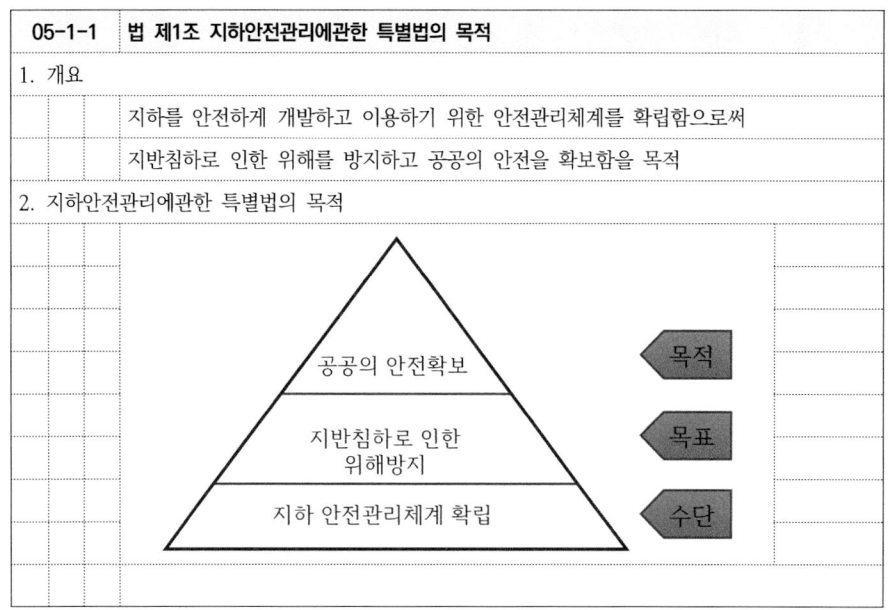

05-1-2	제2조(정의)
1. 개요	
	① 지반침하란 지하개발, 지하시설물의 이용·관리 중 주변 지반이 내려앉는 현상
	② 지하개발이란 지반형태를 변형시키는 굴착, 매설, 양수(揚水) 등의 행위
	③ 지하시설물"이란 상.하수도, 전력시설물, 전기통신설비, 가스공급시설, 공동구, 지하차도, 지하철 등 지하를 개발·이용하는 시설물
	④ 지하안전평가란 지하안전에 영향을 미치는 사업의 승인 등을 할 때에 미리 조사·예측·평가하여 지반침하를 예방, 감소 방안을 마련하는 것
	⑤ 소규모 지하안전평가란 소규모 사업에 대하여 실시하는 지하안전평가
	⑥ 지반침하위험도평가란 지반침하 위험요인 및 피해 예상 규모 등 분석을 위해 경험과 기술을 갖춘 자가 탐사장비 등 검사, 정량·정성적으로 분석·예측하는 것
	⑦ 지하정보란 지반특성, 지하시설물의 위치 등 지하에 관한 정보
	⑧ 지하공간통합지도란 지하를 개발·이용·관리를 위해 지하정보를 통합한 지도

05-1-3	제2조(정의)
1. 지하정보	
	① 지질정보 : 암석의 종류·성질·분포상태 및 지질구조
	② 시추정보 : 지반 특성, 지층 종류, 지하수위 등
	③ 관정정보 : 지하수의 수위 분포, 지하수를 함유한 지층의 구조와 수리적 특성
	④ 지하시설물, 송유관의 위치, 규모, 용도 및 관리주체 등 현황에 관한 정보

05-2-1	법 제14조(지하안전평가의 실시 등)	114(25),116(10),119(10),128(25)
1. 개요		
	일정규모 이상의 지하 굴착공사를 수반하는 사업을 하려는 지하개발사업자는 지하안전평가를 실시하여야 함.	
2. 지하안전평가 대상사업의 종류		
	① 도시, 에너지, 수자원, 하천, 관광단지, 특정지역의 개발사업	
	② 산업입지 및 산업단지의 조성사업	
	③ 항만, 도로, 철도, 공항의 건설사업	
	④ 체육시설, 폐기물처리 시설, 국방.군사시설의 설치사업	
	⑤ 토석. 모래, 자갈 등의 채취사업	
	⑥ 건축물의 건축사업	

05-2-2 법 제14조(지하안전평가의 실시 등)   114(25), 129(10)

3. 지하안전평가 대상사업의 규모

① 굴착깊이 20m 이상인 굴착공사 수반하는 사업

② 터널 공사(산악터널, 수저터널 제외) 수반하는 사업

05-2-3 법 제14조(지하안전평가의 실시 등)   114(25), 119(10), 128(25), 129(10)

4. 지하안전평가의 평가항목 및 방법

평가항목	평가방법
지반, 지질현황	① 지하정보통합체계를 통한 정보분석
	② 시추조사
	③ 투수시험
	④ 지하물리탐사(지표레이더탐사, 전기비저항탐사, 탄성파탐사 등)
지하수 변화에 의한 영향	① 관측망을 통한 지하수 조사(흐름방향, 유출량 등)
	② 지하수 조사시험(양수시험, 순간충격시험 등)
	③ 광역 지하수 흐름 분석
지반 안전성	① 굴착공사에 따른 지반안전성 분석
	② 주변 시설물의 안전성 분석

05-2-4 법 제14조(지하안전평가의 실시 등)

5. 지하안전평가 업무절차

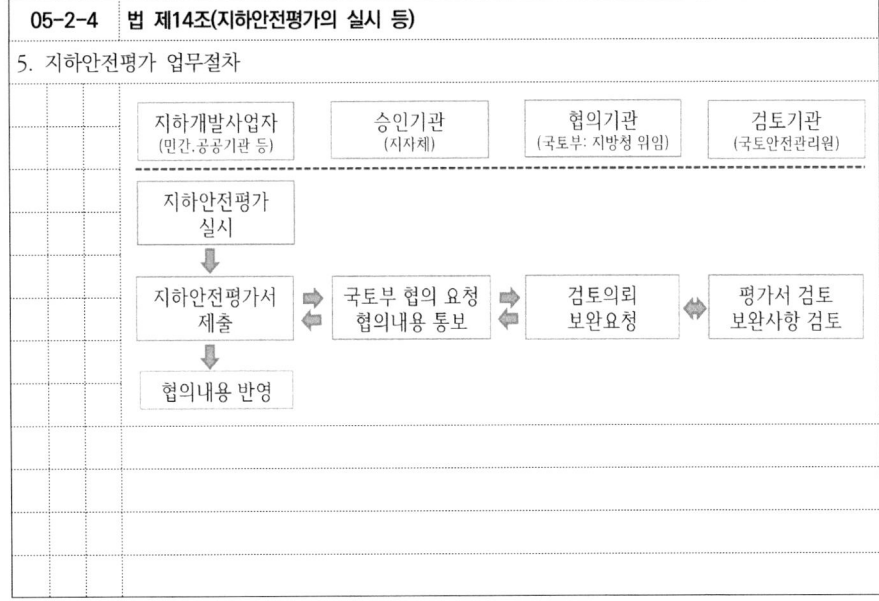

05-2-5 법 제17조(협의 내용의 반영 등)

1. 개요

지하개발사업자나 승인기관의 장은 협의 내용을 통보받았을 때에는 그 내용을 해당 사업계획 등에 반영하기 위하여 필요한 조치를 해야 함.

05-2-6	법 제18조(협의 내용의 조정 및 사업계획 등의 변경·재협의 등)	129(10)

1. 개요
- 지하개발사업자는 협의한 사업계획 등을 변경하는 경우에는 사업계획 등의 변경에 따른 지하안전확보방안을 마련하여 이를 변경되는 사업계획 등에 반영해야 함.

2. 사업계획등의 변경·재협의 대상
① 사업계획에 반영된 깊이보다 3미터 이상 깊어지는 경우
② 소규모 지하안전평가 대상이 굴착깊이 변경되어 지하안전평가 대상이 되는 경우
③ 사업계획에 반영된 굴착면적이 30퍼센트 이상 증가하는 경우
④ 흙막이·차수(遮水) 공법이 사업계획등에 반영된 공법과 달라지는 경우

05-2-7	법 제20조(착공 후 지하안전조사)

1. 개요
- 지하개발사업자는 해당 지하안전평가 대상사업을 착공한 후에 그 사업이 지하안전에 미치는 영향을 조사하고, 그 결과 지하안전을 위하여 조치가 필요한 경우에는 지체 없이 필요한 조치를 해야 함.

2. 착공 후 지하안전조사 제출기간
① 매달 말일 기준 착공후지하안전조사가 실시 중인 경우 : 다음 달 10일까지
② 착공후지하안전조사가 종료된 경우: 종료일부터 15일 이내
- 착공후지하안전조사서와 지하 안전조치 내용

05-2-8	법 제20조(착공 후 지하안전조사)

3. 착공 후 지하안전조사 조사항목 및 방법

조사항목	조사방법
지반, 지질 현황	① 지하안전영향평가 검토
	② 지하물리탐사(지표레이더탐사, 전기비저항탐사, 탄성파탐사)
지하수 변화에 의한 영향	① 지하안전영향평가 검토
	② 지하수 관측망 자료, 주변 계측 자료 등 분석
지하안전확보방안 이행여부	① 지하안전영향평가의 지하안전확보방안 적정성 분석
	② 지하안전확보방안 이행 여부 검토
지반안전성	① 지중경사계, 지표침하계, 하중센서, 균열측정기 을 통한 계측
	② 계측자료 분석을 통한 지반안전성 및 주변 시설물 영향 분석

05-2-9	법 제20조(착공 후 지하안전조사)

4. 착공 후 지하안전조사 업무절차

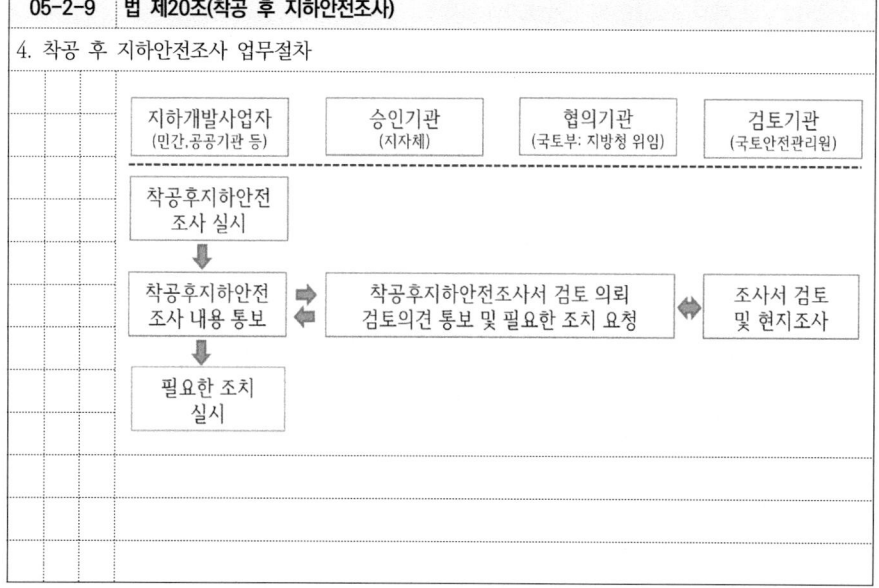

05-2-10 법 제22조의2(지하개발 사업에 의한 지반침하 사고예방을 위한 긴급안전조치 등)

1. 개요

   국토교통부장관은 지하개발사업자에게 지반침하가 발생, 발생할 우려가 있는
   때에는 주변 지반에 대한 보수·보강 등의 안전조치를 명령할 수 있다.

2. 안전조치명령서에 포함사항

   ① 안전조치의 내용 및 사유
   ② 안전조치의 방법
   ③ 안전조치의 완료기한

05-2-11 법 제23조(소규모 지하안전평가의 실시 등)

1. 개요

   소규모 사업을 하려는 지하개발사업자는 소규모 지하안전평가를 실시하고,
   소규모 지하안전평가서를 작성하여야 한다.

2. 소규모 지하안전평가 대상 사업의 규모

   ① 굴착깊이가 10미터 이상 20미터 미만인 굴착공사를 수반하는 사업

05-2-12 법 제23조(소규모 지하안전평가의 실시 등)

3. 소규모 지하안전평가의 평가항목 및 방법 등

평가항목	평가방법
지반, 지질현황	① 지하정보통합체계를 통한 정보분석
	② 시추조사
	③ 투수시험
지하수 변화에 의한 영향	① 관측망을 통한 지하수 조사
	② 대상지역의 지하수 흐름 분석
지반 안전성	① 굴착공사에 따른 지반안전성 분석
	② 주변 시설물의 안전성 분석

05-3-1 법 제34조(지하시설물 및 주변 지반에 대한 안전점검 등)   126(25), 130(10)

1. 개요

   지하시설물관리자는 소관 지하시설물 및 주변 지반에 대하여 안전관리규정에 따른
   안전점검을 정기적으로 실시하고 그 결과를 시장·군수·구청장에게 통보해야 함.

2. 안전점검의 실시시기 및 방법

   ① 지반침하 육안조사 : 연 1회 이상
   ② 지표투과레이더 탐사를 통한 공동조사 : 매 5년마다 1회 이상

05-3-2 법 제34조(지하시설물 및 주변 지반에 대한 안전점검 등) 126(25), 130(10)

3. 안전점검 대상 지하시설물의 종류
   - ① 500mm 이상의 상.하수도관, 전기설비, 전기통신설비, 가스공급시설, 수송관
   - ② 공동구, 지하도로 및 지하광장
   - ③ 도로
   - ④ 철도시설
   - ⑤ 주차장
   - ⑥ 지하도상가
   - ⑦ 고압가스배관 중 직경 500밀리미터 이상의 고압가스배관
   - ⑧ 제조소·저장소 및 취급소
   - ⑨ 유해화학물질을 이송하는 배관 중 직경 500밀리미터 이상의 배관

4. 안전점검 대상 주변지반의 범위
   - 지하시설물의 매설깊이의 2분의 1에 해당하는 범위의 지표

05-3-3 법 제35조(지반침하위험도평가 및 중점관리대상의 지정 등)

1. 개요
   - 지하시설물관리자는 안전점검 결과 지반침하 우려가 있다고 판단 시 지반침하위험도평가 실시하고, 평가서를 관할 시장·군수·구청장에게 제출해야 함.

2. 지반침하위험도평가 대상
   - ① 긴급복구공사를 완료
   - ② 안전점검 결과 지반침하 우려
   - ③ 지반침하위험도평가의 실시 명령을 받은 경우

05-3-4 법 제35조(지반침하위험도평가 및 중점관리대상의 지정 등)

3. 지반침하위험도평가의 방법

평가항목	평가방법
지반, 지질현황	① 지하정보통합체계를 통한 정보분석 ② 시추조사
공동	① 지하물리탐사(지표레이더탐사, 전기비저항탐사, 탄성파탐사) ② 내시경카메라 조사
지반 안전성	① 공동 등으로 인한 지반안전성 분석

4. 지반침하위험도평가의 절차
   - ① 지반침하위험도평가 대상지역의 설정
   - ② 지반 및 지질현황 조사
   - ③ 공동 등 조사
   - ④ 지반안전성 검토
   - ⑤ 지하안전확보방안 수립
   - ⑥ 종합평가 및 결론

05-4-1 제46조(사고조사 등)

1. 개요
   - 지하개발사업자 또는 지하시설물관리자는 지반침하로 인한 사고가 발생한 경우 지체 없이 응급 조치하고, 관할 지방자치단체의 장에게 사고사실을 알려야 함.

2. 대통령령으로 정하는 규모 이상의 사고
   - ① 면적 1제곱미터 또는 깊이 1미터 이상의 지반침하가 발생한 경우
   - ② 지반침하로 인하여 사망자·실종자 또는 부상자가 발생한 경우

3. 사고 발생 사실의 통보내용
   - ① 사고발생 일시 및 장소
   - ② 사고발생 경위
   - ③ 응급 안전조치 내용
   - ④ 향후 조치계획

26년 대비
건설안전기술사 핵심개념 총정리

건설안전기술사 핵심개념 총정리

제 6 장

안전관리론

제 06 장 안전관리론

06	안전관리론	
	1. 총칙	
		1. 재해발생 및 예방이론
		2. 재해조사 및 원인분석
		3. 안전활동기법
		4. 안전교육
		5. 안전심리
		6. 인간공학
		7. 시스템공학

06	안전관리론 기출문제	
1. 총칙		
	1) 안전관리 이론	
		- 134(10). 안전사고와 재해
		- 105(10). 건설안전의 개념
		- 130(10). 산업재해 발생구조 4형태
	2) 위험의 분류	
		- 119(25). 건설현장의 사고와 재해의 위험요인(기계적 위험, 화학적 위험, 에너지 위험, 작업적위험)과 이에 대한 재해예방대책을 설명하시오
	3) 안전관리	
		- 115(10). 건설현장의 지속적인 안전관리 수준향상을 위한 P-D-C-A 사이클
		- 90(10). 안전관리 조직의 유형

06-1-1	안전용어 정의	105(10), 134(10)
1. 개요		
	① 안전이란 재해, 위험이 전혀 없는 상태	
	② 안전사고란 고의성이 없는 불안전한 행동, 상태로 인해 인명, 재산상 손실	
	③ 재해란 안전사고로 인명과 재산의 손실	
	④ 산업재해란 근로자가 업무로 인하여 사망, 부상, 질병을 의미	
	⑤ 유해·위험요인이란 유해·위험을 일으킬 잠재적 가능성의 고유한 특징이나 속성	
	⑥ 위험이란 유해·위험요인(Hazards)에 상대적으로 노출된 상태	
	⑦ 위험성이란 유해·위험요인이 부상, 질병으로 이어질 수 있는 빈도와 강도를 조합	
	⑧ 무재해란 업무에 기인하여 사망, 4일 이상의 요양을 요하는 부상,질병에 이환되지 않는 것	
	⑨ 안전관리란 위험한 요소 조기 발견, 예측을 통해서 재해예방을 위한 안전 활동	

06-1-2	국제노동기구(ILO)의 상해 정도별 분류	
1. 국제노동기구(ILO)의 상해 정도별 분류		
	① 사망 - 노동손실일 7,500일	
	② 영구 전노동불능 상해 - 신체 장해등급 1~3급	
	③ 영구 일부노동불능 상해 - 부상 결과 신체 일부 근로기능 상실	
	④ 일시 전노동불능 상해 - 일정기간 근로 불가	
	⑤ 일시 일부노동불능 상해 - 부상 후 일시적 정규근로에 종사할 수 없는 휴업재해	
	⑥ 응급(구급)조치 상해 - 부상 다음 날 정규근로 종사 가능	

06-1-3 산업재해 유형   130(10)

1. 산업재해 유형

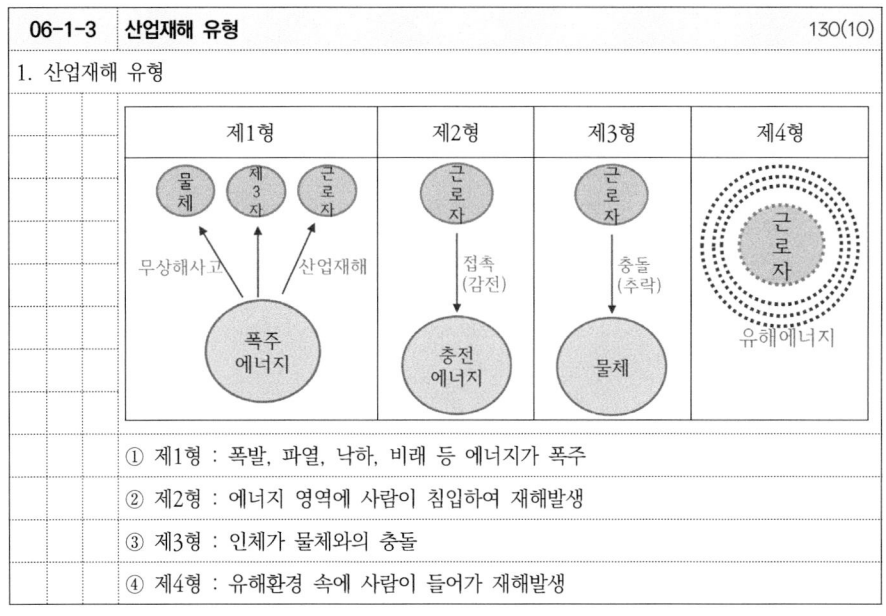

① 제1형 : 폭발, 파열, 낙하, 비래 등 에너지가 폭주

② 제2형 : 에너지 영역에 사람이 침입하여 재해발생

③ 제3형 : 인체가 물체와의 충돌

④ 제4형 : 유해환경 속에 사람이 들어가 재해발생

06-1-4 위험의 분류   119(25)

1. 개요

    위험은 근로자가 물체, 환경 등에 의해 부상이 발생할 가능한 상태

2. 위험의 분류

    ① 기계적 위험 : 기계, 기구, 설비 등에 의한 위험

    ② 화학적 위험 : 폭발성, 발화성, 인화성 물질 등에 의한 위험

    ③ 전기, 열 등의 에너지에 의한 위험

    ④ 불량한 작업방법에 의한 위험

    ⑤ 작업장소에 의한 위험

06-1-5 안전관리   115(10)

1. 개요

    안전관리란 위험한 요소 조기발견, 예측을 통해서 재해 예방을 위한 안전활동

2. 안전관리 순서

    1단계 Plan : 안전관리계획 수립

    2단계 Do : 안전관리활동 실시

    3단계 Check : 안전관리활동 검사,확인

    4단계 Action : 안전관리활동 수정조치

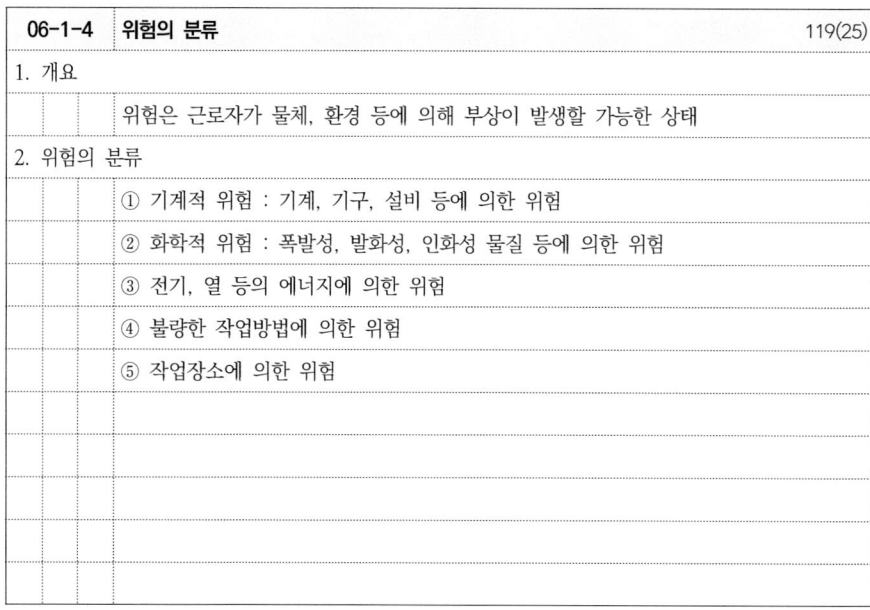

3. 안전관리대상

    ① Man(인적 요인)

    ② Machine(기계적 요인)

    ③ Media(작업적 요인)

    ④ Management(관리적 요인)

06-1-6 안전관리대상 4M (휴먼에러의 배후요인)   90(10), 129(10)

1. 개요

    4M 위험요인의 안전관리를 통해 불안전행동,상태를 제거하여 재해를 예방

2. 안전관리 대상 4M

4M	기본적인 내용
Man(인적요인)	• 심리적 원인 : 소질적 결함, 망각, 착오 등 • 생리적 원인 : 피로, 수면 부족, 신체 기능 저하 • 직장(사회)의 원인 : 직장의 인간관계
Machine (기계적요인)	• 기계, 설비의 설계상 결함 • 점검, 정비의 불량 • 안전방호장치 미설치
Media (작업적요인)	• 작업방법 등 정보 부족 • 작업자세, 작업동작 불량 • 작업환경조건 불량
Management (관리적요인)	• 안전관리 조직의 결함 • 안전관리계획 미수립 • 안전교육 및 지도, 감독 미흡 • 적정 배치 부적절

06-1-7	안전관리 조직		90(10)

1. 개요

　안전관리조직이란 원활한 안전관리를 위한 필요한 조직으로 라인형, 스태프형, 라인-스태프형으로 분류

2. 안전관리조직의 3형태

① line 형	② staff 형	③ line - staff형
소규모 사업장	중규모 사업장	대규모 사업장
100명 이하	100-500명	1000명 이상
생산조직이 안전관리 주도	안전과 생산 별개취급	안전과 생산 통합관리
전문지식, 기술 부족	생산부서와 마찰 가능	각층 안전담당자 배치
경영자 → 관리자 → 감독자 → 작업자	경영자 → 관리자 ← staff / 감독자 / 작업자	경영자 → 관리자 ← staff / 감독자 → 작업자

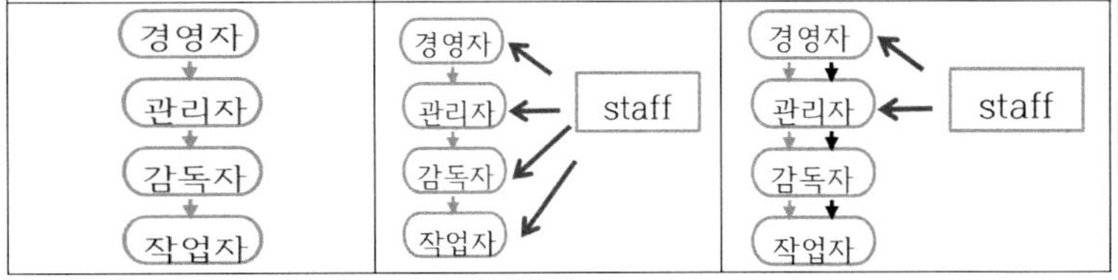

06	안전관리론 기출문제
2. 재해발생 및 예방이론	
	1) 재해발생 이론
	- 96(10).102(10).124(10). 등치성 이론
	- 105(10).128(10).135(10). 재해 발생이론 중 Frank E. Bird 의 신도미노이론
	- 111(25). 하인리히의 사고발생 연쇄성이론과 관리감독자의 역할을 설명하시오.
	- 112(25).129(25). 하인리히와 버드의 연쇄성(Domino)에 대한 재해 구성비율과 이론을 비교하여 설명하시오.
	- 126(10). 하인리히와 버드의 사고 연쇄성 이론 5단계와 재해발생비율
	- 92(10). 하인리히의 재해발생 5단계
	- 119(10). 웨버(Weaver)의 사고연쇄반응이론
	- 90(10). 재해의 기본원인(4M)과 재해발생 Mechanism
	- 129(10). 재해의 기본원인(4M)
	- 108(10). 재해의 직접원인과 간접원인(3E)

06	안전관리론 기출문제
2. 재해발생 및 예방이론	
	2) 재해예방 이론
	- 92(10). 3E 재해예방이론
	- 131(10). 재해예방의 4원칙

06-2-1 등치성 이론 96(10). 102(10). 124(10)

1. 개요

   등치성 이론이란 사고원인의 요인들 중 어느 한가지 요인을 제거하면 재해는 발생하지 않는다는 이론

2. 재해 발생형태

① 집중형	② 연쇄형	③ 복합형
여러 가지 요인의 집중에 의해 발생	하나의 사고요인이 또 다른 요인을 발생	집중형+ 연쇄형이 복합적으로 구성

06-2-2 하인리히의 도미노이론 92(10). 111(25)

1. 개요

   재해발생은 사고요인의 연쇄반응 결과로 발생 된다는 이론으로 불안전 상태, 불안전 행동을 제거하면 재해는 발생하지 않는다고 주장

2. 하인리히의 도미노 이론

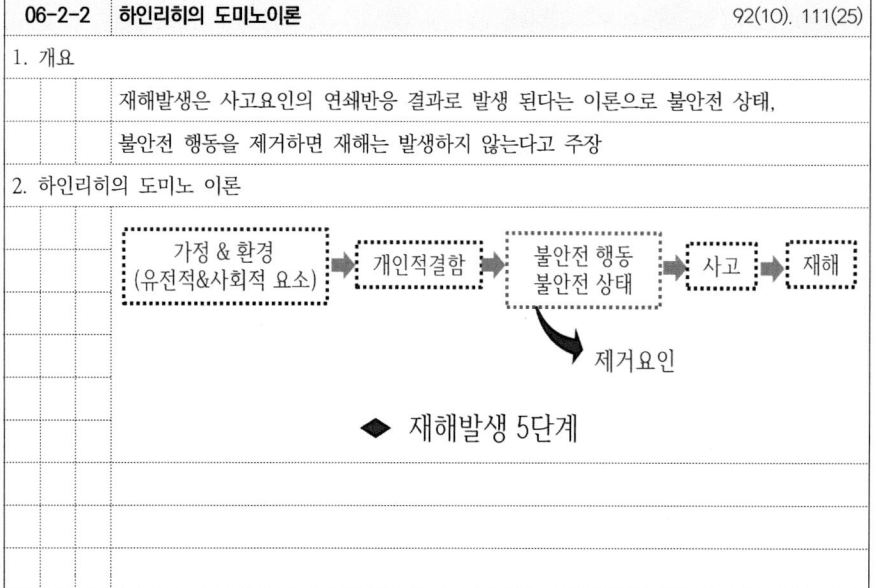

◆ 재해발생 5단계

06-2-3 버드의 신도미노 이론   105(10), 128(10), 135(10)

1. 개요

   손실 제어요인이 연쇄반응의 결과로 재해가 발생된다는 연쇄성 이론으로
   관리를 철저히 하고 기본원인을 제거하면 재해가 발생하지 않는다고 주장

2. 버드의 신도미노 이론

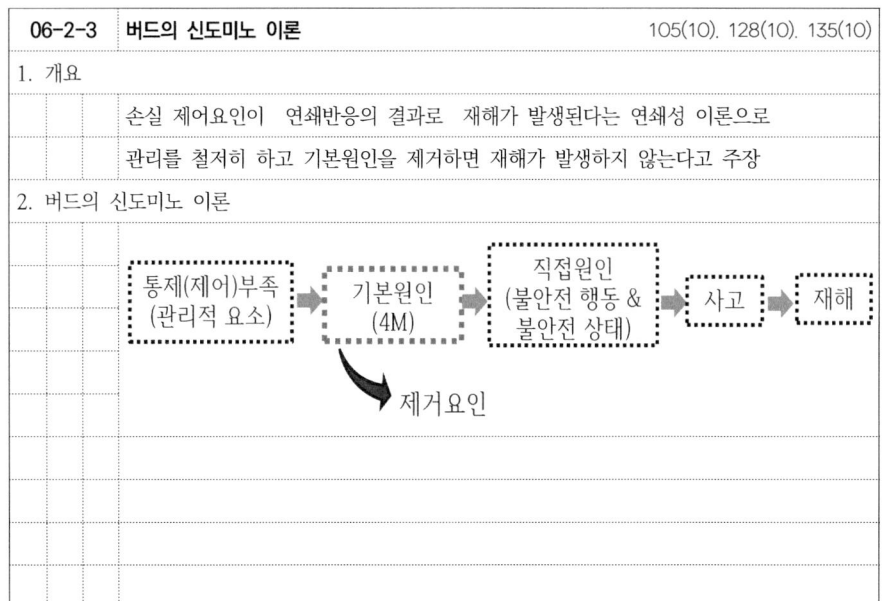

06-2-4 하인리히와 버드의 법칙   112(25), 126(10)

1. 개요

   ① 하인리히는 330건의 사고 중 300건의 사소한 징후와 29건의 작은사고와
      1건의 대형사고가 발생한다는 1:29:300의 법칙 주장
   ② 버드는 641건 중 아차사고가 600건, 물적재해가 30건, 인적재해가 10건,
      중상 등 사망이 1건의 비율로 발생한다는 1:10:30:600의 법칙 주장

2. 하인리히와 버드의 법칙

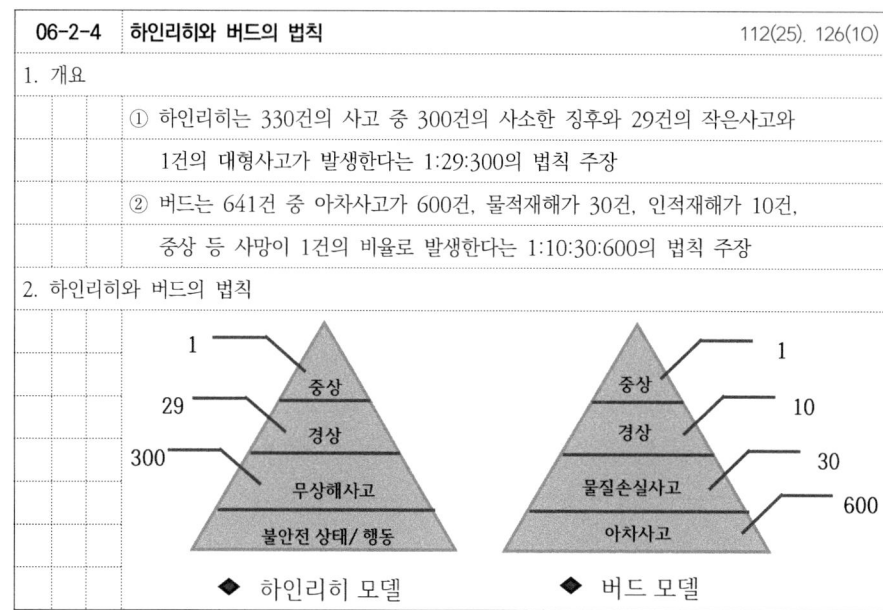

◆ 하인리히 모델   ◆ 버드 모델

06-2-5 에드워드 아담스 사고 연쇄반응 이론

1. 개요

   아담스는 버드의 도미노 이론과 비슷한 사고 연쇄성 이론을 제시
   관리자의 의사결정이 그릇되거나 잘못된 행동으로 인한 작전적 에러와 전술적
   에러의 개념을 도입

2. 아담스 사고 연쇄반응 이론

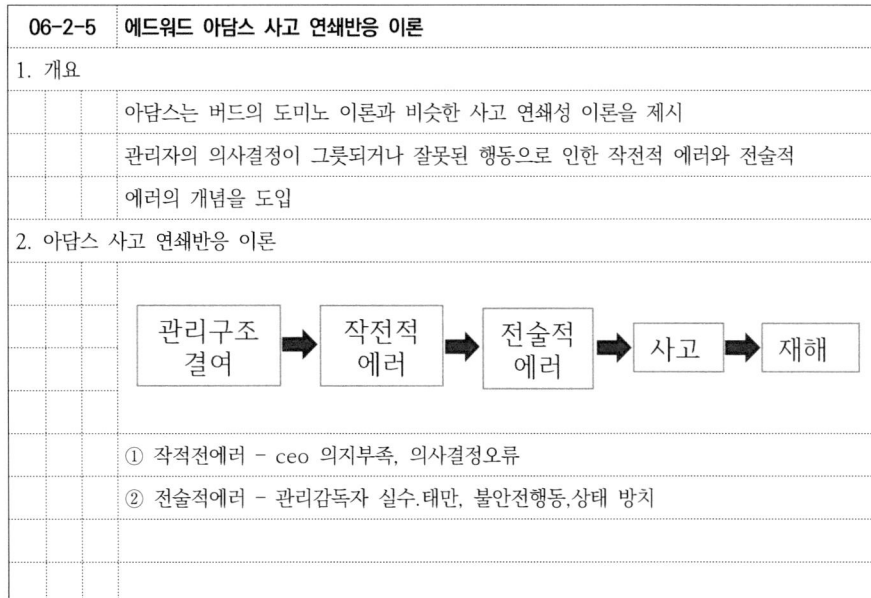

① 작적전에러 - ceo 의지부족, 의사결정오류
② 전술적에러 - 관리감독자 실수.태만, 불안전행동,상태 방치

06-2-6 웨버 사고연쇄반응 이론   119(10)

1. 개요

   사고의 직접적인 원인 뒤에는 정책순서, 조직구조, 의사결정, 관리 등의
   작전적 에러에 의해 발생한다는 이론으로 아담스의 이론을 발전시킨 이론

2. 웨버 사고연쇄반응 이론

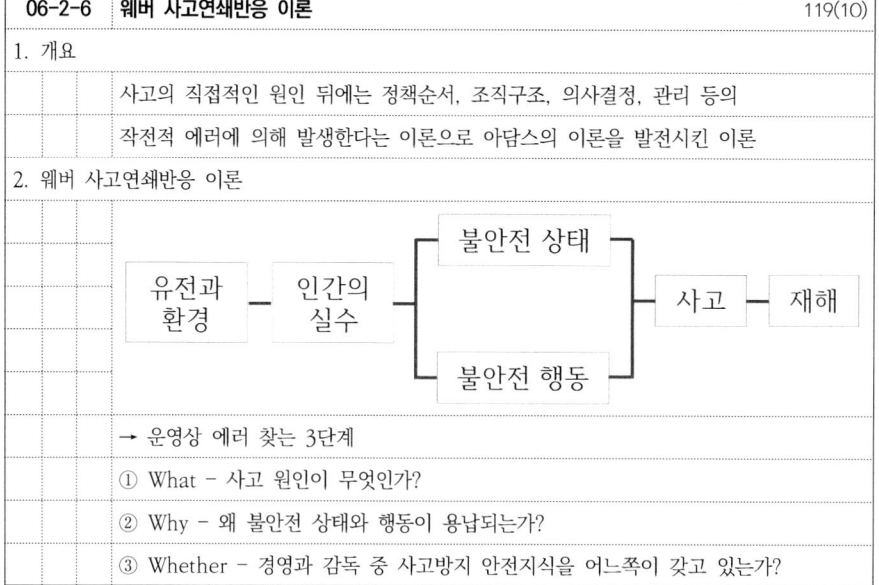

→ 운영상 에러 찾는 3단계

① What - 사고 원인이 무엇인가?
② Why - 왜 불안전 상태와 행동이 용납되는가?
③ Whether - 경영과 감독 중 사고방지 안전지식을 어느쪽이 갖고 있는가?

06-2-7 자베타키스 사고 연쇄반응 이론

1. 개요
사고의 직접적 원인이 에너지, 위험요소의 이동이나 폭주에 의해 일어난다는 이론

2. 자베타키스 사고 연쇄반응 이론

안전정책과 결정 / 개인적요소 / 환경적 요소 → 불안전행동 및 불안전 상태 → 물질에너지 기준 이탈 → 사고 → 구호

06-2-8 재해 발생 원인의 이론 비교

1. 재해 발생 원인의 이론 비교

단계	하인리히	버드	웨버	아담스	자베타키스
1	사회적요인 유전적요인	관리 부족	유전, 환경	관리구조	개인과 환경
2	개인결함	기본원인	인간의 실수 (성격 결함)	작전적에러 (경영자감독자)	불안전상태, 행동
3	불안전상태 불안전행동	직접원인	불안전상태 불안전행동	전술적에러 (불안전상태, 불안전행동)	물질에너지 기준이탈
4	사고	사고	사고	사고	사고
5	상해	상해	상해	상해	구호

06-2-9 제임스 리즌의 스위스 치즈모델

1. 개요
제임스 리즌이 1990년에 제시한 사고원인과 결과에 대한 모형이론으로 인적요인보다는 조직적 요인을 강조함.

2. 제임스 리즌의 스위스 치즈모델(사고발생 4단계 과정)
- 1단계(조직의 문제) : 자원관리미흡, 조직풍토와 운영과정상의 문제들
- 2단계(감독의 문제) : 부적절한 관리감독, 부적절한 실행계획의 수립, 감독자 위반
- 3단계(불안전행위의 유발조건) : 의사소통 미흡, 협조부족, 피로, 부적절한 실행
- 4단계(불안전행위) : 기술, 지각, 의사결정상의 에러, 통상적, 예외적 위반

06-2-10 제임스 리즌의 재해예방

1. 개요
재해는 방벽의 허점을 통과해 발생한다. 가능한 여러 겹의 방벽을 설치하고, 구멍이 적어야 재해발생을 예방할 수 있다.

2. 제임스 리즌의 재해예방

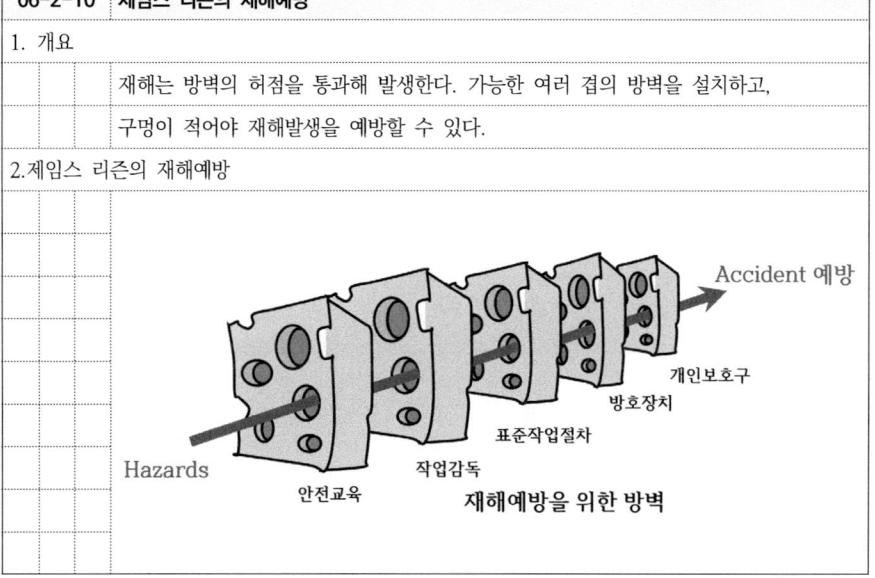

06-2-11 산업재해 발생 Mechanism

1. 개요

   미국의 안전학자인 하인리히는 재해를 일으키는 직접적인 원인으로 불안전행동 (인적원인)과 불안전상태(물적원인)를 지적하고 있다.

2. 산업재해 발생 Mechanism

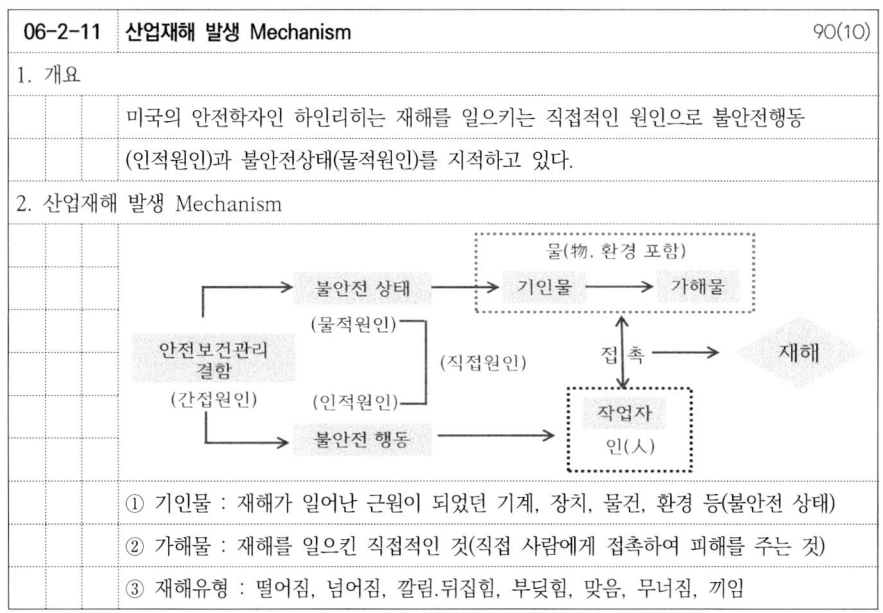

① 기인물 : 재해가 일어난 근원이 되었던 기계, 장치, 물건, 환경 등(불안전 상태)

② 가해물 : 재해를 일으킨 직접적인 것(직접 사람에게 접촉하여 피해를 주는 것)

③ 재해유형 : 떨어짐, 넘어짐, 깔림·뒤집힘, 부딪힘, 맞음, 무너짐, 끼임

06-2-12 하인리히의 사고예방 4원칙

1. 하인리히의 사고예방 4원칙

   ① 손실 우연의 원칙 - 손실은 우연한 사고로 발생

   ② 원인 계기의 원칙 - 모든 사고는 어떤 원인에 의해 발생

   ③ 예방 가능의 원칙 - 천재지변을 제외한 모든재해는 예방이 가능함.

   ④ 대책 선정의 원칙 - 모든 사고에는 대책이 있다. 대책 수립하면 재해예방 가능

06-2-13 하인리히 재해예방 5단계(사고예방의 기본원리)

1. 하인리히 재해예방 5단계(사고예방의 기본원리)

제1단계	제2단계	제3단계	제4단계	제5단계
안전관리조직	사실의 발견	평가, 분석	시정책의 선정	시정책의 적용
1.경영자 안전 폭표 설정 2.안전관리자 선임 3.안전라인 조직 4.안전활동 방침 수립 5.안전활동재개	1.사고 기록 검토 2.작업분석 3.점검 및 검사 4.사고조사 5.안전회의 및 토의 6.근로자의 제안 조사	1.사고원인분석 2.사고기록분석 3.인적·물적 등 조건 분석 4.작업공정분석 5.교육훈련·적성배치 분석 6.안전수칙·보호장비 적부	1.기술적 개선 2.배치조정 3.교육훈련 개선 4.안전행정 개선 5.규정·수칙 등 제도개선 6.안전운동 개선	1.교육적 대책 2.기술적 대책 3.규제적 대책 4.재평가 후 보안 및 시정

06-2-14 하비(Harvey)의 3E

1. 개요

   사고의 원인과 대책을 3E 차원에서 고려

2. 사고의 원인

   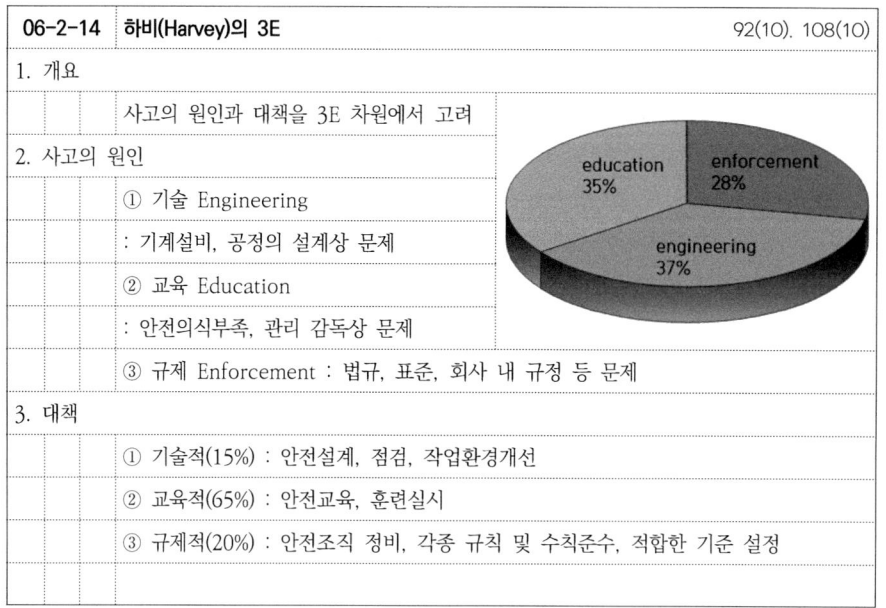

   ① 기술 Engineering

   : 기계설비, 공정의 설계상 문제

   ② 교육 Education

   : 안전의식부족, 관리 감독상 문제

   ③ 규제 Enforcement : 법규, 표준, 회사 내 규정 등 문제

3. 대책

   ① 기술적(15%) : 안전설계, 점검, 작업환경개선

   ② 교육적(65%) : 안전교육, 훈련실시

   ③ 규제적(20%) : 안전조직 정비, 각종 규칙 및 수칙준수, 적합한 기준 설정

06	안전관리론 기출문제		
3. 재해조사 및 원인분석			
	1)	재해조사	
		- 113(25). 재해조사의 3단계와 사고조사의 순서 및 재해조사 시 유의사항에 대하여 설명하시오.	
		- 126(25). 재해조사 시 단계별 조사내용과 유의사항을 설명하시오.	
		- 130(25). 재해조사의 목적과 재해조사의 원칙 3단계, 통계에 의한 재해원인의 분석방법에 대하여 설명하시오.	
		- 134(25). 재해조사 순서 4단계, 재해조사 방법 5가지, 재해조사 시 유의사항, 재해조사 항목 및 재해발생 시 응급조치 사항에 대하여 설명하시오.	
		- 137(25). 재해발생 시 긴급처리 순서와 재해조사의 목적, 유의사항에 대해 설명	

06	안전관리론 기출문제		
3. 재해조사 및 원인분석			
	2)	재해 원인분석 및 재해통계	
		- 118(25). 재해의 원인 분석방법 및 재해통계의 종류에 대하여 설명하시오.	
		- 124(25). 재해통계의 필요성과 종류, 분석방법 및 통계 작성 시 유의사항에 대하여 설명하시오.	
		- 131(25). 재해통계의 목적, 정량적 재해통계의 분류에 대하여 설명하고, 재해통계 작성시 유의사항 및 분석방법에 대하여 설명하시오.	
		- 106(10). 근로손실일수 7500 일의 산출근거 및 의미를 기술하고, 강도율을 구하시오	
		- 111(25). 재해통계의 종류, 목적, 법적근거, 작성 시 유의사항을 설명하시오.	
		- 95(10).115(10). 종합재해지수(FSI)의 정의 및 산출방법	
		- 96(10). 환산재해율	
		- 104(10). 강도율	
		- 128(10)건설업체 사고사망만인율의 산정목적, 대상, 산정방법	

06	안전관리론 기출문제		
3. 재해조사 및 원인분석			
	3)	재해손실비	
		- 116(25). 재해손실비용 평가방식에 대하여 설명하시오.	
		- 122(25). 재해손실비 산정 시 고려사항과 평가방식의 종류에 대하여 설명하시오.	
		- 125(25). 재해손실 비용 산정 시 고려사항 및 Heinrich 방식과 Simonds 방식을 비교 설명하시오.	
		- 130(25). 재해손실비용의 산정 시 고려사항 및 평가방식에 대하여 설명하시오.	
		- 132(10). 재해손실비의 개념, 산정방법 및 평가방식	

06-3-1	산업재해 조사	113(25), 126(25), 130(25), 134(25)
1. 산업재해 조사의 목적		
	재해 발생의 원인, 결함 규명으로 동종 재해 예방(재발 방지)	
2. 재해조사의 원칙		
	① 3E, 4M에 따라 구분하여 상세히 조사	
	② 육하원칙(5W 1H)에 의거 과학적 조사	
	③ 산업재해조사표 작성	
	▶ 5W 1H라 함은	
	- who(누가) : 역할의 책임소재를	
	- when(언제) : 기한	
	- where(어디서) : 장소 명확히	
	- what(무엇을) : 대상 구체화	
	- how(어떻게) : 기준과 방법의 순서를 명확히	
	- why(왜) : 필요성의 이해	

06-3-2 산업재해 조사 순서   113(25), 134(25)

1. 재해조사 순서 4단계(재해사례 연구 진행 단계별)
   - ① 전제조건(0단계) : 재해상황의 파악
   - ② 제1단계 : 사실의 확인(5W1H 원칙에 따른 사실관계 확인)
   - ③ 제2단계 : 직접원인(물적원인, 인적원인)과 문제점 발견
   - ④ 제3단계 : 기본원인(4M)과 근본적 문제점 결정
   - ⑤ 제4단계 : 동종 및 유사재해 예방대책의 수립

06-3-3 산업재해 조사 방법   134(25)

1. 재해조사 방법
   - ① 재해 발생 직후에 행한다.
   - ② 현장의 물리적 흔적 즉, 물적 증거를 수집
   - ③ 재해 현장은 사진 등을 촬영하여 보관, 기록
   - ④ 목격자·현장 감독자 등 많은 사람으로부터 사고 시의 상황을 듣는다.
   - ⑤ 재해 피해자로부터 재해 발생 직전의 상황을 듣는다
   - ⑥ 판단이 곤란한 특수한 재해 또는 중대 재해는 전문가에게 조사 의뢰

06-3-4 산업재해 조사 시 유의사항   126(25), 134(25), 137(25)

1. 재해조사 시 유의사항
   - ① 객관적이고 공정한 입장에서 조사한다.
   - ② 되도록 빨리 현장의 변화가 없을 때 조사한다.
   - ③ 조사는 신속히 실시하고, 2차재해 방지를 위한 안전조치를 한다.
   - ④ 인적, 물적 요인에 대한 조사를 병행한다.
   - ⑤ 목격자, 현장 관리자의 의견을 수렴한다.
   - ⑥ 책임추궁보다 재발방지에 역점을 둔다.
   - ⑦ 피해자에 대한 구급조치를 우선한다.
   - ⑧ 위험에 대비해 보호구를 착용한다.

06-3-5 산업재해 원인분석   118(25)

1. 개요
   - 재해원인 분석이란 재해현상을 구성하는 요소를 적출하는 것
2. 산업재해 원인분석
   1) 재해원인 분석
      - ① 개별적 원인분석 : 각 재해를 하나하나 분석
      - ② 통계적 원인분석 : 파레토도, 특성요인도, 크로스도, 관리도
   2) 시스템 안전 해석
      - ① 인간-기계시스템 해석
      - ② 정성적 해석 및 정량적 해석
      - ③ 귀납적 해석 및 연역적 해석
      - ④ 결함수 분석(FTA), 사건수 분석(ETA), 고장형태와 영향해석(FMEA),
      - ⑤ 중요도 해석(FMECA), 특성요인도, MORT해석

06-3-6 산업재해 통계적 원인분석

1. 통계적 원인분석 방법

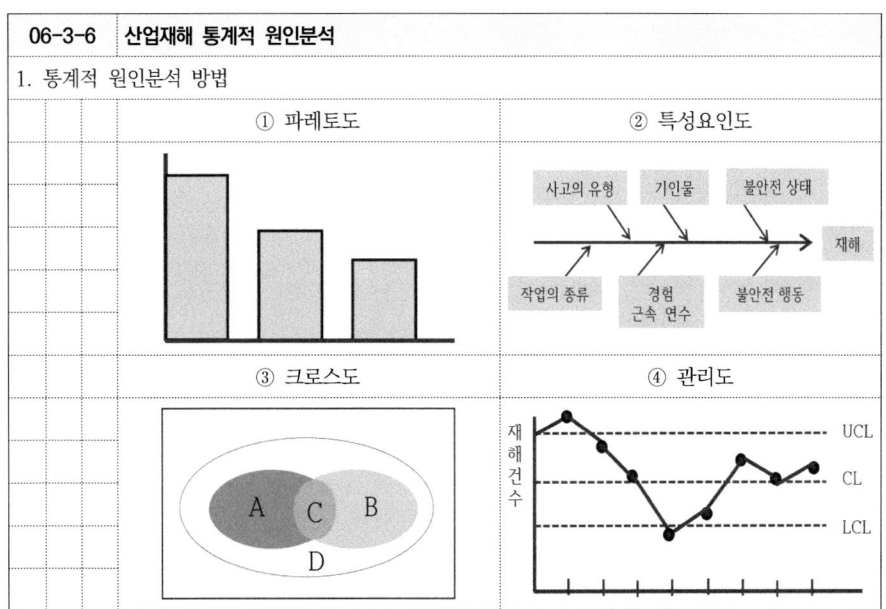

① 파레토도
② 특성요인도
③ 크로스도
④ 관리도

06-3-7 산업재해 통계   111(25), 124(25), 131(25)

1. 산업재해 통계의 목적

   재해예방을 위한 정보제공 및 안전성적 평가 자료로 활용

2. 정부의 산업재해 현황분석에 사용되는 재해율의 종류

   ① 재해율(%), 천인율, 사망만인율(‰ 퍼밀리아드), 도수율(건), 강도율(일)

   ② 건설업의 환산재해율 : 재해자 5명을 사망자 1명으로 환산

3. 강도율 계산시 적용되는 손실일수

   ① 국제기준(ILO)

   - 사망자 손실일수 + 신체장해자의 등급별 손실일수 + (휴업일수*300/365)

   ② 우리나라 손실일수

   - 사망자 손실일수 + 신체장해자의 등급별 손실일수 + 부상자, 질병자 요양일수

06-3-8 산업재해 통계의 근로손실일수   106(10)

1. 신체장해 등급별 근로손실일수

구 분	사망	신 체 장 해 자 등 급										
		1~3	4	5	6	7	8	9	10	11	12	13	14
근로손실일수	7,500	7,500	5,500	4,000	3,000	2,200	1,500	1,000	600	400	200	100	50

→ 노동 손실일 7,500일

근로일수 1년 300일 /근로년수 평생 25년 : 300 * 25년 = 7,500일

2. 환산강도율, 환산도수율

   ① 환산강도율 : 10만 시간당의 근로손실일수

   - 환산강도율= 강도율*100

   ② 환산도수율 : 10만 시간당의 재해건수

   - 환산도수율 = 도수율 * 0.1

06-3-9 산업 재해율의 종류   95(10), 96(10), 104(10), 115(10), 128(10)

1. 재해율의 종류

① 연천인율 $= \dfrac{\text{연간재해자수}}{\text{평균근로자수}} * 10^3$ (천 명당)

② 도수율 $= \dfrac{\text{재해발생건수}}{\text{연근로자수}} * 10^6$ (100만 시간당)

③ 강도율 $= \dfrac{\text{근로손실일수}}{\text{연근로자수}} * 10^3$ (천 시간당)

④ 사망만인율 $= \dfrac{\text{사고사망자수}}{\text{상시근로자수}} * 10,000$

⑤ 환산재해율 $= \dfrac{\text{환산재해자수}}{\text{상시근로자수}} * 100$

* 상시근로자수 = $\dfrac{\text{연간국내공사 실적} * \text{노무비율}}{\text{건설업 평균임금} * 12}$

⑥ 종합재해지수 (FSI) $= \sqrt{도수율(FR) \times 강도율(SR)}$

06-3-10 산업재해 손실비용 116(25), 122(25), 125(25), 130(25), 132(10)

1. 개요
   - 재해 발생 시 직접손실비, 간접손실비를 총칭
   - 정부의 산업재해 현황분석의 경제적 손실 추정액을 하인리히 방식(1:4) 채택

2. 학자 간의 재해 손실비용 계산 방식
   ① 하인리히 : 총재해비용 = 직접비 + 간접비 = 1 : 4
   ② 버드 : 총재해비용 = 직접비 + 간접비 = 1 : 5
   ③ 시몬즈 : 총재해비용 = 산재보험비용 + 비보험비용
   ④ 콤페스 : 총재해비용 = 공동비용 + 개별비용
   ⑤ 노구찌 : 시몬즈의 평균치법 적용하여 일본상황에 맞게 응용한 방법

06-3-11 산업재해 손실비용 계산 방식(하인리히, 버드)

1. 하인리히 방식

직접비 (산재보상비)	간접비
• 장례비 • 유족보상금 • 요양보상비 • 휴업보상비 • 장해보상비	• 인적손실 (임금) • 물적손실 - 기계, 재료, 시설의 복구 • 생산손실 - 생산감소, 생산중단 • 특수손실 - 신규채용, 교육훈련비

2. 버드 (빙산이론) 방식

직접비 (보험료)	간접비 (비보험료)
• 의료비 • 보상비	• 건물손상비 • 기계기구 및 장비 손실 • 제품 및 재료손실 • 작업중단, 지연손실 • 비보험손실(시간비, 교육비, 조사비, 임대비 등)

06-3-12 산업재해 손실비용 계산 방식(시몬즈, 콤페스)

1. 시몬즈 방식 : 하인리히의 1:4 방식 전면 부정

산재보험비용	산업재해 보상 보험금 총액
비보험비용	= (A*휴업상해건수) + (B*통원상해건수) + (C*응급조치건수) + (D*무상해건수) • A B C D : 상해 정도의한 평균재해비용 • 평균재해비용 산출 어렵다

2. 콤페스 방식

개별 비용비	공용 비용비
• 작업중단 비용 • 수리비용 • 사고조사비용	• 보험료 • 기업명예비 • 안전보건팀 유지비

06 안전관리론 기출문제

4. 안전활동기법
   - 113(10). 지적확인을 설명하시오.
   - 106(10). 위험예지훈련
   - 103(10). 적극안전
   - 118(10). TBM(Tool Box Meeting) 효과 및 방법

06-4-1 무재해 운동

1. 개요

   무재해란 산업현장에서 중상해나 4일이상의 상해사고는 물론 잠재사고 있는 모든 위험요인 즉, 불안전한 상태나 행동을 미리 발견하여 사전에 예방대책 수립.시행 함으로써 산업재해 근절하자는 것

2. 무재해 운동

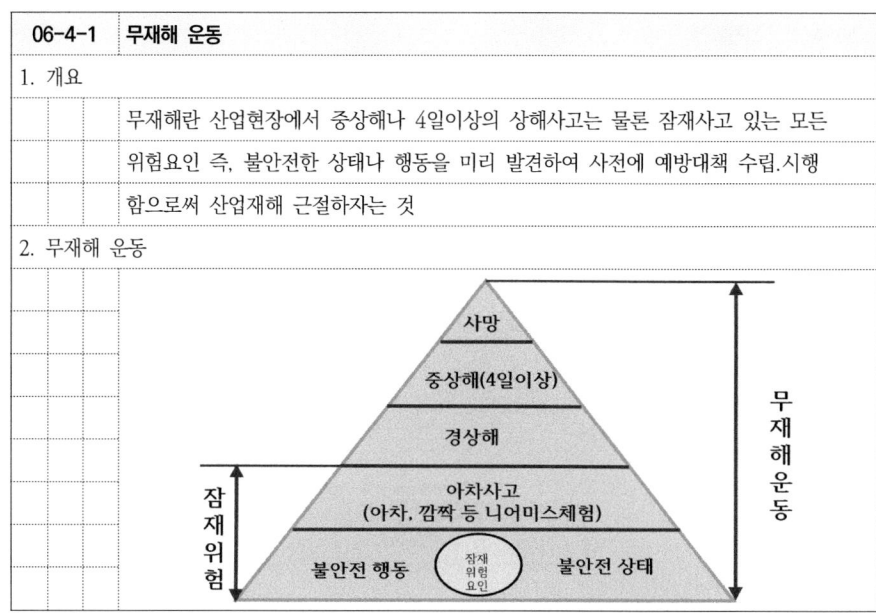

06-4-2 무재해 운동 3대원칙 및 3기둥

1. 무재해 운동의 3대원칙
   ① 무(zero)의 원칙 : 잠재요인 사전에 발견, 파악, 해결함으로써 근원적 재해 제거
   ② 선취(안전제일, 해결)의 원칙 : 행동 전 위험요인을 발견, 해결하여 재해 예방
   ③ 참가(참여)의 원칙 : 작업 전원이 일치 협력하여 적극적으로 위험을 해결

2. 무재해 운동 추진의 3기둥
   ① 최고경영자의 안전경영철학
   ② 관리감독자의 안전보건에 대한 적극적 추진
   ③ 자율 안전활동의 활발화

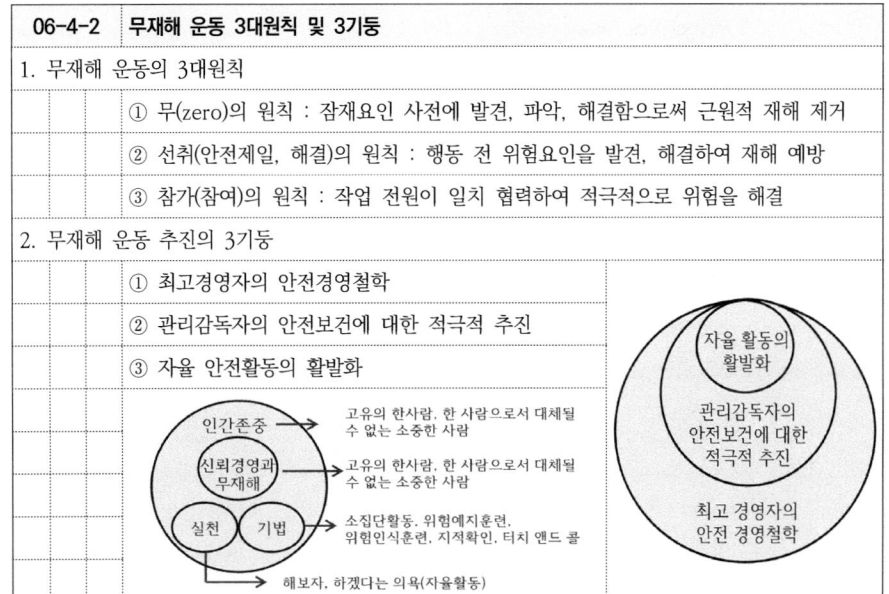

06-4-3 무재해 운동 추진기법

1. 개요

   무재해 운동의 기법으로는 행동과학적인 기법, 위험예지훈련기법, 사업장 무재해 활동기법으로 구분

2. 무재해 운동 추진기법
   ① 지적확인
   ② 터치 앤드 콜
   ③ 브레인 스토밍
   ④ 위험예지훈련
   ⑤ 아차사고사례 발굴훈련

06-4-4 지적확인   113(10)

1. 개요

    작업을 안전하게 오조작 없이 하기 위하여 작업공정의 요소에서 자신의 행동을
    「...좋아!」하고 대상을 지적하여 큰 소리로 확인하는 것

2. 지적확인의 의의

    ① 작업의 정확도 약 3배 향상
    ② 오조작, 오판단율 2.85 → 0.8%로 감소

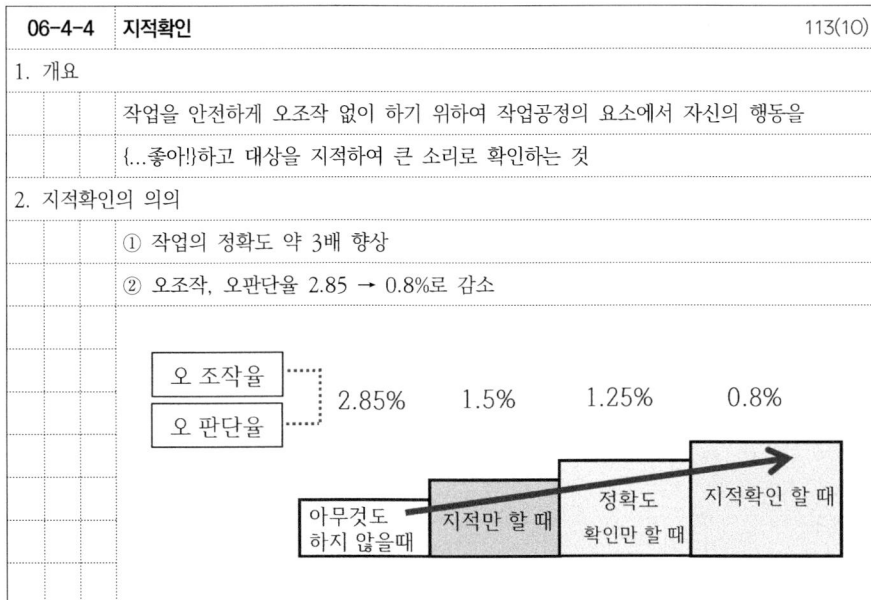

06-4-5 브레인 스토밍(Brain Storming)

1. 개요

    어떤 주제에 관해 구성원의 자유발언을 통하여 아이디어의 제시
    토의식 아이디어 개발법

2. Brain storming 4원칙

    ① 비판금지 - 타인 의견 비판하지 않는다
    ② 자유분방 - 어떤 의견도 자유롭게 발언
    ③ 대량발언 - 어떤 내용이든 많이 발언
    ④ 수정발언 - 타인의 아이디어 수정 발언

06-4-6 위험예지훈련   106(10)

1. 개요

    위험예지훈련이란 위험 요인을 발견·파악하여 그에 따른 대책을 강구하고 작업이
    시작되기 전에 위험요인을 제거함으로써 안전을 확보하기 위한 훈련

2. 위험예지훈련 진행방법 (4라운드)

    ① 제1라운드(현상파악) : 어떤 위험이 잠재하고 있는가?
    ② 제2라운드(본질추구) : 이것이 위험의 포인트이다!
    ③ 제3라운드(대책수립) : 당신이라면 어떻게 하겠는가?
    ④ 제4라운드(목표설정) : 우리들은 이렇게 하자!
    ⑤ 확 인 : *원포인트 지적확인연습(3회)「○○, 좋아!
            *터치 앤드 콜「○○팀, 무재해로 나가자, 좋아!」

06-4-7 T.B.M(Tool Box Meeting)   118(10)

1. 개요

    이는 현장 그때 그 장소의 상황에 즉응하여 실시하는 위험예지훈련으로서
    즉시 즉응법이라고도 함.

2. T.B.M-위험예지(미팅형식)진행방법

    ① 조회, 오전, 정오, 오후 교체하여 시행
    ② 토의는 소수인(10명 이하)이 좋다.
    ③ 10분 정도가 바람직하다

3. 효과적인 TBM을 위한 단계별 활동

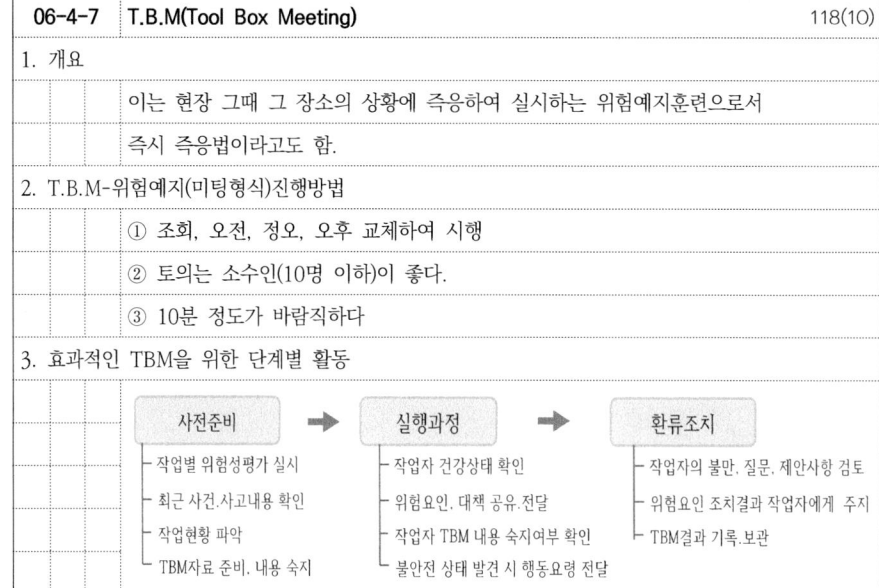

| 06-4-8 | 아차사고사례 발굴훈련 |

1. 개요

　　아차사고란 무인명상해(인적피해), 무재산손실(물적피해)의 사고를 말함

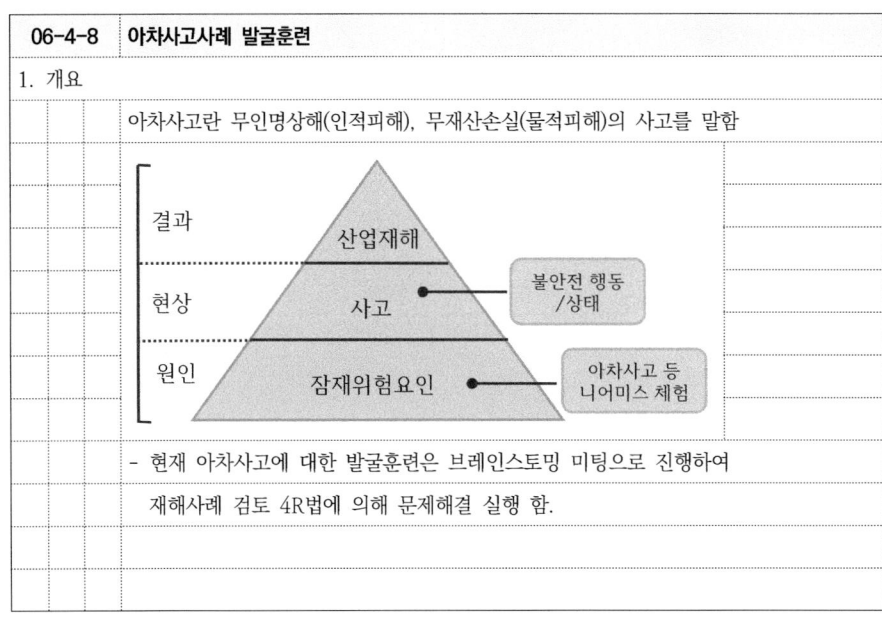

- 현재 아차사고에 대한 발굴훈련은 브레인스토밍 미팅으로 진행하여 재해사례 검토 4R법에 의해 문제해결 실행 함.

| 06-4-9 | 적극안전 | 103(10) |

1. 적극안전

1) 자기 자신과 구성원 모두의 안전을 확보하는 방법
2) 안전 확보 방법
　- 적극안전과 소극안전(자기 자신의 안전만 확보-개인보호구 착용)으로 분류
3) 적극안전 확보를 위한 방법
　① 3E 대책
　② 안전시설 설치
　③ 법령 준수
　④ 각종 안전활동 실시
4) 적극안전 유도방법
　① 감성안전
　② 동기부여(상과 벌, 모범근로자 표창 등)
　③ 위험성평가 참여

06	안전관리론 기출문제
5. 안전교육	
	- 103(10). 안전교육 3단계와 안전교육법 4단계
	- 110(10). 안전교육 방법 중 사례연구법
	- 133(10). 안전보건 교육지도 8원칙
	- 133(25). 교육훈련 기법 중 강의법과 토의법을 비교하고, 토의법의 종류에 대하여 설명하시오.
	- 129(10). 연습곡선(Practice Curve) 및 활용효과
	- 124(10). 헤르만 에빙하우스의 망각곡선
	- 136(10). 파지와 망각

06-5-1	안전교육
1. 개요	
	안전교육은 안전에 필요한 지식, 기능, 태도 등을 이해시키고, 안전하고 건강한 생활을 영위할 수 있는 '습관'을 형성시키는 교육이다
2. 안전교육의 목적	
	① 인간 정신의 안전화 : 심리적 안전 도모
	② 행동의 안전화 : 표준작업, 안전한 작업방법 체득 및 습관화
	③ 환경의 안전화 : 정리정돈 및 작업환경 안정화
	④ 설비와 물자의 안전화 : 기계설비 근원적 위험방지(방호장치 설치)
3. 안전교육의 3요소	
	① 교육주체 - 강사
	② 교육객체 - 교육생
	③ 교육매개체 - 교재

06-5-2	안전교육의 지도 8원칙	133(10)
1. 안전교육의 지도 8원칙(안전교육의 방법)		
	① 한 번에 한 가지씩 교육(교육의 성과는 양보다 질을 중시)	
	② 인상의 강화(사실적 구체적인 진행)	
	③ 오관(감각기관)의 활용	
	④ 기능적인 이해(요점 위주로 교육)	
	⑤ 동기부여를 중요하게	
	⑥ 쉬운 부분에서 어려운 부분으로 진행	
	⑦ 반복에 의한 습관화 진행	
	⑧ 피교육자 중심교육(상대방의 입장에서)	

06-5-3	안전교육의 단계별 교육	103(10)
1. 안전교육의 3단계		
	① 지식교육(1단계) - 안전 기초지식 습득 단계	
	② 기능교육(2단계) - 작업 및 기술 능력 습득(현장실습)	
	③ 태도교육(3단계) - 안전의식 향상 및 습관화	
2. 안전교육 방법의 4단계		
	① 도입(1단계) - 동기유발	
	② 제시(2단계) - 작업 설명	
	③ 적용(3단계) - 작업 지시	
	④ 확인(4단계) - 작업 확인	

06-5-4		안전교육 훈련 기법	133(25)
1. 안전교육 훈련 기법(교육실시 방법)			
		① 강의법 - 안전지식의 전달방법으로 초보적 단계에서 효과가 큰 방법	
		② 토의법 - 쌍방적의사 전달 방식, 최적 인원(10~20명)	
		③ 실연법 - 학습자가 알게 된 지식을 교사의 지도 아래 직접 연습을 통해 적용	
		④ 프로그램 학습법 - 수강자 학습 진행에 맞는 프로그램자료 작성, 스스로 학습	
		⑤ 모의법 - 실제의 장면이나 상황을 인위적으로 구성하여 학습	
		⑥ 시청각교육법	
		⑦ 문제해결법	
		⑧ 사례연구법 - 먼저 사례 제시하고 사례의 상호관계를 검토 한 후 대책을 토의	
		⑨ 역할연기법 - 참석자에게 어떤 역할을 주어서 시켜보고 태도를 변화시키는 방식	

06-5-5		토의법	133(25)
1. 토의법의 종류			
		① 자유토의법 - 자유로운 발표와 토의	
		② 포럼(공개토론회) - 새로운 자료나 주제 발표 후 깊이 있게 토론	
		③ 패널디스커션(워크샵) - 전문가 4~5명 토의 후 전원이 사회자에 따라 토의	
		④ 심포지움 - 전문가 발표 후 참가자 의견, 질문 받는 방법	
		⑤ 버즈 세션 - 6명씩 소집단 구성하여 소집단별 자유토론 후 의견정리	

06-5-6		파지	136(10)
1. 개요			
		학습된 행동이 지속되는 것	
2. 파지에 영향을 주는 요인			
		① 학습내용의 의미성 부여	
		② 과잉학습	
		③ 분산학습	
		④ 반복학습	

06-5-7		망각	136(10)
1. 개요			
		약호화된 정보를 인출 할 능력이 상실된 것	
2. 망각의 원인(간섭, 쇠퇴, 인출실패)			
		① 간섭	
		- 이전에 한 학습, 이후에 한 학습으로 인해 현재의 학습이 방해받아 소실	
		- 순행간섭(이전에 한 학습)과 역행간섭(이후에 한 학습)	
		② 쇠퇴	
		- 오랜시간이 지나 사용하지 않은 기억이 점차 사라지는 현상	
		- 반복적으로 재생하는 과정 필요	
		③ 인출실패	
		- 저장은 되어 있으나 접근할 수 없을 때 발생하는 현상(설단현상)	

06-5-8 에빙하우스의 망각 곡선 124(10), 129(10)

1. 개요

시간의 경과와 망각의 관계를 측정한 것으로 기억과 망각에 관한 곡선

2. 망각곡선과 연습곡선

망각곡선 / 연습곡선

06	안전관리론 기출문제
6. 안전심리	
	1) 행동법칙 및 불안전 행동
	- 129(10). 레윈(Kurt Lewin)의 행동법칙과 불안전한 행동
	- 132(10). Levin의 인간 행동 방정식 P(Person)와 E(Environment)
	- 120(25). 인간행동방정식과 P와 E의 구성요인을 열거하고, 운전자 지각반응시간에 대하여 설명하시오.
	- 116(10). 불안전한 행동에 대한 예방대책
	- 111(10). 개인적 결함(불안전 요소)
	- 135(25). 재해빈발자(사고자) 4가지 유형과 무사고자의 특징, 건설현장에서의 재해빈발자에 대한 예방대책을 설명하시오.
	- 100(25). 근로자 사고자와 무사고자의 특성과 예방대책
	- 137(25). 건설현장에서 무사고자와 사고자의 특성에 대하여 설명하고, 사고자 관리대책에 대하여 설명하시오.

06	안전관리론 기출문제
6. 안전심리	
	2) 불안전 행동의 배후요인
	- 101(10). 인간의 착각과 착시현상
	- 132(25). 가현운동의 종류와 재해발생 원인 및 예방대책에 대하여 설명하시오.
	- 120(10). 가현운동
	- 134(10). 착각현상
	- 137(10). 착오의 종류와 원인

06	안전관리론 기출문제
6. 안전심리	
	3) 의식수준과 부주의
	- 94(10). 주의 수준(Attention Level)
	- 99(10). 긴장 수준(Tention Level)
	- 97(10). 주의력의 집중과 배분
	- 129(25).132(25). 인간의 긴장정도(Tension Level)를 표시하는 의식수준 5단계와 의식수준과 부주의 행동의 관계에 대하여 설명하시오.
	- 131(25). 인간의 의식수준과 부주의 행동관계에 대하여 설명하고, 휴먼 에러의 심리적 과오에 대하여 설명하시오.
	- 107(10). 부주의 현상
	- 127(25). 건설현장의 근로자 중에 주의력있는 근로자와 부주의한 현상을 보이는 근로자가 있다. 부주의한 근로자의 사고를 예방할 수 있는 안전대책에 대하여 설명하시오.

06	안전관리론 기출문제
6. 안전심리	
	4) 부주의
	- 122(25). 건설현장 인적 사고요인이 되는 부주의 발생원인과 방지대책을 설명
	- 123(25). 인간의 작업강도에 따른 에너지 대사율(RMR)을 구분하고, 작업 중 부주의에 대하여 설명하시오.
	- 133(25). 근로자의 불안전한 행동 중 부주의 현상의 특징, 발생원인 및 예방대책에 대하여 설명하시오.
	- 136(25). 정보처리 채널(의식수준 5단계)과 주의 및 부주의 상태에 대해 설명

06	안전관리론 기출문제
6. 안전심리	
	5) 동기부여 이론
	- 107(10). 동기부여 이론
	- 96(10).102(10). 매슬로우의 동기부여 이론
	- 106(10). 매슬로우의 욕구 위계 7단계
	- 109(10). 알더퍼(Alderfer) ERG 이론
	- 133(10). 맥그리거(Douglas McGregor)의 XY이론
	- 117(10). 허즈버그의 욕구충족요인
	- 135(25). 동기부여(Motivation) 이론 중 5가지만 설명하시오.
	- 136(10). 모랄 서베이(morale survey)

06-6-1 재해빈발자의 유형 100(25), 135(25)

1. 재해빈발자의 유형

① 상황성 빈발자	• 작업이 어려움 • 기계 설비 결함 • 주의력 집중 결여 • 근심
② 습관성 빈발자	• 재해 경험의 트라우마 • 슬럼프 상태
③ 미숙성 빈발자	• 기능 미숙 • 환경에 부적응
④ 소질성 빈발자	• 특수성격 소유자 • 개인소질중 재해원인 요소 소유자

06-6-2 인간행동의 특성

1. 인간행동의 특성
   - ① 간결성의 원리
   - 최소한의 에너지로 목표에 도달하려는 경향
   - ② 주의의 일점 집중 현상
   - 한 지점에 주의를 집중하면 다른 곳의 주의는 약해짐
   - ③ 리스크 테이킹
   - 객관적인 위험을 자기 나름대로 판정해서 의사결정을 하고 행동에 옮기는 것

06-6-3 억측판단(리스크 테이킹) 100(10)

1. 개요

   객관적인 위험을 자기 나름대로 판정해서 의사결정을 하고 행동에 옮기는 것

2. 억측판단의 발생원인
   - ① 희망적 관측
   - ② 초조한 심정
   - ③ 과거의 선입견 (경험)
   - ④ 지식, 정보의 불확실성

06-6-4 레빈의 행동법칙 110(10), 120(25), 129(10), 132(10)

1. 개요
   - K - Lewin 은 B = f (P · E)에서 불안전 행동을 일으키는 인적, 외적 요인의 제어를 통한 인간행동의 근본적인 대책의 필요성을 주장

2. 레빈의 행동법칙

   $$B = f(P \cdot E)$$

f	함수관계
P	인적요인
E	외적요인

3. 인적요인과 외적요인의 구성요인
   - 인적요인(P) : 연령, 경험, 성격, 지능, 심신상태 등
   - 외적요인(E) : 가정, 직장 등의 인간관계, 조도, 습도, 조명, 소음 등 물리적 환경 기계나 설비 등

06-6-5 불안전 행동 129(10)

1. 불안전 행동의 종류
   ① 지식의 부족 - 모른다
   ② 기능의 미숙 - 할수 없다
   ③ 태도 불량 - 하지 않는다
   ④ 휴먼 에러

2. 불안전 행동의 배후요인
   ① 심리적 : 착오, 망각, 소질적 결함, 의식의 우회, 억측판단 등
   ② 생리적 : 영양과 에너지 대사율, 피로 등
   ③ 환경적 : 인간관계, 작업적요인, 기계.설비적요인 등
   ④ 관리적 : 감독 미흡, 교육훈련 부족, 적정배치 불충분

06-6-6 운동의 시지각(착각) 134(10)

1. 개요
   - 운동의 시지각이란 실제로 움직이지 않는 대상이 착각에 의해 움직이는 것 같이 보이는 현상

2. 운동 시지각의 종류
   ① 자동운동
   - 광점이 작고, 배경이 암흑, 대상이 단순, 빛 강도 작을것
   예) 암실 내 정지된 소광점이 움직이는 것처럼 보이는 운동
   ② 유도운동
   - 실제 움직이지 않는 것이 어떤 기준의 이동으로 유도되어 움직이는 현상
   예) 정차한 버스 탑승 시 옆 버스가 움직일 때 탑승한 버스가 움직이는 착각
   ③ 가현운동
   - 실제 정지대상물이 움직이는 물체로 지각되는 현상

06-6-7 가현운동 120(10), 132(25)

1. 개요
   - 실제로 움직이는 않는 물체가 착각 현상에 의해 움직이는 것처럼 보이는 현상

2. 가현운동
   ① α운동 : Muller Lyer 착시현상
   ② β운동 : 대상물이 운동하는 것처럼 인식되는 현상
   ③ γ(감마) : 나타날 때는 팽창, 없어질 때는 수축하는 것처럼 보이는 현상
   ④ δ(델타) : 자극 제시 순서와는 반대로 강한 자극에서 약한 자극으로 거슬러 올라가는 것처럼 보이는 현상
   ⑤ ε(엡실론) : 백색바탕에 흑색자극, 흑색바탕에 백색자극을 순간 제시할 때 백→흑으로 흑→백으로 색이 변하는 것처럼 보이는 현상

06-6-8	착시	
1. 개요		
	정상시력을 가지고도 물체를 있는 그대로 못 보고 물리적 상태를 왜곡해 보는 지각 현상	
2. 착시의 종류		

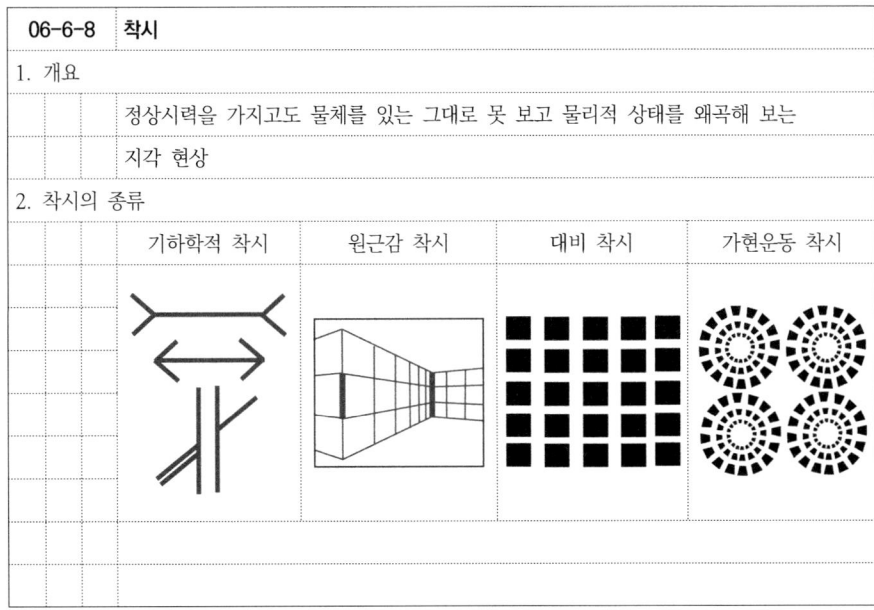

06-6-9	착시현상	101(10)
1. 착시현상 예시		

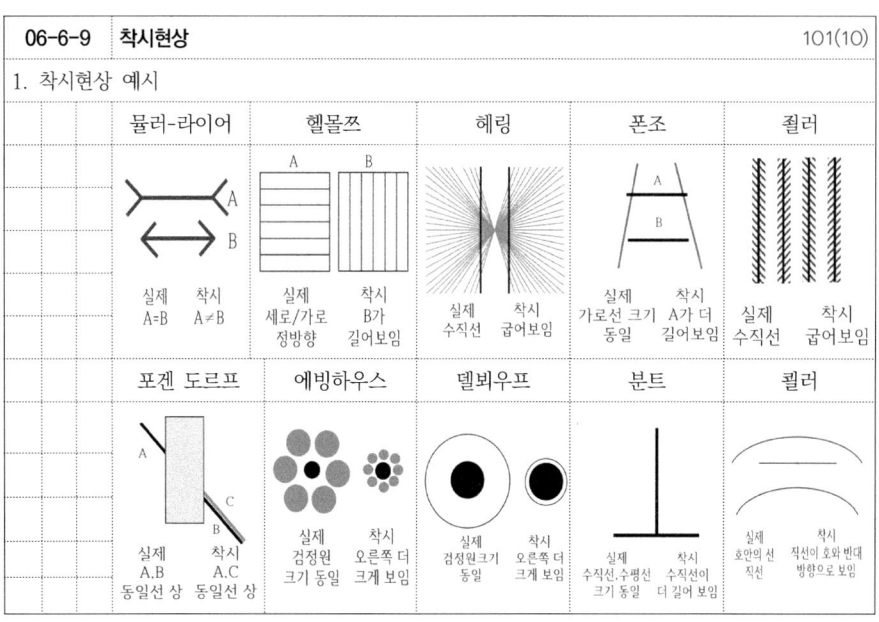

06-6-10	착오	137(10)

1. 개요

사실과 관념이 일치되지 않는 것

2. 착오 발생의 3요인

인지과정의 착오	• 외부 정보가 대뇌에 전달되기까지의 실수 • 인적요인 : 생리, 심리적 불안 • 정서 불안정 : 공포, 불안, 불만
판단 착오	• 의사결정 후 동작 명령까지의 실수 • 능력 부족, 정보 부족, 자기 합리화
조작 착오	• 동작이 현실로 나타나기까지의 실수 • 기술 미숙, 경험 부족

06-6-11	자신과잉	120(10)

1. 개요

작업에 익숙해짐에 따라 안전수칙을 생략하는 사고유발행위로 불안전 행동의 일종

2. 자신과잉에 관한 사항

① 간단한 작업, 짧은시간 작업시 안전수칙이 생략

② 작업장 주위의 안전수칙 생략하는 영향에 동화

③ 심신 피로 경우 안전수칙 생략

④ 정리정돈불량, 조명불량등 직장의 분위기에 동화

06-6-12 의식수준   99(10), 129(25), 131(25), 132(25), 136(25)

1. 개요
- 인간이 장시간 동안 주의를 기울이지 못하는 것은 대뇌의 활동과 관계가 있으며,
- 의식은 항상 일정 수준에 머물러 있는 것이 아니라 상황, 시간에 따라서 변화함

2. 의식수준의 단계

단계	의식의 모드	의식의 작용	행동상태
제0단계	무의식, 실신	없음	수면, 뇌 발작
제1단계	정상이하 의식둔화(의식흐림)	부주의	피로, 단조로움 졸음
제2단계	정상(느긋한 기분)	수동적	안정된 행동 정상작업
제3단계	정상(분명한 의식)	능동적 주의력 범위 넓음	적극적 행동 판단을 동반한 행동
제4단계	과긴장, 흥분상태	주의의 치우침, 판단정지	감정흥분, 긴급상황

06-6-13 주의력   94(10), 97(10), 136(25)

1. 개요
- 행동의 목적에 의식수준이 집중되는 심리상태

2. 주의의 특성
① 선택성 : 특정한 자극에 선택하는 기능(동시에 2개 방향에 집중 불가능)
② 변동성 : 일정한 수준을 유지 못하고 변하는 기능(주기적 부주의 리듬 존재)
③ 방향성 : 한지점에 주의를 집중하면 시선에서 벗어난 부분 인지가 어려운 기능

3. 주의력의 수준

06-6-14 부주의   107(10), 122(25), 123(25), 127(25), 131(25), 133(25), 136(25)

1. 개요
- 주의가 산만해지고 있는 심리상태

2. 부주의 현상
① 의식의 단절   ② 의식의 우회   ③ 의식수준의 저하
④ 의식의 혼란   ⑤ 의식의 과잉

3. 부주의 발생원인 및 대책

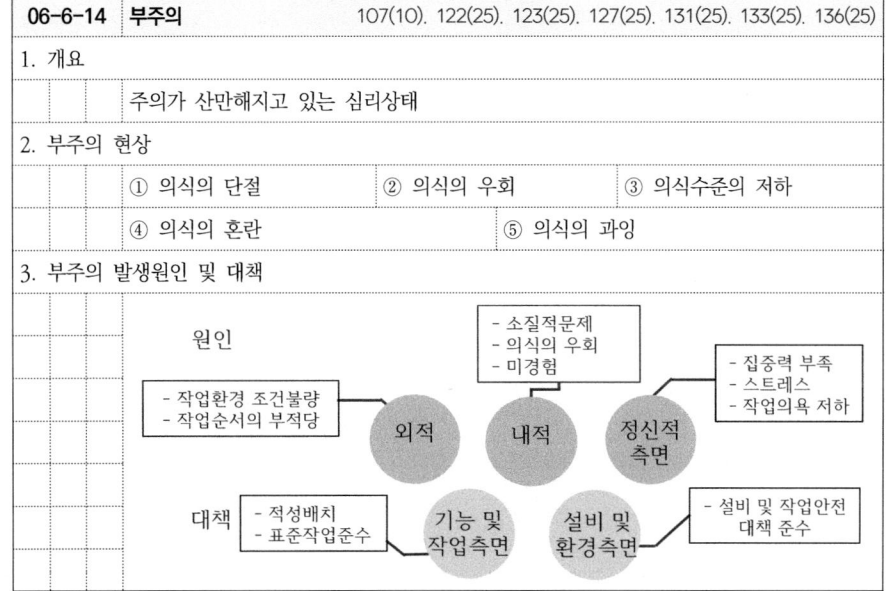

06-6-15 안전심리 5요소   119(10)

1. 개요
- 안전심리 5대요소를 통제하여 안전사고를 예방한다.

2. 안전심리 5대요소
① 동기 : 사람의 마음을 움직이는 원동력
② 기질 : 인간의 성격, 능력 등 개인 특성
③ 감정 : 사고를 일으키는 정신적 동기 (희노애락)
④ 습성 : 동기, 기질, 감정과 밀접한 관계 형성, 행동에 영향을 미칠 수 있는 것
⑤ 습관 : 성장 과정을 통해 형성된 특성 등 자신도 모르게 습관화된 현상

06-6-16 동기부여 이론   107(10), 135(25)

1. 개요
   - 인간행동을 유발하고 방향성을 주는 내적 심리상태
   - 목표지향적 행동에 힘과 방향을 주는 욕구

2. 동기부여 이론
   ① 매슬로우의 욕구위계이론
   ② 알더퍼의 ERG 이론
   ③ 맥그리거의 XY이론
   ④ 맥클랜드의 성취동기이론
   ⑤ 허츠버그의 위생-동기이론

06-6-17 매슬로우(Maslow)의 욕구위계이론   96(10), 102(10), 106(10), 135(25)

1. 매슬로우(Maslow)의 욕구위계이론

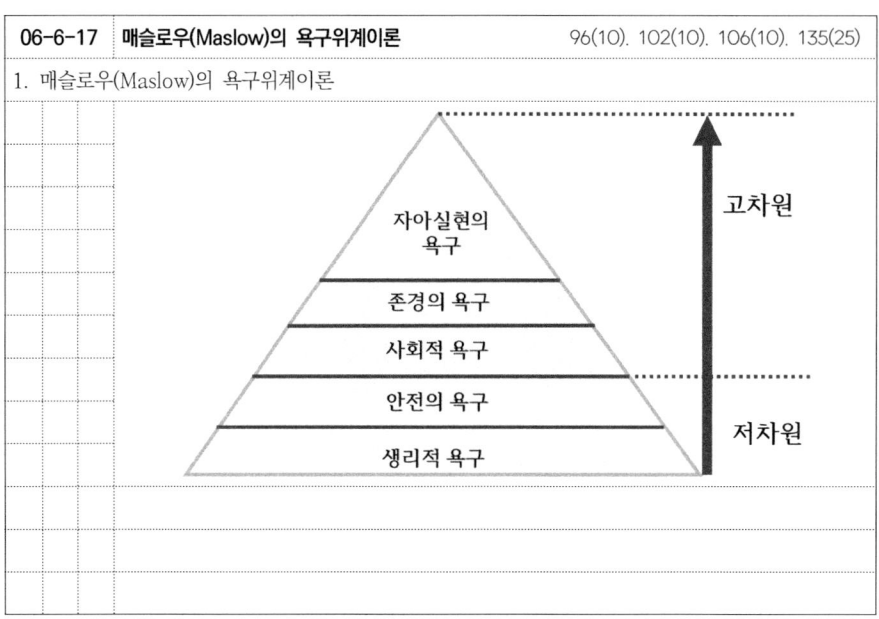

06-6-18 알더퍼(Alderfer)의 ERG 이론   109(10), 135(25)

1. 알더퍼(Alderfer)의 ERG 이론
   ① 저차원 욕구 충족되면 고차원 욕구
   ② 3가지 욕구를 동시에 경험
   ③ 상향 또는 하향 진행

충족진행 / 좌절퇴행
성장욕구(G)
관계욕구(R)
존재욕구(E)

06-6-19 맥그리거(Mc greger)의 XY이론   133(10), 135(25)

1. 맥그리거(Mc greger)의 XY이론

	X 이론	Y 이론
특성	성악설, 저개발국 책임회피, 수동적, 타율적 조직감시, 통제	성선설, 선진국 목표달성, 능동적 쌍방향 의사결정
동기부여 방식	• 통제 지시 • 감독철저 • 물질적 보상 • 수직적 조직	• 자율 • 자긍심, 위신을 세워준다 • 정신적 보상 • 수평적 조직

06-6-20	맥클랜드(Mc Clelland)의 욕구 성취이론		135(25)
1. 맥클랜드(Mc Clelland)의 욕구 성취이론			
	강한 성취욕구를 갖는 사람은 합리적인 성공 가능성이 과업에 접근하는 경향이		
	있으며 너무 쉽거나 너무 어려운 과업은 피하는 경향이 있다고 하였다		
2. 욕구 성취이론			
	① 성취욕구 : 도전적 목표(중간 난이도)를 달성하고자 하는 욕구(경제성장과 관련)		
	② 권력욕구 : 타인에 대한 영향력과 통제력에 관한 욕구		
	③ 친교욕구 : 대인관계(우정, 친밀감 등)에 대한 욕구		

06-6-21	허츠버그(Herzberg)의 위생-동기이론	117(10), 135(25)
1. 허츠버그(Herzberg)의 위생-동기이론		
	① 위생요인: 직무 불만족을 유발시키는 욕구	
	- Maslow의 생리,안전,사회적 욕구	
	- 정책, 규칙, 감독형태, 대인관계, 작업조건, 급여	
	② 동기유발인: 직무만족을 유발시키는 욕구	
	- Maslow의 자아실현 욕구	
	- 자극, 도전, 열중, 성취	

06-6-22	적응기제			92(10), 96(10)
1. 개요				
	욕구좌절 상황에서 합리적인 방법으로 해결이 불가능할 경우, 비합리적으로			
	충족시키려는 심리기제로 방어기제, 도피기제, 공격기제가 있다.			
2. 적응기제 유형				
		방어기제	도피기제	공격기제
		① 보상(약점 보완)	① 고립	① 직접적인 공격기제
		② 합리화(실패 정당화)	② 퇴행	: 싸움, 기물파손 등
		③ 투사(남에게 책임 전가)	③ 고착	② 간접적인 공격기제
		④ 동일시	④ 억압	: 욕설, 비난, 폭언 등
		⑤ 반동형성(정반대의 태도)	⑤ 백일몽	
		⑥ 승화(사회적 가치로 간접표출)		

06-6-23	모럴 서베이(morale survey)	136(10)
1. 개요		
	근로자의 근로의욕, 태도 등에 대한 측정	
2. 모럴 서베이 조사, 측정 방법		
	① 통계에 의한 방법 : 지각, 이직 등 분석	
	② 사례연구법 : 카운슬링 등의 사례	
	③ 관찰법	
	④ 실험연구법	
	⑤ 태도조사법 : 질문지법, 면접법 등	

06	안전관리론 기출문제
7. 인간공학	
	1) 휴먼에러
	- 95(10). 휴먼에러에서 심리적 착오의 5분류
	- 132(25). 휴먼에러 유형과 발생원인, 요인, 메커니즘(Mechanism), 예방원칙과 Zero화를 위한 대책에 대하여 설명하시오.
	- 125(25). 휴먼에러(Human Error)의 분류에 대하여 작성하고, 공사 계획단계부터 사용 및 유지관리 단계에 이르기까지 각 단계별로 발생될 수 있는 휴먼에러에 대하여 설명하시오.
	- 110(10). 휴먼에러(Human Error) 예방의 일반원칙(Wiener)
	- 123(25). 인간과오(Human Error)의 배후요인 및 예방대책에 대하여 설명하시오.
	- 93(10). 정보처리 채널과 의식 수준 5단계와의 관계
	- 120(25).134(25). 인간공학에서 실수의 종류, 이에 대한 원인 및 대책 설명

06	안전관리론 기출문제
7. 인간공학	
	1) 휴먼에러
	- 135(25). 최근에 건설현장의 근로자가 고령화되면서 근로자 개개인의 의식에서 발생하는휴먼에러(Human Error)에 대한 배후요인, 내적요인과 외적요인, 위험성에 대한 안전대책에 대하여 설명하시오.

06	안전관리론 기출문제
7. 인간공학	
	2) 작업강도
	- 96(10). 근로자 작업강도에 영향을 미치는 요인
	- 95(10).133(10). 에너지대사율의 산출식과 작업강도의 구분기준
	- 102(10).121(10). RMR(Relative Metabolic Rate)과 작업강도
	- 134(25). 피로 인한 능률 저하의 유형, 피로의 원인과 대책에 대하여 설명
	- 129(25). 작업부하의 정의, 작업부하 평가방법, 피로의 종류 및 원인에 대하여설명
	- 108(10). 피로현상의 5가지 원인 및 피로예방대책
	- 122(10). 휴식시간 산출식
	- 93(10).107(10).116(10). 동작경제의 3원칙
	- 133(25). 근골격계 질환의 발생단계, 발생원인, 유해요인조사에 대하여 설명
	- 128(25). 131(25). 건설현장 근로자의 근골격계 질환 발생원인과 예방대책
	- 121(25). 근골격계 부담작업의 종류 및 예방프로그램에 대하여 설명하시오.

06	안전관리론 기출문제
7. 인간공학	
	2) 작업강도
	- 135(25). 근골격계질환의 정의와 예방관리 프로그램시행사업장, 건설현장 근로자의 근골격계질환 예방대책에 대하여 설명하시오.

06	안전관리론 기출문제
7. 인간공학	
	3) 작업환경
	- 91(10).98(10).117(10). 작업장의 조도기준
	- 114(10).131(10). 소음작업 중 강렬한 소음 및 충격소음작업
	- 124(25). 도심지 도시철도 공사 시 소음·진동 발생작업 종류, 작업장 내·외 소음·진동영향과 저감방안에 대하여 설명하시오.
	- 130(25). 건설공사 중 발생되는 공사장 소음 진동에 대한 관리기준과 저감대책에 대하여 설명하시오
	- 133(25). 소음작업의 종류 및 정의, 방음용 귀마개 또는 귀덮개의 종류 및 등급, 진동작업에 해당하는 기계·기구의 종류 및 진동작업에 종사하는 근로자에게 알려야 할 사항에 대하여 설명하시오.
	- 93(10).97(10). 진동장해 예방대책
	- 102(25). 한랭작업이 인체 미치는 영향, 건강관리 수칙 및 재해유형별 안전대책

06	안전관리론 기출문제
7. 인간공학	
	3) 작업환경
	- 135(25). 건설공사 현장에서 소음이 인체에 미치는 영향, 소음의 허용기준 및 소음 예방대책에 대하여 설명하시오.

06-7-1	휴먼에러	92(10), 110(10), 120(25), 125(25), 132(25), 134(25)
1. 개요		
	작업하는 과정에서 필요한 행동, 시간, 정확도 등 기준에 못 미치게 하거나,	
	작업 완수에 불필요 행동과 장애가 되도록 한 행동	
2. 휴먼에러의 분류		
	① 행위(behavior) 차원에서 분류 : Swain의 분류	
	② 원인(cause) 차원에서 분류 : Rasmussen, Reason의 분류	
	③ 정보처리 단계별 분류	

06-7-2	행위(behavior) 차원에서 분류
1. 개요	
	작업수행에 필요한 행동, 불필요한 행동을 한 경우의 에러 분류
2. Swain의 휴먼에러 분류법	
	① 누락오류 (omission error)
	- 수행해야 할 작업을 빠트리는 에러
	② 작위오류(commission error)
	- 수행해야 할 작업을 부정확하게 수행하는 에러
	③ 순서오류(sequence error)
	- 수행해야 하는 작업의 순서를 틀리게 수행하는 에러
	④ 시간오류(timing error)
	- 수행해야 할 작업을 정해진 시간동안 완수하지 못하는 에러
	⑤ 불필요한 수행오류 (extraneous error)
	- 작업 완수에 불필요한 작업을 수행하는 에러

06-7-3 원인(cause) 차원에서 분류 (Rasmussen Model)

1. 개요
    - 라스무센 모델은 인간행동을 숙련, 규칙 및 지식기반 행동으로 구분
2. Rasmussen Model
    - ① 숙련기반착오(Skill based error) - 무의식에 의한 행동
    - ② 규칙기반착오(Rule based error) - 친숙한 상황에서 행동
    - ③ 지식기반착오(Knowledge based error) - 생소한 상황에서 나타나는 행동

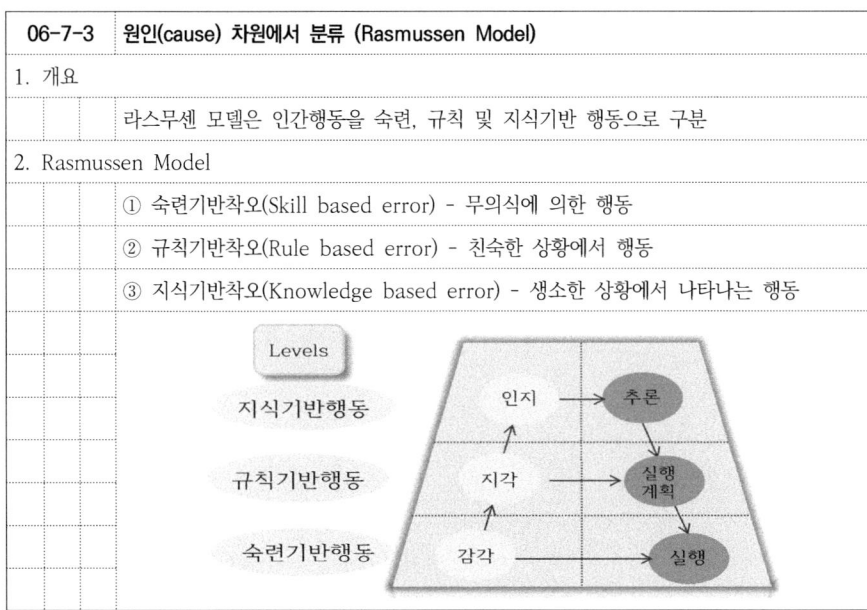

06-7-4 원인(cause) 차원에서 분류 (Reason의 에러분류)

1. 개요
    - 라스무센의 인간행동이론에 근거하여 의도적, 비의도적 행동으로 구분
2. Reason의 에러분류

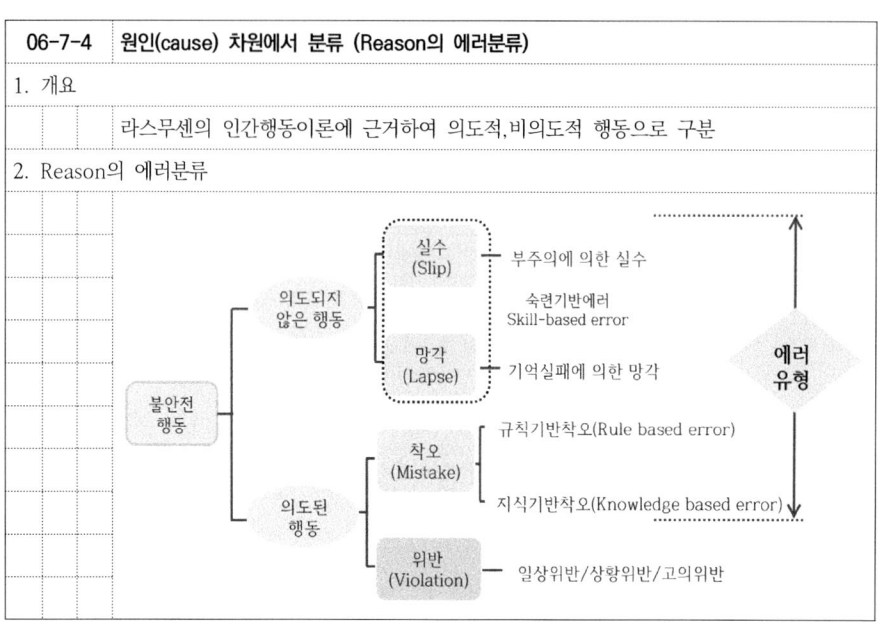

06-7-5 정보처리 단계별 휴먼에러 분류법   93(10)

1. 정보처리 단계별 휴먼에러 분류법
    - ① 인지착오- 확인미스(인지실수)
    - ② 판단착오- 기억에 대한 실패(판단실수)
    - ③ 조작착오- 동작 또는 조작실수

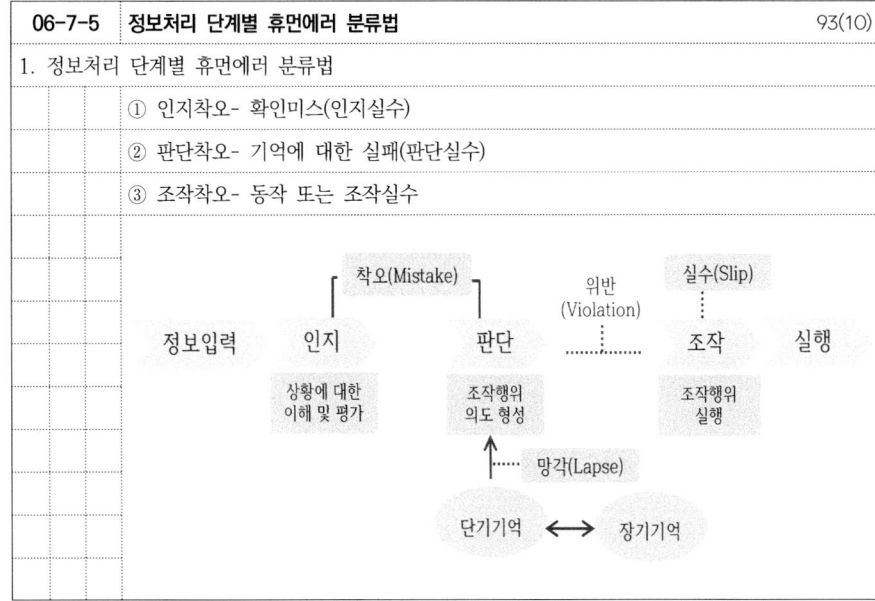

06-7-6 휴먼에러의 배후요인   123(25), 135(25)

1. 휴먼에러의 배후요인(4M)
    - ① man : 인간과오, 망각, 무의식, 피로
    - ② machine : 기계 설비 결함, 안전장치 미설치
    - ③ media : 작업순서, 작업방법, 작업환경
    - ④ management : 안전관리조직, 안전교육 및 훈련 미흡

06-7-7 작업강도(RMR) 95(10), 96(10), 102(10), 121(10), 133(10)

1. 개요

    작업강도의 단위로서 특정 작업을 수행함에 있어 소요되는 에너지량

2. RMR (에너지 대사율)

$$RMR = \frac{작업대사량}{기초대사량} = \frac{작업시 소비에너지 - 안정시 소비에너지}{기초대사량}$$

3. RMR 과 작업강도

RMR	작업강도	사례
0-2	경작업	앉아서 하는 작업 - 사무직
2-4	중(中)작업	동작, 속도 낮은 작업 - 연마, 제단
4-7	중(重)작업	동작, 속도 높은 작업 - 벼베기
7 이상	초중작업	전신작업 - 해머질, 도끼질

06-7-8 피로 108(10), 118(25), 129(25), 134(25)

1. 개요

    일정 시간 동안 육체적, 정신적 노동을 계속하면 근무능률 저하를 가져오는 심리적 불쾌감을 일으키는 현상

2. 피로의 분류

    ① 육체피로 : 근육피로

    ② 정신피로 : 중추신경계 피로

    ③ 급성피로 : 휴식으로 회복

    ④ 만성피로 : 휴식으로 회복불가능

06-7-9 휴식시간 122(10)

1. 휴식시간 산출식

$$R = \frac{60(E-4)}{E-1.5}$$

- R : 휴식시간
- E : 작업시 평균 에너지 소비량 (kcal /분)
- 총작업시간 : 60분
- 작업시 분당 평균 에너지 소비량 : 4 kcal /분
- 휴식시간중 에너지 소비량 : 1.5 kcal /분

06-7-10 동작경제의 3원칙 93(10), 107(10), 116(10)

1. 개요

    작업자의 동작을 세밀하게 분석하여 경제적이고 적합한 표준 동작을 설정하는 것

2. 동작경제의 3원칙

    ① 동작능력 활용의 원칙(신체사용에 관한 원칙)

    ② 동작절약의 원칙(작업장 배치에 관한 원칙)

    ③ 동작개선의 원칙(공구 및 설비 디자인에 관한 원칙)

06-7-11 근골격계 질환   121(25). 131(25). 133(25). 135(25)

1. 개요
목, 어깨, 허리, 손목 등 근력과 무리한 힘으로 인해 발생하는 질환

2. 근골격계 부담작업
① 1일 4시간이상 키보드, 마우스 조작
② 1일 2시간이상 목, 어깨, 손 반복작업
③ 1일 2시간이상 무릎 굽혀 작업
④ 1일 10회이상 25kg 이상 물체드는 작업
⑤ 1일 25회이상 10kg 이상 물체드는 작업
⑥ 1일 2시간이상 4.5kg 물체 손으로 드는 작업
⑦ 1일 2시간이상 1kg 물체 손가락으로 드는 작업

3. 근골격계질환 유해요인
① 반복동작	② 부적절한 자세	③ 과도한 힘
④ 접촉스트레스	⑤ 진동	⑥ 극저온, 직무스트레스 등

06-7-12 작업환경 - 조도   91(10). 98(10). 117(10)

1. 개요
표면에 도달하는 광의 밀도

2. 조도기준
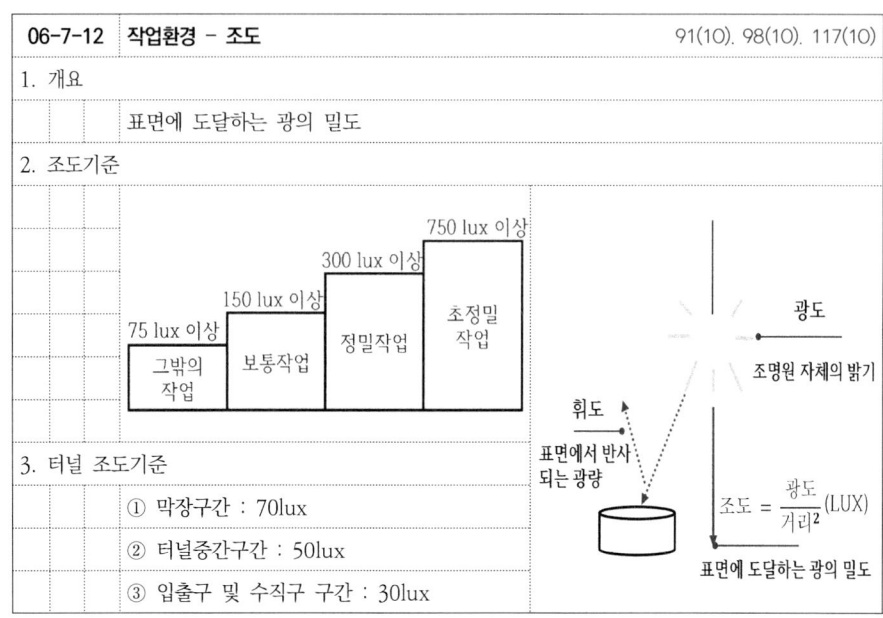

3. 터널 조도기준
① 막장구간 : 70lux
② 터널중간구간 : 50lux
③ 입출구 및 수직구 구간 : 30lux

06-7-13 작업환경 - 소음   114(10). 131(10). 135(25)

1. 개요
소음작업이란 1일 8시간 작업을 기준으로 85데시벨 이상의 소음이 발생하는 작업

2. 소음작업의 영향
① 영구적 청력 손실(소음성 난청)
② 일시적 청력 손실
③ 생리적 영향 : 신경계, 순환계, 내분비계
④ 작업능률 저하

3. 소음작업에 의한 건강장해 예방대책
① 기계·기구 등의 대체, 시설의 밀폐·흡음,격리 등 소음 감소 조치
② 소음수준 주지
③ 난청발생에 따른 조치
④ 청력보호구의 지급(귀마개, 귀덮개)
⑤ 청력보존 프로그램 수립. 시행

06-7-14 소음규제 기준   135(25)

1. 소음규제 기준
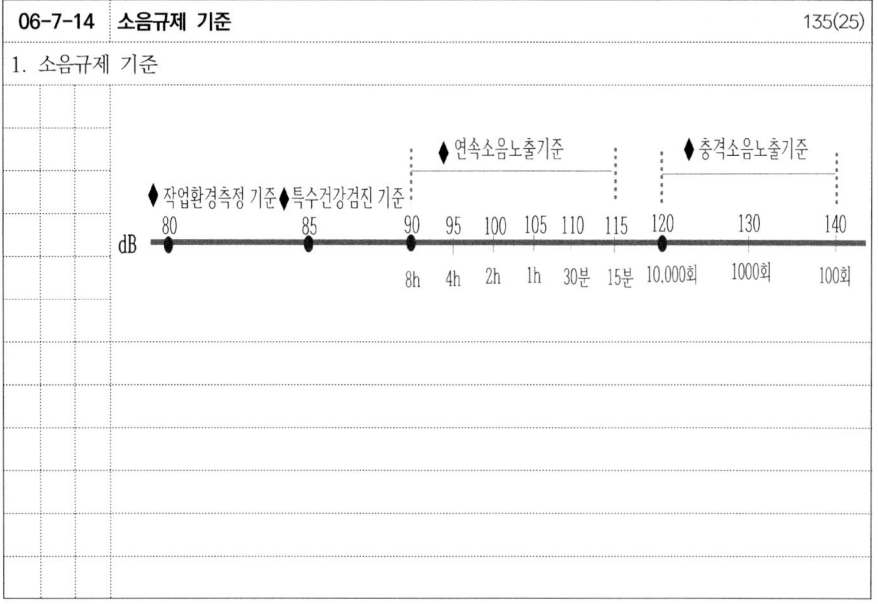

06-7-15 작업환경 - 진동   124(25), 130(25), 133(25)

1. 개요
   - 진동작업은 작업자의 손과 팔 진동 증후군(HAVS)이라 알려진 일련의 상태를 야기
2. 진동의 종류
   - ① 전신진동
   - ② 국소진동
3. 진동작업에 해당하는 기계. 기구
   - ① 착암기
   - ② 동력을 이용한 해머
   - ③ 체인톱
   - ④ 엔진 커터(engine cutter)
   - ⑤ 동력을 이용한 연삭기
   - ⑥ 임팩트 렌치(impact wrench)
   - ⑦ 그 밖에 진동으로 인하여 건강장해를 유발할 수 있는 기계·기구

06-7-16 진동작업에 의한 건강장해 예방대책   93(10), 97(10)

1. 진동작업에 의한 건강장해 예방대책
   - ① 방진장갑 등 진동보호구 지급
   - ② 유해성 등 주지
     - 인체에 미치는 영향과 증상
     - 보호구의 선정과 착용방법
     - 진동 기계·기구 관리 및 사용 방법
     - 진동 장해 예방방법
   - ③ 진동 기계·기구 상시 점검, 보수하여 관리

06-7-17 작업환경 - 온도   102(25)

1. 개요
   - ① 고열이란 열경련, 열탈진, 열사병 등의 건강장해를 유발할 수 있는 더운 온도
   - ② 한랭이란 동상 등의 건강장해를 유발할 수 있는 차가운 온도
2. 고열작업 및 한랭작업이 인체의 미치는 영향
   - ① 고열작업 : 열경련, 열피로, 열사병, 열성발진
   - ② 한랭작업 : 저체온증, 동상, 동창, 참호족, 기타장해
3. 고열장해 예방조치
   - ① 근로자 배치 시 고열에 순응 할때까지 고열작업시간을 단계적으로 증가 조치
   - ② 온도계 등의 기기를 작업장소에 상시 갖추어 둘 것
4. 한랭장해 예방조치
   - ① 혈액순환을 원활히 하기 위한 운동지도를 할 것
   - ② 적절한 지방과 비타민 섭취를 위한 영양지도를 할 것
   - ③ 체온 유지를 위한 더운물을 준비할 것   ④ 젖은 작업복 즉시 갈아입도록 할 것

06	안전관리론 기출문제
8. 시스템공학	
	- 129(10). 건설현장의 시스템 안전(System Safety)에 대하여 설명하시오.
	- 122(25). 135(25). 해저드(Hazard)와 리스크(Risk)를 비교하고, 위험감소대책 (hierarchy of controls)에 대하여 설명하시오.
	- 109(10).117(10).131(10). 사건수 분석 기법 (Event Tree Analysis)
	- 99(10).122(10). 안전설계 기법의 종류
	- 134(10). 안전설계기법의 종류와 Fool Proof의 중요 기구
	- 104(10). fool proof의 중요기구
	- 125(10). Fail safe 와 Fool proof
	- 103(10). 페일 세이프(Fail Safe)

06-8-1	시스템 안전	129(25)
1. 개요		
	시스템 안전 : 사고나 재해를 시스템의 관점에서 파악하고 분석하는 영역	
	시스템 안전관리 : 인력, 설비가 받는 상해, 손상을 최소화 하기 위한 활동	
2. 시스템안전을 위한 단계적 절차		
	① 유해요인의 제거	
	② 위험성 저감시키는 설계	
	③ 안전장치의 설치	
	④ 경보장치의 채택	
	⑤ 작업절차서, 위험표지 등 제공	

06-8-2	시스템 안전에서 위험의 종류	122(25)
1. 시스템 안전에서 위험의 종류		
	① Hazard - 위험의 근원(사고 발생 조건, 상황, 요인, 환경)	
	② Risk - 사고 발생 가능성 또는 불확실성	
	③ Peril - 사고 그 자체	

06-8-3 시스템안전분석 기법   129(25)

1. 개요
재해 및 위험 수준을 파악하기 위한 것

2. 시스템안전분석 기법
① ETA : 잠재적 사고 정량화
② FMEA : 시스템 하부의 부품, 하위시스템의 고장이 시스템에 미치는 영향 분석
③ FMECA : FMEA 에 정량적인 Criticality 평가를 보완
④ FTA : 최종 사고와 그것에 영향을 주는 사건들의 조사분석
⑤ HAZOP : 구조화된 브레인스토밍을 이용
⑥ HRA : 인간신뢰도에 영향을 주는 요인 분석
⑦ OSHA : 시스템 운용과 관련한 위험도의 파악과 평가
⑧ PHA : 시스템 개발 초기단계의 분석
⑨ THERP : 인간 오퍼레이터의 에러에 대한 정량적 평가

06-8-4 ETA (사건수분석 : Event Tree Analysis)   109(10), 117(10), 131(10)

1. 개요
초기사건으로 발생 할 수 있는 사고를 규명하는 방법
(정량적, 귀납적 분석방법)

2. ETA 분석 예

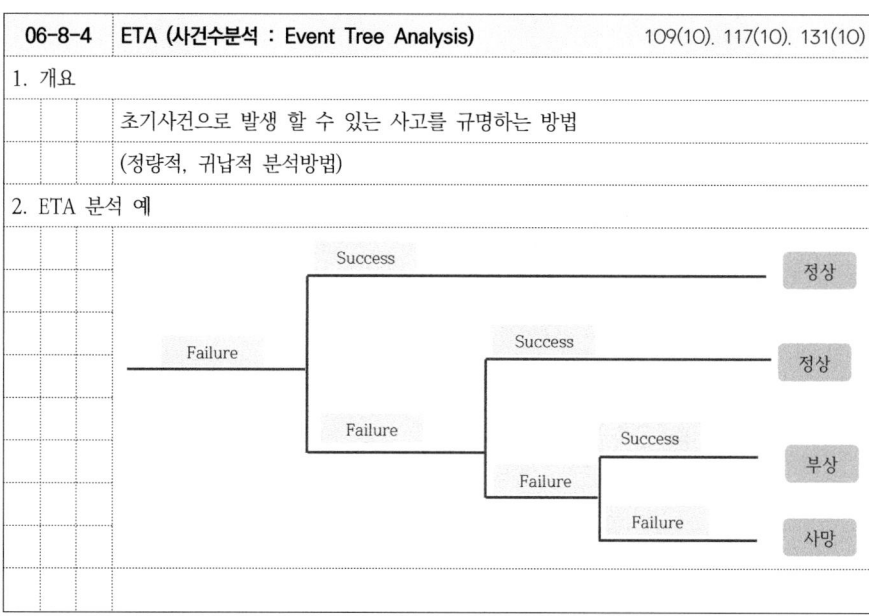

06-8-5 FTA (결함수 분석법 : Fault Tree Analysis)

1. 개요
원하지 않는 최종 사고와 그것에 영향을 주는 사건들의 조사분석기법
(정량적, 연역적 분석방법)

2. 결함수분석(FTA)법에 의한 재해 사례 연구
① 문제점의 중요도 결정
② 톱(top)사상의 재해원인 결정
③ 전체의 결함수(FT)도를 완성
④ 안전성이 있는 개선안 검토, 결정

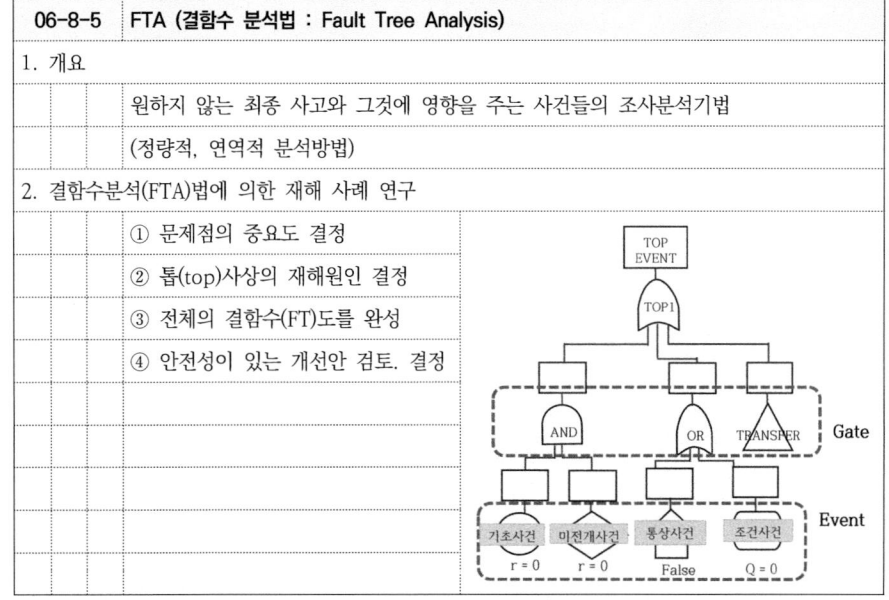

06-8-6 FMEA (고장의 형과 영향 분석 : Failure Mode and Effect Analysis)

1. 개요
어느 시스템에 발생할 수 있는 모든 고장 방식에 대해 그 영향 정도와
발생 빈도 등을 조사, 평가하는 방법(정성적, 귀납적분석)

2. FMEA 분석 예 (윈도우 부팅불량 원인 분석)

부품	기능	고장형태	원인	영향	영향도 점수	발생 빈도	빈도 점수	중요도
하드 디스크	파일저장	파손	물리적충격	파국적	4	5회/년	1	4
	파일저장	리드에러	베드섹터	치명적	3	10회/년	2	6
window	시스템가동	작동불능	바이러스	한계적	2	5회/월	4	8
	시스템가동	작동불능	강제종료	경미	1	20회/월	4	4

06-8-7	시스템 안전설계 기법	99(10), 122(10), 134(10)
1. 개요		
	기계, 설비 결함 발생 시 기능회복 불능 및 고장에도 안전 작동 가능한 설계기법	
2. 안전설계 기법의 종류		
	① Fail Safe : 고장시 안전적으로 이동	
	② Fail Soft : 대체 프로그램 준비	
	③ Fool Proof : 휴먼에러 방지	
	④ Back Up : 보조 저장장치	
	⑤ 다중화계 : 동종기능 다중설비	
	⑥ 고장진단회복 : 최단시간내 고장회복	
	⑦ 안전율 : 안전 여유치 운영	
	⑧ 위험부위 고장의 감소 : 고장빈도율을 적게하는 방법	

06-8-8	Fail Safe	103(10), 125(10)
1. 개요		
	고장이 나도 시스템은 안전하도록 설계	
2. Fail-safe의 종류		
	① Fail-passive : 기계가 고장이 나면 기구를 즉시 정지시키는 시스템	
	② Fail-active : 기계 고장 시 경보를 울리며 짧은 시간 장비를 가동하는 시스템	
	③ Fail-operational : 장비문제 시 정지하지 않고 점검까지 안전 운행 시스템	
	→ 리프트의 Fail Safe	
	① 낙하방지장치 : 고장으로 운반구 자유낙하 시 자동 전원 차단하여 정지	
	② 비상정지장치 : 전원이 차단되어 자동으로 상승.하강작동이 되지 않도록 설계	

06-8-9	Fool proof	104(10), 125(10), 134(10)
1. 개요		
	인간이 실수를 해도 안전장치로 인하여 재해를 방지하는 기능	
2. Fool proof의 종류		
	① Guard : Guard 오픈되면 작동 안함	
	② 조작 기구 : Guard 닫으면 기계 작동	
	③ Lock 기구 : 전체 열쇠가 열려야 작동	
	④ Trip 기구 : 신체일부가 들어가면 작동 안함	
	⑤ Over Run 기구 : 완전히 정지해야 Guard 열림	
	⑥ 밀어내기 기구	
	⑦ 기동방지 기구	
	→ 기계.기구의 Fool proof	
	① 리프트의 권과방지장치, 과부하 방지장치, 출입문 연동장치	
	② 프레스, 전단기의 방호덮개	

MEMO

26년 대비
건설안전기술사 핵심개념 총정리

건설안전기술사 핵심개념 총정리

제 7 장

가설공사

제07장 가설공사

07	가설공사	
	1. 총칙	
	2. 가설통로	
	3. 비계	
	4. 안전가시설	

07	가설공사 기출문제	
1. 총칙		
	1) 가설재	
	- 108(10). 건설현장 가설재의 구조적 특징, 보수시기, 점검항목	
	- 111(10). 가설재의 구비요건(3요소)	
	- 109(10). 안전인증 및 자율안전 확인신고대상 가설기자재의 종류	
	- 113(10). 재사용 가설기자재의 폐기기준 및 성능기준을 설명하시오.	
	- 131(10). 재사용 가설기자재 폐기 및 성능 기준, 현장관리 요령	

07	가설공사 기출문제	
1. 총칙		
	1) 가설구조물	
	- 97(10). 가설 구조물에 작용하는 하중의 종류	
	- 103(25). 건설현장의 가설구조물에 작용하는 하중에 대하여 설명하시오.	
	- 101(25).114(25).127(25). 풍압이 가설구조물에 미치는 영향 및 안전대책 설명	
	- 118(10). 풍압이 가설구조물에 미치는 영향	

07-1-1 가설공사

1. 개요

 영구 구조물 축조를 위해 임시로 행해지는 모든 선행공사

2. 가설공사의 관련법 규정

 ① 가설기자재 : 가설구조물에 사용되는 기구 및 자재

 ② 가설구조물 : 임시로 하중을 지지하는 구조물

구분	가설기자재	가설구조물
산업안전보건법	안전인증 대상	설계변경 요청 대상
건설기술진흥법	품질시험 대상	가설구조물의 구조적 안전성 확인

| 07-1-2 | 가설재의 구비요건 | 111(10) |

1. 가설재의 구비요건(가설재의 3요소)
   1) 안전성
      - 충분한 강도 확보
   2) 시공성(작업성)
      - 구조안전성 확보된 경량화된 구조
   3) 경제성
      - 조립 및 해체 용이

(다이어그램: 안전성, 시공성, 경제성의 벤다이어그램 - 비경제적, 시공 저하, 불안전 표시)

| 07-1-3 | 가설기자재 품질관리제도 | |

1. 가설기자재 품질관리제도

구분	의무안전인증(KCs)	자율안전확인 신고	한국산업표준 제품인증(KS)
근거	산업안전보건법 84조	산업안전보건법 89조	산업표준화법 15조
심사종류	서면심사, 기술능력 및 생산체계심사, 제품심사	서류심사	서류심사, 공장심사, 제품심사
사후관리	확인심사	없음	정기심사, 시판품 조사

| 07-1-4 | 안전인증(KCs) 대상 가설기자재 | 109(10) |

1. 안전인증대상 가설기자재 (방호장치 안전인증 고시)
   ① 파이프서포트 및 동바리용 부재
   ② 조립식 비계용 부재
   ③ 이동식 비계용 부재
   ④ 작업발판
   ⑤ 조임철물 : 클램프
   ⑥ 받침철물 : 조절용, 피벗형
   ⑦ 조립식안전난간

| 07-1-5 | 자율안전확인(KCs) 대상 가설기자재 | 109(10) |

1. 자율안전확인 대상 품목 (방호장치 자율안전기준 고시)
   ① 선반지주
   ② 단관비계용 강관
   ③ 고정형 받침철물
   ④ 달기체인
   ⑤ 달기틀
   ⑥ 방호선반
   ⑦ 엘리베이터 개구부용 난간틀
   ⑧ 측벽용 브래킷

07-1-6 한국산업표준(KS) 제품인증 대상 가설기자재(추락 또는 낙하방지망)

1. 개요
   - 추락 또는 낙하방지망은 안전인증과 관계없이 한국산업표준에서 정하는 성능기준에 적합한 제품 사용

2. 추락 또는 낙하방지망 성능기준 (한국산업표준)
   - ① 수직보호망(KS F 8081) : 방망 인장강도, 연결부 인장하중, 낙하시험, 방염성
   - ② 추락방호망(KS F 8082) : 방망사, 테두리, 달기로프 인장하중, 낙추성능, 방염성
   - ③ 낙하물방지망(KS F 8083) : 방망 인장하중, 낙하·충격시험, 방염성
   - ④ 수직형 추락방망(KS F 8084) : 인장하중, 테두리 및 연결 인장하중, 방염성
   - 연결부 하중 감소율

07-1-7 재사용 가설기자재의 폐기기준 및 성능기준   113(10), 131(10)

1. 개요
   - 가설기자재를 현장으로 반입 전에 재사용 여부를 판단하기 위하여 수리, 정비를 거친 후 성능시험 실시

2. 재사용 가설기자재 (KOSHA C - 25 - 2018)
   - ① 1회이상 사용 → 강재 파이프서포트, 강관비계용 부재
   - ② 장기간 보관 → 조립형 비계 및 동바리부재, 일반구조용 압연강재

3. 폐기기준 및 성능기준
   1) 폐기기준
      - ① 방호장치 의무안전인증 고시의 시험성능기준에 미달
      - ② 변형·손상·부식 등이 현저하여 정비가 불가능한 경우
   2) 성능기준
      - ① 안전인증규격과 자율안전확인규격 100% 이상
      - ② 안전인증규격에 없는 성능기준은 한국산업표준에 따른다

07-1-8 재사용 가설기자재의 성능 시험방법

1. 개요
   - 가설기자재를 현장으로 반입 전에 수리, 정비를 거친 가설 기자재의 재사용 가부 판단하기 위해 성능시험 실시

2. 재사용 가설기자재의 성능 시험방법(방호장치 안전인증 고시)
   1) 파이프서포트의 압축강도시험
   2) 시험빈도
      - ① 제품규격마다 (3개)
      - ② 공급자마다
   3) 성능기준
      - 최대사용길이에서 압축강도 40,000N(4톤) 이상

   ← 시험기 가압판
   ← 시험기 가압판

07-1-9 가설구조물의 특징   108(10)

1. 가설구조물의 특징
   - ① 적은 연결구조
   - ② 불완전 결합
   - ③ 정밀도 낮은 조립
   - ④ 작업의 편의성을 위해 부재 미 설치 및 임의 해체
   - ⑤ 과소단면의 재료 사용

07-1-10 가설구조물의 안전성 확보

1. 가설구조물의 안전성 확보 요건
    1) 자재 안전
        ① 안전인증 여부 확인
        ② 재사용 가설재 성능 확인
    2) 구조 안전
        ① 가설구조물 설계안전성 검토
        ② 설치기준 준수 및 점검
    3) 작업안전
        ① 관리.감독 철저
        ② 안전작업방법 준수

07-1-11 가설구조물의 설계변경 요청 대상   103(25), 115(25), 123(25), 128(25)

1. 개요
    수급인은 가설구조물의 붕괴위험이 있다고 판단 시 전문가의 의견을 들어 도급인에게 설계변경 요청
2. 설계변경 요청 대상 (산업안전보건법 시행령 제58조)
    ① 31m이상인 비계
    ② 작업발판 일체형 거푸집 또는 5m이상 거푸집 동바리
    ③ 터널지보공 또는 2m이상인 흙막이 지보공
    ④ 동력 이용하여 움직이는 가설구조물
3. 수급인이 의견을 들어야 하는 전문가
    - 건축구조, 토목구조, 토질 및 기초기술사, 건설기계기술사
4. 설계변경요청시 첨부서류

① 설계변경대상 도면	② 당초 설계문제점 및 변경이유서
③ 당초 전문가 안전성의 검토의견서	④ 설계변경 요하는 증명 서류

07-1-12 가설구조물의 구조적 안전성 확인   110(10), 117(10), 121(25), 129(10)

1. 개요
    가설구조물을 사용할 때에는 관계전문가로부터 구조적 안전성 확인을 받아야 함
2. 가설구조물의 구조적 안전성 확인대상 (건설기술진흥법 시행령 제101조의2)
    ① 높이 31m이상 비계
    ② 브라켓 비계
    ③ 작업발판 일체형 거푸집, 5m이상 거푸집 및 동바리
    ④ 터널지보공, 2m이상 흙막이 지보공
    ⑤ 동력을 이용하여 움직이는 가설구조물(FCM, ILM, PSM, MSS)
    ⑥ 10m이상 외부작업 위한 작업발판 및 안전시설물을 일체화한 가설구조물
        - SWC, ACS, RCS 등
    ⑦ 공사현장에서 제작 조립.설치하는 복합형 가설구조물
        - 합벽거푸집, 터널라이닝 거푸집, 가설벤트, 작업대차 등
    ⑧ 발주자 또는 인·허가기관의 장이 필요하다고 인정하는 가설구조물

07-1-13 가설구조물 정기안전점검

1. 개요
    시공자가 정기안전점검 차수별 점검시기를 최소 2회이상 정하여 시행
2. 정기안전점검 실시시기

종 류	1차	2차
31m 이상인 비계	최초 설치 완료 시	최고 높이 설치 완료단계 시
브라켓 비계	브라켓 최초설치완료 시	브라켓 비계 설치 시
작업발판 일체형 거푸집	최초 설치 완료 시	설치 말기단계 시
5m 이상인 거푸집 및 동바리	높이 큰 구간 설치완료 시	타설단면 큰 구간 설치 완료 시
터널 지보공	설치 초기단계 시	설치 말기단계 시
2m이상인 흙막이 지보공	최초 설치 완료 시	설치 완료 말기단계 시
작업발판 및 안전시설물 일체화 가설구조물(10m이상)	최초 설치 완료 시	가설구조물 사용 말기단계 시
현장 조립 복합가설구조물	조립.설치 최초 완료 시	가설구조물 사용 말기단계 시

07-1-14	가설구조물 점검 확인사항	108(10)
1. 가설구조물 점검 확인사항		
	① 안전관리계획서 및 시공계획서 비치 여부	
	② 구조검토서 및 시공상세도 적정성 여부	
	③ 설치도면과 설치상태 일치 여부	
	④ 구조검토상의 자재와 반입된 자재 일치 여부	
	⑤ 사용자재 손상 및 결함	
	⑥ 추락 및 낙하물재해 방지시설 설치상태	

07-1-15	가설공사 재해예방대책	
1. 가설공사 재해예방대책		
	① 관리감독자 지정하에 작업	
	② 안전보호구 착용	
	③ 재료.기구.공구 등 불량품 없을 것	
	④ 작업순서 등 사전 주지	
	⑤ 출입금지 안전표지 부착	
	⑥ 악천후 시 작업중지	
	⑦ 추락재해 방지시설 설치	
	⑧ 상하동시 작업 시 유도자 배치	
	⑨ 재료.기구 등 인양시 달줄,달포대 사용	
	⑩ 부근 전력선 절연방호조치	
	⑪ 통로에 기자재 적치금지	
	⑫ 정리정돈	

07	가설공사 기출문제
2. 가설통로	
	- 93(10). 가설통로의 종류 및 경사로
	- 102(25).114(10). 가설공사 중 가설통로의 종류 및 설치기준
	- 129(10). '산업안전보건법'상 가설통로의 설치 및 구조기준
	- 131(10). 가설 통로와 사다리식 통로의 설치 기준
	- 130(10).121(25). 136(10) 사다리식 통로 설치 시 준수사항
	- 118(10). 통로발판 설치 시 준수사항
	- 120(10). 통로용 작업발판
	- 126(10). 가설경사로 설치기준
	- 127(10). 가설계단의 설치기준
	- 118(10). 이동식사다리의 안전작업 기준
	- 125(10). 이동식 사다리의 사용기준

07-2-1 가설통로의 종류 93(10), 102(25), 114(10), 129(10)

1. 개요

공사기간 중 근로자의 안전한 이동 경로와 재료의 운반을 위한 임시로 설치한 통로

2. 가설통로의 종류

① 가설 수평통로
② 경사로
③ 가설계단
④ 사다리
⑤ 승강용 트랩

- 90° 고정식사다리
- 75° 이동식사다리
- 45° 가설계단
- 30° 경사로(미끄럼 방지장치 설치)
- 15° 경사로(미끄럼 방지장치 미설치)
- 0°

▲ 기울기에 따른 통로의 구조

07-2-2 가설통로 사용 작업 중 위험요인

1. 가설통로 사용 작업 중 위험요인

① 가설통로가 아닌 장소로 이동 중 넘어짐 또는 떨어짐
② 개인보호구를 미착용하고 통행 중 부딪히거나 찔림
③ 가설통로 바닥의 돌출물에 이동 중 걸려 넘어짐
④ 가설통로 통행 중 발판 재료가 부러지면서 넘어짐
⑤ 비계 등 가설계단 지지물이 가설계단 하중을 견디지 못하고 넘어짐
⑥ 가설계단 통로 발판이 고정되지 않아 탈락하면서 넘어짐
⑦ 가설통로 발판에 미끄럼 방지조치 미실시로 이동 중 미끄러짐
⑧ 가설계단 단부에 안전난간 미설치로 이동 중 떨어짐
⑨ 가설통로 상부에 방호선반 미설치로 통행 중 낙하물에 맞음
⑩ 가설통로 측면 자재·공구 등 떨어짐 방지조치를 하지 않아 자재·공구 등 떨어짐

07-2-3 가설통로 설치기준 114(10), 129(10), 131(10)

1. 가설통로의 설치기준 (산업안전보건기준에 관한 규칙 제23조)

① 견고한 구조
② 경사 30도 이하
③ 15도 초과 시 미끄럼방지 조치
④ 안전난간 설치
⑤ 수직갱 내 15m 이상의 통로는 10m 이내마다 계단참 설치
⑥ 8m 이상인 비계다리에는 7m 이내마다 계단참 설치

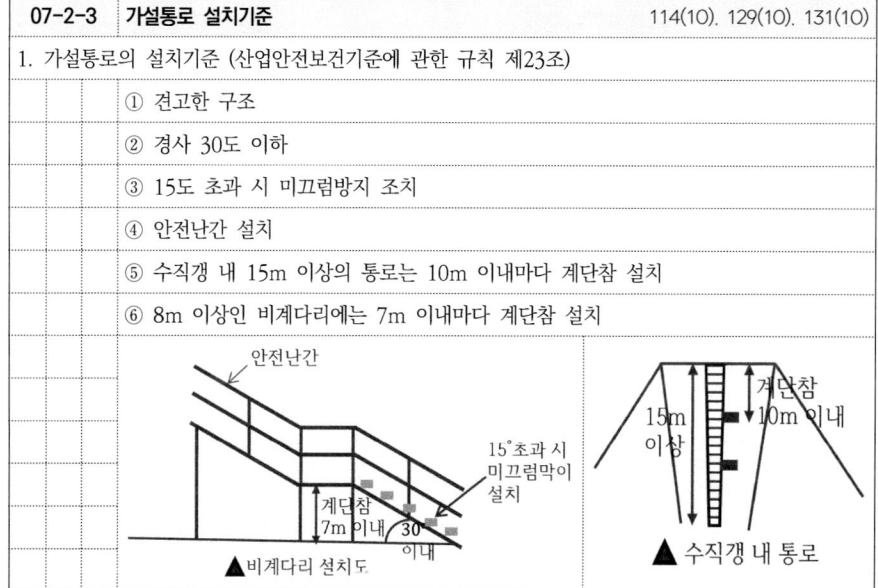

▲비계다리 설치도   ▲ 수직갱 내 통로

07-2-4 사다리식 통로   121(25), 130(10), 131(10), 136(10)

1. 사다리식 통로 설치기준 (산업안전보건기준에 관한 규칙 제24조)

   ① 견고한 구조
   ② 손상.부식 없는 재료 사용
   ③ 일정한 발판 간격 유지
   ④ 발판과 벽 사이 15cm 이상
   ⑤ 폭 30cm 이상
   ⑥ 넘어짐, 미끄러짐 방지 조치
   ⑦ 상단 연장 길이 60cm 이상
   ⑧ 10m이상 통로 5m이내 마다 계단참 설치
   ⑨ 기울기 75도 이하, 고정식 사다리식 통로의 기울기는 90도 이하
   - 고정식 사다리식 통로 7m이상인 경우의 조치
   가. 등받이울이 있어도 근로자 이동에 지장이 없는 경우
      : 바닥으로부터 높이가 2.5미터 되는 지점부터 등받이울을 설치할 것
   나. 등받이울이 있으면 근로자가 이동이 곤란한 경우
      : 한국산업표준에서 정하는 기준에 적합한 개인용 추락 방지 시스템을 설치하고
        한국산업표준에서 정하는 기준에 적합한 전신안전대를 사용하도록 할 것
   ⑩ 접이식사다리 접힘방지 철물 조치

07-2-4 사다리식 통로

1. 사다리식 통로 설치기준(산업안전보건기준에 관한 규칙 제24조)

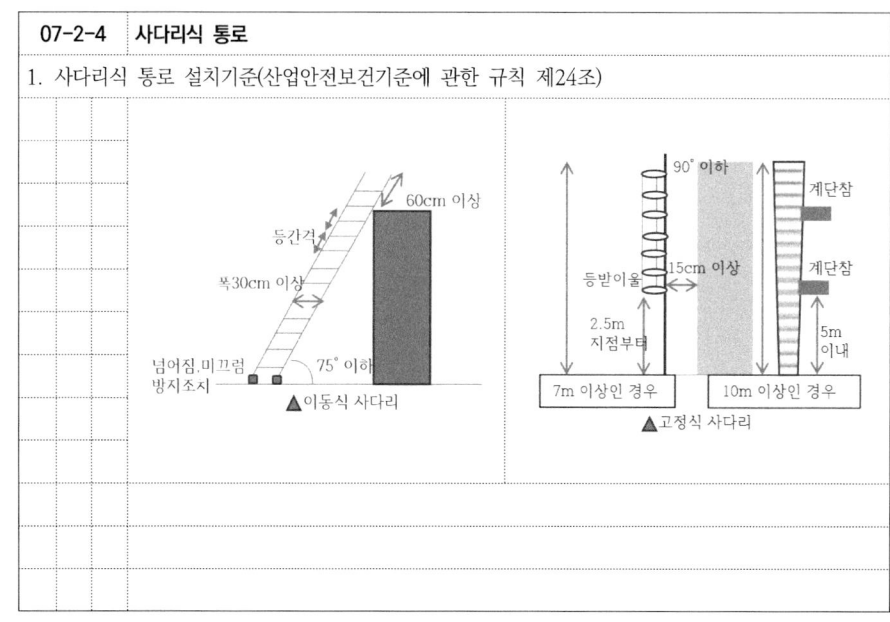

▲이동식 사다리   ▲고정식 사다리

07-2-5 통로 발판 (가설 수평통로)   118(10), 120(10)

1. 통로발판 설치기준 (가설공사 표준안전 작업지침 제15조)

   ① 근로자가 작업 및 이동의 충분한 넓이가 확보
   ② 추락의 위험이 있는 곳 안전난간, 철책을 설치
   ③ 장선 위에서 겹침이음, 겹침길이 20cm 이상
   ④ 발판 1개에 지지물은 2개 이상
   ⑤ 작업발판 최대폭 1.6미터 이내
   ⑥ 작업발판 위 돌출된 못, 옹이, 철선 등 제거
   ⑦ 구조에 따라 최대 적재하중을 정하고 초과 적재금지

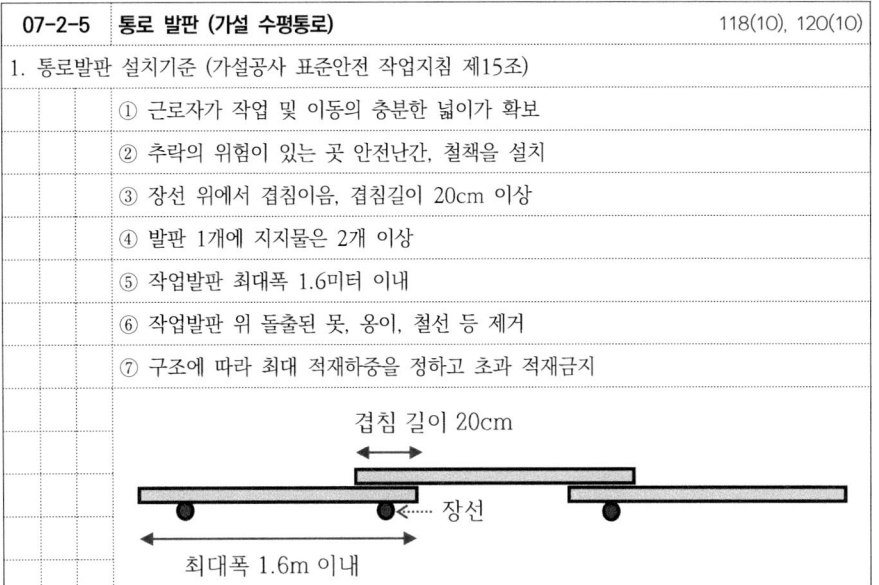

07-2-6 가설경사로   126(10)

1. 가설경사로 설치기준(가설공사 표준안전작업지침 제14조)

   ① 시공 하중, 폭풍, 진동 등 외력 대응 설계
   ② 경사 30도 이하
   ③ 경사15도 초과 시 미끄럼방지 조치
   ④ 경사로 폭 90cm이상
   ⑤ 추락방지용 안전난간 설치
   ⑥ 7m마다 계단참 설치
   ⑦ 지지기둥 3m이내 마다 설치
   ⑧ 발판 끝은 장선에 결속
   ⑨ 발판 폭 40cm이상 틈 3cm이내
   ⑩ 항상 정비 및 안전통로 확보

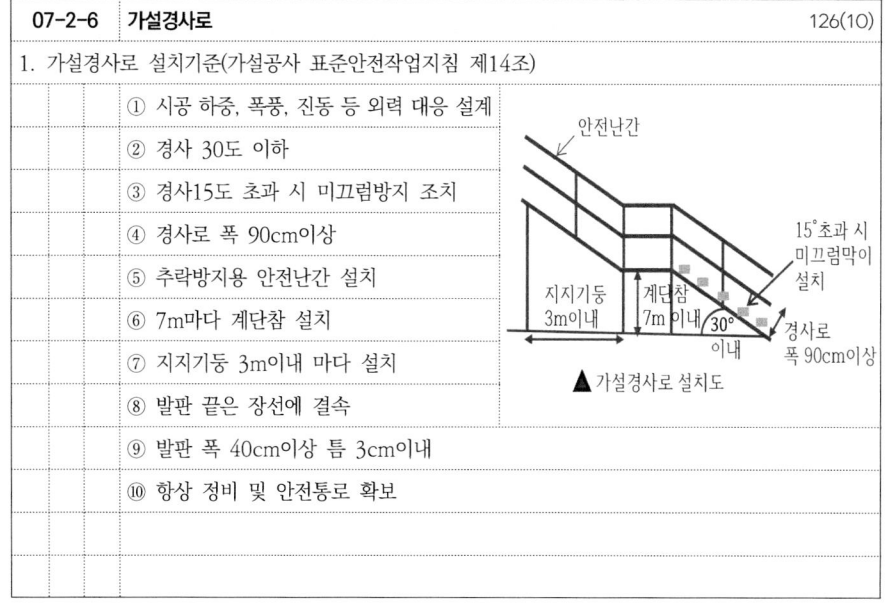

▲가설경사로 설치도

07-2-7 가설계단   127(10)

1. 가설계단의 설치기준(산업안전보건기준에 관한 규칙 제26조 ~ 제30조)

   ① 계단, 계단참 강도 : 500kgf/㎡ 이상, 안전율 4이상
   ② 바닥은 공구 등 낙하할 위험 없는 구조
   ③ 폭 1m 이상
   ④ 계단참 : 높이 3m 이내마다 1.2m 이상
   ⑤ 높이 2m 이내 장애물 없도록 조치
   ⑥ 높이 1m 이상 시 안전난간 설치

   ▲ 가설계단 설치도

07-2-8 사다리

1. 사다리 종류(가설공사 표준안전 작업지침)

   ① 고정식 사다리
   ② 옥외용 사다리
   ③ 목재 사다리
   ④ 철재 사다리
   ⑤ 이동식 사다리
   ⑥ 기계 사다리
   ⑦ 연장 사다리

07-2-9 사다리 안전작업

1. 사다리 작업 시 준수사항(가설공사 표준안전작업지침 제24조)

   ① 수리될 수 없는 사다리는 작업장 외로 반출
   ② 연장길이 60cm 이상
   ③ 감시자 배치
   ④ 벽돌 받침대 사용금지
   ⑤ 미끄러운 장화나 신발 착용 금지
   ⑥ 무거운 짐을 운반금지
   ⑦ 금속사다리는 전기설비가 있는 곳 사용금지
   ⑧ 사다리를 다리처럼 사용금지

07-2-10 이동식 사다리   118(10), 125(10)

1. 이동식 사다리 사용하여 작업 시 안전조치사항 (산업안전보건기준에 관한 규칙 제42조)

   ① 평탄하고 견고하며 미끄럽지 않은 바닥에 설치할 것
   ② 넘어짐 방지 조치할 것
   - 이동식 사다리를 견고한 시설물에 연결하여 고정
   - 아웃트리거(전도방지용 지지대)를 설치
   - 다른 근로자가 이동식 사다리를 지지
   ③ 제조사가 정한 최대사용하중을 초과하지 않는 범위 내에서만 사용할 것
   ④ 사다리를 설치한 바닥면에서 높이 3.5m 이하의 장소에서만 작업할 것
   ⑤ 최상부 발판 및 그 하단 디딤대에 올라서서 작업금지(1m이하 사다리 제외)
   ⑥ 작업높이 2m 이상 시 안전모와 안전대를 함께 착용할 것
   ⑦ 사용 전 변형 및 이상 유무 등 점검, 이상 발견 즉시 수리 등 조치를 할 것

07-2-11	승강용 트랩

1. 개요
   철골건립 작업시 수직방향으로 이동하기 위한 수단의 철골기둥에 사다리 형태의
   가설통로 설치

2. 승강용 트랩 설치기준 (철골공사표준안전작업지침)
   ① Ø16 강봉, D16 철근 승강용 트랩 설치
   ② 수직 이동용 안전대 부착설비 설치
   ③ 단 간격 25~30㎝, 폭 30㎝ 이상
   ④ 일정 간격으로 참을 설치
   ⑤ 승강트랩은 지상 작업을 원칙
   ⑥ 안전대 부착설비는 지상조립
   ⑦ 수직이동용 트랩은 각 기둥마다 설치

▲승강용 트랩   ▲안전대 부착설비

07	가설공사 기출문제
3. 비계	
	1) 총칙
	- 134(10). 가설구조물 비계(飛階)의 종류 및 벽이음
	- 100(25). 비계 재해유형 및 안전수칙
	- 110(25). 도로와 인도에 접하는 도심의 리모델링 건축공사 시 외부비계에서 발생할 수 있는 안전사고의 종류와 원인 및 방지대책에 대하여 설명하시오.
	- 129(25). 건설현장에서 사용하는 외부비계(飛階)의 조립·해체 시 발생 가능한 재해유형과 비계종류별 설치기준 및 안전대책에 대하여 설명하시오.
	- 132(25). 건설현장에서 사용하는 비계의 종류 및 조립·운용·해체 시 발생할 수 있는 재해유형과 설치기준 및 안전대책에 대하여 설명하시오.
	- 104(25). 건설현장에서 가설비계의 구조검토와 주요 사고원인 및 안전대책에 대하여 설명하시오.
	- 130(10). 비계(飛階, scaffolding) 공사의 특징 및 안전 3요소

07	가설공사 기출문제
3. 비계	
	1) 총칙
	- 137(25). 건설현장 가설비계의 종류와 구조, 조립 및 해체 시 유의사항에 대하여 설명하시오.

07	가설공사 기출문제
3. 비계	
	2) 강관비계
	- 121(10). 강관비계 조립시 준수사항
	- 114(25). 가설비계 중 강관비계 설치기준과 사고방지 대책에 대하여 설명하시오.
	- 124(25). 강관비계의 설치기준과 조립·해체 시 안전대책에 대하여 설명하시오
	- 134(25). 강관비계의 설치기준과 조립, 해체 및 점검 시 준수사항에 대하여 설명
	- 109(25). 외부 강관비계에 작용하는 하중과 설치기준을 설명하시오.
	- 105(25). 이 35m의 공사현장에서 외벽 강관쌍줄비계를 이용하여 마감공사를 끝내고 강관비계를 해체하고자 한다 강관쌍줄비계 해체계획과 안전조치사항 설명
	- 107(25). 건축물 신축공사 중 외부 강관쌍줄비계를 설치(H:30m) 하고 외벽마감작업 완료 후 해체작업 중 비계가 붕괴되어 중대재해가 발생하였다 현장대리인이 취하여야할 조치사항과 동종사고예방을 위한 안전대책에 대하여 설명 (사고원인 추정 : 비계해체 기준 미준수 벽이음의 설치불량과 무리한 해체)

07	가설공사 기출문제
3. 비계	
	3) 시스템비계
	- 116(25). 건설공사에서 시스템비계 설치·해체작업 시 안전대책에 대하여 설명
	- 125(25). 기존 시스템비계의 문제점과 안전난간 선(先) 조립비계의 안전성 및 활용방안에 대하여 설명하시오.
	- 102(25). 건설현장 비계전도 사고을 예방하기 위한 시스템비계 구조와 조립작업시 준수사항
	- 103(25). 경사슬래브교량거푸집 시스템비계 서포트구조의 잠재 붕괴원인 및 대책에 대하여 설명하시오.
	- 128(25). 시스템비계 설치 및 해체공사 시 안전사항에 대하여 설명하시오.
	- 131(25). 강관비계와 시스템비계 조립 시 각각의 벽이음 설치기준과 벽이음 위치를 설명하고, 벽이음 설치가 어려운 경우 설치방법에 대하여 설명하시오.

07	가설공사 기출문제
3. 비계	
	4) 벽이음재 등
	- 103(10). 비계구조물에 설치된 벽이음의 작용력
	- 133(10). 비계설치 시 벽 이음재 결속종류와 시공 시 유의사항
	- 107(10). 가설비계 설치 시 가새 (Bracing) 의 역할
	- 127(10). 작업의자형 달비계 작업 시 안전대책
	- 136(25). 건설현장에서 작업의자형 달비계 설치 시 준수사항, 점검 및 보수사항에 대하여 설명하시오.
	- 99(10). 달대비계
	- 130(10). 말비계 조립기준 및 말비계 사용 시 근로자 필수교육 항목
	- 109(10). 내민비계

07-3-1	비계의 종류	134(10). 132(25). 137(25)
1. 개요		
	통로나 작업발판 설치를 위해 구조물의 주위에 조립, 설치되는 가설구조물	
2. 비계의 종류		
	① 조립식비계	
	- 강관비계, 강관틀비계, 시스템비계	
	② 이동식비계	
	- 달비계, 달대비계, 말비계, 이동식비계	

07-3-2	비계공사 재해유형	100(25). 110(25). 129(25)
1. 비계공사 재해유형		
	① 비계 설치.해체중 고압선에 감전	
	② 작업발판 단부에 안전난간 미설치로 떨어짐	
	③ 강관비계 수직재 침하방지조치 미실시 무너짐	
	④ 강관비계 강풍 등 횡력에 의한 넘어짐	
	⑤ 시스템비계 자재 과적재로 무너짐	
	⑥ 벽이음 미설치 및 임의 해체 좌굴에 의한 무너짐	
	⑦ 이동식비계 탑승채로 이동중 넘어짐	
	⑧ 이동식비계 승강설비 미설치로 떨어짐	
	⑨ 달비계 안전대 미부착으로 떨어짐	
	⑩ 달비계 주로프 끊어져 떨어짐	
	⑪ 달대비계 용접 불량으로 떨어짐	

| 07-3-3 | 비계작업 안전요건 | 130(10), 104(25) |

1. 비계작업 안전요건
    1) 안전성 확보
        ① 무너짐 방지 - 구조검토, 침하방지 조치 등
        ② 흔들림 방지 - 가새, 벽이음 철물 등 보강
        ③ 떨어짐 방지 - 작업발판, 안전난간대, 추락방호망 설치 및 안전대 착용 등
        ④ 낙하 방지 - 발끝막이판, 수직보호망 등 낙하방지시설 설치 및 출입금지조치
    2) 시공성(작업성) 확보
        ① 경량화, 작업 및 통해 방해하지 않는 구조
        ② 적정 장소에 작업대 설치
    3) 경제성 확보
        ① 가설 및 철거 신속, 용이
        ② 현장 가공 불필요
        ③ 내용 연수 높은 재료 사용

| 07-3-4 | 비계 등의 조립· 해체 및 변경 | 132(25), 129(25) |

1. 달비계, 5m이상 비계 조립 등 작업 시 준수사항(산업안전보건기준에 관한 규칙 제57조)
    ① 근로자가 관리감독자의 지휘에 따라 작업
    ② 조립·해체, 변경의 시기 및 범위, 절차 주지
    ③ 악천후 시 작업중지
    ④ 비계 재료 연결, 해체 경우 폭 20cm이상의 작업발판 설치
    ⑤ 작업구역 근로자 외 출입금지 조치
    ⑥ 재료·기구, 공구 등 인양 시 달줄, 달포대 사용

| 07-3-5 | 비계 조립.해체.변경 작업 시 준수사항 | |

1. 비계 조립.해체.변경 작업 시 준수사항(산업안전보건기준에 관한 규칙 제57조)

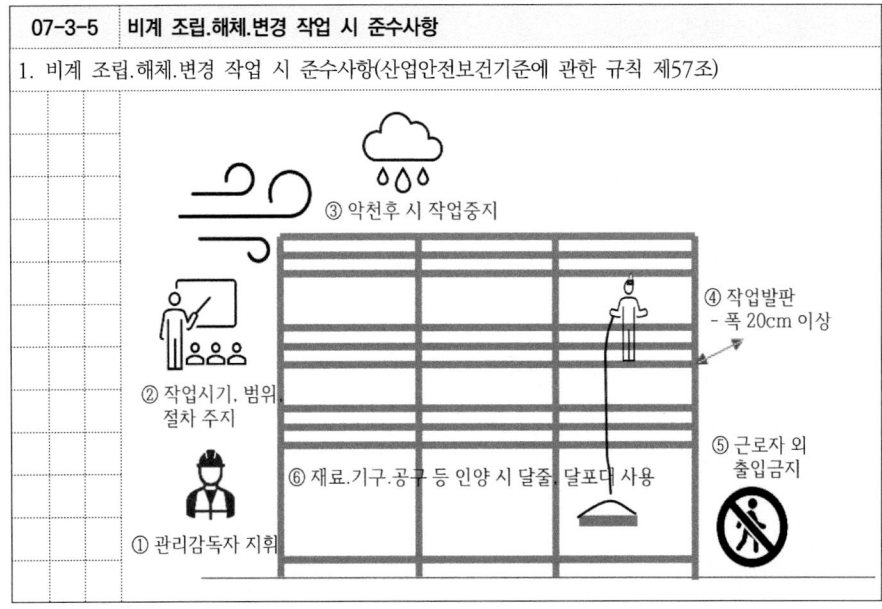

| 07-3-6 | 비계의 점검 | |

1. 비계의 점검사항 (산업안전보건기준에 관한 규칙 제58조)
    ① 발판 재료의 손상 여부 및 부착 또는 걸림 상태
    ② 로프의 부착 상태 및 매단 장치의 흔들림 상태
    ③ 해당 비계의 연결부 또는 접속부의 풀림 상태
    ④ 연결 재료 및 연결 철물의 손상 또는 부식 상태
    ⑤ 손잡이의 탈락 여부
    ⑥ 기둥의 침하, 변형, 변위 또는 흔들림 상태

07-3-7	비계의 점검사항		

1. 비계의 점검사항 (산업안전보건기준에 관한 규칙)

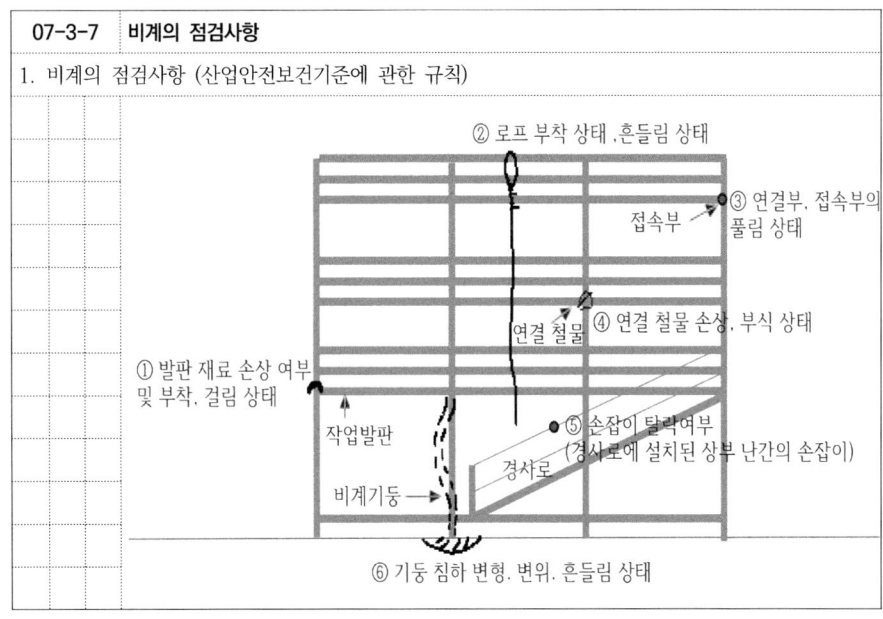

① 발판 재료 손상 여부 및 부착, 걸림 상태
② 로프 부착 상태, 흔들림 상태
③ 연결부, 접속부의 풀림 상태
④ 연결 철물 손상, 부식 상태
⑤ 손잡이 탈락여부 (경사로에 설치된 상부 난간의 손잡이)
⑥ 기둥 침하, 변형, 변위, 흔들림 상태

07-3-8	강관비계	121(10), 134(25)

1. 개요

　　강관을 이음철물, 연결철물을 이용하여 조립한 비계

2. 강관비계 조립 시 준수사항 (산업안전보건기준에 관한 규칙 제59조)

① 기둥 침하방지 조치
- 밑받침 철물 사용하거나 깔판, 깔목 사용하여 밑둥잡이 설치
② 접속부, 교차부는 적합한 부속철물 사용 및 고정 철저
③ 교차가새 보강
④ 벽이음 및 버팀을 설치
- 수직 5m, 수평 5m
- 강관, 통나무 등 사용
- 인장재와 압축재로 구성된 경우 : 인장재와 압축재의 간격 1m 이내
⑤ 가공전로와의 접촉방지 조치
- 가공전로 근접하여 설치 시 가공전로 이설, 절연용 방호구 장착

07-3-9	강관비계 조립 시 준수사항	121(10), 134(25)

1. 강관비계 조립 시 준수사항 (가설공사 표준안전 작업지침 제8조)

① 하단부 깔판 사용, 밑둥잡이 설치
② 기둥간격 띠장방향 : 1.5-1.8m/ 장선방향: 1.5m이하
③ 비계 최고점부터 31m 아래지점 : 2본 설치
④ 띠장간격 : 1.5m이하/첫단 2m이하
⑤ 장선간격 : 1.5m이하
⑥ 기둥간 적재하중 400kg이하
⑦ 벽연결 5*5m이내
⑧ 가새 : 기둥 10m마다 45도
⑨ 안전난간설치
⑩ 작업대 추락 및 낙하물 방지 조치
⑪ 가설기자재 성능검정 규격 사용

07-3-10	강관비계의 구조	114(25), 124(25), 134(25), 109(25)

1. 강관비계의 설치기준 (산업안전보건기준에 관한 규칙 제60조)

① 기둥간격 : 띠장방향 1.85m 이하, 장선방향 1.5m 이하
② 띠장간격 : 2.0m 이하
③ 최고부에서 31m 되는 지점 하부기둥 강관 2본
④ 기둥간 400kg 초과 적재금지

07-3-11 강관비계의 설치기준

1. 강관비계의 설치기준 (산업안전보건기준에 관한 규칙)

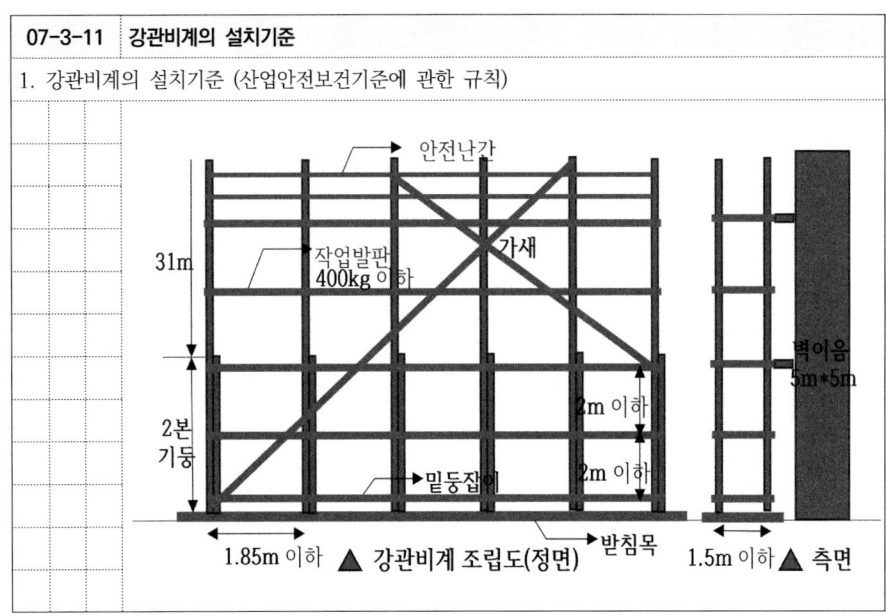

07-3-12 작업발판의 종류

1. 개요

   비계 높이 2m이상인 작업장소에 안전하게 작업과 자재운반 등을 하기 위해 설치

2. 작업발판의 종류

   ① 작업대 : 강관에 설치할수 있는 걸침고리가 용접 등에 일체화된 작업발판

   ② 통로용 작업발판 : 작업대와 달리 걸침고리가 없는 작업발판

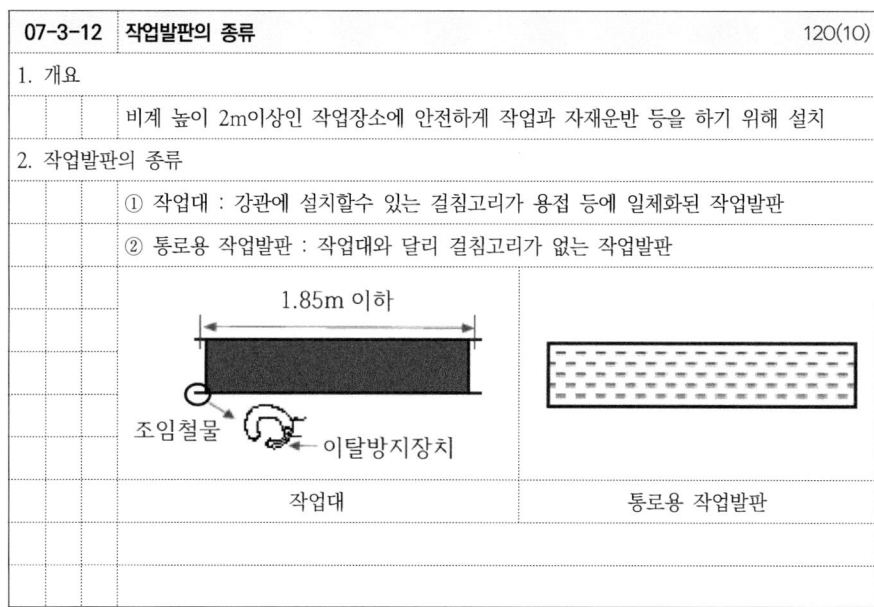

07-3-13 작업발판 설치기준

1. 작업발판 설치기준 (산업안전보건기준에 관한 규칙 제56조)

   ① 견고한 재료

   ② 폭 40cm이상, 발판 간 틈 3cm이하

   ③ 추락위험 시 안전난간 설치

   ④ 하중을 견딜수 있는 지지물 사용

   ⑤ 2이상의 지지물에 연결, 고정

   ⑥ 작업발판 이동시 위험방지조치

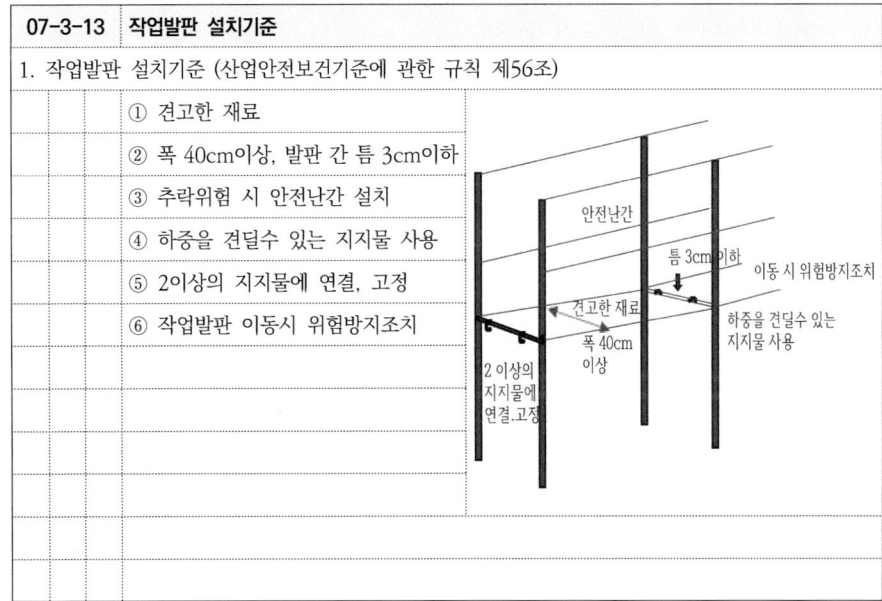

07-3-14 벽이음재

1. 개요

   비계를 구조체에 연결하여 풍하중,충격 등의 수평 및 수직하중에 의한 인장 및 압축하중을 지지하는 부재

2. 벽이음재 역할

   ① 비계의 넘어짐 방지

   ② 비계의 흔들림 방지

   ③ 비계의 변형 및 좌굴 방지

3. 벽이음재 설치 시 준수사항

   ① 앵커 벽체 사전 직각매입(15도 이내)

   ② 마감작업 등으로 제거시 도괴방지 조치

   ③ 벽이음 설치간격 기준 준수(5m*5m)

   ④ 인장재와 압축재로 구성시 간격 1m이내

   ⑤ 배치는 보호망의 설치유무 고려

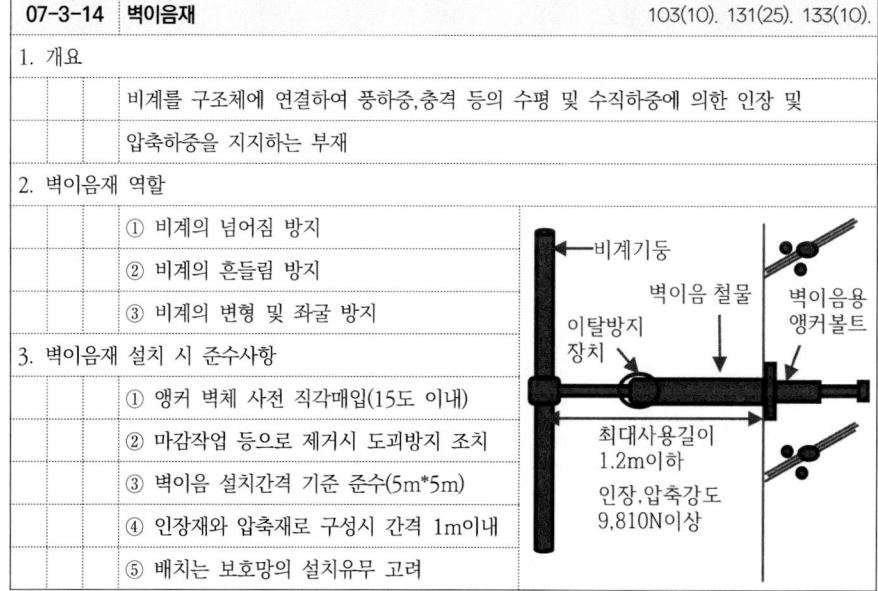

07-3-15 교차가새 107(10)

1. 개요
   - 강관비계 조립 시 비계기둥과 띠장을 일체화하고 무너짐 방지를 위해 설치한 부재

2. 교차가새 역할
   - ① 전도 방지
   - ② 수직하중에 대한 좌굴 저항
   - ③ 수평하중에 대한 부재 응력 배분

3. 교차가새 설치시 유의사항
   - ① 대칭 배치
   - ② 기둥간격 10m마다 45각도로 설치
   - ③ 띠장과 비계기둥에 연결
   - ④ 안전인증 제품 사용

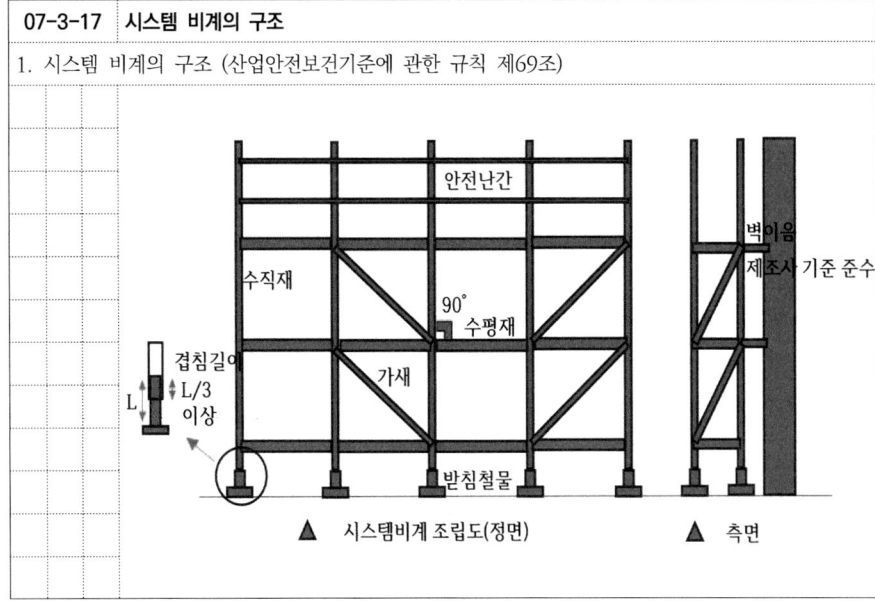

07-3-16 시스템 비계 102(25).

1. 개요
   - 수직재, 수평재, 가새재 등 부재를 공장 제작, 현장 조립하여 사용하는 가설 구조물

2. 시스템 비계의 구조 (산업안전보건기준에 관한 규칙 제69조)
   - ① 수직재·수평재·가새재를 견고하게 연결하는 구조
   - ② 수직재와 받침철물의 연결부의 겹침길이는 받침철물 전체길이의 3분의 1 이상
   - ③ 수평재는 수직재와 직각으로 설치
   - ④ 수직재와 수직재의 연결철물은 이탈되지 않도록 견고한 구조
   - ⑤ 벽 연결재의 설치간격은 제조사가 정한 기준에 따라 설치

07-3-17 시스템 비계의 구조

1. 시스템 비계의 구조 (산업안전보건기준에 관한 규칙 제69조)

▲ 시스템비계 조립도(정면)   ▲ 측면

07-3-18 시스템 비계 조립 작업 시 준수사항 102(25), 128(25)

1. 시스템 비계 조립 작업 시 준수사항 (산업안전보건기준에 관한 규칙 제70조)
   - ① 비계 기둥 밑둥에 밑받침 철물 사용
   - - 고저차 : 조절형 밑받침 철물 사용
   - ② 경사진 바닥 설치 시 피벗형 받침 철물 또는 쐐기 등을 사용
   - ③ 가공전로 접촉 방지조치
   - - 가공전로를 이설, 가공전로에 절연용 방호구 설치
   - ④ 반드시 지정된 통로 이용 주지
   - ⑤ 같은 수직면상의 위와 아래 동시 작업 금지
   - ⑥ 작업발판에는 제조사가 정한 최대적재하중을 초과하여 적재금지
   - ⑦ 최대적재하중이 표기된 표지판을 부착

07-3-19 시스템 비계 조립 작업 시 준수사항

1. 시스템 비계 조립 작업 시 준수사항 (산업안전보건기준에 관한 규칙 제70조)

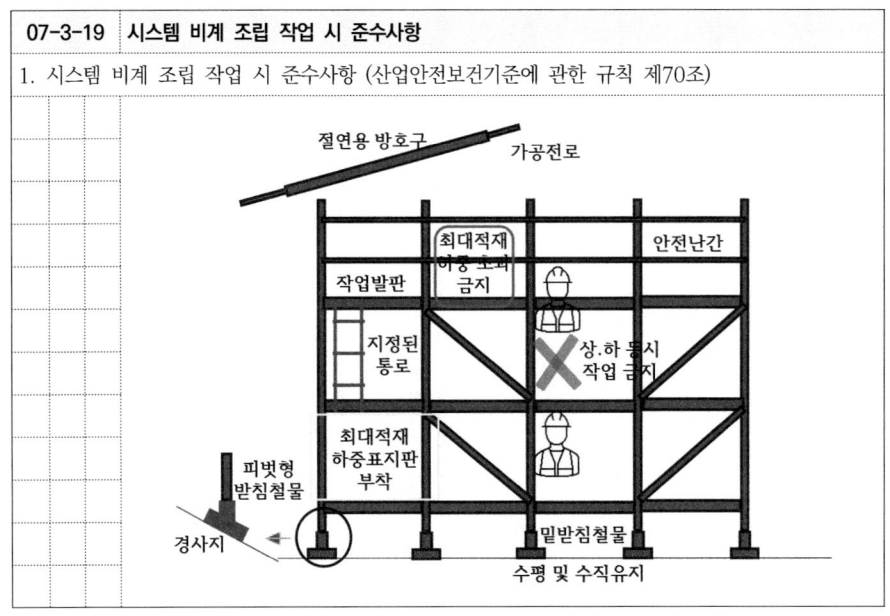

07-3-20 달비계의 종류

1. 개요

   본구조물에 와이어로프, 섬유로프 등으로 작업대를 매단형태의 비계

2. 달비계의 종류

   ① 곤돌라형 달비계

   ② 작업의자형 달비계

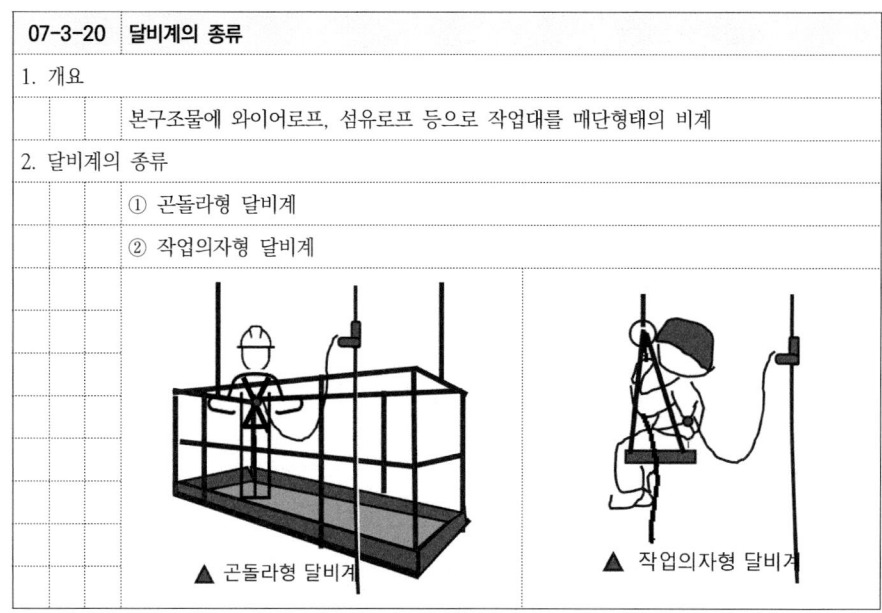

▲ 곤돌라형 달비계 ▲ 작업의자형 달비계

07-3-21 달비계의 와이어로프 등 사용금지 기준

1. 곤돌라형 달비계의 와이어로프 등 사용금지 기준 (산업안전보건기준에 관한 규칙 제63조)

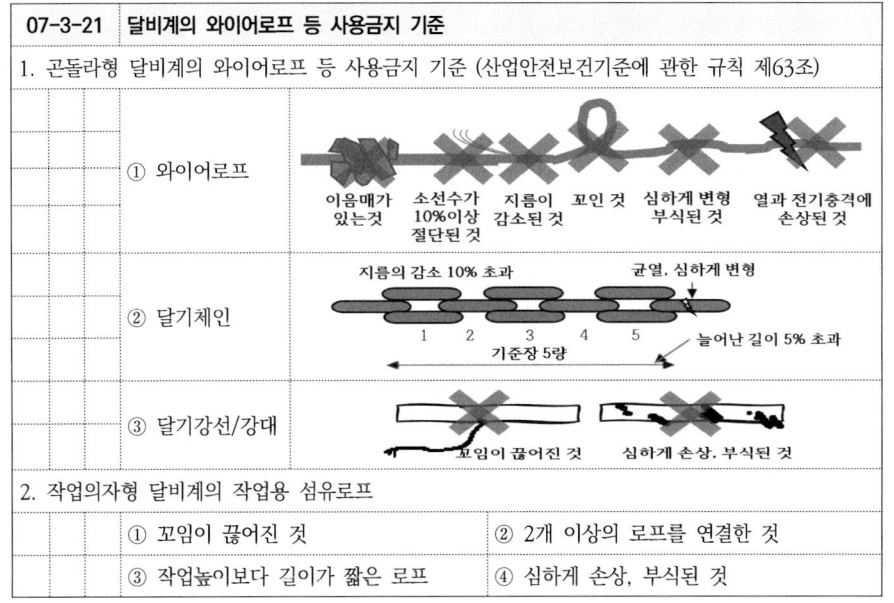

2. 작업의자형 달비계의 작업용 섬유로프

① 꼬임이 끊어진 것	② 2개 이상의 로프를 연결한 것
③ 작업높이보다 길이가 짧은 로프	④ 심하게 손상, 부식된 것

07-3-22 곤돌라형 달비계

1. 곤돌라형 달비계 설치 시 준수사항 (산업안전보건기준에 관한 규칙 제63조)

   ① 이음매 있는 와이어로프 사용금지

   ② 균열있는 달기체인 사용금지

   ③ 심하게 손상·변형, 부식있는 달기강선, 강대 사용금지

   ④ 틈새가 없고 폭 40cm이상의 작업발판 사용

   ⑤ 작업발판은 비계의 보 등에 연결,고정하여 뒤집힘 방지조치

   ⑥ 안전대 착용 및 구명줄에 체결, 안전난간 설치 등 추락 방지조치

07-3-23	작업의자형 달비계		127(10), 136(25)
1. 개요			
		매달린 외줄 달기 섬유로프에 부착되어 지지되는 작업대를 이용하여 작업	
2. 작업의자형 달비계 설치 시 준수사항 (산업안전보건기준에 관한 규칙 제63조)			
	① 견고한 작업대 제작		
	② 작업대 뒤집힘 방지를 위해 4개 모서리 로프 연결		
	③ 로프는 2개 이상의 견고한 고정점 결속		
	④ 로프와 구명줄은 다른 고정점에 결속		
	⑤ 하중에 견디는 작업용 섬유로프, 구명줄 및 고정점 사용		
	⑥ 근로자 조종하여 작업대 하강하도록 할 것		
	⑦ 고정점의 작업을 알리는 경고표지를 부착		
	⑧ 로프 모서리에 보호 덮개 조치		
	⑨ 꼬임이 끊어진, 손상, 부식된 로프 사용금지		
	⑩ 안전대 착용 및 구명줄에 체결, 안전난간 설치 등 추락 방지조치		

07-3-24	작업의자형 달비계 설치 시 준수사항
1. 작업의자형 달비계 설치 시 준수사항 (산업안전보건기준에 관한 규칙 제63조)	

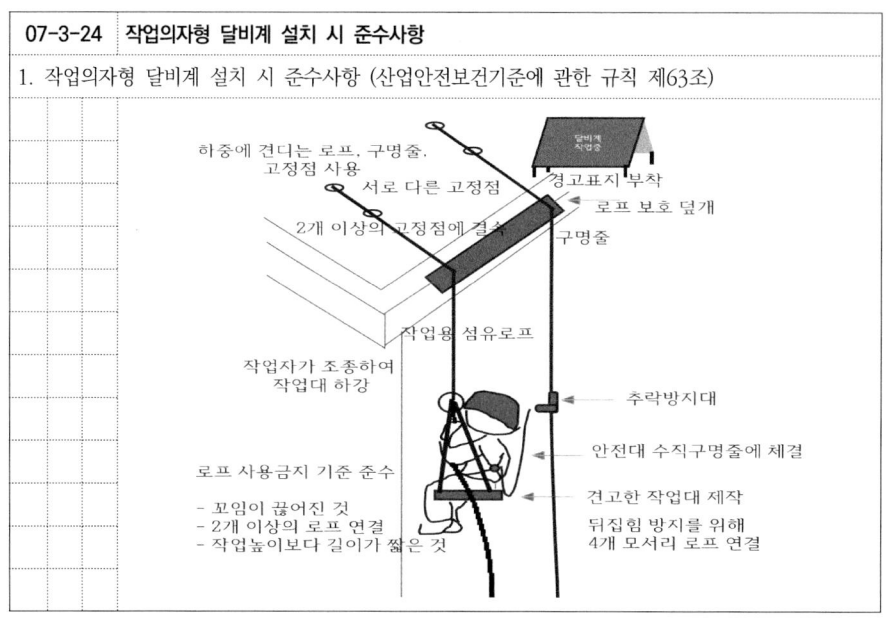

07-3-25	작업의자형 달비계의 작업용 로프 및 구명줄
1. 작업의자형 달비계의 작업용 로프 및 구명줄 안전조치 사항 (KOSHA C - 33 - 2022)	
	① 로프는 최소 22.9kN(2,340 kgf) 의 강도를 가진 인조섬유 사용
	② 작업용 로프, 구명줄은 연결하여 사용금지
	③ 사용 전에 로프의 손상 유·무를 반드시 검사
	④ 사용금지 기준 준수 : 사용된 날부터 2년 이상, 제조일로부터 3년 이상
	⑤ 안전율 10이상 적용
	⑥ 작업용 로프 : 22mm이상, 구명줄 로프 : 16mm 이상을 사용

07-3-26	작업의자형 달비계 안전계수
1. 작업의자형 달비계 안전계수 (산업안전보건기준에 관한 규칙 제55조)	
안전계수 = 절단하중/최대하중	
	① 달기 와이어로프 및 달기강선의 안전계수 : 10이상
	② 달기 체인 및 달기 훅의 안전계수 : 5이상
	③ 달기 강대와 달비계의 하부 및 상부 지점의 안전계수 : 2.5이상(강재)

07-3-27 달비계 조립하여 사용 시 준수사항

1. 달비계 조립하여 사용 시 준수사항 (가설공사 표준안전 작업지침 제10조)
   ① 안전담당자의 지휘하에 작업을 진행
   ② 와이어로우프 및 강선의 안전계수는 10 이상
   ③ 소선 10%이상 절단, 7%이상의 지름 감소된 와이어로프 사용금지
   ④ 승강하는 경우 작업대는 수평을 유지
   ⑤ 허용하중 이상의 작업원 탑승 금지
   ⑥ 권양기에는 제동장치 설치
   ⑦ 작업발판은 40센티미터 이상, 발끝막이판 설치
   ⑧ 안전난간 설치
   ⑨ 달비계 위에서는 각립사다리 등을 사용금지
   ⑩ 난간 밖에서 작업금지
   ⑪ 달비계의 전도방지 장치 설치
   ⑫ 구명줄 설치

07-3-28 달대비계 99(10)

1. 개요
   본구조물에 강관비계, 철골 등으로 작업대를 직접 매달거나 지지하는 형태
2. 달대비계의 종류
   ① 전면형 달대비계
   ② 통로형 달대비계
   ③ 상자형 달대비계(보용, 기둥용, 접이식)
   ④ 이동식 천장 달대비계

07-3-29 달대비계 조립하여 사용 시 준수사항

1. 달대비계 조립하여 사용 시 준수사항 (가설공사 표준안전 작업지침 11조)
   ① 달대비계를 매다는 철선은 #8 소성철선을 사용
   ② 4가닥 정도로 꼬아서 하중에 대한 안전계수가 8 이상 확보
   ③ 철근을 사용할 때에는 19mm 이상
   ④ 안전모와 안전대를 착용

07-3-30 말비계 130(10)

1. 개요
   건축물의 천장과 벽면의 실내 내장 마무리 등을 위해 바닥에서 일정 높이의 발판을
   설치 사용하는 비계
2. 말비계 조립.사용시 준수사항 (가설공사 표준안전 작업지침 제12조)
   ① 사다리의 각부는 수평하게 놓아서 상부가 한쪽으로 기울지 않도록 함.
   ② 각부에는 미끄럼 방지장치
   ③ 제일 상단에 올라서서 작업금지

07-3-31	말비계 조립.사용시 준수사항

1. 말비계 조립.사용시 준수사항 (산업안전보건기준에 관한 규칙 제67조)
   - ① 지주부재의 하단에는 미끄럼 방지장치
   - ② 근로자 양측 끝부분에 올라서서 작업금지
   - ③ 지주부재와 수평면의 기울기를 75도 이하
   - ④ 지주와 지주 사이 고정 보조부재 설치
   - ⑤ 높이 2미터 초과 시 작업발판 폭 40cm 이상

07-3-32	이동식 비계

1. 개요
   - 이동식 비계용 주틀의 하단에 발바퀴를 부착하여 이동할 수 있도록 조립한 비계

2. 이동식 비계 조립. 사용 시 준수사항 (산업안전보건기준에 관한 규칙 제68조)
   - ① 불시 이동, 전도방지 : 브레이크, 쐐기
   - ② 승강용 사다리 설치
   - ③ 최상부 안전난간 설치
   - ④ 작업발판 위 안전난간 딛고 작업 금지 및 사다리 사용금지
   - ⑤ 최대 적재 250kg 초과 금지

07-3-33	이동식 비계 조립. 사용 시 준수사항

1. 이동식 비계 조립. 사용 시 준수사항 (가설공사 표준안전작업지침 제13조)
   - ① 안전담당자의 지휘하에 작업
   - ② 비계의 최대높이는 밑변 최소폭의 4배 이하
   - ③ 불의의 이동을 방지하기 위한 제동장치
   - ④ 승강용 사다리는 견고하게 부착
   - ⑤ 작업대의 발판은 전면에 빈틈없이 설치
   - ⑥ 최대 적재하중을 표시
   - ⑦ 부재의 접속부, 교차부는 확실하게 연결
   - ⑧ 작업대에는 안전난간 및 낙하물 방지조치를 설치
   - ⑨ 고압선 등이 있는가를 확인하고 적절한 방호조치
   - ⑩ 이동할 때에는 작업원이 없는 상태 및 충분한 인원배치
   - ⑪ 재료, 공구의 오르내리기에는 포대, 로우프 등을 이용
   - ⑫ 상하동시 작업 시 충분한 연락 취하며 작업

07-3-34	이동식 비계 조립. 사용 시 준수사항

1. 이동식 비계 조립. 사용 시 준수사항 (가설공사 표준안전작업지침 제13조)

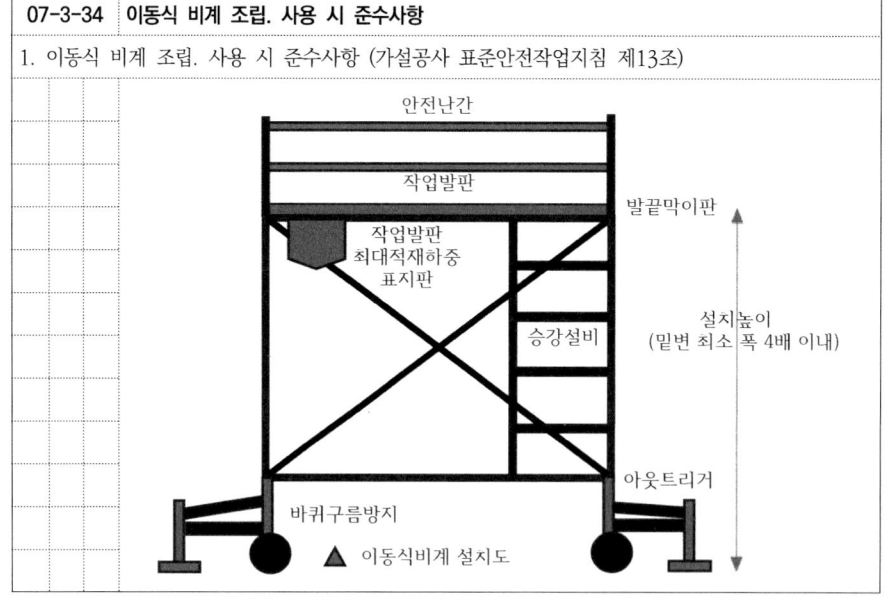
▲ 이동식비계 설치도

| 07-3-35 | 내민비계 | 109(10) |

1. 개요
   - 옆 건물의 영향으로 지상에서 조립할수 없어 측벽에 설치하는 브래킷 형식의 부재
   - 이용하여 비계 설치할 목적으로 사용

2. 특징
   - ① 바닥면에서 지지하기 곤란 장소
   - ② 상부층, 지하층 동시공사 가능
   - ③ 내민비계 하부에서 작업가능

07	가설공사 기출문제
4. 안전가시설	
	1) 추락에 의한 위험방지
	- 103(10).125(10). 추락방지망 설치기준
	- 119(10). 안전난간
	- 111(25). 시공 중인 건설물의 외측면에 설치하는 수직보호망의 재료기준 및 조립기준, 사용시 안전대책을 설명하시오.
	- 127(25). 수직보호망의 설치기준, 관리기준, 설치 및 사용 시 안전유의사항에 대하여 설명하시오.
	- 97(10). 수평(대형) 개구부
	- 110(10). 개구부 수평 보호덮개
	- 125(10). 개구부 방호조치
	- 135(10). 추락재해 방지시설의 종류 중 수직형 추락방망 설치기준

07	가설공사 기출문제
4. 안전가시설	
	2) 낙하물에 의한 위험방지
	- 110(10). 낙하물방지망 설치근거와 기준
	- 124(25). 낙하물방지망 설치기준과 설치작업 시 안전대책에 대하여 설명하시오.
	- 126(25). 낙하물방지망의 정의, 설치방법, 설치 시 주의사항, 설치·해체 시 추락 방지대책에 대하여 설명하시오.
	- 127(25). 낙하물방지망의 (1)구조 및 재료 (2)설치기준 (3)관리기준을 설명하시오
	- 132(25). 산업안전보건기준에 관한 규칙 상 낙하물에 의한 위험방지 조치와 설치기준 및 추락방지 대책에 대하여 설명하시오.

07-4-1	안전가시설
1. 개요	
	근로자의 떨어짐이나 자재.공구 등 물건의 떨어짐, 부딪힘 등 재해예방 목적으로 임시로 설치하는 시설
2. 안전가시설의 종류	
	① 추락방호망
	② 낙하물방지망
	③ 방호선반
	④ 안전난간
	⑤ 수직형 추락방망
	⑥ 수직보호망
	⑦ 개구부 보호덮개

07-4-2	추락방호망	103(10). 125(10)
1. 개요		
	고소작업 중 떨어짐 위험방지를 위하여 수평으로 설치하는 방호망	
2. 추락방호망의 구조 (추락재해방지 표준작업안전지침 제3조)		
	① 방망, 테두리 및 달기로프, 시험용사 구성	
	② 그물코 10cm이하	
	③ 시험용사 : 방망 폐기시 방망사의 강도 점검	
	④ 테두리로프, 달기로프 강도 : 1500kg 이상	
	⑤ 방망사 강도 ( ) : 폐기시 강도	

그물코 크기(cm)	매듭없는 방망(kg)	매듭있는 방망(kg)
10	240 (150)	200 (135)
5		110 (60)

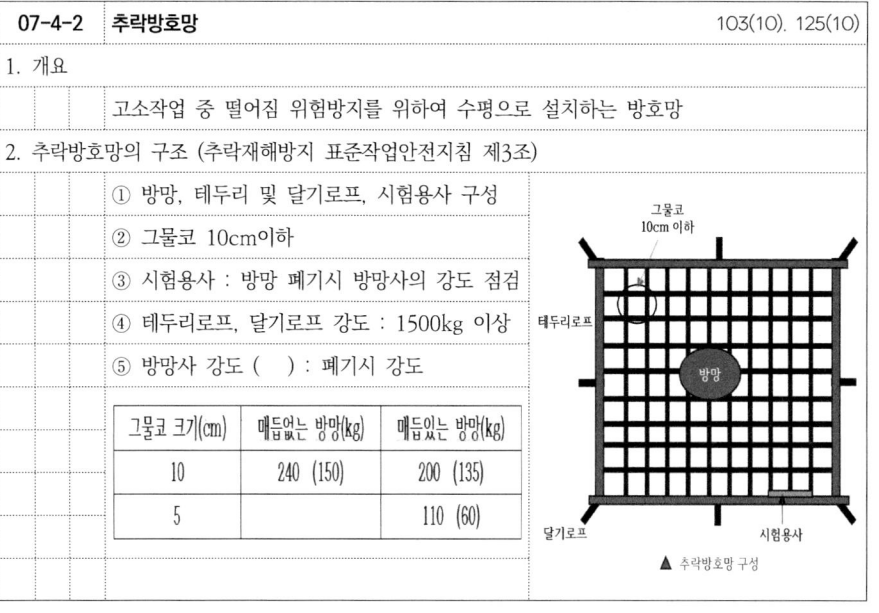

▲ 추락방호망 구성

07-4-3 추락방호망 설치기준   103(10), 125(10)

1. 추락방호망 설치기준 (산업안전보건기준에 관한 규칙 제42조)
   ① 작업면에서 가깝게(수직거리 10m 초과금지)설치
   ② 수평으로 설치, 망 처짐은 짧은 변 길이 12% 이상
   ③ 내민길이 3m 이상

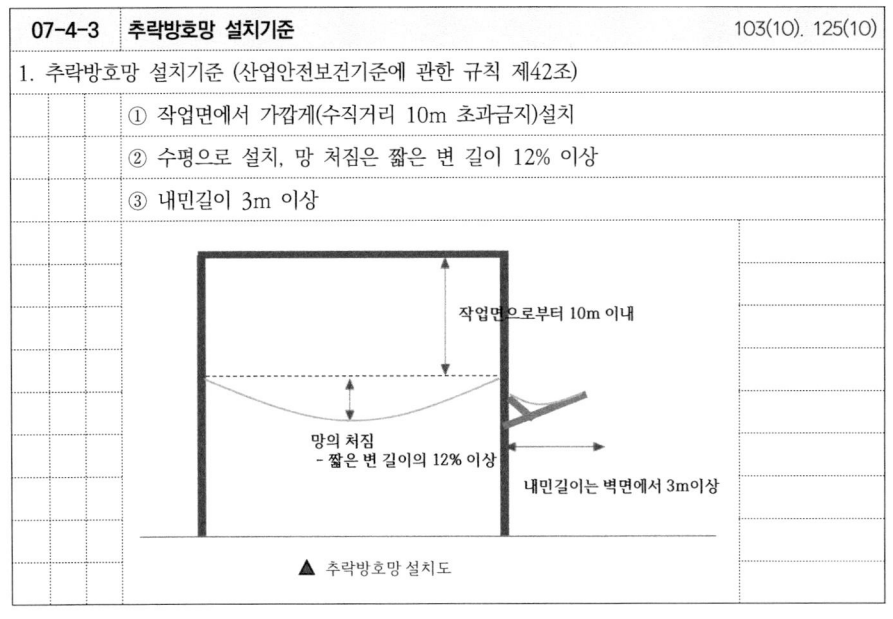

▲ 추락방호망 설치도

07-4-4 낙하물 방지망   110(10), 124(25), 126(25), 127(25), 132(25)

1. 개요
   작업 중 재료, 공구 등 낙하물 피해 방지를 위해 벽체 및 비계 외부에 설치하는 망

2. 낙하물 방지망 설치기준 (산업안전보건기준에 관한 규칙 제14조)
   ① 높이 10미터 이내마다 설치
   ② 내민 길이는 벽면으로부터 2미터 이상
   ③ 각도는 20도 이상 30도 이하

▲ 낙하물방지망 설치도

07-4-5 낙하물 방지망 설치기준

1. 낙하물 방지망 설치기준 (KOSHA C - 26 - 2017)
   ① 그물코의 크기는 2cm 이하
   ② 첫 단은 가능한 낮게 설치
   ③ 매 10m 이내마다 설치
   ④ 내민 길이는 비계 외측으로부터 수평거리 2m 이상
   ⑤ 긴결재의 강도는 15kN 이상의 인장력에 견딜 수 있는 로프
   ⑥ 방망의 겹침 폭은 30cm 이상
   ⑦ 최하단의 방망은 그물코 크기가 0.3cm 이하
   ⑧ 낙하물 방지망이 수평면과 이루는 각도는 20°~30°

07-4-6 방호선반

1. 개요
   낙하물 위험이 있는 장소에 근로자, 통행인 및 통행차량이 재해예방을 위해 설치

2. 설치 위치에 따른 방호선반
   ① 외부비계용 방호선반
   ② 출입구 방호선반
   ③ 인화공용 리프트 주변 방호선반
   ④ 가설통로 상부 방호선반

07-4-7 방호선반의 설치기준

1. 방호선반의 설치기준 (KOSHA C - 27 - 2011)

   ① 풍압, 진동, 충격 등 탈락되지 않게 견고히 설치

   ② 수평으로 설치하는 방호선반 위 60㎝ 이상 난간 설치

   ③ 바닥판은 틈새가 없도록 설치

   ④ 가능한 낮은 위치(높이 8m이내)

   ⑤ 내민 길이 2m 이상

▲ 방호선반 설치도

07-4-8 안전난간

1. 개요

   떨어짐의 우려가 있는 장소에 기둥재와 수평난간대를 현장에서 조립.설치하는 난간

2. 안전난간의 구조 및 설치요건 (산업안전보건기준에 관한 규칙 제13조)

   ① 구성: 상부/중간난간대, 발끝막이판, 난간기둥

   ② 상부 난간대(H) 90cm이상

   -H : 120cm이하이면 B : 상부와 바닥면 중간

   -H : 120cm이상이면 B : 2단이상 설치(60cm이하)

   -난간기둥 25cm 이하 시 중간난간대 생략 가능

   ③ 발끝막이판(h): 바닥면부터 10cm 이상

   ④ 난간기둥: 난간대를 떠받칠수 있는 적정한 간격

   ⑤ 난간대는 바닥면과 평행

   ⑥ 난간대 2.7cm이상 금속제파이프

   ⑦ 취약지점에서 100kg이상의 하중에 견디는 구조

07-4-9 안전난간의 구조 및 설치요건

1. 안전난간의 구조 및 설치요건 (산업안전보건기준에 관한 규칙 제13조)

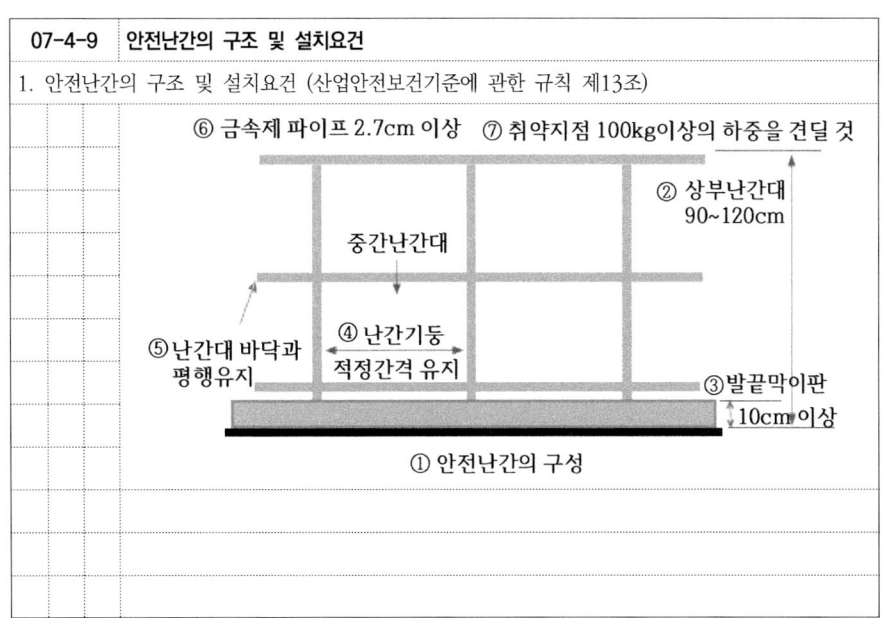

① 안전난간의 구성

07-4-10 안전난간

1. 안전난간의 설치위치 (추락재해방지 표준작업안전지침 제25조)

   ① 중량물 취급 개구부

   ② 작업대

   ③ 가설계단의 통로

   ④ 흙막이 지보공의 상부 등

2. 하중 작용위치 및 하중의 값

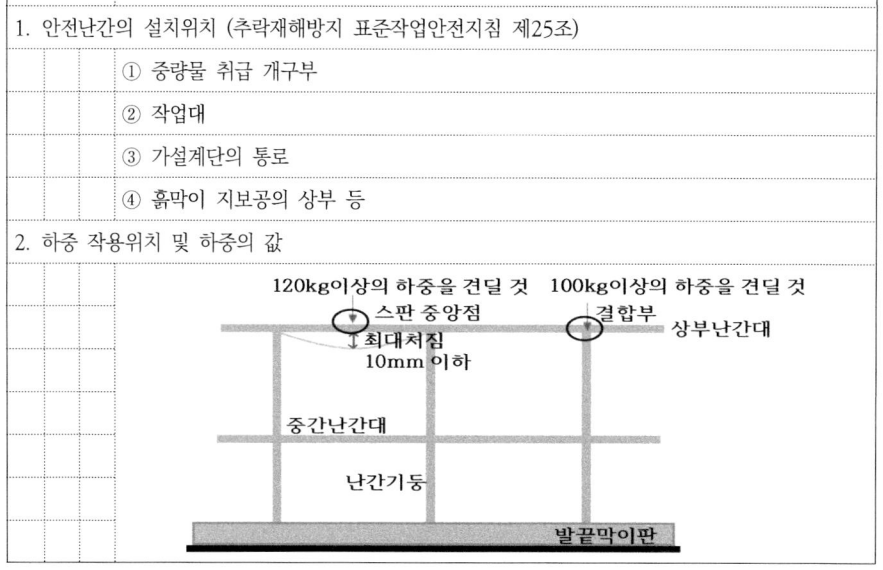

07-4-11 안전난간 사용 시 주의사항

1. 안전난간 사용 시 주의사항 (추락재해방지 표준작업안전지침 제35조)
   ① 안전난간은 함부로 제거 금지
   ② 작업형편상 부득이 제거할 경우에는 작업종료 즉시 원상복구
   ③ 안전난간을 안전대의 로프, 지지로프 등 자재 운반용 걸이로서 사용금지
   ④ 안전난간에 재료 등을 기대어 적재금지
   ⑤ 상부난간대 또는 중간대를 밟고 승강금지

07-4-12 수직형 추락방망

1. 개요
   작업자가 위험장소에 접근하지 못하도록 수직으로 설치/ 추락 위험 방지하는 방망

2. 구조 및 재료 (KOSHA C - 110 - 2018)
   ① 종류

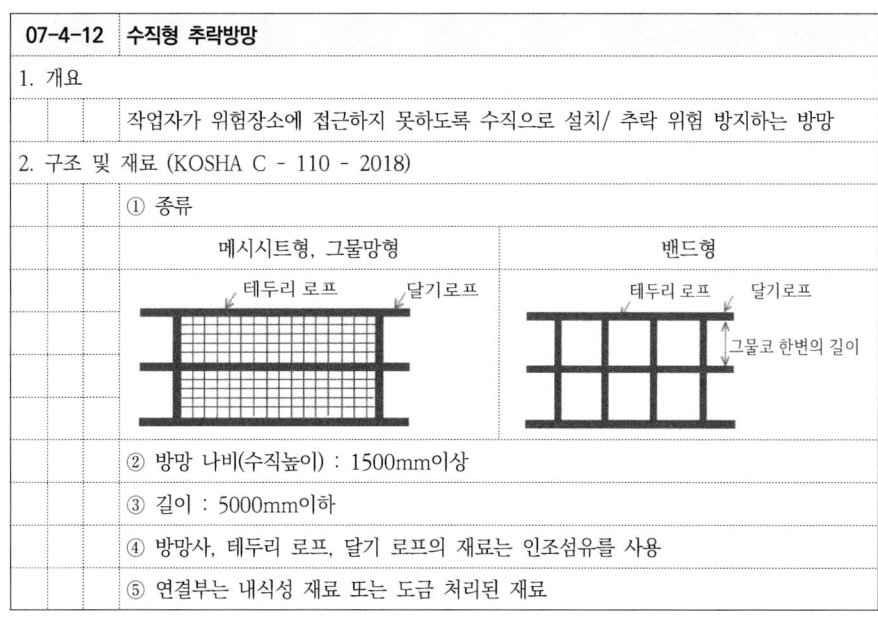

   ② 방망 나비(수직높이) : 1500mm이상
   ③ 길이 : 5000mm이하
   ④ 방망사, 테두리 로프, 달기 로프의 재료는 인조섬유를 사용
   ⑤ 연결부는 내식성 재료 또는 도금 처리된 재료

07-4-13 수직형 추락방망 설치방법 135(10)

1. 수직형 추락방망 설치방법 (KOSHA C - 110 - 2018)
   ① 앵커, 버클 등을 이용 벽체나 기둥에 견고히 설치
   ② 달기로프 수직방향 간격은 750mm 이내마다 고정
   ③ 바닥에는 길이 방향으로 3m 이내마다 테두리 로프 고정
   ④ 수직방향 1.5m 이상 설치
   ⑤ 버클 등을 이용하여 정기적 인장력 보정

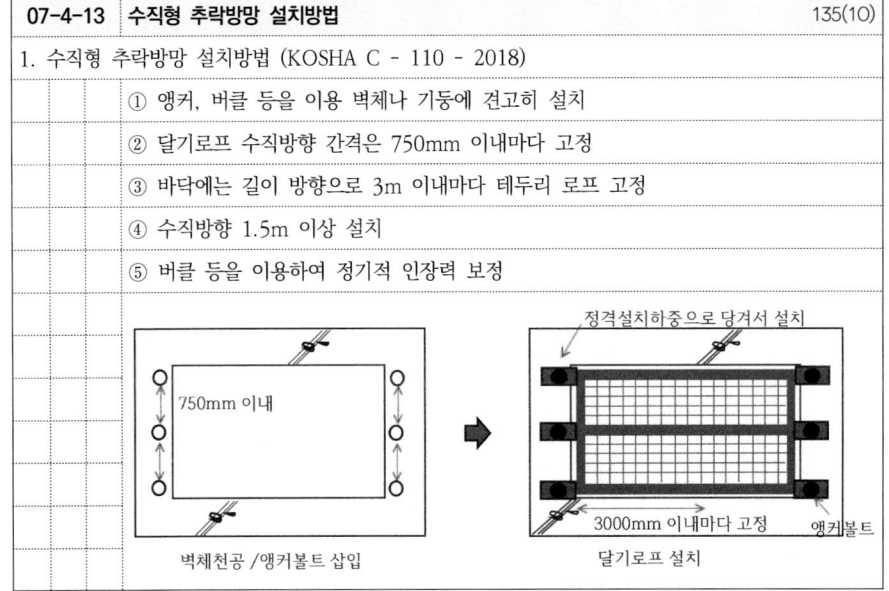

07-4-14 수직보호망 111(25), 127(25)

1. 개요
   가설 구조물 바깥면에 설치하여 낙하물 비산방지 위하여 수직으로 설치하는 보호망

2. 수직보호망 설치 시 준수사항 (KOSHA C - 29 - 2017)
   ① 용단, 용접 등의 작업이 예상 시 난연, 방염성이 있는 수직보호망을 설치
   ② 지지대에 설치할 때 설치간격은 35cm 이하, 밀실하게 설치
   ③ 고정 긴결재는 인장강도 0.98 kN 이상
   ④ 긴결방법은 사용기간 동안 강풍 등 반복되는 외력에 견디는 구조
   ⑤ 통기성이 적은 보호망 예상 최대풍압력과 지지대의 내력을 검토, 벽이음을 보강

| 07-4-15 | 개구부 보호덮개 | 110(10), 125(10) |

1. 개요
   소형 바닥 개구부로 떨어지는 것을 방지위해 설치하는 덮개

2. 개구부 보호덮개 설치기준 (KCS 추락재해 방지시설)
   ① 개구부 주변 정리 정돈
   ② 개구부 크기 200mm이상인 곳에 설치
   ③ 근로자, 장비 등 2배이상 무게 견디게 설치
   ④ 상부판 두께 12mm이상
   ⑤ 스토퍼 45mm*45mm이상
   ⑥ 스토퍼 개구부에 2면 이상 밀착
   ⑦ 형광페인트를 사용한 위험표지판 설치
   ⑧ 철근사용시 간격 100mm이하의 격자모양
   ⑨ 수평보호덮개는 바람, 장비 및 근로자에 의해 이탈되지 않도록 설치
   ⑩ 상부판 스토퍼에서 100mm 이상 구조체에 걸침폭 확보

▲ 개구부 보호덮개 설치도

MEMO

26년 대비

건설안전기술사 핵심개념 총정리

건설안전기술사 핵심개념 총정리

제8장

건설기계

제 08 장 건설기계

08	건설기계
	1. 총칙
	2. 차량계 건설기계
	3. 양중기
	4. 차량계 하역운반기계

08	건설기계 기출문제
1. 총칙	
	1) 건설기계
	- 116(25). 최근 건설기계·장비로 인한 사고 중 사망재해가 많이 발생하는 5대 건설기계·장비의 종류 및 재해발생 유형과 사고예방을 위한 안전대책에 대하여 설명하시오.

08-1-1 건설기계

1. 개요

   건설기계(장비)란 건설공사에 사용하는 기계

2. 건설기계의 종류 (건설기계관리법)

①불도저	②굴착기	③로더
④지게차	⑤스크레이퍼	⑥덤프트럭
⑦기중기	⑧모터그레이더	⑨롤러
⑩노상안정기	⑪콘크리트 뱃칭플랜트	⑫콘크리트 피니셔
⑬콘크리트 살포기	⑭콘크리트 믹서트럭	⑮콘크리트 펌프
⑯아스팔트 믹싱플랜트	⑰아스팔트 피니셔	⑱아스팔트 살포기
⑲골재살포기	⑳쇄석기	㉑공기압축기
㉒천공기	㉓항타 및 항발기	㉔자갈채취기
㉕준설선	㉖특수건설기계	㉗타워크레인

▶특수건설기계 : 터널용고소작업차, 트럭지게차, 도로보수트럭, 노면파쇄기, 노면측정장비 등

08-1-2 작업 목적별 분류

1. 작업 목적별 분류 (KOSHA C - 48 - 2022)

구분	작업의 종류		건설기계의 종류
차량계 건설기계	굴착		불도저, 굴착기, 크램쉘
	굴착·싣기		파워셔블, 굴착기, 로더, 크램쉘, 드래그라인
	굴착·운반		불도저, 스크레이퍼, 로더, 스크레이퍼도저
	정지		불도저, 모터그레이더
	도랑파기		트렌치, 굴착기
	다짐		롤러(로드, 진동, 탬핑, 타이어)
	기초 공사	항타	항타기, 항발기
		천공	천공기, 어스드릴, 어스오거, 리버스 서큘레이션드릴
		지반강화	샌드드레인머신, 페이퍼드레인머신, 팩드레인머신
	콘크리트 타설		콘크리트 펌프, 콘크리트 펌프카
	골재 채취·살포		쇄석기, 자갈채취기, 골재살포기
특정공사용 건설기계	양중		크레인(타워, 지브, 이동식), 호이스트, 건설 리프트
	기타		아스팔트 피니셔, 크롤러드릴, 고소작업차 등

08-1-3 안전인증대상 건설기계

1. 안전인증대상 건설기계
   - ① 크레인
   - ② 리프트
   - ③ 고소작업대
   - ④ 곤돌라

08-1-4 건설기계 안전검사 대상 및 주기

1. 건설기계 안전검사 대상 및 주기

대상	최초 안전검사	정기검사	비고
크레인 리프트 곤돌라	-설치 후 3년이내	-최초 검사 후 2년마다	-건설현장 설치후 6개월마다
이동식크레인 고소작업대	-신규등록 후 3년이내	-최초 검사 후 2년마다	

08-1-5 건설공사 도급인의 안전조치 대상 기계

1. 건설공사 도급인의 안전조치 대상 기계
   - ① 타워크레인
   - ② 건설용 리프트
   - ③ 항타기 및 항발기

2. 설치.해체.조립 작업 시 확인 또는 조치사항
   - ① 작업 전 기계.기구 등 소유 또는 대여하는 자와 합동 안전점검실시
   - ② 작업계획서 작성 및 이행여부 확인(리프트 제외)
   - ③ 자격.면허.경험.기능을 가지고 있는지 여부 확인(리프트 제외)
   - ④ 안전보건규칙에서 정하고 있는 안전.보건조치
   - ⑤ 결함, 작업방법과 절차 미준수, 강풍 등 이상 환경시 작업중지

08-1-6 특수형태근로종사자(건설기계 운전원) 안전보건교육

1. 개요
   - 건설기계관리법에 따른 27종 건설기계 운전원에게 교육 실시

2. 교육과정 및 시간
   - ① 최초 노무 제공 시 교육 : 2시간 이상
   - ② 특별교육 : 16시간 이상/ 2시간 이상(단기간, 간헐적 작업)
   - 공통내용 (시행규칙 별표5 제4호) + 개별내용(제1호 라목)

3. 건설기계 운전원 안전보건교육내용
   - ① 기계.기구의 위험성과 작업의 순서 및 동선에 관한 사항
   - ② 교통안전 및 운전안전에 관한 사항
   - ③ 작업개시 전 점검에 관한 사항
   - ④ 보호구착용에 대한 사항
   - ⑤ 사고 발생 시 긴급조치에 관한 사항 등

08-1-7 건설기계 안전관리

1. 안전관리계획을 수립해야 하는 건설기계
   - ① 천공기(10m 이상)
   - ② 항타 및 항발기
   - ③ 타워크레인

2. 건설기계 정기안전점검 실시시기

종류	1차	2차	3차
천공기(10m이상)	조립 후 최초 작업 시	천공 작업 말기	-
항타 및 항발기	조립 후 최초 작업 시	작업 말기	-
타워크레인	설치작업 시	인상 시 마다	해체작업 시

08-1-8 건설현장 사망사고 다발하는 5대 건설기계의 종류

1. 건설현장 사망사고 다발하는 5대 건설기계의 종류
   - ① 굴착기
   - ② 고소작업대
   - ③ 트럭류
   - ④ 이동식크레인
   - ⑤ 지게차

08-1-9 건설기계 재해발생 주요 원인

1. 건설기계 재해발생 주요 원인
   - ① 사전 작업계획 미수립
   - ② 안전관리수칙 불이행
   - ③ 기계의 정비 및 수리의 결함
   - ④ 감독자 및 관리자의 부적절한 지시
   - ⑤ 과도한 조작 및 운전조작 불량
   - ⑥ 건설기계 작업반경 내 출입금지 미실시
   - ⑦ 사용방법 및 작업방법 부적합
   - ⑧ 작업원 상호간의 신호·연락 불충분
   - ⑨ 운전 미숙 및 운전 부주의
   - ⑩ 작업장소 및 건설장비 설치상태 불량

08-1-10 건설기계 재해예방 대책

1. 건설기계 재해예방 대책
   - ① 사전조사 및 작업계획수립 및 관리
   - ② 관리감독자 작업 전,중,후 점검 실시
   - ③ 현장반입시 장비 점검
   - ④ 안전인증기준 등 부적합한 기계 사용 제한
   - ⑤ 작업 범위내에 작업관계자외 출입을 금지
   - ⑥ 폭풍, 폭우, 폭설 등의 악천후시 작업을 중지

08-1-11 사전조사 및 작업계획서 작성 대상 건설기계

1. 사전조사 및 작업계획서 작성 대상 건설기계(산업안전보건기준에 관한 규칙 38조)
   - ① 타워크레인을 설치·조립·해체
   - ② 차량계 하역운반기계 등을 사용하는 작업
   - ③ 차량계 건설기계를 사용

2. 작업계획수립 및 관리
   - ① 운행경로, 작업방법, 작업범위 등 포함하여 작성
   - ② 건설기계와 근로자 동시 작업 시 유도자·감시자 배치
   - ③ 건설기계 투입 전 가설도로, 굴착노견 등 전도 위험장소 안전조치 실시
   - ④ 작업계획 수립 후 내용을 근로자에게 교육 실시

08-1-12 건설기계별 주요 작업계획서

1. 건설기계별 주요 작업계획서

기계분류	고위험 기계	주요 작업계획서			
		중량물 취급	차량계 하역운반	차량계 건설기계	조립.해체
차량계 건설기계	굴착기			●	
	콘크리트 펌프카			●	
	항타.항발기	●		●	●
	덤프트럭			●	
차량계 하역운반기계	화물자동차		●		
	고소작업대		●		
양중기	이동식크레인	●			
	타워크레인	●			●

08-1-13 관리감독자의 작업 전 점검대상 건설기계

1. 관리감독자의 작업 전 점검대상 건설기계 (산업안전보건기준에 관한 규칙 별표 3)
   - ① 양중기 사용 작업
     - 크레인, 이동식 크레인, 리프트, 곤돌라
     - 와이어로프 등 사용하여 고리걸이 작업
   - ② 차량계 하역운반기계 사용 작업
     - 지게차, 고소작업대, 화물자동차
   - ③ 차량계 건설기계 사용 작업

08-1-14 관리감독자 작업 전, 중, 후 및 현장반입 시 점검사항

1. 관리감독자 작업 전, 중, 후 및 현장반입 시 점검사항

작업 전	① 이동경로 및 지반상태 점검	② 작업반경 내 지장물 현황 점검
	③ 규격, 성능 점검	④ 안전장치의 설치상태 등 점검
작업 중	① 작업반경 내 출입금지 조치	② 신호방법, 신호자 위치, 복장 확인
	③ 운전원의 과속, 난폭운전 통제	④ 상·하 동시작업 통제
	⑤ 건설기계의 용도 외 사용 통제	⑥ 악천후 시 무리한 작업 통제
	⑦ 작업지휘자의 배치 상태 확인	⑧ 부적절한 작업방법 통제
	⑨ 운전자 및 작업자 안전수칙 준수 상태 확인	
작업 후	① 브레이크 작동, 시건상태 확인	② 경사지에 정지 시 고임목 설치
	③ 작업장치(버킷, 포크, 디퍼 등)를 지면에 내려놓을 것	
	④ 건설기계를 견고하고 평탄한 장소에 주차	
현장 반입	① 전조등, 경보장치, 낙하물 보호장치 등 안전장치의 이상 유무를 확인	
	② 건설기계의 능력, 정비상황 등을 확인한다	

08-1-15	사용의 제한 기준
1. 사용의 제한 기준 (산업안전보건기준에 관한 규칙 36조)	
	① 방호조치 미실시
	② 대여자 등의 조치 미실시
	③ 안전인증기준 부적합
	④ 자율안전기준 부적합
	⑤ 안전검사기준 부적합

08-1-16	건설기계 작업 시 관계근로자 외 출입금지
1. 출입의 금지 구역(산업안전보건기준에 관한 규칙 20조)	
	① 덤프, 포크, 암 등이 갑자기 작동 우려 장소
	② 크레인 하부
	③ 이동식크레인 하부
	④ 리프트 사용장소(운반구 이동 지역)
	⑤ 차량계 하역운반기계 등 화물의 하부
	⑥ 항타기, 항발기 사용 낙하물 위험지역
	⑦ 굴착기 선회시 충돌, 협착 위험지역

08-1-17	악천후 및 강풍 시 작업 중지
1. 악천후 및 강풍 시 작업 중지(산업안전보건기준에 관한 규칙)	

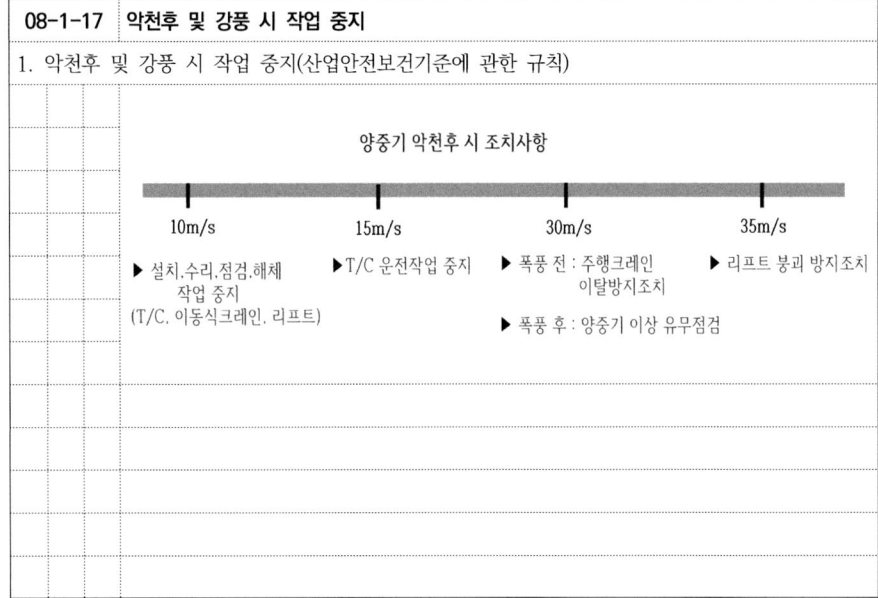

08	건설기계 기출문제
2. 차량계 건설기계	
	1) 총칙
	- 104(25). 차량계 건설기계의 종류와 재해 유형 및 안전대책에 대하여 설명하시오.
	- 121(25). 차량계 건설기계의 종류 및 안전대책에 대하여 설명하시오.
	- 122(25). 차량계건설기계의 작업계획서 내용, 재해유형과 안전대책 설명

08	건설기계 기출문제
2. 차량계 건설기계	
	2) 굴착기
	- 107(25). 건설기계 중 백호우(Back-hoe) 장비의 재해발생형태별 위험요인과 안전대책에 대하여 설명하시오.
	- 128(25). 건설현장의 굴착기 작업 시 재해유형별 안전대책과 인양작업이 가능한 굴착기의 충족조건에 대하여 설명하시오.
	- 129(10). 굴착기를 이용한 인양작업 허용기준
	- 131(25). 굴착기를 사용한 인양작업 시 기준 및 준수사항에 대하여 설명하고, 굴착기의 작업·이송·수리 시 안전관리 대책에 대하여 설명하시오.
	- 132(10). 굴착기 작업 시의 안전조치 사항

08	건설기계 기출문제
2. 차량계 건설기계	
	3) 항타기. 항발기
	- 108(10). 항타기, 항발기 조립시 점검사항 및 전도 방지조치와 와이어로프의 사용금지기준
	- 111(25). 권상용 와이어로프의 운반기계별 안전율 및 단말체결방법에 따른 효율성과 폐기기준에 대하여 설명하시오.
	- 114(10). 항타기 도괴 방지
	- 120(10). 항타기 및 항발기 넘어짐 방지 및 사용 시 안전조치사항
	- 123(10). 항타기 및 항발기 사용 시 안전조치사항
	- 127(10). 항타·항발기 사용현장의 사전조사 및 작업계획서 내용
	- 130(25). 차량계 건설기계 중 항타기·항발기를 사용 시 다음에 대하여 설명 1) 작업계획서에 포함할 내용 2) 항타기·항발기 조립·해체, 사용(이동, 정차, 수송) 및 작업 시 점검·확인사항

08	건설기계 기출문제
2. 차량계 건설기계	
	3) 항타기. 항발기
	- 131(25). 항타기 및 항발기의 조립·해체 시 준수사항, 점검사항, 무너짐 방지대책 및 권상용와이어로프 사용 시 준수사항에 대하여 설명하시오.

08-2-1	차량계 건설기계		104(25), 121(25)
1. 개요			
	동력원을 사용하여 불특정 장소로 이동할 수 있는 건설기계		
2. 차량계 건설기계의 종류 (산업안전보건기준에 관한 규칙 별표6)			
	① 도저형	① 모터그레이더	② 스크레이퍼
	③ 로더	④ 굴착기	⑤ 콘크리트 펌프카
	⑥ 덤프트럭	⑦ 골재채취 및 살포용	⑧ 항타기 및 항발기
	⑨ 도로포장용 기계	⑩ 크레인형 굴착기계(크람쉘, 드래그라인 등)	
	⑪ 콘크리트 믹서트럭	⑫ 지반 다짐용 (타이어롤러, 매커덤롤러, 탠덤롤러 등)	
	⑬ 준설용 건설기계	⑭ 천공용 (어스드릴, 어스오거, 크롤러드릴, 점보드릴 등)	
	⑮ 지반 압밀침하용 (샌드드레인머신, 페이퍼드레인머신, 팩드레인머신 등)		
	⑯ 기타 : 이외 유사한 구조,기능의 건설작업에 사용		

08-2-2	차량계 건설기계 안전수칙	104(25), 121(25), 122(25)
1. 차량계 건설기계 안전수칙 (공통사항) (KOSHA C - 48 - 2022)		
	① 기계의 종류 및 능력, 운행경로, 작업방법 등의 작업계획을 수립	
	② 작업 전 운전자 및 근로자 안전교육을 실시	
	③ 장비별 주용도 외 사용을 제한	
	④ 작업반경 내에 작업관계자 외 출입을 금지	
	⑤ 전도, 전락 방지를 위한 노폭의 유지, 지반의 침하방지 조치	
	⑥ 유자격 운전자를 배치	
	⑦ 유도자를 배치하고, 일정한 방법으로 신호	
	⑧ 지정된 제한속도를 준수	
	⑨ 정비·수리시 작업지휘자를 배치하며, 안전지주 또는 안전블록을 사용	
	⑩ 운전석 이탈 시 엔진을 정지시키고 브레이크 작동 등 이탈방지조치	
	⑪ 승차석 이외 근로자 탑승을 금지	
	⑫ 안전도 및 최대사용하중 준수	

08-2-3	차량계 건설기계 사전조사 및 작업계획서	122(25)
1. 차량계 건설기계 사전조사 및 작업계획서 (산업안전보건기준에 관한 규칙 별표4)		
	사전조사 내용	작업계획서 내용
	해당 기계의 굴러어짐, 지반의 붕괴 등으로 인한 근로자의 위험을 방지하기 위한 해당 작업장소의 지형 및 지반상태	가. 사용하는 차량계 건설기계의 종류 및 성능 나. 차량계 건설기계의 운행경로 다. 차량계 건설기계에 의한 작업방법

08-2-4	굴착기	107(25)
1. 개요		
	토사 굴착을 주목적으로 하는 장비, 별도의 장치부착을 통해 파쇄·절단작업 등 가능	
2. 주요 사망사고 유형		
	① 후진하던 굴착기에 작업자가 부딪힘	
	② 버킷 이탈방지용 안전핀 미체결로 버킷이 떨어져 맞음	
	③ 작업 중 굴착기가 넘어지면서 운전석에서 이탈한 운전자 깔림	
	④ 굴착기 버킷에 탑승하여 고소작업 중 떨어짐	
	⑤ 버킷에 자재 운반 중 줄걸이가 이탈하여 자재에 맞음	
	⑥ 굴착 경사면에서 작업 중 부동침하에 의해 굴착기 아래로 굴러 떨어짐	

08-2-5 굴착기 안전수칙

1. 굴착기 안전수칙 (산업안전보건기준에 관한 규칙)
   ① 굴착기 붐.암.버킷 등의 선회로 위험장소는 관계 근로자 외 출입금지
   ② 후사경과 후방영상표시장치 설치 등의 충돌위험 방지
   ③ 좌석안전띠 착용
   ④ 버킷 탈락방지용 안전핀 체결
   ⑤ 굴착기 인양작업 가능조건 및 안전수칙 준수

08-2-6 굴착기를 이용한 인양작업 허용기준

1. 굴착기를 이용한 인양작업 허용기준 (산업안전보건기준에 관한 규칙 제221조의5)
   ① 퀵커플러 또는 작업장치에 달기구(훅, 걸쇠 등)가 부착되어 인양작업이 가능하도록 제작된 굴착기
   ② 제조사에서 정한 정격하중이 확인되는 굴착기를 사용할 것
   ③ 해지장치 사용 등 작업 중 인양물 낙하 우려가 없을 것

08-2-7 굴착기를 이용한 인양작업 시 조치사항

1. 굴착기를 이용한 인양작업 시 조치사항 (산업안전보건기준에 관한 규칙 제221조의5)
   ① 제조사에서 정한 작업설명서 준수
   ② 인양작업에 신호하는 사람 지정
   ③ 인양물과 근로자 접촉 우려가 있는 장소에 근로자 출입 금지
   ④ 지반의 침하 우려가 없고 평평한 장소에서 작업
   ⑤ 인양 대상 화물의 무게는 정격하중 초과금지

08-2-8 굴착기를 이용한 인양작업 시 조치사항

1. 굴착기를 이용한 인양작업 시 조치사항 (산업안전보건기준에 관한 규칙 제221조의5)

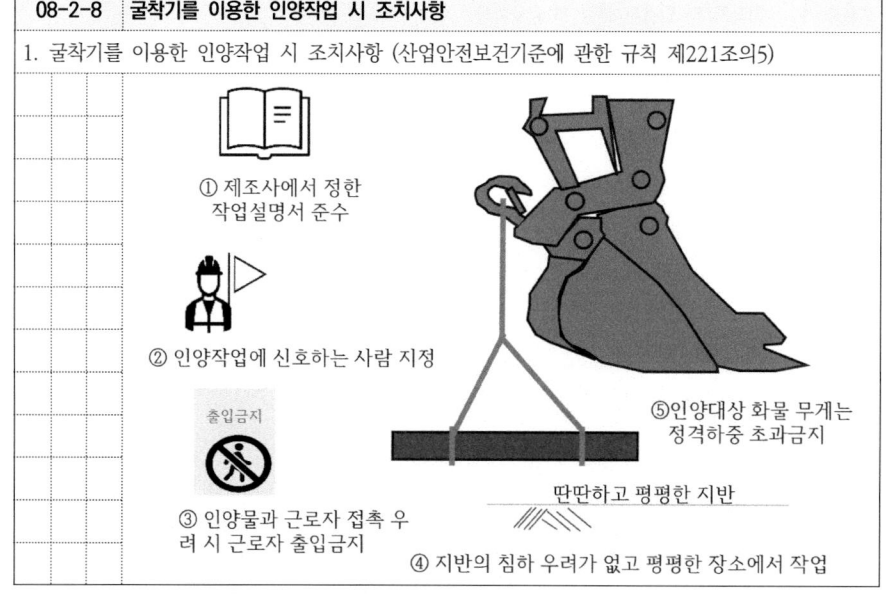

08-2-9 항타기 및 항발기

1. 개요

    붐에 파일을 때리는 부속장치를 붙여서 해머로 강관, 콘크리트 파일을 때려 넣는데 사용하는 기초공사용 건설기계

2. 항타기 구조

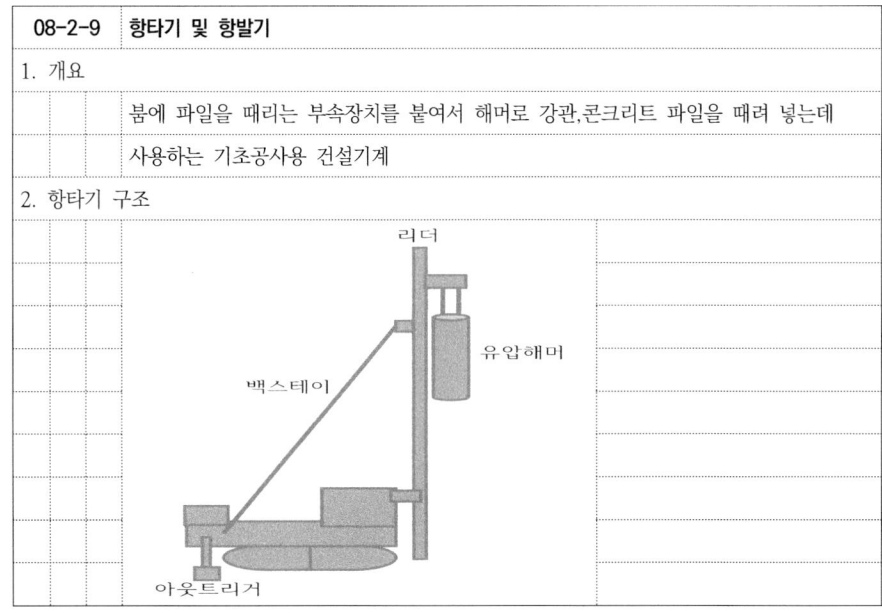

08-2-10 항타기 및 항발기 작업 시 재해발생 유형 및 방지대책

1. 항타기 및 항발기 작업 시 재해발생 유형 및 방지대책

    1) 와이어로프 파단으로 해머 낙하하여 맞음
        ① 와이어로프 마모 상태 작업 전 점검
        ② 해머가 떨어질 위험이 있는 장소 작업금지

    2) 부등침하로 항타.항발기 넘어져 깔림
        ① 연약지반의 깔판 설치 등 부등침하 방지조치
        ② 가설물등의 내력확인 및 보강으로 무너짐 방지 조치

08-2-11 항타기 및 항발기 선정 시 검토사항

1. 항타기 및 항발기 선정 시 검토사항

    ① 말뚝의 종류 및 형상
    ② 타격력과 말뚝의 지지력
    ③ 시공법 및 현장지반 등 작업장 주변사항
    ④ 말뚝 및 항타기의 중량
    ⑤ 작업량 및 작업기간

08-2-12 항타기.항발기 조립. 해체 시 준수사항

131(25)

1. 항타기.항발기 조립. 해체 시 준수사항 (산업안전보건기준에 관한 규칙 제207조)

    ① 권상기에 쐐기장치, 역회전방지용 브레이크를 부착할 것
    ② 권상기가 들리거나 미끄러지거나 흔들리지 않도록 설치할 것
    ③ 그 밖에 사항은 제조사에서 정한 설치·해체 작업 설명서에 따를 것

08-2-13 항타기 및 항발기 조립.해체 작업 시 점검사항   108(10), 130(25), 131(25)

1. 항타기 및 항발기 조립.해체 작업 시 점검사항 (산업안전보건기준에 관한 규칙 제207조)

① 본체 연결부의 풀림 또는 손상
② 권상용 와이어로프·드럼 및 도르래 부착상태
③ 권상장치의 브레이크 및 쐐기장치 기능
④ 권상기의 설치상태
⑤ 리더(leader)의 버팀 방법 및 고정상태
⑥ 본체·부속장치, 부속품의 강도가 적합 여부
⑦ 본체·부속장치, 부속품에 손상·마모·변형, 부식

08-2-14 항타기 및 항발기 조립.해체 작업 시 점검사항

1. 항타기 및 항발기 조립.해체 작업 시 점검사항 (산업안전보건기준에 관한 규칙 제207조)

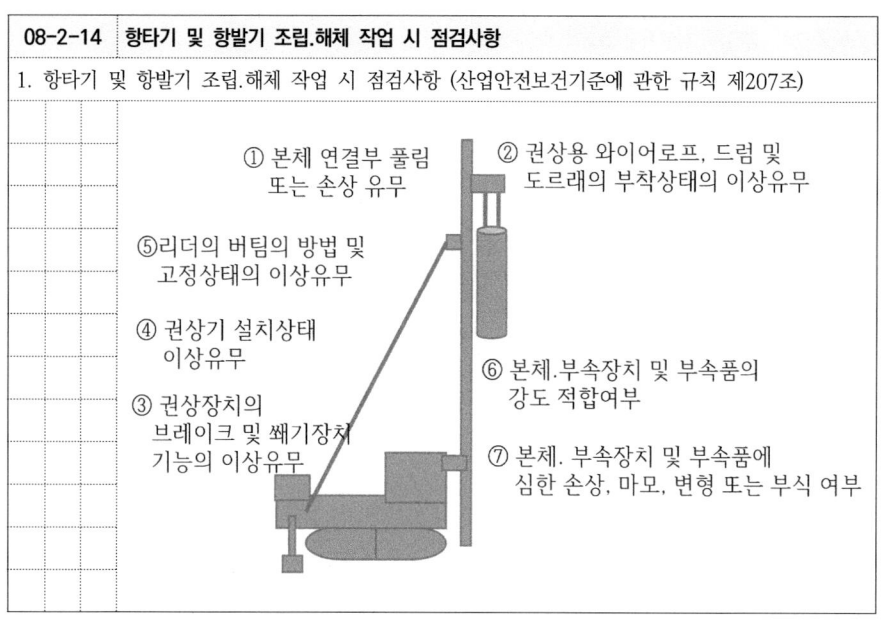

08-2-15 항타기 및 항발기 무너짐 방지   114(10), 120(10), 131(25)

1. 항타기 및 항발기 무너짐의 방지 (산업안전보건기준에 관한 규칙 제209조)

① 연약지반 설치 시 아웃트리거 등 침하 방지를 위해 깔판·받침목 사용
② 시설, 가설물 설치 시 내력 확인 및 보강
③ 아웃트리거·받침 등 미끄러짐 방지를 위해 말뚝, 쐐기 사용
④ 불시 이동 방지를 위해 레일 클램프, 쐐기 등으로 고정
⑤ 상단에 버팀대·버팀줄로 고정, 하단은 버팀·말뚝, 철골 등으로 고정

08-2-16 항타기 및 항발기 무너짐 방지

1. 항타기 및 항발기 무너짐의 방지 (산업안전보건기준에 관한 규칙 제209조)

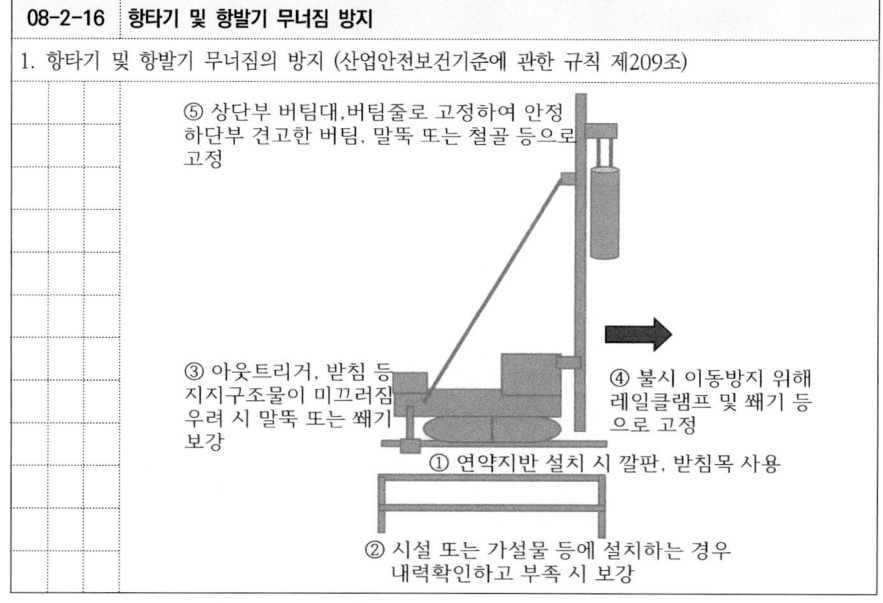

08-2-17 항타기, 항발기의 권상용 와이어로프   108(10), 111(25)

1. 권상용 와이어로프의 사용금지 기준 (산업안전보건기준에 관한 규칙 제210조~211조)

   1) 이음매가 있는 등

   - 이음매가 있는것
   - 소선수가 10%이상 절단된 것
   - 지름이 감소된 것
   - 꼬인 것
   - 심하게 변형 부식된 것
   - 열과 전기충격에 손상된 것

   2) 안전계수 5미만 인것

08-2-18 항타기 또는 항발기 권상용 와이어로프   131(25)

1. 항타기 또는 항발기에 권상용 와이어로프 사용 시 준수사항

   (산업안전보건기준에 관한 규칙 제212조)

   ① 추 또는 해머가 최저의 위치에 있을 때 또는 널말뚝을 빼내기 시작할 때를 기준으로 권상장치의 드럼에 적어도 2회 감기고 남는 충분한 길이일 것

   ② 와이어로프는 권상장치의 드럼에 클램프·클립 등을 사용하여 견고히 고정할 것

   ③ 추·해머 등과의 연결은 클램프·클립 등을 사용하여 견고하게 할 것

   ④ 클램프·클립 등 한국산업표준 제품, 이에 준하는 규격을 갖춘 제품 사용

08-2-19 콘크리트 펌프카

1. 개요

   콘크리트 믹서 트럭에서 생콘크리트를 호퍼로 받아 펌프에 의해 파이프를 통하여 압송하는 기계

2. 콘크리트 펌프카 주요 위험요인 및 재해예방대책

   ① 붐 조정 시 주변 전선에 의해 감전사고
   - 주변 유해위험물 여부 사전파악하여 안전한 작업 실시

   ② 지반침하, 아웃트리거 손상으로 인한 펌프카 넘어짐 사고
   - 지반 및 지층상태 등 사전조사 하여 보강계획
   - 아웃트러거 양방향 및 전부확장 실시 및 침하방지의 받침목 설치

   ③ 건축물 난간 등에서 작업 시 호스의 요동, 선회로 맞아 작업자 떨어짐 사고
   - 안전난간 설치 및 안전대 부착설비 설치

   ④ 붐대의 최대 이동거리를 넘겨 타설중 붐대 파단으로 인한 맞음 사고
   - 기계의 구조, 사용상 안전도 기준 준수

08-2-20 콘크리트 펌프카 사용 시의 준수사항

1. 콘크리트 펌프카 사용 시의 준수사항 (산업안전보건기준에 관한 규칙 제335조)

   ① 작업시작 전 점검하고 이상을 발견하였으면 즉시 보수할 것

   ② 호스의 요동·선회로 인한 추락방지를 위해 안전난간 설치 등 조치

   ③ 붐 조정 시 주변의 전선 등에 의한 위험을 예방하기 위한 조치를 할 것

   ④ 지반 침하나 아웃트리거 등 손상으로 인한 장비의 넘어짐 방지 조치를 할 것

08-2-21 콘크리트 펌프카 사용 시의 준수사항

1. 콘크리트 펌프카 사용 시의 준수사항 (산업안전보건기준에 관한 규칙 제335조)

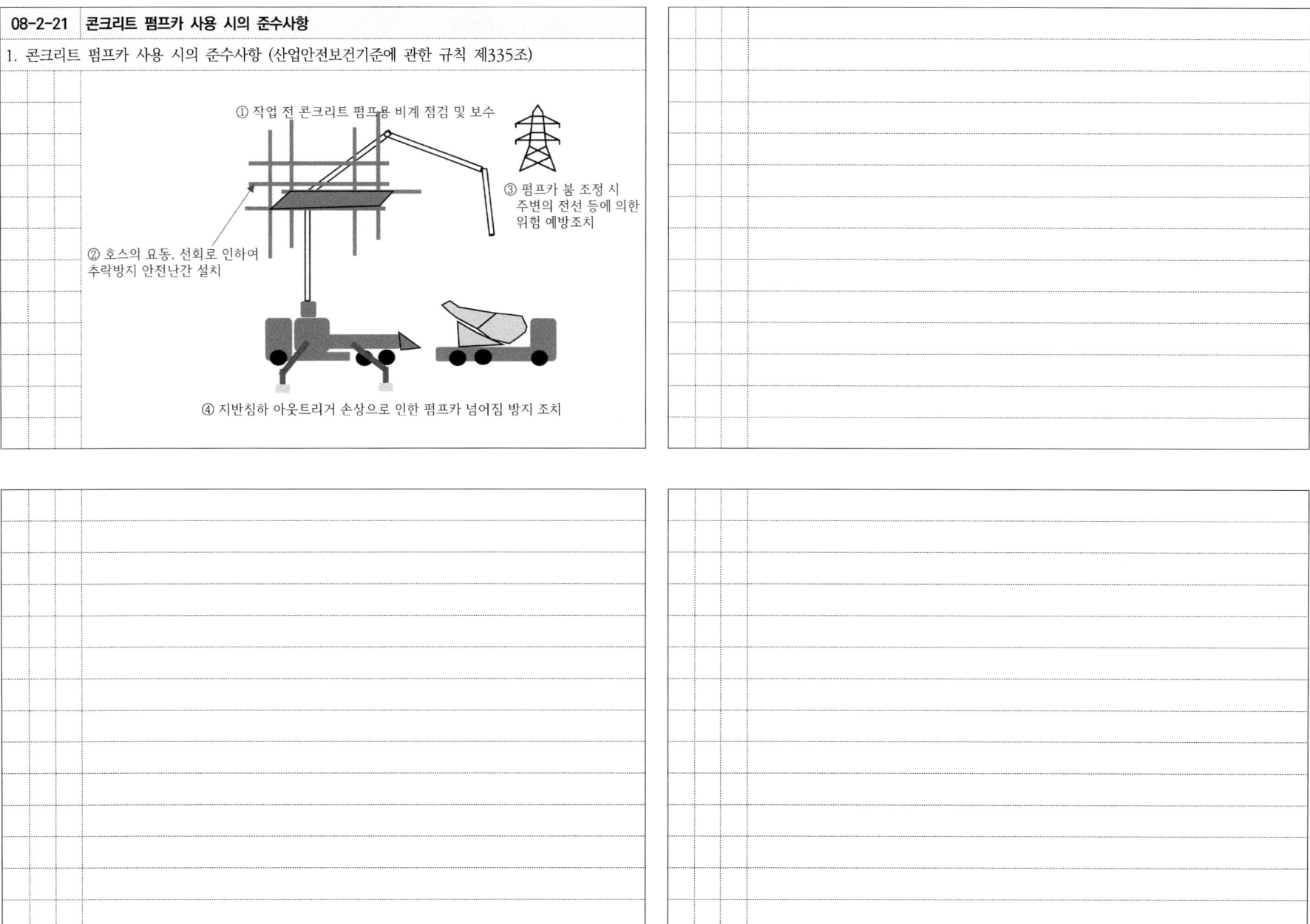

① 작업 전 콘크리트 펌프용 비계 점검 및 보수
② 호스의 요동, 선회로 인하여 추락방지 안전난간 설치
③ 펌프카 붐 조정 시 주변의 전선 등에 의한 위험 예방조치
④ 지반침하 아웃트리거 손상으로 인한 펌프카 넘어짐 방지 조치

08	건설기계 기출문제
3. 양중기	
	1) 총칙
	- 127(25). 양중기의 방호장치 종류 및 방호장치가 정상적으로 유지될 수 있도록 . 작업시작 전 점검사항에 대하여 설명하시오
	2) 타워크레인
	- 107(25). 타워크레인(Tower Crane)의 본체 등 구성요소별 위험요인과 조립, 해체 및 운행시 안전대책에 대하여 설명하시오
	- 124(25). 타워크레인의 재해유형 및 구성부위별 안전검토사항과 조립·해체 시 유의사항에 대하여 설명하시오.
	- 114(25). 타워크레인 설치·해체 작업 시 위험요인과 안전대책 및 인상작업 (Telescoping)시 주의사항에 대하여 설명하시오.
	- 116(25). 타워크레인의 주요 구조 및 사고형태별 위험징후 유형과 조치사항 설명

08	건설기계 기출문제
3. 양중기	
	2) 타워크레인
	- 120(25). 건설현장에서 타워크레인의 안전사고를 예방하기 위한 안전성 강화방안의 주요내용에 대하여 설명하시오.
	- 123(25). 타워크레인의 종류별 특징과 기초방식에 따른 전도 방지대책 설명
	- 126(10). 타워크레인을 자립고 이상의 높이로 설치할 경우 지지방법과 준수사항
	- 127(25). 타워크레인의 성능·유지관리를 위한 반입 전 안전점검항목과 작업 중 안전점검 항목을 설명하시오.
	- 133(25). 타워크레인 작업계획서 내용과 상승 작업 시 절차 및 주요 단계별 확인 사항에 대하여 설명하시오
	- 135(25). T/C(Tower Crane) 작업내용(설치, 상승, 해체)별 주요 재해발생 원인, T/C 주요안전장치의 종류 및 기능, T/C 구성 부위별 안전검토사항에 대하여 설명하시오.

08	건설기계 기출문제
3. 양중기	
	3) 이동식크레인
	- 109(25). 이동식크레인 작업 시 예상되는 재해유형과 원인 및 안전대책 설명
	- 116(25). 건설현장에서 주로 사용되고 있는 이동식 크레인의 종류를 나열하고 양중작업의 안정성 검토 기준에 대하여 설명하시오.
	- 124(10). 이동식크레인 양중작업 시 지반 지지력에 대한 안정성검토
	- 129(25). 이동식 크레인의 설치 시 주의사항과 크레인을 이용한 작업 중 안전수칙, 운전원의 준수사항, 작업 종료 시 안전수칙에 대하여 설명

08	건설기계 기출문제
3. 양중기	
	4) 리프트
	- 90(10). Lift car
	- 94(10).104(10). Lift의 안전장치
	- 105(25). 건설현장 수직 Lift car 의 구성요소와 재해 위험요인 및 안전대책 설명
	- 113(25). 건설작업용 리프트의 사고유형과 안전대책 및 방호장치 설명
	- 116(10). 건설작업용 리프트 사용 시 준수사항
	- 127(25). 건설작업용 리프트의 조립·해체작업 및 운행에 따른 위험성평가 시 사고유형과 안전대책에 대하여 설명하시오.
	- 136(25). 도심지 초고층 빌딩 건설현장에 설치되는 건설용 리프트의 종류 및 안전장치, 설치.해체작업 시 안전한 작업방법을 설명하시오.

08-3-1 양중기

1. 개요
   - 중량물을 매달아 상하 및 좌우(수평,선회)로 운반하는 기계
2. 양중기의 종류 (산업안전보건기준에 관한 규칙 제132조)
   - ① 크레인
   - ② 이동식 크레인
   - ③ 리프트
   - ④ 곤돌라
   - ⑤ 승강기

08-3-2 타워크레인

1. 개요
   - 동력을 사용하여 중량물을 매달아 운반하는 것을 목적으로 하는 기계
2. 타워크레인 종류
   1) 지브형태에 따른 분류
      - ① T형
      - ② 러핑(Luffing)형
   2) 설치방법에 따른 분류
      - ① 고정형
      - ② 상승형

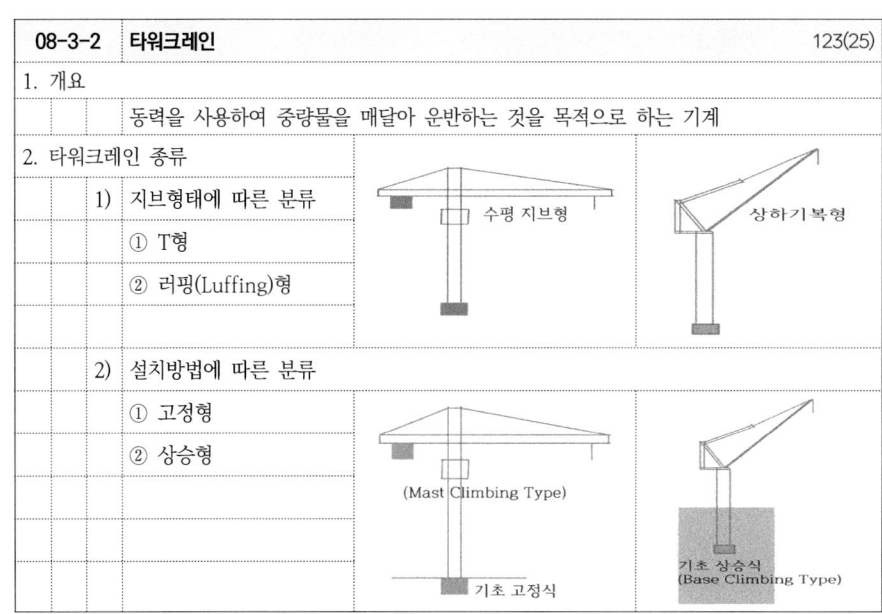

08-3-3 타워크레인 지지방식

1. 개요 (산업안전보건기준에 관한 규칙 제142조)
   - 타워크레인을 자립고 이상의 높이로 설치하는 경우 건축물 등의 벽체에 지지
   - 부득이한 경우 와이어로프에 의하여 지지할 수 있다.
2. 벽체에 지지방식의 준수사항
   - ① 서면심사 서류, 제조사 설치작업설명서 준수
   - ② 기종별.모델별 공인된 표준방법으로 설치
   - ③ 고정은 매립, 관통방법 지지
   - ④ 시설물 지지 시 시설물의 구조적 안정성 확인
3. 와이어로프 지지방식의 준수사항
   - ① 전용 지지프레임을 사용
   - ② 설치각도 60도 이내/지지점은 4개소 이상
   - ③ 클립·샤클 고정기구를 사용
   - ④ 가공전선에 근접설치 금지

08-3-4 타워크레인 설치.해체작업 기술적 위험요인

1. 타워크레인 설치.해체작업 기술적 위험요인
   1) 상승작업
      - ① 텔레스코픽 중 양쪽 지브 불균형
      - ② 텔레스코픽 케이지 상부 고정핀 2개소 미체결
      - ③ 마스트 대차레일 상차 상태 불량
      - ④ 마스트가 대차레일에서 이탈
   2) 설치작업
      - ① 텔레스코픽 슈 장착 불완전
      - ② 마스트 받침목지지, 고정 불량
   3) 해체작업
      - ① 메인지브 인양위치 선정 부적합, 지브 파단
      - ② 지브 해체 중 와이어로프 파단으로 지브 낙하

08-3-5	크레인 설치. 조립. 해체 시 조치사항	124(25)
	1. 타워크레인 설치. 조립. 해체 시 조치사항 (산업안전보건기준에 관한 규칙 제141조)	
	① 작업순서를 정하고 그 순서에 따라 작업	
	② 작업구역내 관계근로자 외 출입금지 및 표시	
	③ 기상악화 시 작업 중지	
	④ 충분한 공간 확보, 장애물 제거 조치	
	⑤ 인양 기자재는 균형 유지 후 작업	
	⑥ 충분한 응력의 기초 설치 및 침하방지조치	
	⑦ 규격품 볼트 사용 및 대칭결합, 분해	

08-3-6	크레인 설치. 조립. 해체 시 조치사항
	1. 타워크레인 설치. 조립. 해체 시 조치사항 (산업안전보건기준에 관한 규칙 제141조)

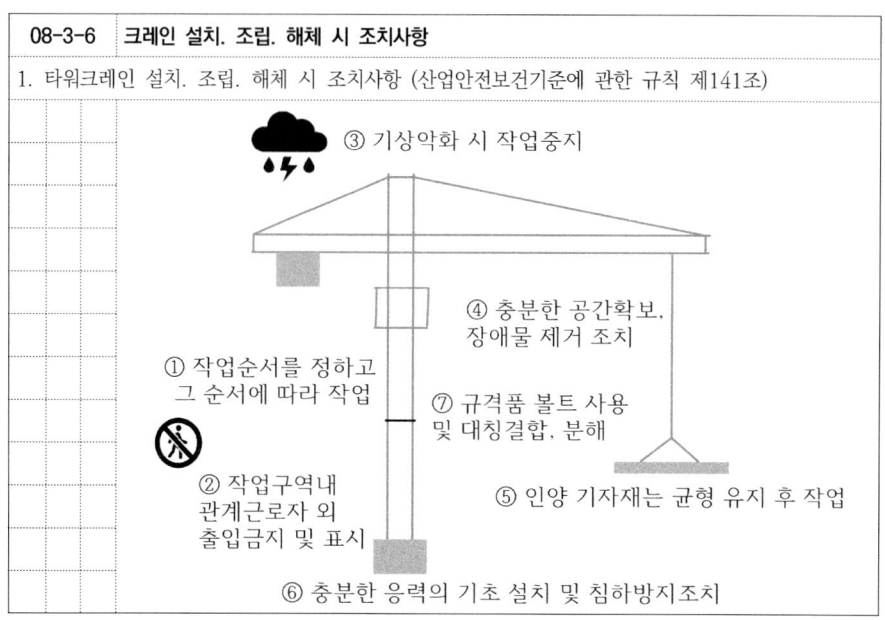

08-3-7	크레인 사용 작업 시 조치사항
	1. 크레인 작업 시의 조치사항 (산업안전보건기준에 관한 규칙 제146조)
	① 인양 하물을 바닥에서 끌어당김 작업금지
	② 위험물 용기 보관함에 담아 안전하게 매달아 운반
	③ 고정된 물체 분리·제거 작업금지
	④ 출입을 통제/인양 하물 작업자 위로 통과하지 않도록 할 것
	⑤ 인양할 하물이 보이지 않을 경우 동작금지
	2. 조종석이 설치되지 아니한 크레인의 조치사항
	① 제작 및 안전기준(고용부장관 고시)의 무선원격제어기, 펜던트 스위치 설치·사용
	② 작동요령 등 안전조작 사항을 근로자에게 주지시킬 것

08-3-8	크레인 사용 작업 시 조치사항
	1. 크레인 사용 작업 시 조치사항

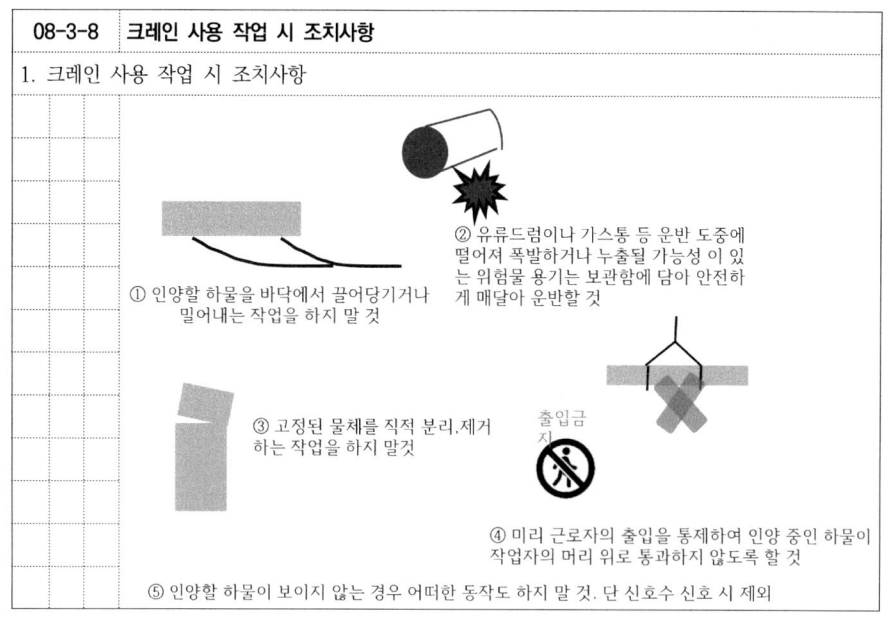

08-3-9 타워크레인 설치.조립.해체 작업계획서   133(25)

1. 타워크레인 설치.조립.해체 작업계획서의 내용 (산업안전보건기준에 관한 규칙 별표4)
   ① 타워크레인의 종류, 형식
   ② 설치, 조립, 해체순서
   ③ 작업도구, 장비, 가설설비 및 방호설비
   ④ 작업인원의 구성 및 작업근로자의 역할범위
   ⑤ 타워크레인 지지방법

08-3-10 타워크레인 작업시작 전 점검사항   127(25)

1. 타워크레인 작업시작 전 점검사항 (산업안전보건기준에 관한 규칙 별표3)
   ① 권과방지장치, 브레이크, 클러치 및 운전장치의 기능
   ② 주행로의 상측 및 트롤리가 횡행하는 레일의 상태
   ③ 와이어로프가 통하고 있는 곳의 상태

08-3-11 이동식크레인   109(25), 116(25)

1. 개요
   불특정 장소로 이동 가능하며, 중량물을 매달아 상하 및 좌우로 운반이 가능한 기계
2. 이동식크레인의 종류
   ① 크롤러 크레인   ② 유압 크레인   ③ 트럭 탑재형 크레인
3. 이동식크레인 작업 시 위험요인
   ① 지반침하에 장비 넘어짐 위험
   ② 훅해지장치 및 줄걸이 파손으로 중량물 떨어짐 위험
   ③ 작업반경내 근로자 부딪힘 위험
   ④ 고압전선에 접촉으로 감전위험
   ⑤ 작업반경초과로 장비 넘어짐 위험
   ⑥ 작업방법불량의 붐변형에 중량물 떨어짐 위험

08-3-12 이동식크레인 작업 시 안전대책   109(25)

1. 이동식크레인 작업 시 안전대책
   ① 작업 전 작업자 교육, 작업방법, 방호장치 등 필요한 사항 조치 실시
   ② 중량물 취급 작업계획을 수립
   ③ 정격하중, 속도, 경고표시 등 부착
   ④ 과부하장지장치, 권과방지장치, 비상정지장치, 제동장치 등의 방호장치 점검
   ⑤ 줄걸이 작업안전(와이어로프 체결, 안전율 등) 확인
   ⑥ 유도자 및 신호수 배치
   ⑦ 인양작업 하부구역에 출입 통제
   ⑧ 작업자를 운반하거나 달아 올린 상태에서 작업금지
   ⑨ 훅 해지장치를 사용하여 인양물의 이탈방지 조치

08-3-13	이동식크레인 양중작업의 안정성 검토	116(25)

1. 개요
   - 이동식 크레인에 의한 양중작업 시 전도에 대한 안정성을 사전 검토하기 위해
   - 인양능력과 지지지반의 안정성 판단
2. 이동식크레인 양중작업의 안정성 검토기준 (KOSHA C - 99 - 2015)
   1) 인양능력에 대한 안정성 검토
      ① 인양조건에 따른 인양하중 검토
      ② 안정모멘트 > 전도모멘트
   2) 지반 지지력 안정성 검토
      ① 크레인의 접지압 계산
      - 접지압 =충격하중계수(1.3) × (W + W1) / 접지면적 (A)
         * W=크레인중량(KN), W1= 인양물 중량(KN)
      ② 지지지반의 평가
      ③ 지지지반의 보강검토

08-3-14	양중작업 시 지반지지력에 대한 안정성검토	124(10)

1. 개요
   - 이동식크레인은 연약지반 등으로 인한 장비 전도방지위해 지반의 안정성 사전검토
2. 지반지지력에 대한 안정성 검토 절차 (KOSHA C - 99 - 2015)
   ① 접지압계산
   - 접지압 =충격하중계수(1.3) × (W + W1) / 접지면적 (A)
      * W=크레인중량(KN), W1= 인양물 중량(KN)
   ② 작용하중계산
   ③ 최대지내력 및 허용침하량 계산
   - 장기허용지내력(KN/㎡) = 최대시험하중강도(KN/㎡) × 1/3
   ④ 지지지반의 평가
   - 표준관입시험 및 평판재하시험 등
   ⑤ 지반보강 결정 및 실시
   - 철판보강 및 지반개량

08-3-15	건설작업용 리프트	90(10), 105(25), 136(25)

1. 개요
   - 건물 외벽에 가이드레일 따라 상하로 움직이는 운반구를 매달아 사람, 화물을 운반
2. 건설작업용 리프트 종류
   1) 용도에 따른 분류
      ① 화물용
      ② 인화 공용
   2) 동력전달방식에 따른 분류
      ① 와이어로프
      ② 랙 및 피니언

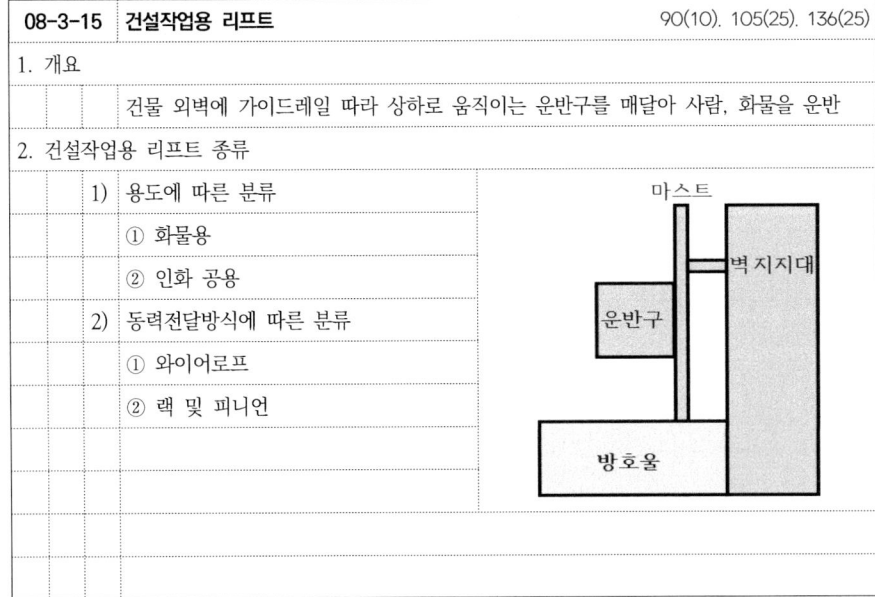

08-3-16	건설작업용 리프트 안전장치	94(10), 104(10), 136(25)

1. 건설작업용 리프트 안전장치
   ① 낙하방지장치
   ② 3상 전원차단장치
   ③ 출입문 연동장치
   ④ 완충장치
   ⑤ 방호울 출입문 연동장치
   ⑥ 권과방지장치
   ⑦ 과부하방지장치
   ⑧ 비상정지장치

08-3-17 리프트 설치.해체 작업 시 재해발생 유형 및 방지대책   105(25),113(25),127(25)

1. 리프트 설치.해체 작업 시 재해발생 유형 및 방지대책

    1) 운반구 과상승으로 인한 운반구 낙하
       ① 마스트의 연결상태를 확인 후 작업 실시
       ② 작업지휘자 운반구 과상승 여부 확인할 수 있는 장소에서 작업지휘
       ③ 비상정지장치 작동 여부 확인
       ④ 운반구 이탈방지를 위해 권과방지장치 설치

    2) 마스트 수평지지대 선해체로 인한 붕괴
       ① 수평지지대 설치 간격(제조사 매뉴얼 기준) 준수
       ② 순차적으로 해체

08-3-18 리프트의 설치.조립.수리.점검 또는 해체 작업 시 조치사항

1. 리프트의 조립 등의 작업 시 조치사항 (산업안전보건기준에 관한 규칙 제156조)

① 작업지휘자 선임 및 지휘작업 실시
② 작업구역 내 관계근로자 외 출입금지 및 표시
③ 기상악화 시 작업중지

① 작업방법과 근로자 배치 및 해당작업 지휘
② 재료결함, 기구 및 공구 점검하고 불량품 제거
③ 안전대 등 보호구 착용 감시

<조치사항>   <작업지휘자 이행사항>

08-3-19 건설작업용 리프트 설치 시 유의사항

1. 건설작업용 리프트 설치 시 유의사항 (KOSHA C - 48 - 2013)

    ① 조립작업은 지정된 작업 지휘자의 지휘하에 실시
    ② 기초와 마스트는 볼트로 견고하게 고정
    ③ 마스트 지지는 최하층 6m이내, 중간층 18m이내 마다, 최상부층 반드시 설치
    ④ 지상 방호울은 1.8 미터 높이까지 설치
    ⑤ 접지 실시
    ⑥ 악천후 시에는 작업중지

08-3-20 건설작업용 리프트 사용 시 준수사항   116(10)

1. 건설작업용 리프트 사용 시 준수사항

    ① 안전인증 : 적재하중 0.5톤 이상인 리프트를 제조·설치·이전
    ② 안전검사 : 설치한 날로부터 6개월마다
    ③ 안전인증 및 안전검사 기준에 적합하지 않은 리프트 사용 제한
    ④ 방호장치 기능 및 정상작동 여부 확인
    ⑤ 방호장치를 해체, 사용 정지 금지
    ⑥ 정격하중 표시 및 적재하중 초과 적재·운행 금지
    ⑦ 순간풍속이 35m/s 초과 시 : 받침의 수를 증가시키는 등 붕괴방지조치

08	건설기계 기출문제
4. 차량계 하역운반기계	
1) 총칙	
- 114(25). 건설현장에서 차량계 하역운반기계 작업의 유해위험요인 및 재해예방대책에 대해서 설명하시오	
2) 지게차	
- 110(25). 건설기계의 재해발생형태별 재해원인을 기술하고, 지게차 작업 시 재해 발생원인과 재해예방 대책에 대하여 설명하시오.	
- 125(10). 지게차작업 시 재해예방 안전조치	
- 129(25). 건설기계 중 지게차(Fork Lift)의 유해·위험요인 및 예방대책과 작업 단계별(작업시작전과 작업 중) 안전점검사항에 대해서 설명하시오.	
- 120(25). 지게차의 작업 상태별 안정도 및 주요 위험요인을 열거하고, 재해예방을 위한 안전대책에 대하여 설명하시오	
- 123(25). 지게차의 운전자격 기준 및 지게차 운전원 안전교육에 대하여 설명	

08	건설기계 기출문제
4. 차량계 하역운반기계	
2) 지게차	
- 135(25). 건설기계 중 화물을 적재·하차 시 사용되는 지게차의 유해 위험요인 및 예방대책과 작업단계별 안전점검사항에 대하여 설명하시오.	
- 137(25). 건설현장에 사용되는 건설기계 중 지게차의 방호장치 및 헤드가드 설치 기준, 전경각과 후경각의 허용각도를 설명하고, 지게차 작업의 위험성과 원인, 재해방지 대책을 설명하시오.	

08	건설기계 기출문제
4. 차량계 하역운반기계	
3) 고소작업대	
- 111(25). 고소작업대 관련 법령(산업안전보건기준에 관한 규칙) 기준과 재해발생 형태별 예방대책을 설명하시오.	
- 118(25). 차량탑재형 고소작업대의 출입문 안전조치와 사용 시 안전대책에 대해서 설명하시오	
- 131(10). 차량탑재형 고소작업대의 출입문 안전조치와 작업 시 대상별 안전조치사항	
- 117(25). 고소작업대(차량탑재형)의 대상차량별 안전검사 기한 및 주기와 안전 작업절차 및 주요 안전점검사항에 대하여 설명하시오.	
- 125(25). 건설현장에서 사용되는 고소작업대(차량탑재형)의 구성요소와 안전작업 절차 및 작업중 준수사항에 대하여 설명하시오.	
- 132(10). 차량탑재형 고소작업대의 작업시작 전 점검사항	

08	건설기계 기출문제
4. 차량계 하역운반기계	
3) 고소작업대	
- 137(25). 고소작업대의 종류를 쓰고, 이동·사용 시 준수사항 및 안전인증을 받아야 하는 고소작업대 과상승방지장치의 안전기준에 대하여 설명하시오	

08-4-1 차량계 하역운반기계

1. 개요
   - 화물이나 사람을 싣고 다른 장소로 운반하는 기계
2. 차량계 하역운반기계의 종류 (산업안전보건기준에 관한 규칙)
   - ① 지게차
   - ② 구내운반차
   - ③ 고소작업대(차량, 시저형)
   - ④ 화물자동차(트럭)

08-4-2 지게차

1. 개요
   - 차체 앞에 설치된 포크 사용하여 화물 적재, 하역, 운반작업에 사용하는 운반기계
2. 지게차의 방호장치 (산업안전보건법 시행규칙 제98조)
   - ① 백레스트
   - ② 전조등
   - ③ 헤드가드
   - ④ 안전벨트
   - ⑤ 후미등

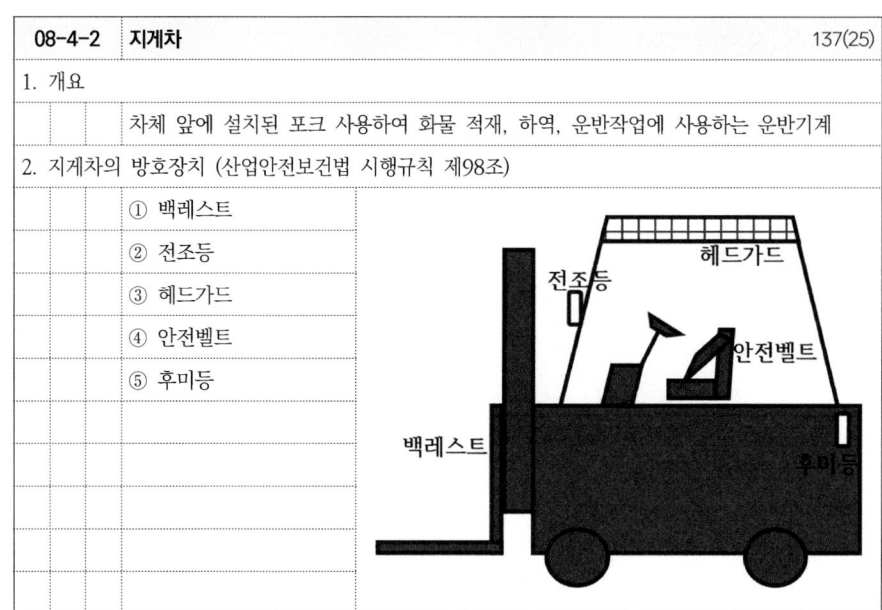

08-4-3 지게차 재해유형별 원인

1. 지게차 재해유형별 원인 (KOSHA M - 185 - 2015)
   1) 화물의 낙하
      - ① 편하중 적재
      - ② 미숙한 운전 조작
      - ③ 급선회 및 급출발, 급정지
   2) 부딪힘
      - ① 시야의 미확보
      - ② 출입통제 미확보
      - ③ 안전장치 미부착
   3) 지게차 넘어짐
      - ① 급선회
      - ② 요철 바닥면 정비 미흡
      - ③ 화물 과적재

08-4-4 지게차 작업 시 안전조치

1. 지게차 작업 시 안전조치 (KOSHA M - 185 - 2015)
   - ① 안전장치 부착
   - ② 적정한 화물 적재로 운전자 시야 확보
   - ③ 제한속도 지정 및 준수
   - ④ 승차석 외 탑승금지
   - ⑤ 전용통로 확보
   - ⑥ 급선회 금지
   - ⑦ 좌석안전띠 착용

08-4-5 지게차 안정조건

1. 지게차 안정조건 (KOSHA M - 185 - 2015)

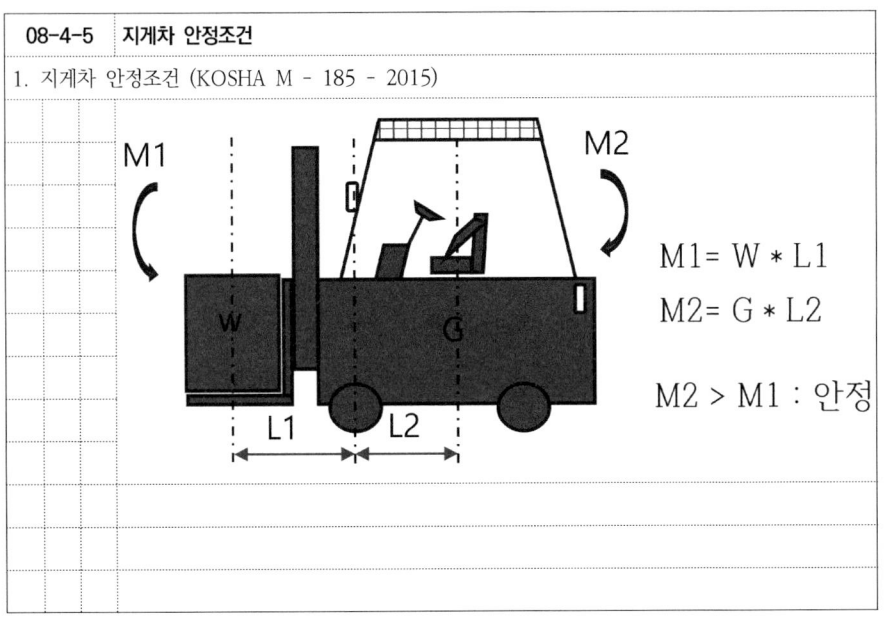

$M1 = W * L1$
$M2 = G * L2$
$M2 > M1$: 안정

08-4-6 지게차 작업상태별 안정도

120(25), 137(25)

1. 지게차 주행.하역작업 시 안정도 기준 (KOSHA M - 185 - 2015)

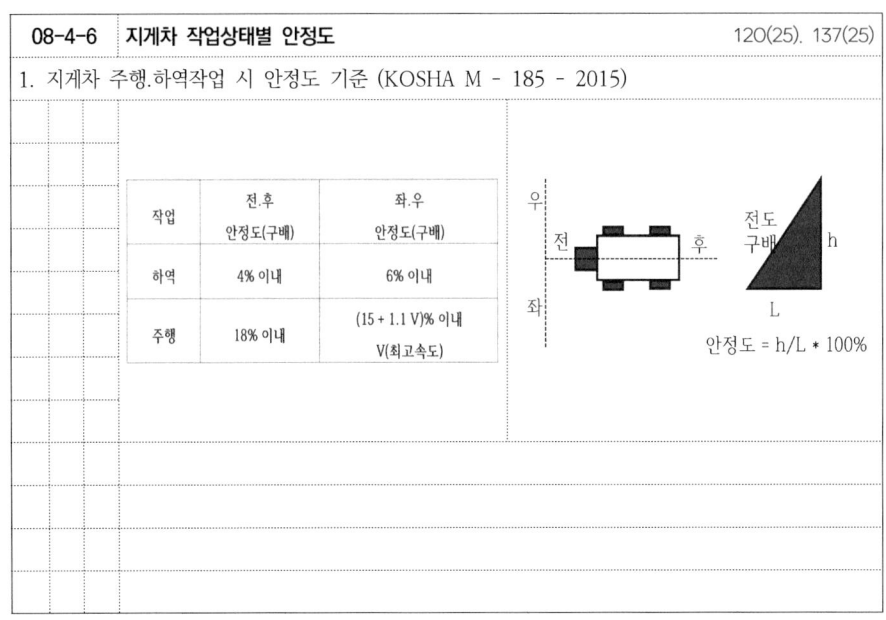

작업	전후 안정도(구배)	좌.우 안정도(구배)
하역	4% 이내	6% 이내
주행	18% 이내	(15 + 1.1 V)% 이내 V(최고속도)

안정도 = h/L * 100%

08-4-7 지게차 헤드가드 기준

137(25)

1. 지게차 헤드가드 기준 (산업안전보건기준에 관한 규칙 제180조)

① 강도는 지게차의 최대하중의 2배값 (4톤을 넘는 값은 4톤으로 함)
② 상부틀 개구의 폭 16cm 미만
③ 헤드가드 높이 - 한국산업표준에서 정하는 높이 기준 이상
  좌승식-903mm 이상
  입승식-1880mm 이상

08-4-8 고소작업대

111(25), 137(25)

1. 개요

작업대, 연장구조물(지브), 차대로 구성되며 사람을 작업 위치로 이동시켜주는 설비

2. 고소작업대의 종류

① 차량탑재형   ② 시저형

3. 주요 사망사고 유형

1) 차량탑재형

① 지반침하 또는 작업대 적재하중 초과로 고소작업대 넘어짐
② 안전대를 착용하지 않고 작업대에서 작업 중 떨어짐
③ 붐 등 주요구조부 파손으로 근로자 떨어짐
④ 붐이 고압전선에 접촉되어 감전

2) 시저형

① 작업대가 상승하면서 천장과 고소작업대 난간 사이에 끼임
② 경사로에서 작업 중 고소작업대 넘어짐

08-4-9 고소작업대 재해예방대책

1. 고소작업대 재해예방대책
    ① 고소작업대 종류, 작업경로 및 방법 등 고려하여 작업계획서 수립
    ② 작업지휘자 또는 유도자를 배치
    ③ 안전모 및 안전대 착용
    ④ 작업대 정격하중 준수
    ⑤ 작업구간에 관계 작업자 외 출입금지
    ⑥ 안전인증 여부 확인
    ⑦ 아웃트리거 설치위치의 지반상태 확인 및 수평도 확인
    ⑧ 작업대 안전난간의 파손 및 해체 금지
    ⑨ 조작스위치 오조작 방지용 안전덮개 설치

08-4-10 고소작업대 설치기준

1. 고소작업대 설치기준 (산업안전보건기준에 관한 규칙 제186조)
    ① 작업대를 와이어로프, 체인으로 올리는 경우
      - 와이어로프, 체인의 안전율 5 이상
    ② 작업대를 유압으로 올리는 경우
      - 작업대 일정한 위치에 유지할수 있는 장치 갖추고, 압력 이상 저하 방지 구조
    ③ 권과방지장치 갖추거나, 압력의 이상 상승을 방지할 수 있는 구조
    ④ 붐의 최대 지면경사각을 초과 운전하여 전도되지 않도록 할 것
    ⑤ 작업대 정격하중(안전율 5 이상)을 표시할 것
    ⑥ 작업대에 끼임·충돌 등 재해 예방 위한 가드 또는 과상승방지장치를 설치할 것
    ⑦ 조작반의 스위치는 눈으로 확인할 수 있도록 명칭 및 방향표시를 유지할 것

08-4-11 고소작업대 설치기준

1. 고소작업대 설치기준

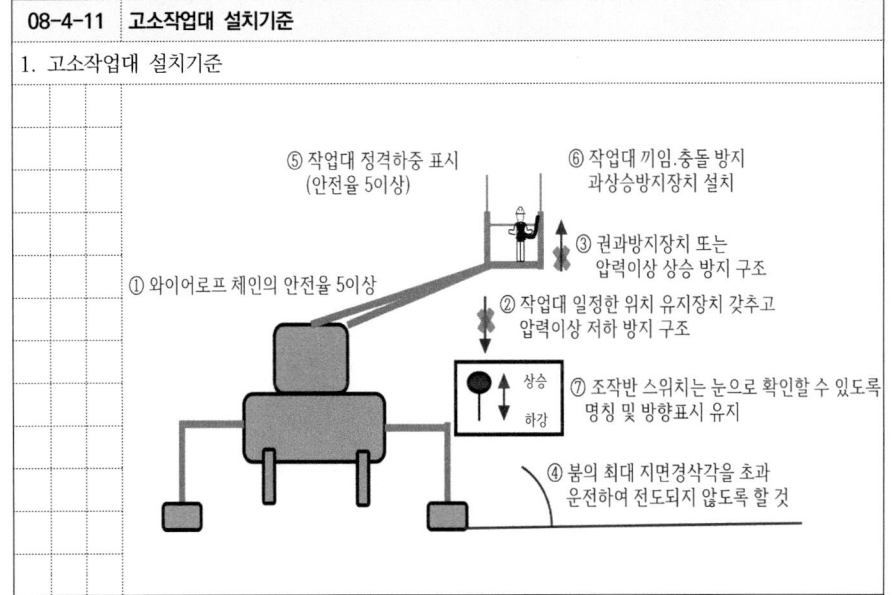

08-4-12 고소작업대 설치 및 이동 시 준수사항

1. 고소작업대 설치 시 준수사항 (산업안전보건기준에 관한 규칙 제186조)
    ① 바닥과 고소작업대는 가능하면 수평을 유지하도록 할 것
    ② 갑작스러운 이동을 방지위한 아웃트리거 또는 브레이크 등을 확실히 사용할 것

2. 고소작업대 이동 시 준수사항 (산업안전보건기준에 관한 규칙 제186조)
    ① 작업대를 가장 낮게 내릴 것
    ② 작업자를 태우고 이동하지 말 것
      - 다만, 유도하는 사람을 배치하고 짧은 구간을 이동하는 경우에는 작업대를 가장 낮게 내린 상태에서 작업자를 태우고 이동할 수 있다.
    ③ 이동통로의 요철상태 또는 장애물의 유무 등을 확인할 것

| 08-4-13 | 고소작업대 사용 시 준수사항 | 125(25), 137(25) |

1. 고소작업대 사용 시 준수사항 (산업안전보건기준에 관한 규칙 제186조)

① 안전모·안전대 등 보호구 착용
② 관계자 외 작업구역 출입금지 조치
③ 적정수준의 조도를 유지
④ 전로에 근접작업 시 작업감시자 배치
⑤ 작업대 정기적 점검, 이상 유무를 확인
⑥ 전환스위치는 다른 물체 이용하여 고정금지
⑦ 작업대는 정격하중을 초과 탑승 금지
⑧ 붐대 상승 상태로 탑승자 작업대 이탈금지

| 08-4-14 | 고소작업대 사용 시 준수사항 | |

1. 고소작업대 사용 시 준수사항 (산업안전보건기준에 관한 규칙 제186조)

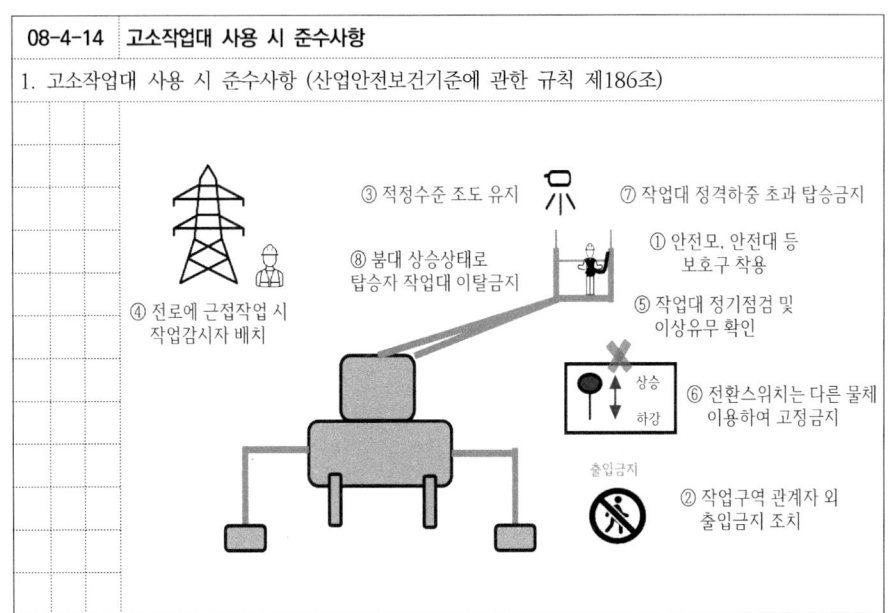

MEMO

26년 대비
건설안전기술사 핵심개념 총정리

제 9 장

토공사

제 09 장 토공사

09		토공사
	1. 토질	
	2. 굴착	
	3. 흙막이	
	4. 기초	
	5. 사면	
	6. 옹벽	

09		토공사 기출문제
1. 토질		
	1) 흙의 성질	
	- 97(10). 흙의 연경도(consistency)	
	- 107(10). 흙의 Atterberg 한계	
	- 119(10). 흙의 간극비(void ratio)	
	2) 지반조사 및 토질시험	
	- 96(10). Vane Test	
	3) 전단강도	
	- 108(10). 흙의 전단강도 측정방법	

09		토공사 기출문제
1. 토질		
	4) 전단강도 특성	
	- 100(25). 사질토와 점성토 지반의 전단강도 특성과 함수비가 높은 점성토 지반의 처리대책	
	- 91(10). 토질의 동상	
	- 105(25). 도로공사에서 동상방지층의 설치 필요성 및 동상방지 대책 설명	
	- 113(25). 동절기 지반의 동상현상으로 인한 문제점 및 방지대책에 대하여 설명	
	- 115(10). 흙의 동상 현상	
	- 117(10). 동결지수	
	- 119(25). 지반의 동상현상이 건설구조물에 미치는 피해사항 및 발생원인과 방지대책을 설명하시오.	

09		토공사 기출문제
1. 토질		
	5) 액상화	
	- 95(10).105(10). 액상화(liquidation)	
	- 118(10). 지반 액상화현상의 발생원인, 영향 및 방지대책	
	- 133(10). 지반의 액상화 평가 생략 조건	
	- 137(10). 액상화의 정의 및 간편 예측 방법	

09	토공사 기출문제		
1. 토질			
	6)	다짐 및 압밀	
		- 111(10). 최적 함수비(Optimum Moisture Content)	
		- 92(10). 영공기 간극곡선(Zero air void curve)	
		- 118(25). 흙으로 축조되는 노반 구조물의 압밀과 다짐에 대하여 설명하시오	
		- 122(10). 흙의 다짐에 영향을 주는 요인	
		- 105(10). Proof rolling	
	7)	압밀	
		- 100(10). 1차압밀과 2차압밀	
		- 132(10). 흙의 압밀현상	

09	토공사 기출문제		
1. 토질			
	8)	연약지반개량 공법	
		- 116(25). 연약지반에서 구조물 시공 시 발생할 수 있는 문제점과 지반개량공법에 대하여 설명하시오.	
		- 100(25). Vertical Drain공법과 프리로딩공법의 원리와 프리로딩공법에 비해 버티칼드레인 공법이 압밀기간이 현저히 단축되는 이유	
		- 102(10). 강제 치환 공법	
		- 122(10). 연약지반 사질토 개량공법의 종류	
		- 125(10). 지반 개량 공법의 종류	
		- 107(25). 연약지반을 개량하고자 한다 사전조사내용과 개량공법의 종류 및 공법선정에 대하여 설명하시오	
		- 133(25). 연약지반 굴착 공사 시 지반조사, 연약지반 처리대책, 계측과 시공관리에 대하여 설명하시오.	

09-1-1 흙의 분류

1. 개요
   - 흙의 구성하는 입자크기와 구성분포는 흙의 역학적 거동에 영향 미침

2. 흙의 분류
   1) 입경에 따른 분류 - 조립토(입상토) : 자갈, 모래
                      - 세립토(점성토) : 실트, 점토
   2) 입도분포 - 체분석 결과와 비중계분석 결과를 합하여 얻어진 입도분포곡선
              - 균등계수, 곡률계수
   3) 공학적 분류
      ① 통일분류법
      ② AASHTO분류법

09-1-2 흙의 구조

1. 개요
   - 흙의 배치상태와 흙입자 사이에 작용하는 힘(배열 및 결합상태)

2. 사질토의 입자구조

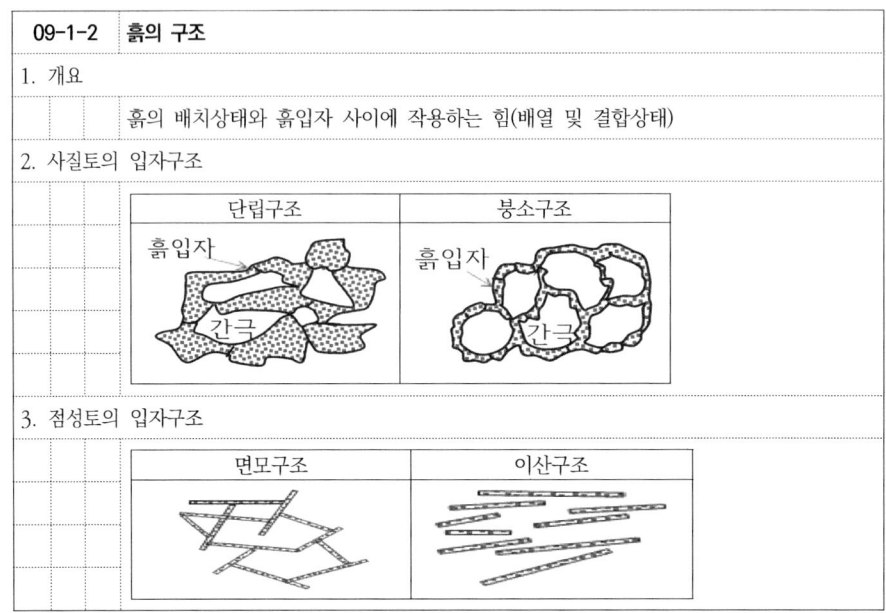

3. 점성토의 입자구조

09-1-3 흙의 성질

1. 흙의 성질
   1) 기본적 성질
      - 비중, 입도, 연경도 등 물성이 변하지 않는 성질
   2) 상대적 성질
      - 함수비, 공극비 등 외적영향에 따라 변함

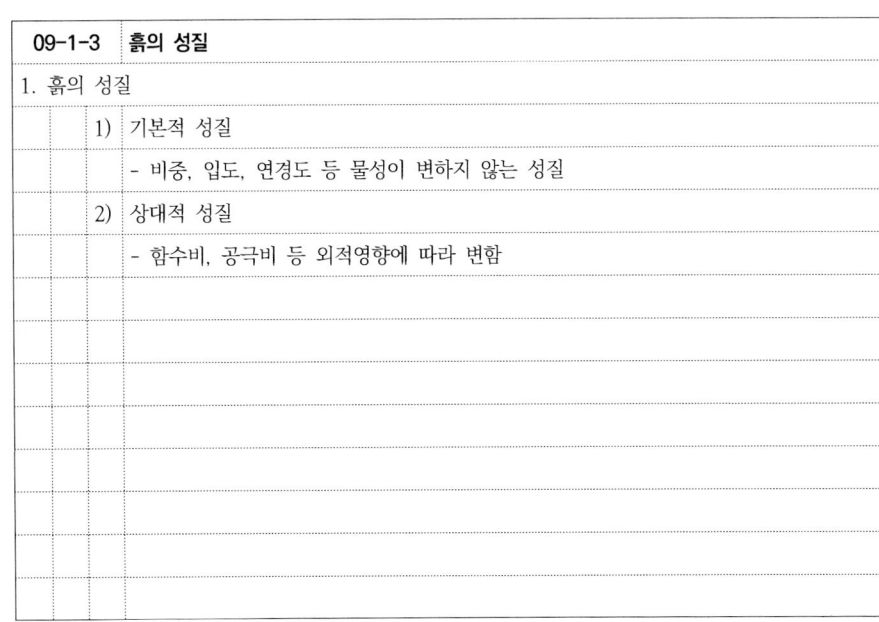

09-1-4 흙의 삼상도

1. 개요
   - 흙은 흙입자, 물, 공기와의 관계를 공학적으로 이용하기 위해 나타낸 것

2. 흙의 삼상도

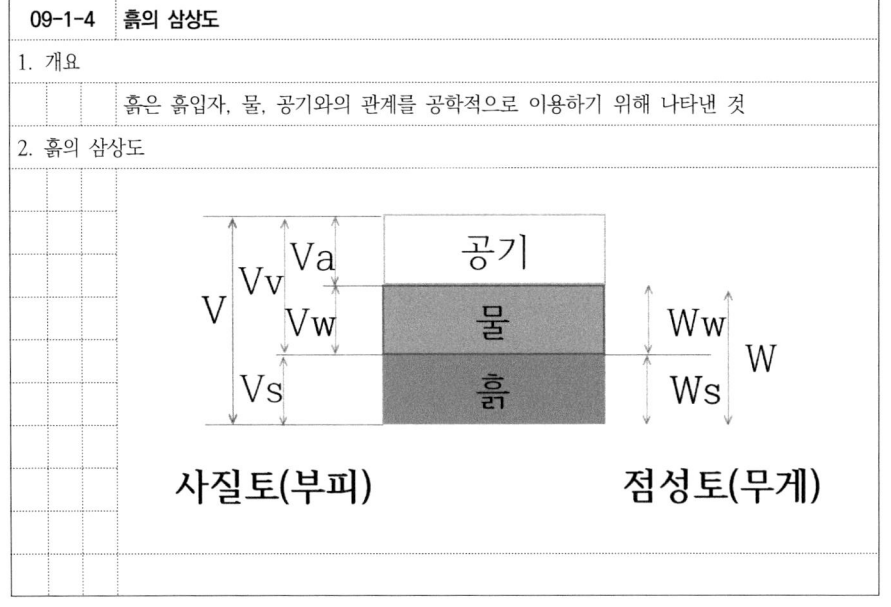

09-1-5 간극비   119(10)

1. 개요

   흙 입자만의 체적에 대한 간극의 체적비

2. 간극비 Mechanism

간극비 클 경우	전단강도 小	보일링, 히빙 우려
	상대밀도 小	압밀침하
	투수성 大	부등침하, 액상화

09-1-6 함수비

1. 개요

   흙 입자만의 중량에 대한 물의 중량을 백분율

   $$W = \frac{W_w(물의\ 중량)}{W_S(흙의\ 중량)} * 100\%$$

2. 함수비에 따른 흙의 체적변화

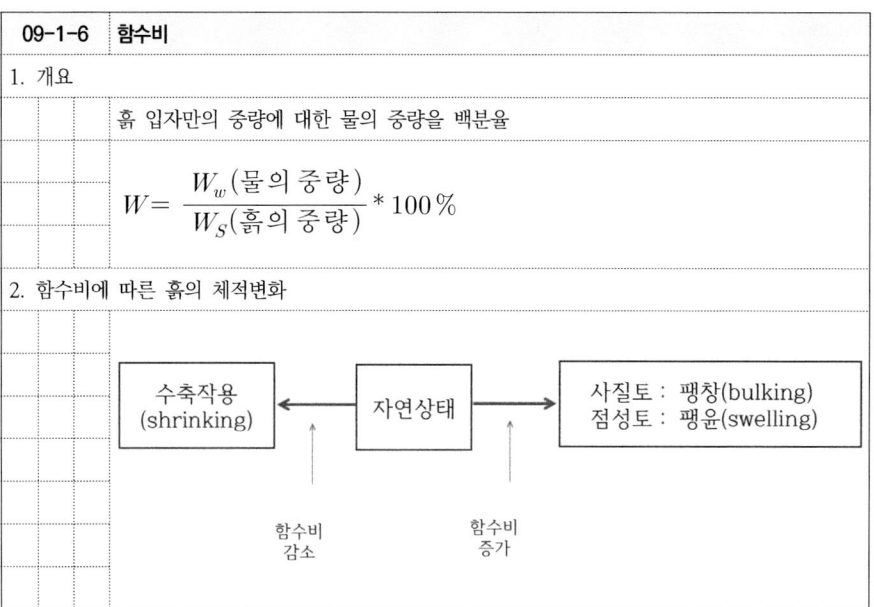

09-1-7 포화도

1. 개요

   간극 부피 중에서 물이 차지하는 부피의 비를 백분율

   $$S = \frac{V_w(물의\ 용적)}{V_V(간극의\ 용적)} * 100\%$$

2. 포화도 100%일 경우 (S=100%)

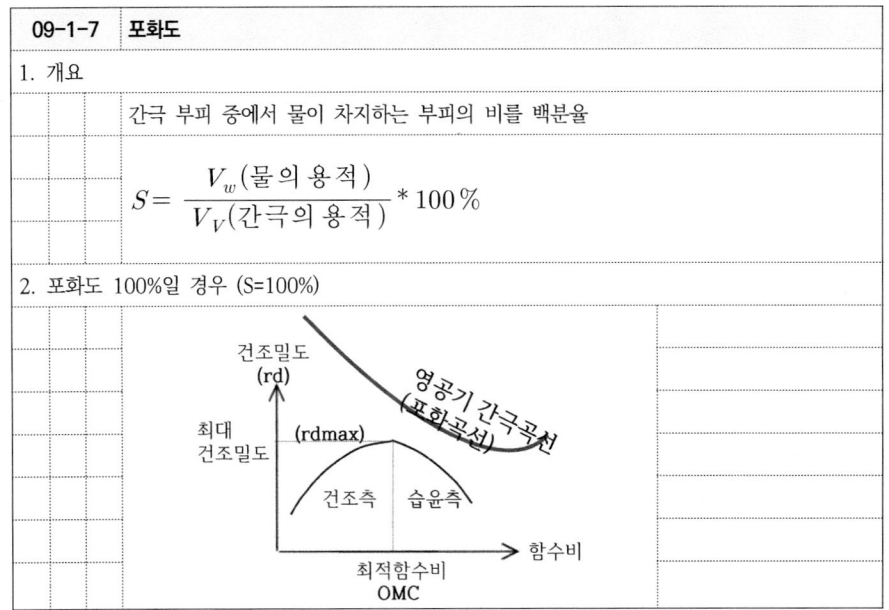

09-1-8 상대밀도(Dr)

1. 개요

   사질토의 조밀한 정도를 나타냄

2. 상대밀도(Dr) 구하는 식

   1) 간극비 이용

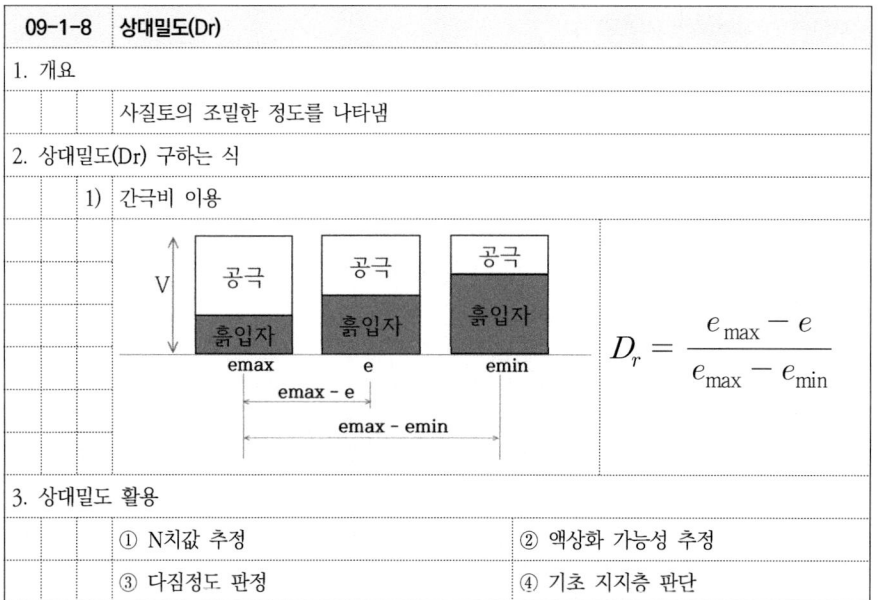

$$D_r = \frac{e_{max} - e}{e_{max} - e_{min}}$$

3. 상대밀도 활용

① N치값 추정	② 액상화 가능성 추정
③ 다짐정도 판정	④ 기초 지지층 판단

09-1-9 지반조사

1. 개요

지반의 특성을 규명하여 안전하고 경제적인 설계.시공 수행을 위해 실시

2. 지반조사 순서

보 링	사운딩	토질주상도	지내력시험
• 오거 • 수세식 • 회전식 • 충격식	• S.P.T • 베인테스트 • 콘관입	• 지층구성 • 지하수위 • N치 • 토질샘플	• 평판재하 • 현장CBR • 수정CBR

09-1-10 보링

1. 개요

지반을 천공하는 과정에서 채취된 시료 분석 지반구성, 지층두께, 심도 등 조사

2. 목적

① 압밀침하 가능성 판단
② 구조물 기초형식, 말뚝의 길이 결정
③ 지하수위 확인
④ 지반의 경연 추정

3. 보링 간격 및 깊이

① 간격 : 15-50m(3개소 이상)/ 중간지점 추가 시추
② 깊이 : 20m이상, 지지층 이상

09-1-11 Sounding (사운딩) 96(10)

1. 개요

저항체를 지중에 관입, 회전, 인발하여 지반 저항치로 지반 강도추정 시험방법

2. 종류

① 표준관입시험
② 콘 관입시험
③ Vane test
④ 스웨덴식 test

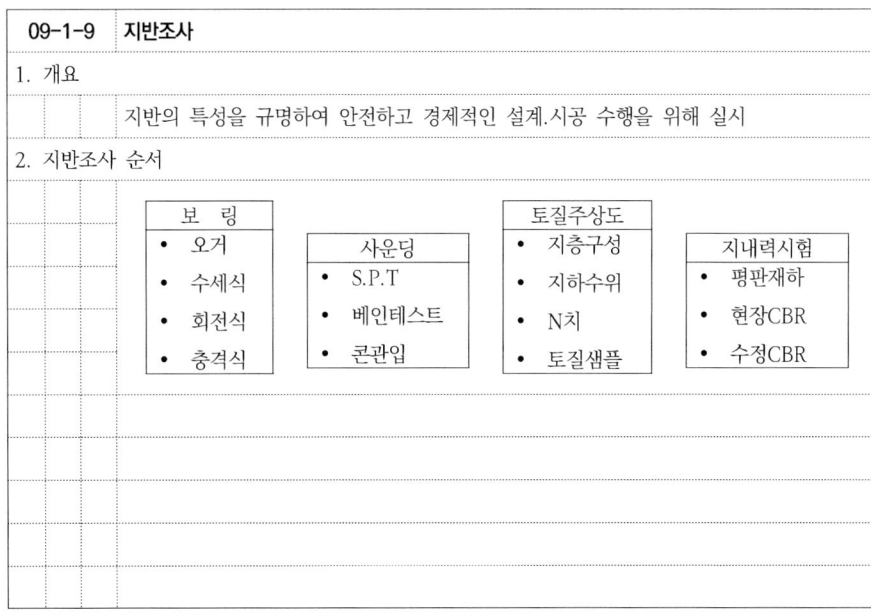

표준관입시험 / 콘 관입시험 / Vane test

09-1-12 표준관입시험 (현장시험)

1. 개요

흙의 다짐상태를 알기위해 63.5kg 해머를 75cm 높이에서 자유낙하시켜 샘플러 30cm 관입시키는 데 필요한 해머의 타격횟수 N치 구하는 시험

2. 시험순서

① 시험면 터고르기
② 보링
-하부 슬라임 제거
③ 표준관입시험
-예비타격 후 본타격
-본타격 1회마다 누계관입량 측정
-타격횟수한도 50회
④ 시험결과 기록

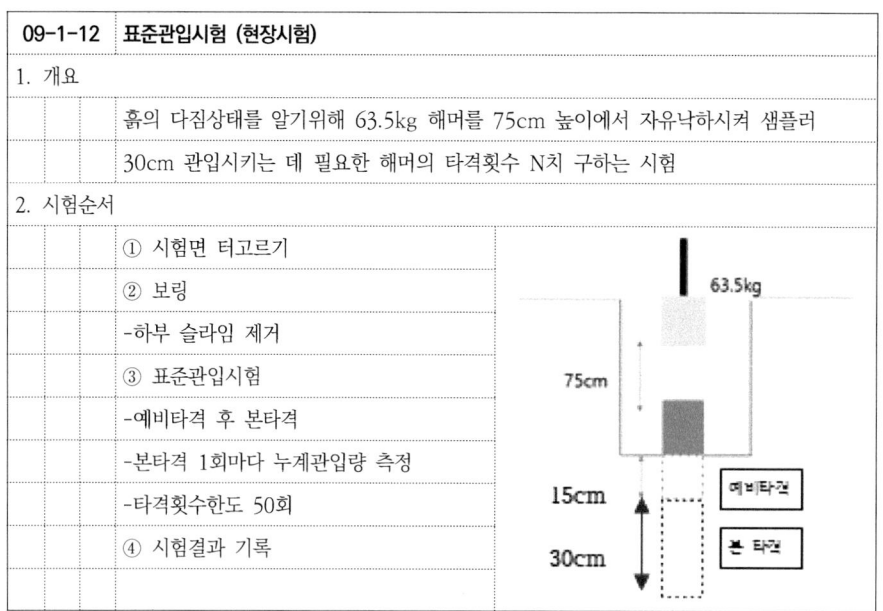

09-1-13 토질주상도

1. 개요

   시추조사와 채취된 시료결과를 토질분포, 흙의 층상 등을 주상도 작성

2. 토질주상도의 활용

   ① 지층파악

   ② 지하수위 확인

   ③ N값의 확인

   ④ 흙막이 공법 선정

09-1-14 토질시험

1. 개요

   공사 착수전 지반에 대한 데이터를 얻기 위한 것으로 현장에서 채취한 시료를 대상으로 행하는 시험

2. 토질시험

물리적 시험	역학적 시험	지지력 시험
① 비중시험	① 투수시험	① 다짐시험
② 함수량시험	② 압밀시험	② CBR시험
③ 입도시험	③ 직접전단시험	
④ 액성.소성.수축한계	④ 일축압축시험	
⑤ 밀도시험	⑤ 삼축압축시험	

09-1-15 입경가적곡선 (입도분포곡선)

1. 개요

   체가름 시험, 비중계을 통해 토사 시료의 입경분포를 곡선으로 도식화

2. 입경가적곡선

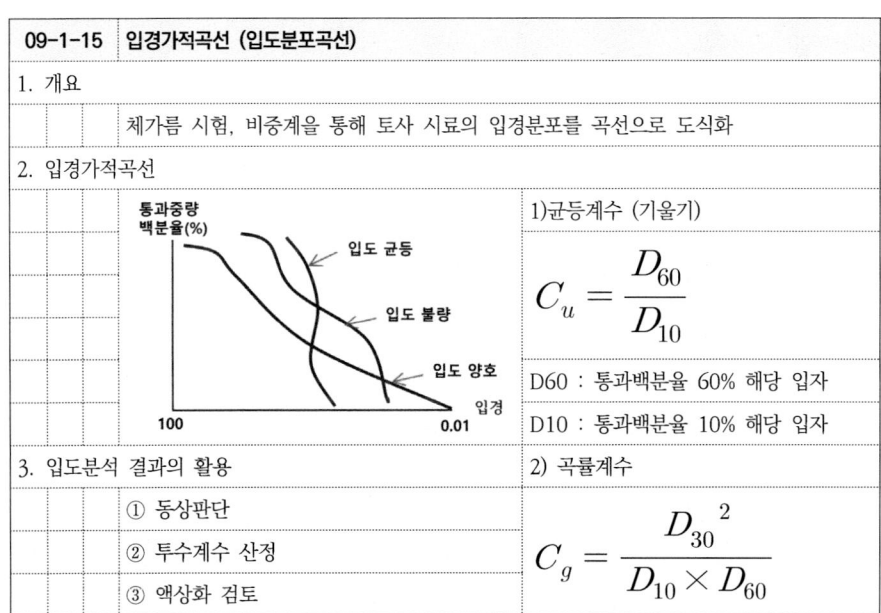

1) 균등계수 (기울기)

$$C_u = \frac{D_{60}}{D_{10}}$$

D60 : 통과백분율 60% 해당 입자
D10 : 통과백분율 10% 해당 입자

3. 입도분석 결과의 활용

   ① 동상판단

   ② 투수계수 산정

   ③ 액상화 검토

2) 곡률계수

$$C_g = \frac{D_{30}^2}{D_{10} \times D_{60}}$$

09-1-16 흙의 연경도 (Atterbeg한계)   97(10), 107(10)

1. 개요

   점성토의 함수비에 따른 상태가 변화하는 성질

2. 흙의 연경도(Atterbeg한계)

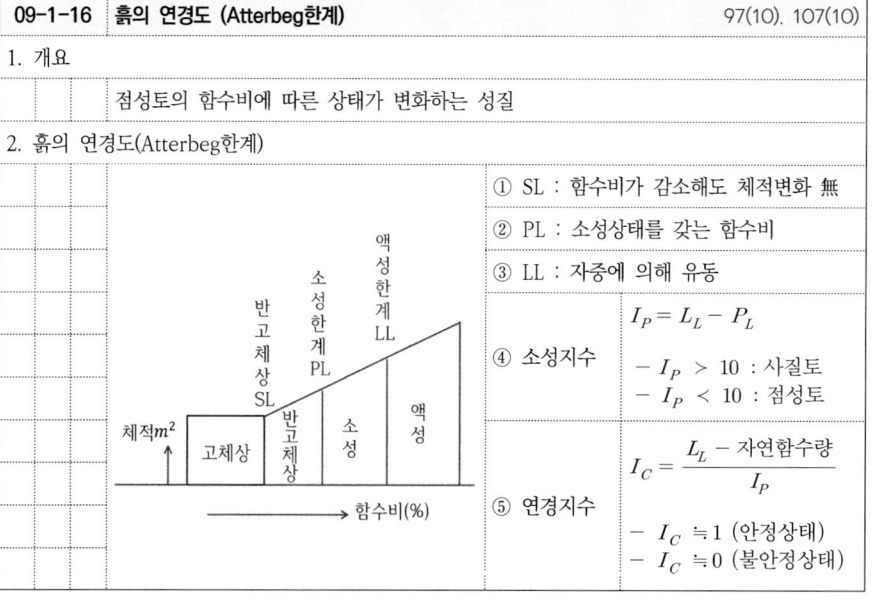

① SL : 함수비가 감소해도 체적변화 無

② PL : 소성상태를 갖는 함수비

③ LL : 자중에 의해 유동

④ 소성지수

$I_P = L_L - P_L$

- $I_P > 10$: 사질토
- $I_P < 10$: 점성토

⑤ 연경지수

$I_C = \dfrac{L_L - 자연함수량}{I_P}$

- $I_C ≒ 1$ (안정상태)
- $I_C ≒ 0$ (불안정상태)

09-1-17 전단강도

1. 개요
   : 흙이 응력을 받아 파괴될 때, 흙 내부의 파괴면을 따라 발생한 전단응력
   모어-쿨롱의 이론에 따르면 전단강도는 흙 입자 사이에 작용하는 점착력(C)과
   마찰에 의해서 결정

2. 토질별 전단강도

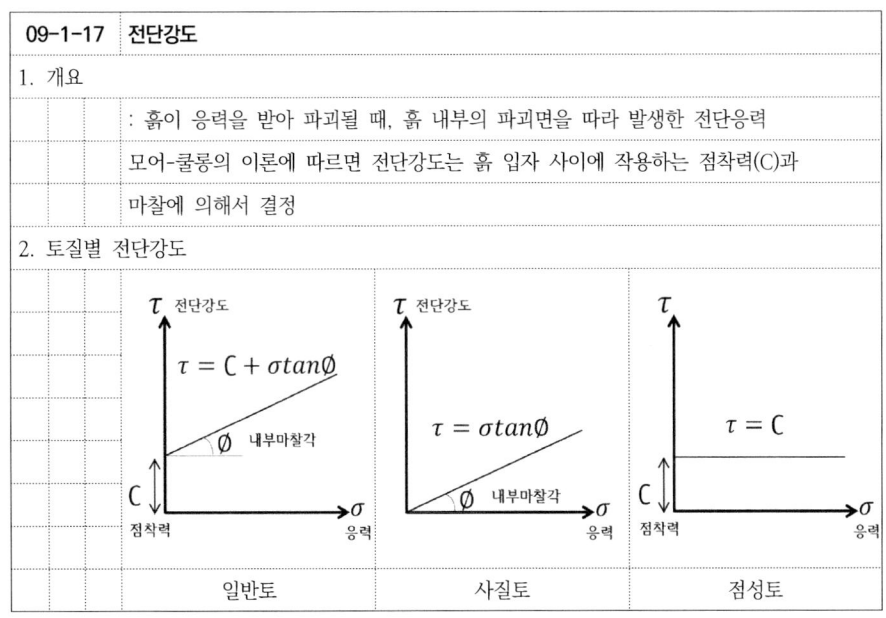

09-1-18 흙의 전단시험

1. 흙의 전단시험의 종류 및 활용
   1) 실내시험
      ① 직접전단시험(1면전단, 2면전단) : 강도정수(점착력, 내부마찰각) 값 측정
      ② 일축압축시험 : 예민비, 비배수 압축강도 측정
      ③ 삼축압축시험 : 강도정수(점착력, 내부마찰각) 값 측정
   2) 현장시험
      ① 표준관입시험 : N치
      ② 베인전단시험 : 점착력
      ③ 콘 관입시험 : 콘 지지력

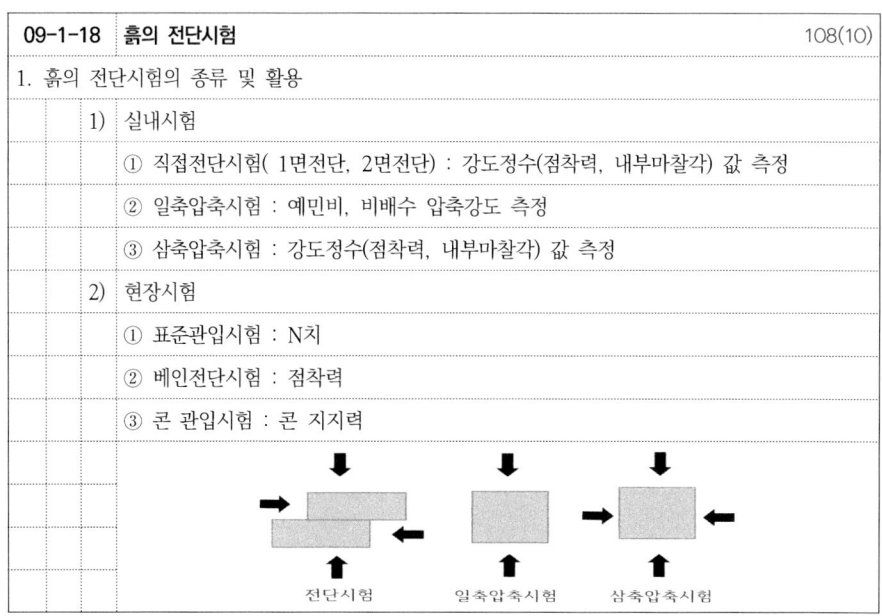

09-1-19 유효응력

1. 개요
   흙 입자끼리 접촉점에 작용하는 압력으로 하중 재하시 토립자가 부담하는 하중

2. 유효응력

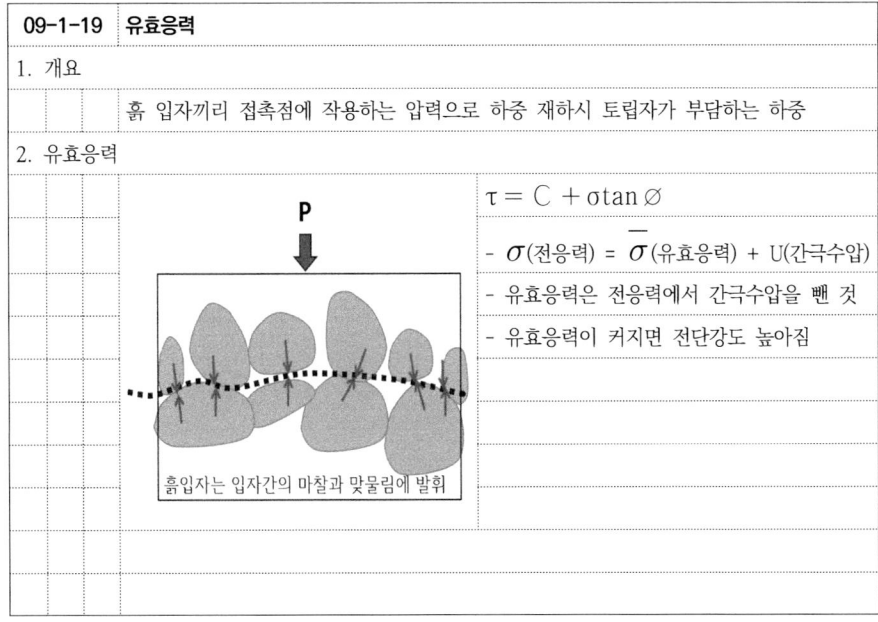

- $\tau = C + \sigma \tan \varnothing$
- σ(전응력) = $\bar{\sigma}$(유효응력) + U(간극수압)
- 유효응력은 전응력에서 간극수압을 뺀 것
- 유효응력이 커지면 전단강도 높아짐

09-1-20 간극수압

1. 개요
   지하 흙 중에 포함된 물에 의한 상향수압
   간극수압이 클수록 유효응력 감소하여 지반강도 저하의 원인

2. 간극수압의 크기

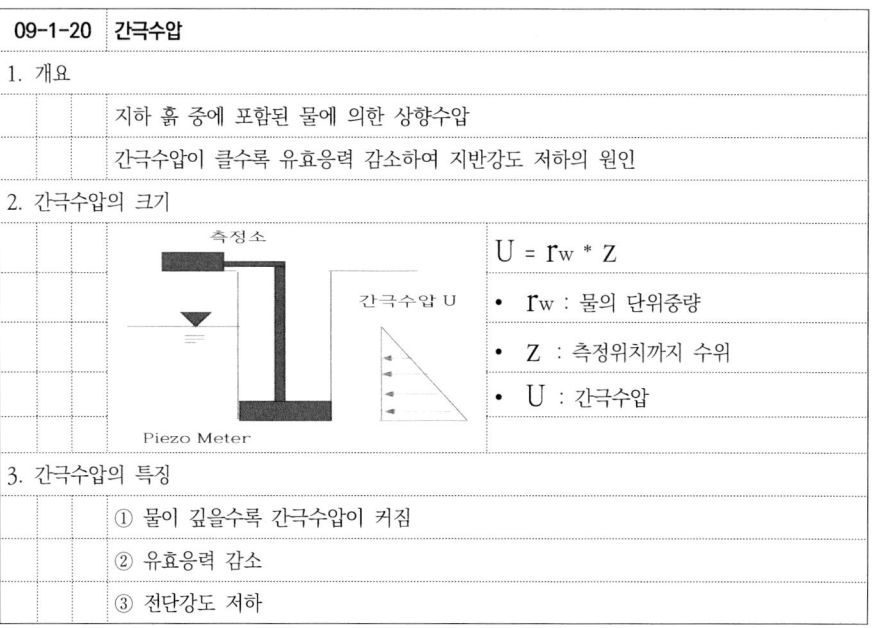

$U = r_w * Z$
- r_w : 물의 단위중량
- Z : 측정위치까지 수위
- U : 간극수압

3. 간극수압의 특징
   ① 물이 깊을수록 간극수압이 커짐
   ② 유효응력 감소
   ③ 전단강도 저하

09-1-21 평판재하시험(P.B.T)

1. 개요
지반에 재하판을 통해 하중을 가한 후 하중-침하량의 관계에서 지반의 지지력 구하는 원위치 시험

2. 시험방법

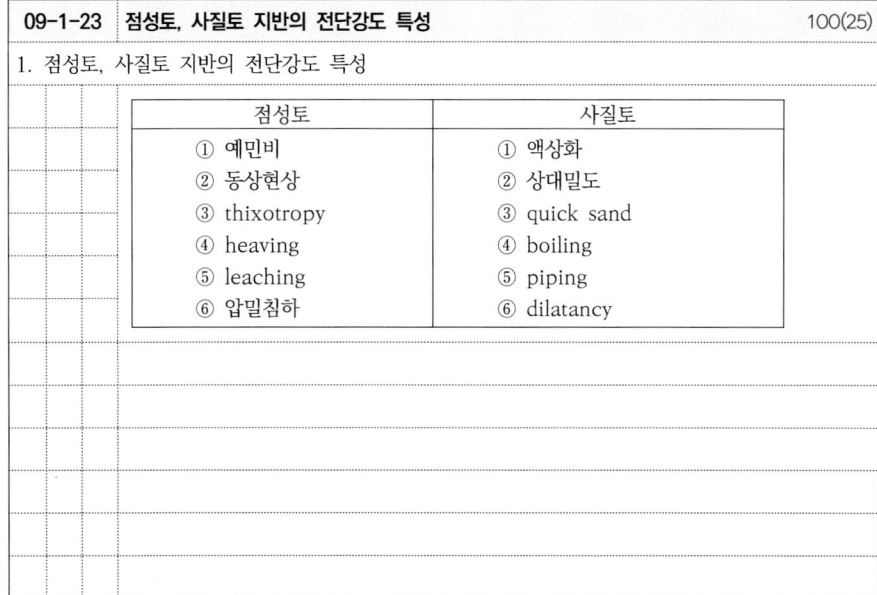

① 시험하중=설계하중*2~3
② 15분간 침하량 1/100mm 이하이면 다음 단계하중 재하
③ 지지력 계수 K(kg/cm²)
   = 시험하중(kg/cm²)/ 침하량(cm)

09-1-22 CBR (California Bearing Ratio)

1. 개요
노상토의 지지력 상태파악 및 재료선정, 포장설계에 사용되는 데이터를 얻기 위해 준비한 시료로 관입시험을 실시   CBR= 시험하중/표준하중 * 100%

2. CBR 분류
1) 실내 CBR
   ① 선정(수침) CBR : 재료선정에 사용
   ② 수정(설계) CBR : 연성포장 두께 설계
2) 현장 CBR
   - 노상토 지지력 확인

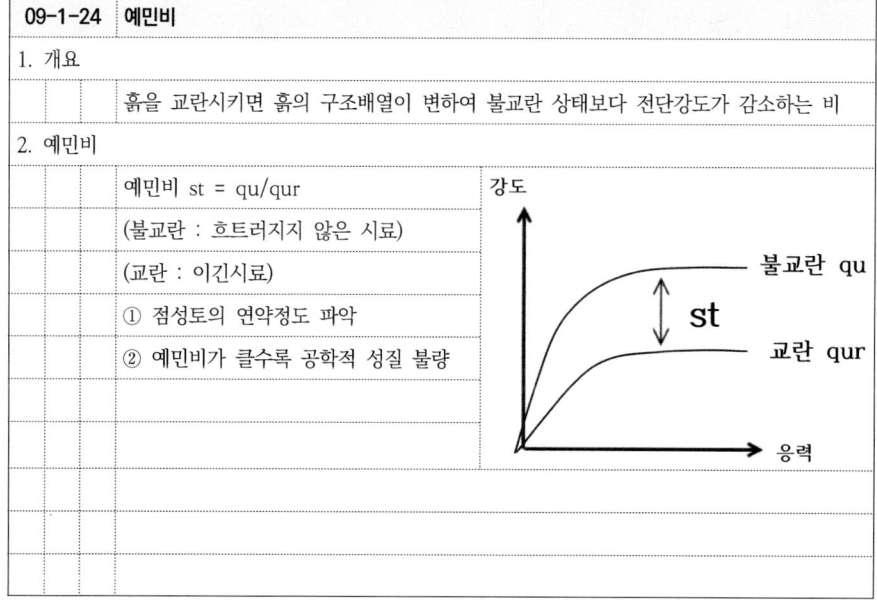

▲ 다짐곡선   ▲ 다짐횟수별 rd-CBR곡선

09-1-23 점성토, 사질토 지반의 전단강도 특성   100(25)

1. 점성토, 사질토 지반의 전단강도 특성

점성토	사질토
① 예민비	① 액상화
② 동상현상	② 상대밀도
③ thixotropy	③ quick sand
④ heaving	④ boiling
⑤ leaching	⑤ piping
⑥ 압밀침하	⑥ dilatancy

09-1-24 예민비

1. 개요
흙을 교란시키면 흙의 구조배열이 변하여 불교란 상태보다 전단강도가 감소하는 비

2. 예민비

예민비 st = qu/qur
(불교란 : 흐트러지지 않은 시료)
(교란 : 이긴시료)
① 점성토의 연약정도 파악
② 예민비가 클수록 공학적 성질 불량

09-1-25 Thixotropy (강도 회복 현상)

1. 개요

    강도가 저하된 교란상태의 점토는 시간 경과에 따라 강도가 서서히 회복되는 현상

2. Thixotropy (강도 회복 현상)

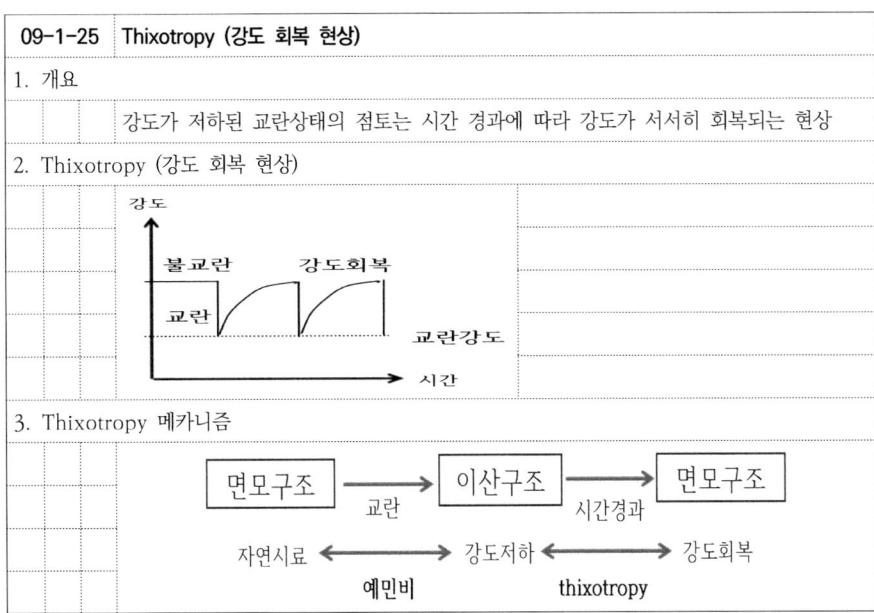

3. Thixotropy 메카니즘

09-1-26 액상화   95(10), 105(10), 118(10), 133(10), 137(10)

1. 개요

    느슨하고 포화 사질토 지반에서 지진, 충격 등으로 간극수압 상승으로 유효응력이 감소하여 지반이 액체 상태로 변화하는 현상

2. 액상화 발생 Mechanism

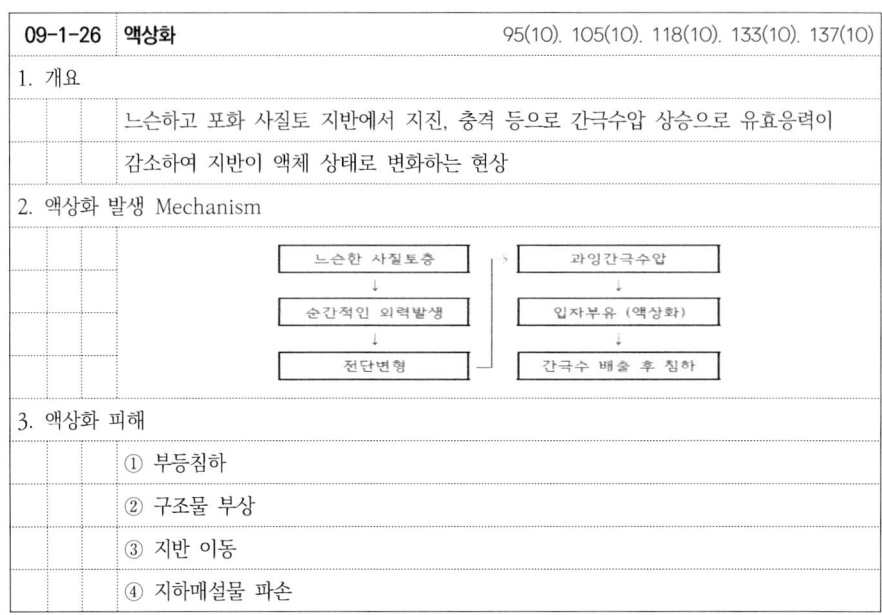

3. 액상화 피해

    ① 부등침하
    ② 구조물 부상
    ③ 지반 이동
    ④ 지하매설물 파손

09-1-27 지반의 동상   91(10), 105(25), 113(25), 115(10), 117(10), 119(25)

1. 개요

    흙속의 간극수가 얼어서 지표면이 부풀어 오르는 현상

2. 지반의 동상발생 메카니즘

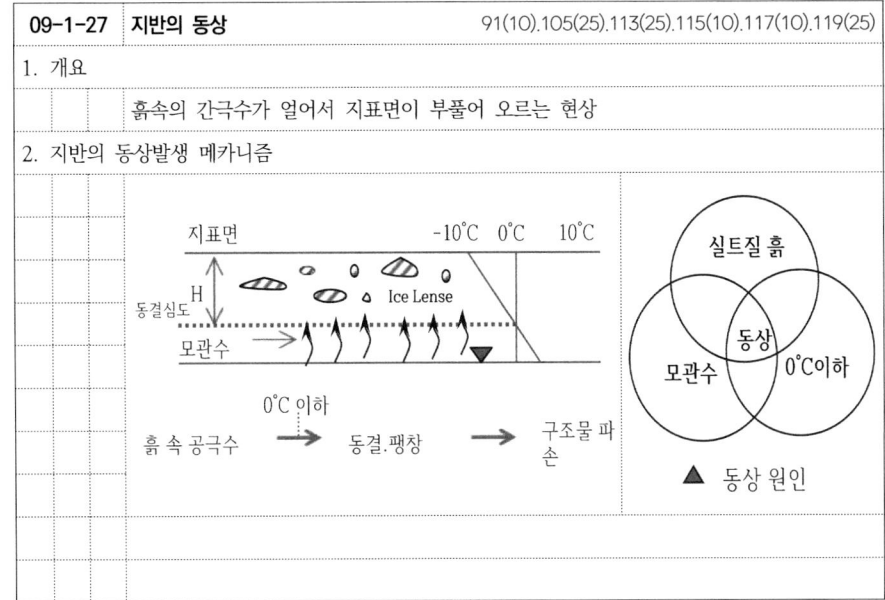

09-1-28 융해현상 (=연화현상)

1. 개요

    기온 상승으로 동결된 지반이 녹아 배수가 되지 않아 연약해지는 현상

2. 융해현상 메카니즘

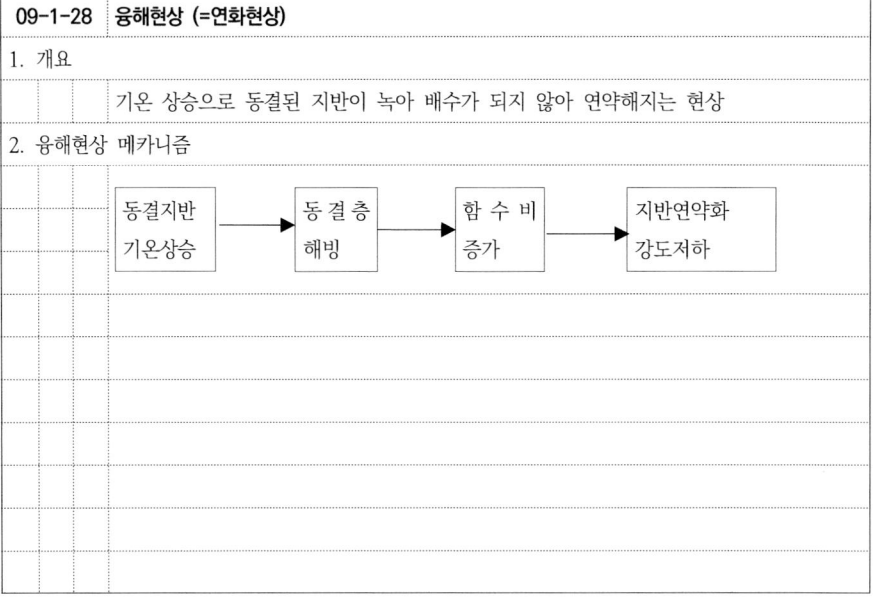

09-1-29 다짐, 압밀   118(25), 122(10), 132(10)

1. 개요
   ① 다짐은 사질토 지반에서 공기 배출되어 압축되는 현상(밀도증가, 전단강도 증진)
   ② 압밀은 점토 지반에서 간극수 배출되어 압축되는 현상

2. 다짐과 압밀 비교

구분	다짐	압밀
원리	공기/물/흙 → 공기제거 → 공기/물/흙	공기/물/흙 → 간극수제거 → 공기/물/흙
지반	사질토	점토
하중	동적하중	정적하중
거동주체	토립자	간극수
침하속도	즉시침하	장기간 침하
형태	탄성침하, 탄성변형	압밀침하, 소성변형
공법	진동, 충격	배수, 탈수공법

09-1-30 1차압밀, 2차압밀   100(10)

1. 개요
   압밀은 점토지반에서 흙속에 간극수가 배출되며 압축되는 현상

2. 1차압밀, 2차압밀

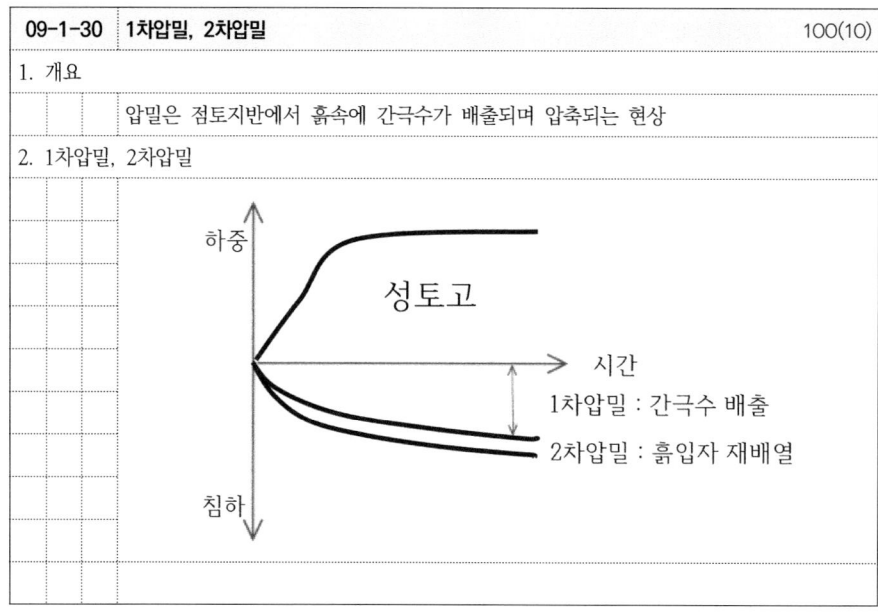

1차압밀 : 간극수 배출
2차압밀 : 흙입자 재배열

09-1-31 다짐 공법

1. 개요
   흙에 에너지를 가하여 공극을 줄이고 밀도를 증대시키는 것

2. 다짐공법의 종류

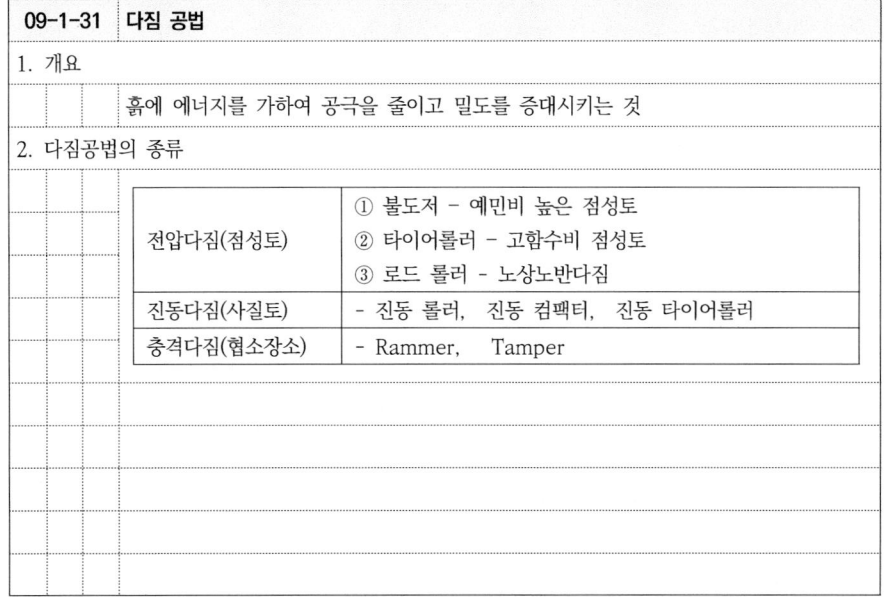

전압다짐(점성토)	① 불도저 - 예민비 높은 점성토 ② 타이어롤러 - 고함수비 점성토 ③ 로드 롤러 - 노상노반다짐
진동다짐(사질토)	- 진동 롤러, 진동 컴팩터, 진동 타이어롤러
충격다짐(협소장소)	- Rammer, Tamper

09-1-32 다짐곡선

1. 개요
   함수비와 다져진 흙의 건조단위중량과의 관계 곡선

2. 다짐곡선

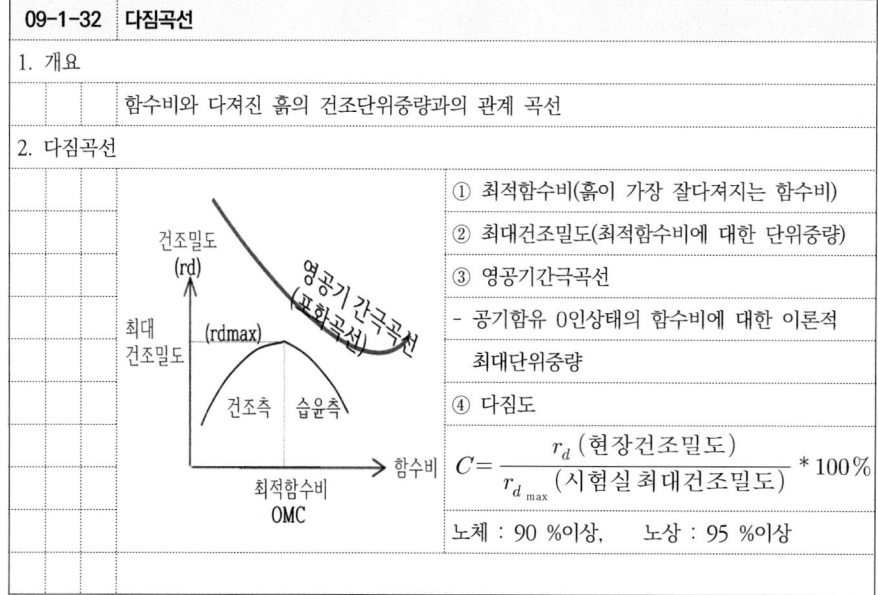

① 최적함수비(흙이 가장 잘다져지는 함수비)
② 최대건조밀도(최적함수비에 대한 단위중량)
③ 영공기간극곡선
 - 공기함유 0인상태의 함수비에 대한 이론적 최대단위중량
④ 다짐도

$$C = \frac{r_d (\text{현장건조밀도})}{r_{d\,max}(\text{시험실 최대건조밀도})} * 100\%$$

노체 : 90 %이상, 노상 : 95 %이상

09-1-33 최적함수비   111(10)

1. 개요
다짐곡선의 정점에 해당하는 함수비로서 흙이 가장 잘 다져지는 함수비

2. 최적 함수비(O.M.C)

① 건조밀도 가장 높은 꼭지점을 최대 건조밀도
② 최대건조밀도시의 함수비를 최적함수비
③ 함수비가 감소 : 건조측, 증가 : 습윤측
④ 최적함수비의 상태로 다짐시 가장 효과적
⑤ 건조측 다짐 (도로, 토공)
⑥ 습윤측 다짐 (댐, 제방)

09-1-34 영공기 간극곡선   92(10)

1. 개요
공극내 공기함유율이 0(s=100%)인 경우 함수비에 대한 이론적 최대단위중량

2. 영공기 간극곡선

① 다짐곡선은 항상 영공기간극곡선 왼쪽에 위치
② 다짐곡선과 영공기 간극곡선은 평행

09-1-35 Proof Rolling   105(10)

1. 개요
노상.노반에 일정 하중의 차량이나 롤러를 주행, 윤하중에 의한 침하량을 측정하여 지지력이나 시공의 균일성을 시험

2. Proof Rolling 방법, 장비

구분	방법	장비
1차 Proof Rolling	변형 발생부위 조사 (4km/hr)	타이어 롤러 (10톤)
2차 Proof Rolling	다짐 부족부위 (2km/hr)	덤프 (15톤)
벤켈만 빔	변형량 시험	3m 직선자

09-1-36 연약지반

1. 개요
상부구조물을 지지할수 없는 상태의 지반으로 강도가 약하고 압축되기 쉬운 지반

2. 연약지반 판단기준

사질토			점성토		
N치	일축압축강도	상대밀도	N치	일축압축강도	점착력
10이하	1.0	35	4	0.5	0.25

09-1-37 연약 지반개량 공법   107(25),116(25),122(10),125(10)

1. 개요
   지반의 지지력을 증대시키기 위한 것

2. 연약 지반개량 공법 선정 FLOW

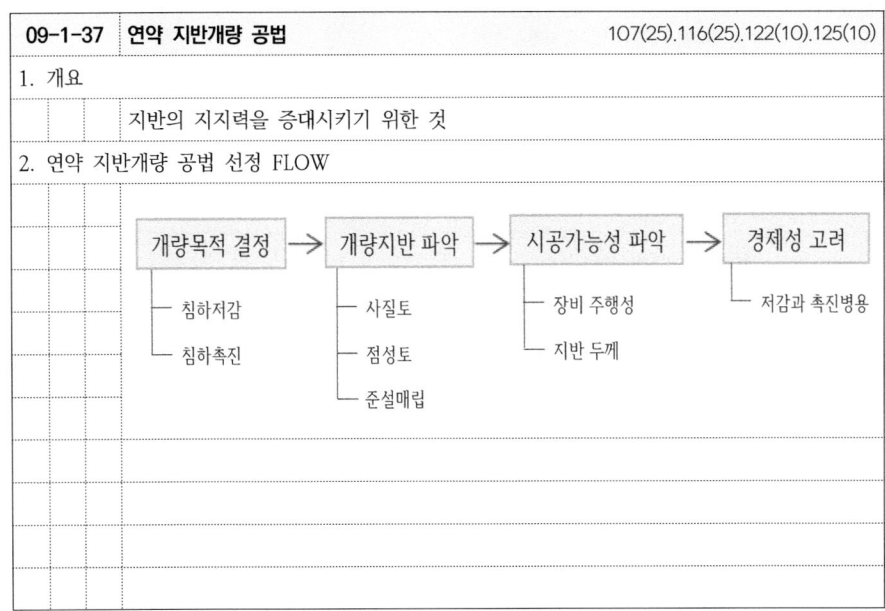

09-1-38 사질토 지반개량 공법   122(10)

1. 사질토 지반개량 공법
   1) 침하저감
      ① 진동다짐공법
      ② 모래다짐말뚝공법
      ③ 쇄석말뚝공법
      ④ 약액주입공법
   2) 침하촉진
      ① 동다짐공법
      ② 폭파다짐공법
      ③ 전기충격공법

09-1-39 점성토 지반개량 공법

1. 점성토 지반개량 공법
   1) 침하저감
      ① 치환공법 : 굴착, 미끄럼, 폭파
      ② 심층혼합처리공법 : 강제교반, 고압분사
      ③ 생석회말뚝공법
      ④ 동치환공법
   2) 침하촉진
      ① 선행재하공법
      ② 연직배수공법
      ③ 진공압밀(대기압공법)

09-1-40 준설매립토 지반개량 공법

1. 준설매립토 지반
   1) 표층개량
      ① 표층배수
      • 트렌치공법 / 수평 진공배수 공법 / Suction Device공법
      ② 표층보강
      • 토목섬유/ 네트/ 성토
      ③ 표층혼합
   2) 심층개량
      ① 침하저감 : 심층혼합처리공법
      ② 침하촉진 : 연직배수공법

09-1-41	연약지반의 다짐공법

1. 다짐공법
   1) 진동다짐공법
      -수평방향으로 진동하는 vibro float로 진동과 물다짐
   2) 모래다짐말뚝공법
      -구멍속에 모래를 넣어 말뚝형성
   3) 동다짐공법
      -무거운 추를 자유낙하 충격에너지에 의한 다짐

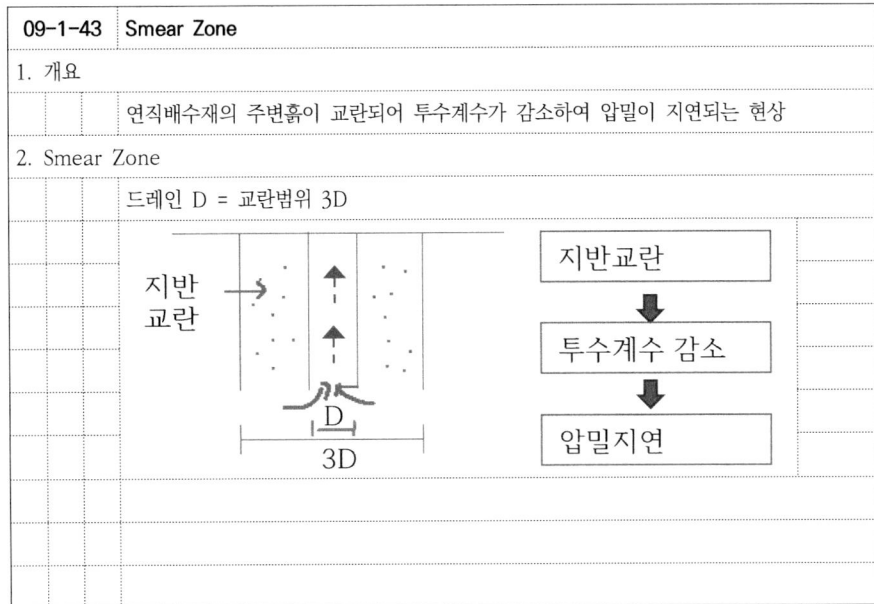

▲ 동다짐 공법

09-1-42	탈수(연직배수공법) 및 강제배수공법

1. 점성토
   1) 탈수(연직배수공법)
      - 투수성이 좋은 수직의 드레인을 박아 간극수 탈수
      ① Sand Drain
      ② Paper Drain
      ③ Pack Drain
      ④ Plastic Drain
2. 사질토
   1) 강제배수공법
      - 진공에 의해 물을 강제적으로 배수
      ① Well Point공법
      ② Deep Well공법

09-1-43	Smear Zone

1. 개요
   연직배수재의 주변흙이 교란되어 투수계수가 감소하여 압밀이 지연되는 현상
2. Smear Zone

   드레인 D = 교란범위 3D

09-1-44	웰 저항 Well Resistance

1. 개요
   연직배수재 속으로 유입된 간극수가 배출 저항 받아 압밀이 지연되는 현상
2. 웰 저항 원리

   간극수 배출속도 < 유입속도

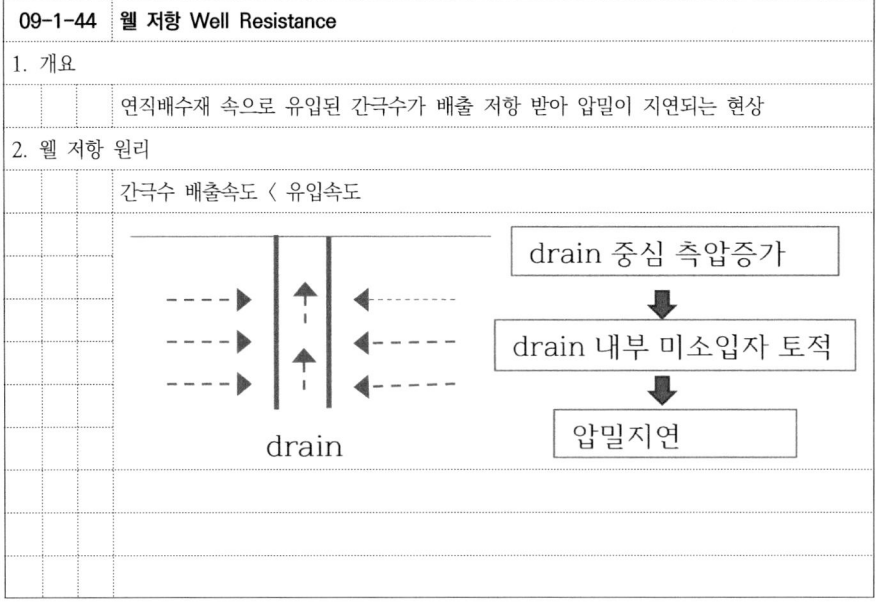

09-1-45 치환공법 · 102(10)

1. 개요
연약지반의 흙을 양질의 토사로 바꾸어 주는 공법

2. 치환공법
① 미끄럼치환 - 성토 재하중을 이용 미끄럼작용으로 외부로 밀어내는 공법
② 폭파치환 - 폭파에너지 이용
③ 굴착치환

09-1-46 고결공법

1. 개요
고결재를 흙입자 사이의 공극에 주입시켜 흙의 화학적 고결작용을 통하여 지반의 강도증진, 투수성변화 촉진시키는 공법

2. 고결공법
① 생석회 말뚝
② 동결공법
③ 소결공법

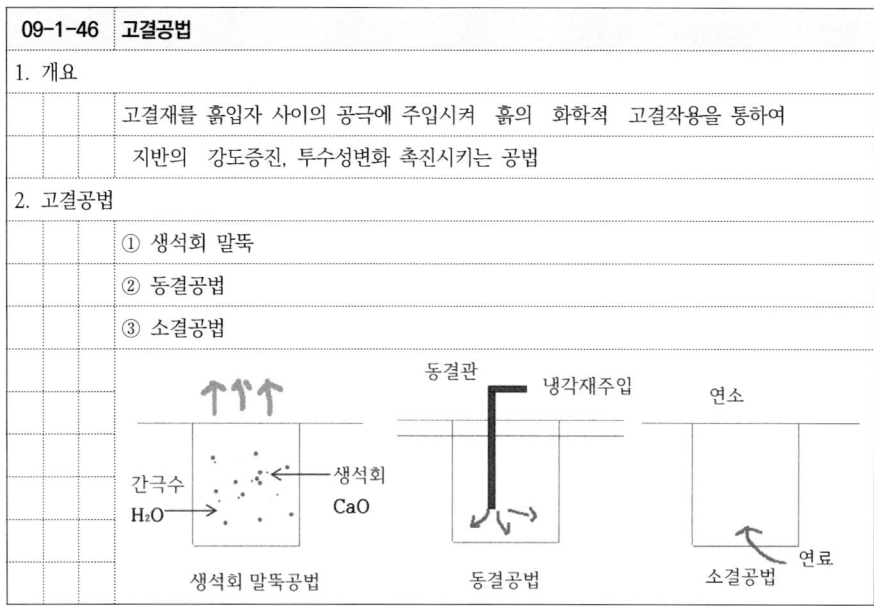

생석회 말뚝공법 / 동결공법 / 소결공법

09-1-47 재하공법

1. 개요
연약지반에 미리 성토체를 쌓아 하중 재하 원지반의 압밀침하 촉진

2. 재하공법
① Preloading
② 사면선단재하
③ 압성토 공법

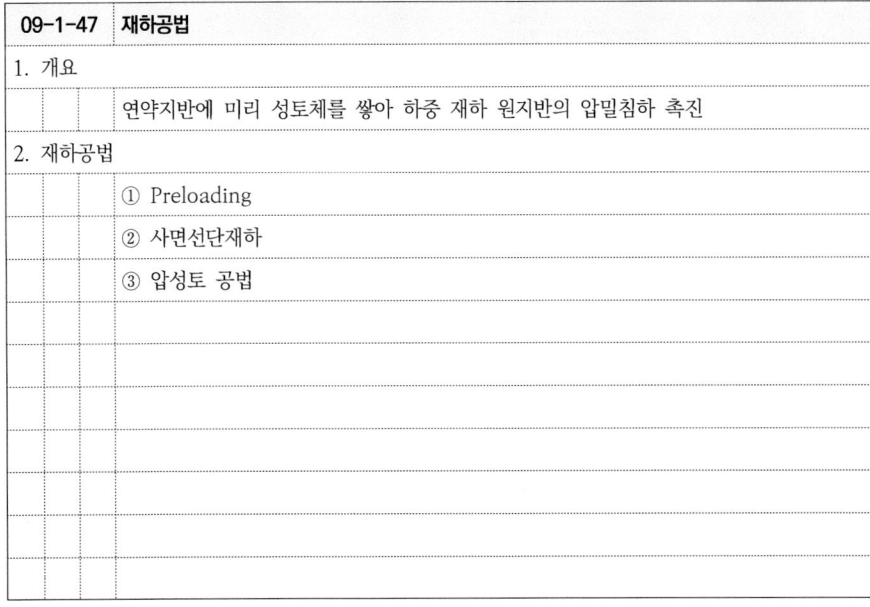

09-1-48 한계성토고

1. 개요
성토시공시 연약지반에 슬라이딩파괴(전단파괴)가 발생하지 않는 범위에서 성토 가능한 높이

2. 급속성토시 문제점 (한계성토고 목적)

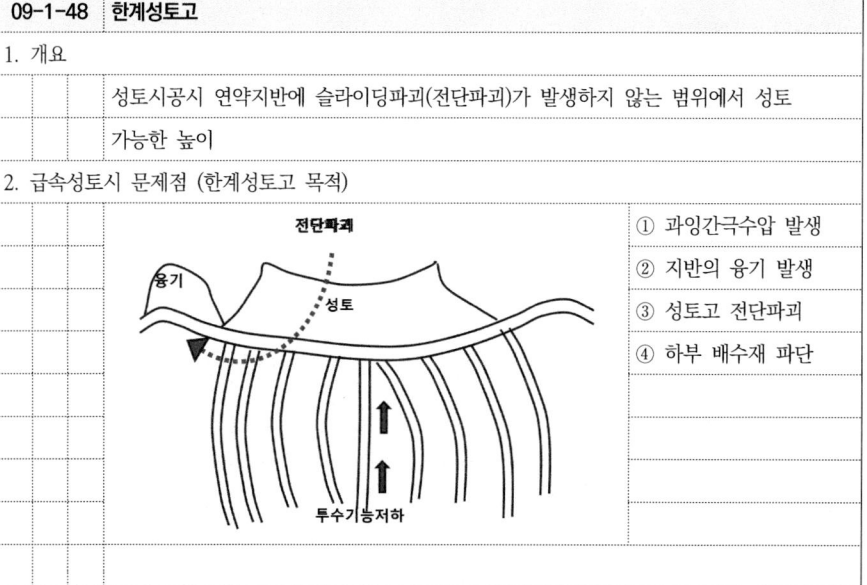

① 과잉간극수압 발생
② 지반의 융기 발생
③ 성토고 전단파괴
④ 하부 배수재 파단

09-1-49 Sucharge 압성토 공법

1. 개요
   - 연약지반에 성토하면 과도한 침하로 측방에 융기 발생하므로 융기부위에 하중을 가해 활동 파괴예방 공법

2. 압성토 공법

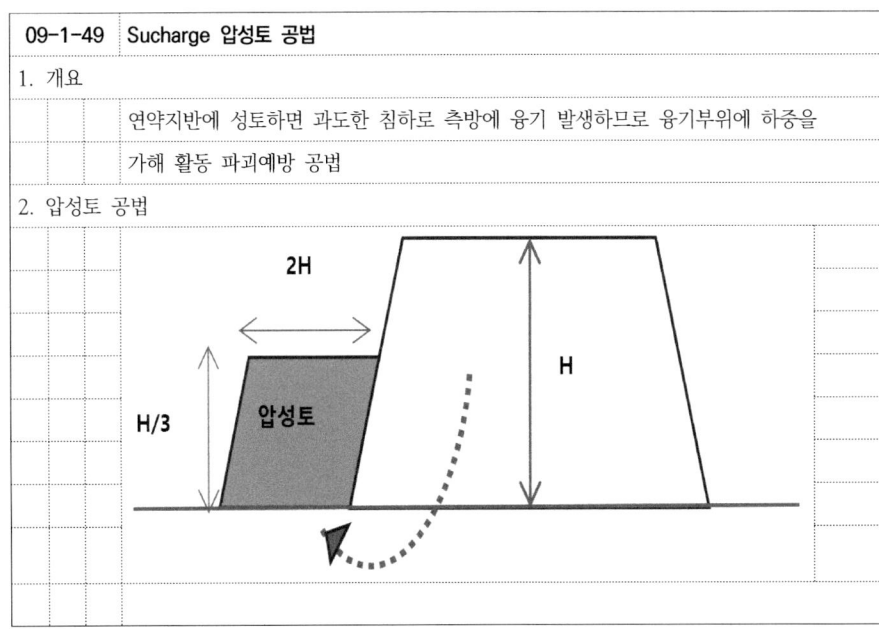

09-1-50 연약지반 계측관리

1. 계측관리

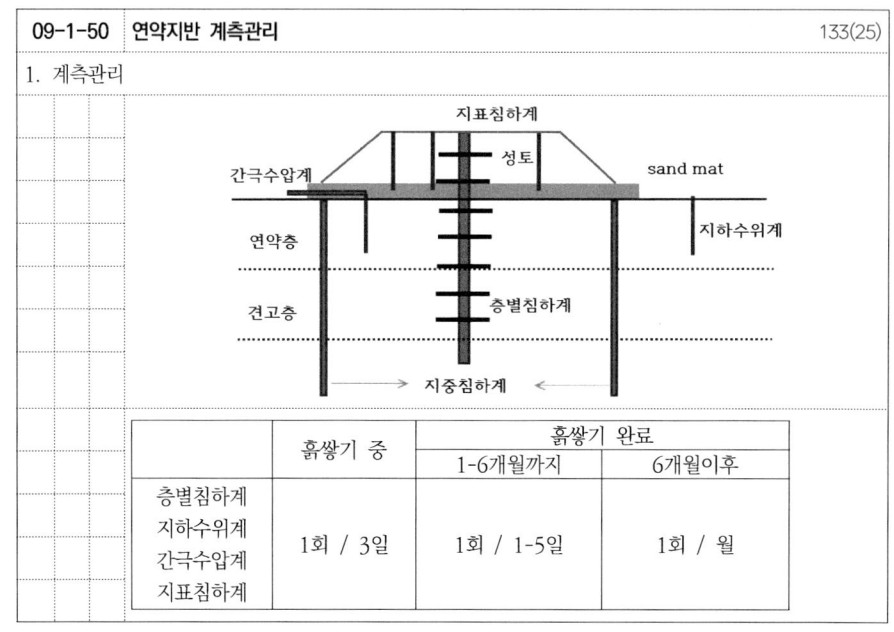

	흙쌓기 중	흙쌓기 완료	
		1-6개월까지	6개월이후
층별침하계 지하수위계 간극수압계 지표침하계	1회 / 3일	1회 / 1-5일	1회 / 월

09-1-51 토량환산계수 (f), L, C 값

1. 개요
   - 토공작업의 자연상태의 흙, 느슨한상태 흙, 다져진 상태의 흙에 따른 토량변화율
   - 작업토량을 구하는 계수

2. 토량환산계수 (f) 산정

	자연상태 토량(1)	느슨한 토량(L)	다짐 토량(C)
자연상태 토량(1)	1	L	C
느슨한 토량(L)	1/L	1	C/L
다짐 토량(C)	1/C	L/C	1

3. 토량변화율 L, C값
   - L = 느슨한 토량/ 자연상태 토량
   - C = 다짐토량/ 자연상태 토량

09-1-52 trafficability (장비주행성) / cone 지수

1. 개요
   - 건설장비의 주행성을 지반측면에서 판단하는 기준 / cone 지수로 표시

2. cone 지수
   - ① 사질토 : $q_0 = 4*N$
   - ① 점성토 : $q_0 = 10*C$

   $q_0 = 5*q_u$
   (q_u : 일축압축강도, C : 점착력, N : N치)

3. 장비별 최소 Cone 지수 값
   - ① 덤프 트럭 : 12
   - ② 대형 도저 : 7
   - ③ 중형 도저 : 5
   - ④ 습지 도저 : 3

09	토공사 기출문제		
2. 굴착			
	1)	굴착공사 시 사고유형	
		- 117(25). 도심지 소규모 건축물 굴착공사 시 예상되는 붕괴사고 원인 및 안전대책에 대하여 설명하시오.	
		- 121(25). 관로(管路)시공을 위한 굴착공사 시 발생하는 붕괴사고의 원인과 예방대책에 대하여 설명하시오.	
		- 122(25). 도시철도 개착 정거장 굴착공사 중에 발생할 수 있는 재해유형, 원인 및 안전대책에 대하여 설명하시오.	
		- 133(25). 굴착공사 중 사면 개착공법 적용에 따른 토사 사면 안정성 확보를 위한 작업 전, 중, 후 조치사항에 대하여 설명하시오	

09	토공사 기출문제		
2. 굴착			
	2)	굴착작업계획	
		- 110(25). 도시철도 개착정거장의 굴착작업 전 흙막이 가시설을 위한 천공 작업을 계획 중에있다. 발생가능한 지장물 파손사고 대상과 지장물 파손사고 예방을 위한 안전관리계획에 대하여 설명하시오.	
		- 116(25). 도심지에서 지하 10m 이상 굴착작업을 실시하는 경우 굴착작업 계획 수립 내용 및 준비사항과 굴착작업 시 안전기준에 대하여 설명하시오.	
		- 131(25).134(25). 건설공사 현장의 굴착작업을 실시하는 경우 지반 종류별 안전기울기 기준을 설명하고, 굴착작업 계획수립 및 준비사항과 예상재해 중 붕괴재해 예방대책에 대하여 설명하시오.	
		- 126(10). 지반 등을 굴착하는 경우 굴착면의 기울기	
		- 136(25). 굴착면의 높이가 2m이상이 되는 지반의 굴착작업 시 사전조사 내용과 작업계획서 작성내용에 대하여 설명하시오.	

09	토공사 기출문제		
2. 굴착			
	3)	지하매설물	
		- 121(25). 구조물 등의 인접작업 시 다음의 경우에 준수해야 할 사항에 대하여 각각 설명하시오.	
		1) 지하매설물이 있는 경우	
		2) 기존구조물이 인접하여 있는 경우	
		- 131(25). 도심지 굴착공사 시 지하매설물에 근접해서 작업하는 경우 굴착 영향에 의한 지하매설물 보호와 안전사고를 예방하기 위한 안전대책 설명	
		- 103(25). 굴착공사 시 각종 가스관의 보호조치 및 가스누출 시 취해야 할 조치사항에 대하여 설명하시오.	

09-2-1 지반굴착공법의 종류

1. 지반굴착공법의 종류
   - ① 사면 개착 : 굴착부지 여유 시 흙막이,지보공 없이 굴착
   - ② 버팀보식 개착 : 흙막이벽설치 + 지보공(버팀대, 띠장 등)으로 지지하며 굴착
   - ③ 어스앵커식 개착 : 흙막이벽설치 + 어스탱커
   - ④ 역타공법 : 슬러리월을 본체구조물로 사용 + 지하,지상 동시 축조해가는 공법

09-2-2 굴착공사 재해발생 형태   117(25), 121(25), 122(25)

1. 굴착공사 주요 재해발생 형태
   - ① 굴착작업 시 토사 무너짐
   - ② 굴착기, 항타기 및 항발기 등 차량계 건설기계에 의한 부딪힘
   - ③ 버팀대 등 흙막이 가시설 설치.해체작업 시 떨어짐
   - ④ 천공 등 작업 시 토석 떨어짐
   - ⑤ 흙막이 가시설 등 중량물 운반 시 떨어져 맞음
   - ⑥ 매설물 파손에 의한 화재, 폭발
   - ⑦ 계측관리 미흡으로 인한 흙막이 붕괴
   - ⑧ 지반침하로 인한 덤프트럭 등 넘어짐

09-2-3 굴착공사 재해예방대책   117(25), 121(25), 122(25)

1. 굴착공사 재해예방대책
   - ① 사전조사 및 굴착작업계획 수립
   - ② 관리감독자의 지휘하에 작업
   - ③ 붕괴 토석 도달범위내 동시작업 금지
   - ④ 토사붕괴 예방 점검 및 조치 철저
   - ⑤ 흙막이 시설 및 단부에 추락재해 방지시설 설치
   - ⑥ 용수발생 시 작업중지, 배수실시, 흙막이 차수 설치 등 조치
   - ⑦ 작업장 좌우 피난통로 확보
   - ⑧ 반입 장비.기계에 대한 안전관리 철저
   - ⑨ 매설물 이설 및 방호조치

09-2-4 굴착작업 사전조사   136(25)

1. 개요
   - 굴착작업계획 수립 전에 굴착장소 및 그 주변지반에 대해 조사

2. 굴착작업 사전조사 사항 (산업안전보건기준에 관한 규칙 별표4)
   - ① 지반 형상·지질 및 지층의 상태
   - ② 균열·함수·용수 및 동결의 유무 또는 상태
   - ③ 매설물 등의 유무 또는 상태
   - ④ 지반의 지하수위 상태

09-2-5	토질조사 내용 및 방법	
1. 개요		
		기본적인 토질조사 대상은 지형, 지질, 지층, 지하수, 용수, 식생 등
2. 토질조사 내용 (굴착공사 표준안전 작업지침 제3조)		
		① 주변에 기 절토된 경사면의 실태조사
		② 지표, 토질에 대한 실태조사
		- 토질구성(표토, 토질, 암질)
		- 토질구조(지층의 경사, 지층, 파쇄대의 분포, 변질대의 분포)
		- 지하수 및 용수의 형상 등
3. 토질조사 방법		
		① 사운딩
		② 시추
		③ 물리탐사(탄성파조사)
		④ 토질시험 등

09-2-6	굴착작업계획 수립내용	116(25), 131(25), 134(25), 136(25)
1. 굴착작업계획 수립내용 (산업안전보건기준에 관한 규칙 별표4)		
		① 굴착방법 및 순서, 토사등 반출 방법
		② 필요한 인원 및 장비 사용계획
		③ 매설물 이설 및 보호대책
		④ 사업장내 연락방법, 신호방법
		⑤ 흙막이 지보공 설치방법 및 계측계획
		⑥ 작업지휘자의 배치계획
		⑦ 그 밖에 안전.보건에 관련된 사항

09-2-7	굴착작업 전 준비사항	116(25), 131(25), 134(25)
1. 굴착작업 전 준비사항		
		① 불안전한 상태 점검 및 즉시 조치
		② 근로자 적절히 배치
		③ 사용하는 기기, 공구 등 확인
		④ 안전모 및 안전대 착용 등 확인
		⑤ 작업방법, 순서 및 안전상의 문제점 교육
		⑥ 작업장소에 관계자 이외의 자가 출입금지 조치
		⑦ 차량 통로 확보

09-2-8	굴착면의 붕괴 등에 의한 위험방지	126(10), 131(25), 134(25)
1. 굴착면의 붕괴 등에 의한 위험방지 조치 (산업안전보건기준에 관한 규칙 제339조)		
		① 굴착면 기울기 기준 준수
		② 측구 설치
		③ 굴착경사면에 빗물 등의 침투에 의한 붕괴예방조치

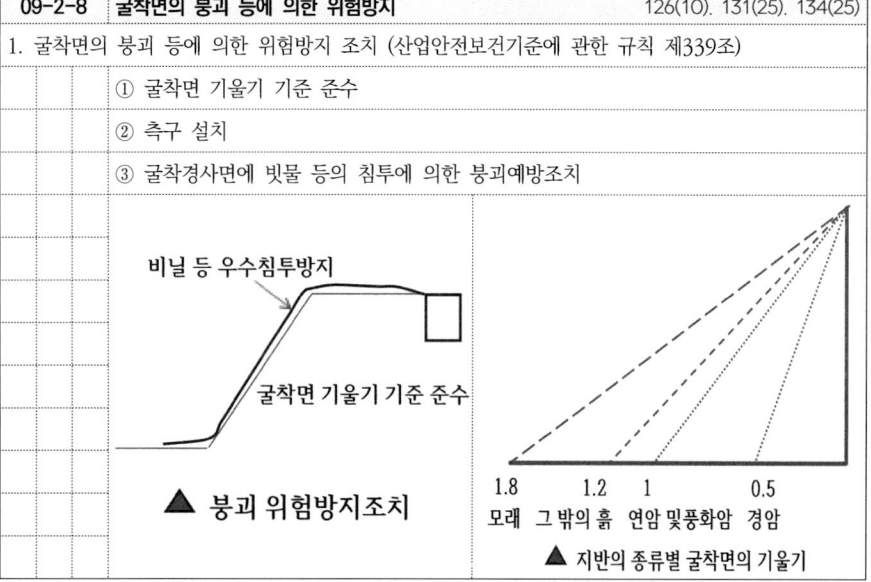

▲ 붕괴 위험방지조치

1.8	1.2	1	0.5
모래	그 밖의 흙	연암 및풍화암	경암

▲ 지반의 종류별 굴착면의 기울기

09-2-9	토석붕괴의 원인	117(25), 121(25)
1. 토석이 붕괴되는 외적 원인 (굴착공사 표준안전 작업지침 제28조)		
	① 사면, 법면의 경사 및 기울기의 증가	
	② 절토 및 성토 높이의 증가	
	③ 공사에 의한 진동 및 반복 하중의 증가	
	④ 지표수 및 지하수의 침투에 의한 토사 중량의 증가	
	⑤ 지진, 차량, 구조물의 하중작용	
	⑥ 토사 및 암석의 혼합층두께	
2. 토석이 붕괴되는 내적 원인		
	① 절토 사면의 토질·암질	
	② 성토 사면의 토질구성 및 분포	
	③ 토석의 강도 저하	

09-2-10	토사 붕괴의 형태
1. 개요	
	붕괴(collapse)란 파괴토체(비탈면 파괴면 상부에 존재하는 흙의 덩어리)가 비탈면에서 떨어져 나가 비탈끝 방향으로 이동한 상태
2. 토사 붕괴의 형태 (굴착공사 표준안전 작업지침 제29조)	

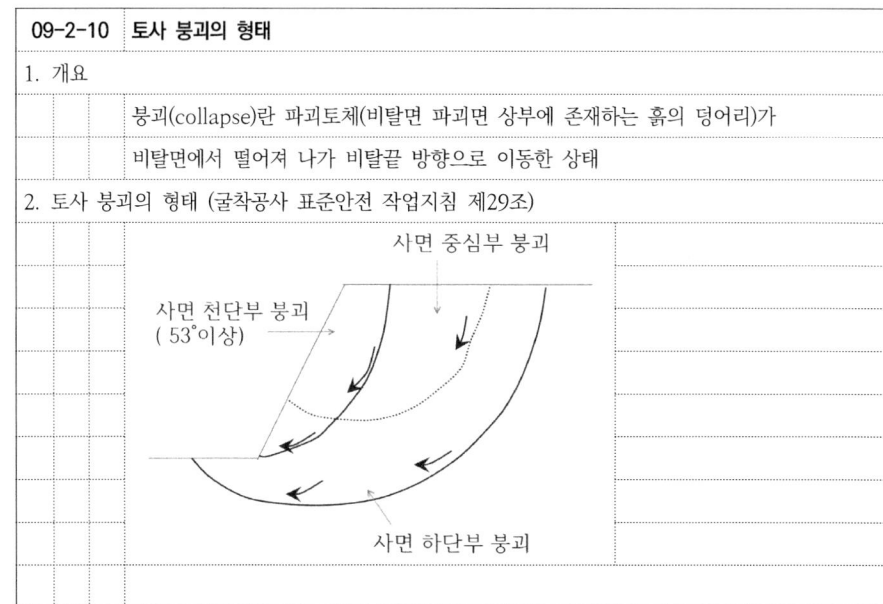

09-2-11	토사 붕괴 메카니즘
1. 토사 붕괴 메카니즘 (굴착공사 표준안전 작업지침 제29조)	

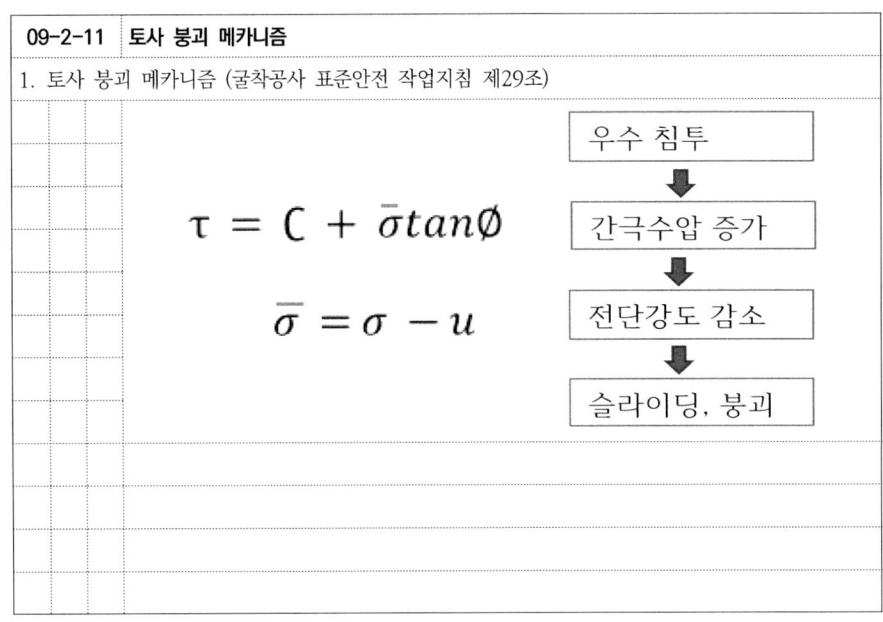

$$\tau = C + \bar{\sigma}\tan\emptyset$$

$$\bar{\sigma} = \sigma - u$$

우수 침투 → 간극수압 증가 → 전단강도 감소 → 슬라이딩, 붕괴

09-2-12	토사붕괴 예방하기 위한 점검사항
1. 토사붕괴 예방하기 위한 점검사항 (굴착공사 표준안전 작업지침 제32조)	
	① 전 지표면의 답사
	② 경사면의 지층 변화부 상황 확인
	③ 부석의 상황 변화의 확인
	④ 용수의 발생 유·무 또는 용수량의 변화 확인
	⑤ 결빙과 해빙에 대한 상황의 확인
	⑥ 각종 경사면 보호공의 변위, 탈락 유·무
	⑦ 점검시기는 작업전 중·후, 비온 후, 인접 작업구역에서 발파한 경우에 실시

09-2-13 지하매설물 인접굴착 작업 시 준수사항

1. 지하매설물 인접굴착 작업 시 준수사항
   ① 도면 등의 매설물 위치 파악한 후 줄파기작업
   ② 매설물 노출되면 관계기관, 소유자 및 관리자에게 확인시키고 방호조치
   ③ 매설물 이설 및 위치변경, 교체 등은 관계기관과 협의
   ④ 최소 1일 1회 이상은 순회 점검(와이어로우프의 인장상태, 접합부분 확인)
   ⑤ 매설물 관계기관과 협의하여 매설물 파손 방지대책 강구
   ⑥ 가스관과 송유관 등이 매설된 경우 화기사용 금지

09-2-14 기존구조물에 인접한 굴착 작업시 준수사항

1. 기존구조물에 인접한 굴착 작업시 준수사항
   ① 기존구조물의 기초상태, 지질조건 및 구조형태 조사
   ② 작업방식, 공법 등 충분한 대책과 작업상의 안전계획을 확인한 후 작업
   ③ 기존구조물 인접 및 하부 굴착 시 진동, 침하, 전도등 외력에 대한 안전성 확인

09-2-15 매설물 등 파손에 의한 위험방지

1. 매설물 등 파손에 의한 위험방지 조치 (산업안전보건기준에 관한 규칙 제341조)
   ① 매설물 이설, 방호조치
   ② 관리감독자 지휘하에 방호작업 실시

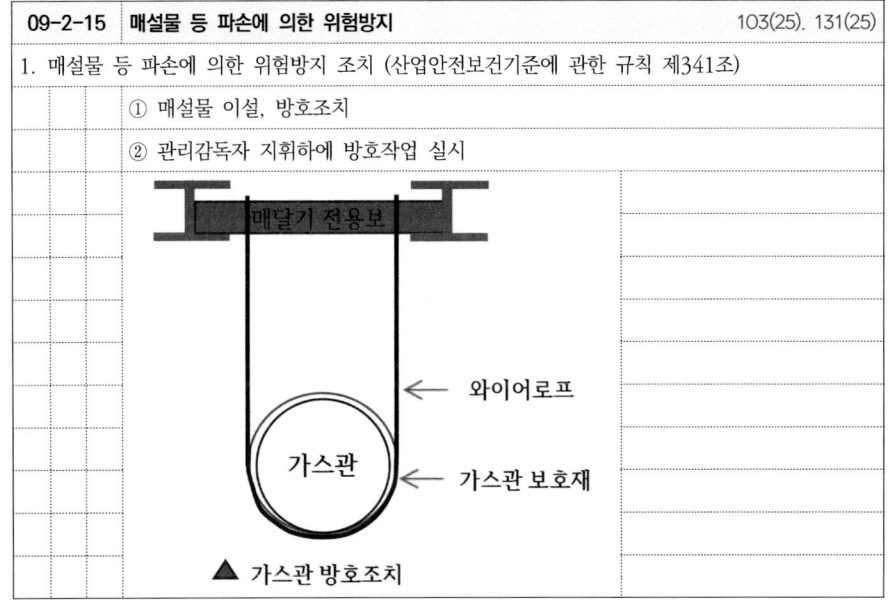

▲ 가스관 방호조치

09-2-16 언더피닝

1. 개요
   인접구조물 기초보다 깊게 굴착 시 인접구조물 기초보강 공법

2. 언더피닝 공법 종류
   ① 2중 널말뚝공법
   ② 차단벽 설치 공법
   ③ 현장 콘크리트 말뚝 공법
   ④ 강재 말뚝공법
   ⑤ 주입공법 : 약액주입, LW공법
   ⑥ 배수공법 : well point

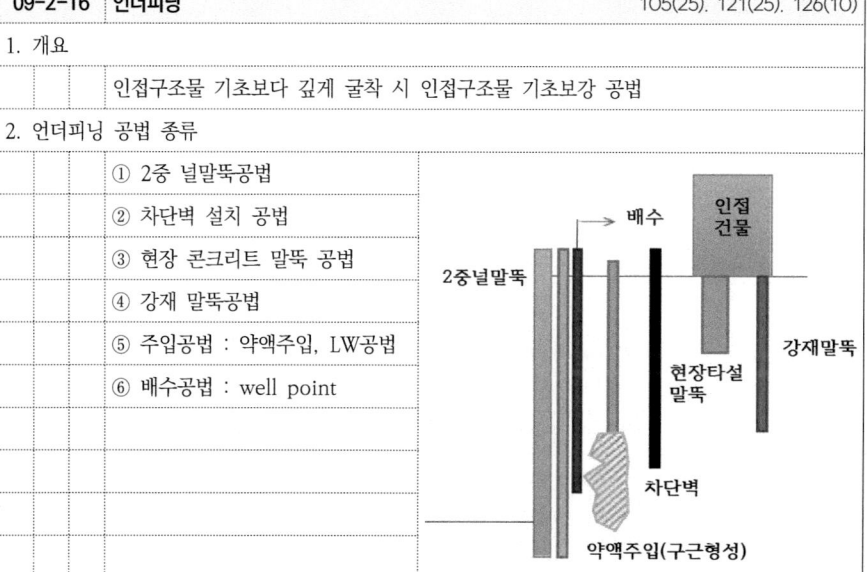

09	토공사 기출문제
3. 흙막이	
	1) 흙막이공법
	- 121(10). 흙막이공법 선정 시 유의사항
	- 130(25). 굴착공사 시 적용 가능한 흙막이 벽체 공법의 종류와 구조적 안전성 검토사항에 대하여 설명하고, 히빙(heaving)현상과 파이핑(piping)현상의 발생원인과 안전대책에대하여 설명하시오.
	- 123(25). 지하굴착공사 시 흙막이 가시설공법의 특징(H-Pile + 토류판, 어스앵커공법), 시공단계별 사고유형 및 안전대책에 대하여 설명하시오.
	- 112(25). 토류벽의 안전성 확보를 위한 토류벽 지지공법의 종류와 각 공법별 안전성 확보를 위한 주의사항에 대하여 설명하시오.
	- 126(10). 흙막이 지보공을 설치했을 때 정기적으로 점검해야 할 사항
	- 94(10). 흙막이 지보공 설치시 정기적 점검항목("산업안전기준에 관한 규칙"근거)

09	토공사 기출문제
3. 흙막이	
	1) 흙막이공법
	- 107(25). 지하굴착공사를 위한 흙막이가시설의 시공계획서에 포함할 내용과 지하수 발생시 대책공법에 대하여 설명하시오.
	- 128(25). 흙막이공사의 시공계획 수립 시 포함되어야 할 내용과 시공 시 관리사항에 대하여 설명하시오.
	- 115(25). 건설공사의 흙막이지보공법을 버팀보공법으로 설계하였다. 시공 전 도면검토부터 버팀보공법 설치, 유지관리, 해체 단계별 안전관리 핵심요소를 설명
	- 132(10). 가시설 흙막이에서 Wale Beam(띠장)의 역할

09	토공사 기출문제
3. 흙막이	
	2) 지중연속벽
	- 90(10). Slurry wall(지중연속벽)
	- 118(25). 도심지 건설현장에서의 지하연속벽 시공 시 안정액의 정의, 역할, 요구 조건 및 사용시주의사항에 대하여 설명하시오.
	- 130(10). 지하연속벽 일수현상 및 안정액의 기능
	- 113(25). 흙막이공사에서 안정액의 기능과 요구성능을 설명하시오.
	- 93(10). 슬라임(slime)의 필요성과 처리방법
	- 137(10). 지반굴착 시 안정액
	3) 주열식 Slurry Wall 공법
	- 132(25). SCW(Soil Cement Wall) 공법의 안내벽(Guide Wall), 플랜트(Plant)의 설치와 천공 및 시멘트 밀크 주입 시 안전조치 사항을 설명하시오
	- 111(25). S.C.W(Soil Cement Wall) 공법에 대하여 설명하여.

09	토공사 기출문제
3. 흙막이	
	4) Earth Anchor
	- 132(10). Earth Anchor 시공 시 안전 유의사항
	- 104(10). 어스앙카 자유장(earth anchor free length)의 역할
	- 100(25). 어스앙카공법 시공시 안전대책
	- 114(25). 흙막이(H-pile+토류판) 벽체에 어스앵커 지지공법의 시공단계별 위험요인 및 안전대책에대하여 설명하시오.
	5) Top Down
	- 130(25). 도심지에서 고층의 건물 공사 시 적용되는 Top Down 공법의 특성 및 시공 시 유의해야 하는 위험요인과 안전대책을 설명하시오.
	- 137(25). 도심지 지하 7층, 지상 29층의 오피스텔을 탑다운 공법으로 공사를 시행하려고 한다. 공사단계별 중점 안전관리방안에 대하여 설명하시오.

09	토공사 기출문제		
3. 흙막이			
	6)	문제점	
		- 100(25). 우기철 도심지에서 지하5층 깊이의 굴착공사시 흙막이벽 수평변위와 인접지반의 침하원인과 설계 및 공사중 안전대책	
		- 107(25). 경사지에 흙막 (H-Pile 토류판)지지공법으로 어스앵커 를 시공하면서 토공굴착 중 폭우로 인하여 기 시공된 흙막이지보공의 붕괴징후가 발생 이에 따른 긴급 조치사항과 추정되는 붕괴의 원인 및 안전대책 설명	
		- 109(25). 도심지 지하굴착공사 시 토류벽 배면의 누수로 인하여 인접건물에 없던 균열·침하·기울어짐 현상이 발생하였다. 발생원인 및 안전대책 설명	
		- 101(25). 지하 구조물 시공위한 토류벽 설치시 지하수위가 굴착면보다 높은 경우 굴착시 안전 유의사항과 붕괴방지대책	
		- 122(25). 도심지 아파트건설공사 지반굴착 시 지하수위 저하에 따른 피해저감 대책에 대하여 설명하시오.	

09	토공사 기출문제		
3. 흙막이			
	6)	문제점	
		- 103(25). 경사지 지반에서 굴착공사 시 흙막이지보공에 대한 편토압 부하요인들과 사고우려 방지대책을 설명하시오.	
		- 120(25). 도심지에서 흙막이 벽체 시공 시 근접구조물의 지반침하가 발생하는 원인 및 침하방지 대책에 대하여 설명하시오	
		- 111(25). 굴착공사 시 적용 가능한 흙막이 공법의 종류와 연약지반 굴착 시 발생 할 수 있는 히빙(Heaving)현상과 파이핑(Piping)현상의 안전대책 설명	
		- 91(10).115(10). 히빙(Heaving) 현상	
		- 112(10). 흙의 보일링(boiling) 현상 및 피해	
		- 120(10). Piping 현상	
		- 119(10). Quick Sand	
		- 137(10). 지반침하	

09	토공사 기출문제		
3. 흙막이			
	7)	계측	
		- 129(25). 토공사 중 계측관리(計測管理)의 목적, 계측항목별 계측기기의 종류 및 계측시 고려사항에 대하여 설명하시오.	
		- 132(25). 도심지 지하굴착공사 시 인접 건물의 사전조사 항목 및 굴착공사의 계측기 배치기준, 계측방법에 대하여 설명하시오.	
		- 108(25). 도심지 지상25층, 지하5층 굴착현장에 지하1층, 지상5층, 3개동, 지상33층, 지하6층의 건물이 인접해 있다. 주변환경을 고려한 계측항목, 계측빈도, 계측시 유의사항에 대하여설명하시오.	
		- 110(25).117(25). 구조물 공사에서 시행하는 계측관리의 목적과 계측방법에 대하여 구체적으로 설명하시오.	
		- 124(25). 흙막이공사(H-pile + 토류판, 버팀보)의 계측관리계획(계측항목, 설치위치,관리기준)과 관리기준 초과 시 안전대책에 대하여 설명	

09-3-1 흙막이 공법   111(25), 112(25), 130(25)

1. 개요
   - 흙막이 배면에 작용하는 토압에 대응하는 구조물

2. 흙막이공법 분류

벽체형식에 따른 분류	지지 구조형식에 따른 분류
① 엄지말뚝+흙막이 판 벽체	① 자립식
② 강널말뚝(steel sheet pile) 벽체	② 버팀구조 형식
③ 소일시멘트 벽체(soil cement wall)	③ 지반앵커 형식
④ CIP(Cast In Placed Pile)	④ 네일링 형식
⑤ 지하연속벽체	⑤ 경사고임대 형식

09-3-2 흙막이 가시설 설치·해체작업 재해예방대책   123(25)

1. 흙막이 가시설 설치·해체작업 재해예방대책
   - ① 사전조사 및 굴착작업계획 수립
   - ② 관리감독자의 지휘하에 작업
   - ③ 붕괴 토석 도달범위내 동시작업 금지
   - ④ 토사붕괴 예방 점검 및 조치 철저
   - ⑤ 흙막이 시설 및 단부에 추락재해 방지시설 설치
   - ⑥ 용수발생 시 작업중지, 배수실시, 흙막이 차수 설치 등 조치
   - ⑦ 작업장 좌우 피난통로 확보
   - ⑧ 반입 장비·기계에 대한 안전관리 철저
   - ⑨ 매설물 이설 및 방호조치

09-3-3 흙막이 지보공 붕괴 등의 위험 방지   94(10), 126(10)

1. 흙막이 지보공 붕괴 등의 위험 방지를 위한 점검사항 (안전보건규칙 제347조)
   - ① 부재의 손상·변형·부식·변위 및 탈락의 유무와 상태
   - ② 버팀대의 긴압(緊壓)의 정도
   - ③ 부재의 접속부·부착부 및 교차부의 상태
   - ④ 침하의 정도

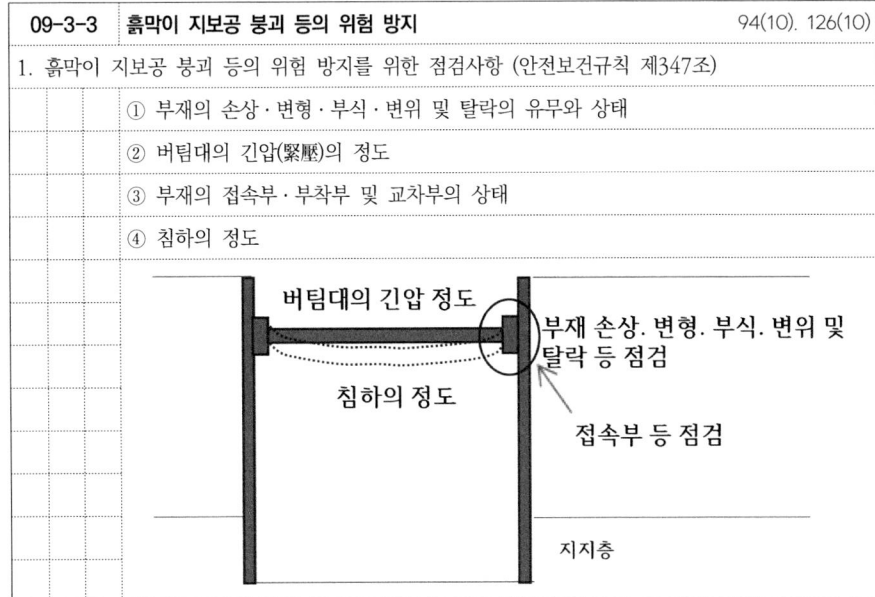

09-3-4 Slurry wall (지하연속벽)   90(10)

1. 개요
   - 지중 굴착, 철근망 삽입, 콘크리트 타설하여 연속적으로 흙막이 벽체 조성

2. 종류
   - ① 벽식 - 안정액 이용하여 공벽붕괴방지
   - ② 주열식 - 현장타설 콘크리트파일 주열벽 형성(SCW, CIP)

3. 시공순서

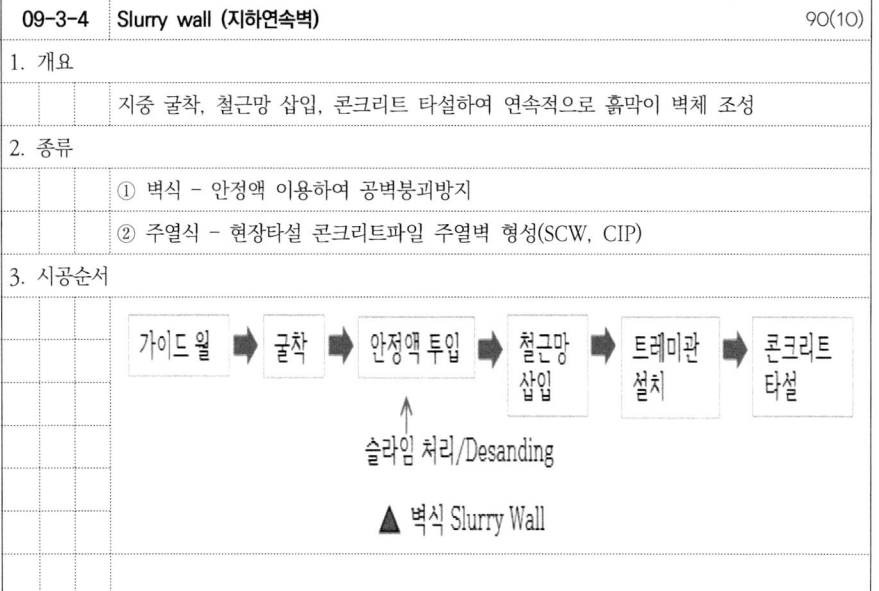

09-3-5 주열식 Slurry Wall 공법   111(25), 132(25)

1. 주열식 Slurry Wall 공법

   1) SCW(Soil Cement Wall) 공법
      - 3축오거로 천공 후 지반 흙과 모르타르를 혼합, 보강재 삽입하여 흙막이벽 형성

   2) CIP(Cast In Place Pile) 공법
      - 시추기로 천공 H-Pile과 철근망 삽입 후 콘크리트 타설하여 흙막이벽 형성

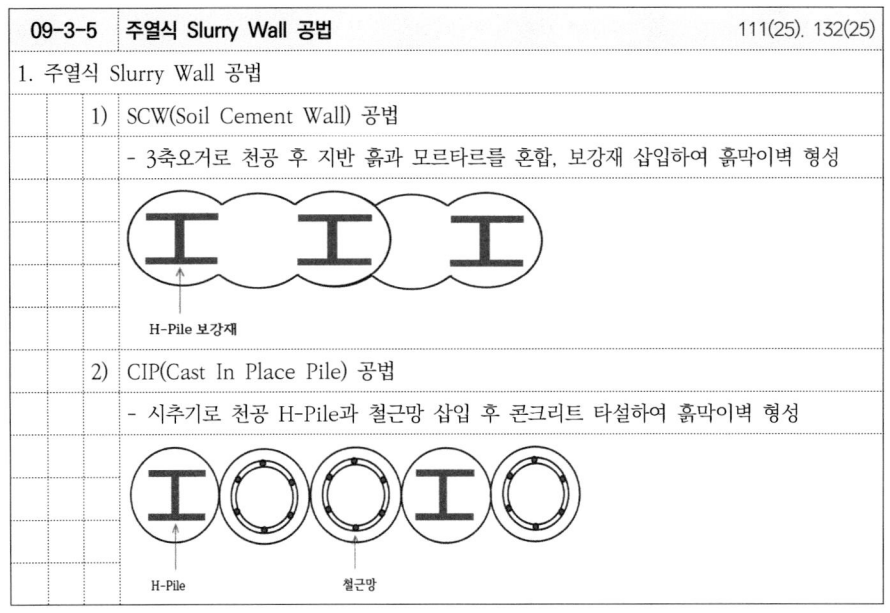

09-3-6 가이드 월   132(25)

1. 개요

   지하 연속벽 시공 전 지표면의 붕괴방지, 수직도 유지 등을 위해 설치

2. 가이드 월의 역할

   ① 벽체의 수직도 유지
   ② 지표면 붕괴방지
   ③ 철근망 거치대 역할
   ④ 내외측 토압방지
   ⑤ 굴착장비 위치보호

09-3-7 안정액   113(25), 118(25), 130(10), 137(10)

1. 개요

   굴착공벽의 붕괴를 막고 지반을 안정시키는 비중이 큰 액체

2. 안정액의 역할

   ① 공벽 붕괴방지
   ② 부유물 침전 방지
   ③ 굴착부 마찰 저감
   ④ 굴착토사 분리배출

3. 안정액의 요구성능

   ① 굴착벽면 조막성 - 불투성 막
   ② 적당한 비중
   ③ 화학적 안정성 : 양이온, Ca이온 영향 ⇒ 응집 (열화)
   ④ 물리적 안정성 : 실린더 속 10시간 이상 정치시 불안정

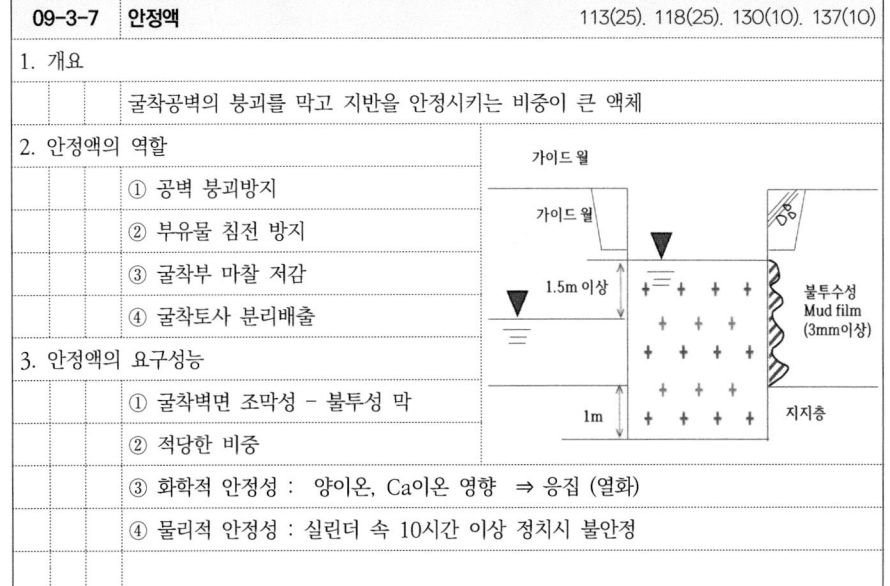

09-3-8 Slime 및 Desanding   93(10), 105(25)

1. 개요

   Slime은 수중굴착시 흙의 고운입자가 안정액과 혼합하여 가라앉은 부유물질

   Desanding은 슬라임 1차처리(안정액의 품질관리)

2. Slime의 영향

   ① 벽체 하부 지수성 저하
   ② 콘크리트 유동성 저하
   ③ 철근망 부상 초래

3. Desanding

   ① 슬라임 처리
   ② gel화 방지
   ③ 콘크리트 치환능력 향상
   ④ 모래함유율 5%이하 까지 실시

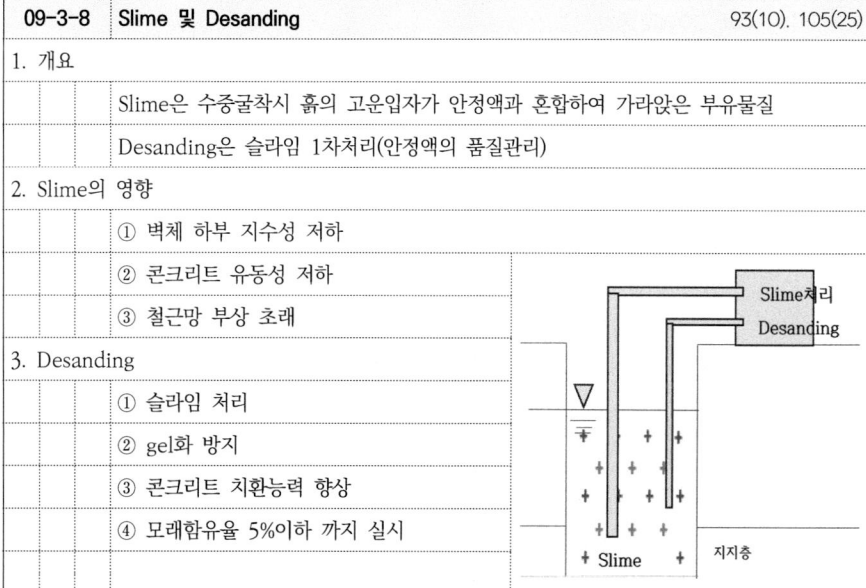

09-3-9 Earth Anchor   132(10),100(25),104(10)

1. 개요
   - 흙막이벽 배면을 천공하고 앵커체를 설치하여 주변지반과의 마찰저항으로
   - 토압 및 수압에 저항하는 공법

2. Earth Anchor 구조

   (정착구, 자유장, PS강선, 정착장, 그라우팅, 가상 파괴선)

09-3-10 Earth Anchor 지지공법 시공 시 안전대책   114(25)

1. Earth Anchor 지지공법 시공 시 안전대책
   ① Anchor체는 피아노 강선 형태로 찔림 방지조치 철저
   ② 천공 중 지하매설물 파손 예방을 위해 사전조사 철저
   ③ 정착길이 확보(고정단, 자유단 길이 적정성 검토)
   ④ 천공장비 소단의 지지력 확보
   ⑤ 가설전기 점검
   ⑥ 앵커체 최대 인장력은 항복강도 90% 이내에서 유지되도록 관리
   ⑦ 인장시 강선 파단위험에 주의

09-3-11 TOP DOWN 공법

1. 개요
   - 지하구조물, 지상구조물을 동시에 구축하는 공사/ 도심지내 주로 사용

2. TOP DOWN 공법 종류 (KOSHA C - 60 - 2015)
   ① 완전 탑다운 공법(Full Top Down)
   - 지하층 전체를 탑다운 공법으로 시공하는 공법
   ② 부분 탑다운 공법(Partial Top Down)
   - 지하층 일부분만 탑다운 공법을 적용하고 나머지 구간은 오픈 컷 공법을 적용
   ③ S.P.S 공법(Strut as Permanent System Method)
   - 지보공 역할을 철골기둥과 보를 이용하여 지보공 역할, 콘크리트 구축
   ④ C.W.S 공법(Buried Wale Continuous Wall System
   - 매립형 띠장공법은 매립형 철골띠장과 슬래브 강막작용을 이용한 역타공법

09-3-12 TOP DOWN 공법 장.단점   130(25)

1. TOP DOWN 공법 장.단점
   1) 장점
      ① 지상, 지하 동시작업으로 공기단축
      ② 인접건물에 악영향(소음.진동) 적음
      ③ 1층바닥 작업장으로 활용
      ④ 1층 슬래브 선시공하여 우천시 시공가능
   2) 단점
      ① 공사비 고가
      ② 구조이음 등 기술적으로 난해
      ③ 지하환기, 조명시설 필요
      ④ 철저한 계측관리 요함
      ⑤ 협소한 지하공간으로 굴착장비 선정에 제약

09-3-13 TOP DOWN 공법 시공순서

1. TOP DOWN 공법 시공순서

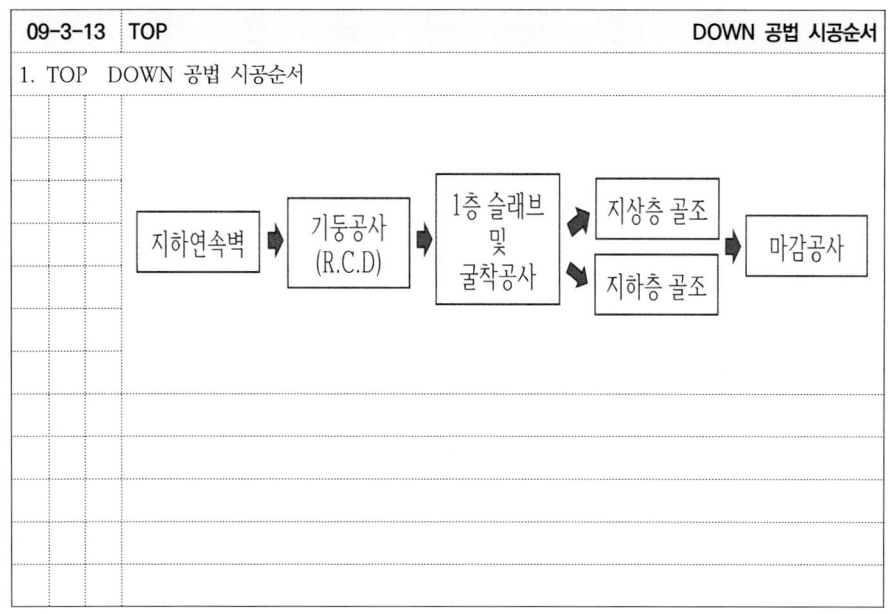

09-3-14 TOP DOWN 공사 시 유해.위험요인

1. TOP DOWN 단위 작업별 유해.위험요인 (KOSHA C - 60 - 2015)
   1) 지하연속벽 작업
      ① 굴착면 토사유출로 지반침하 발생 시 중장비 넘어짐 위험
      ② 철근망 인양 시 줄걸이방법 불량으로 철근망 떨어져 맞음 위험
   2) R.C.D 작업
      - 케이싱 내부로 근로자 떨어짐 위험
   3) 1층 슬래브 및 굴착작업
      ① 토사 반출작업 시 토사등 떨어져 맞음 위험
      ② 협소한 지하공간으로 굴착장비에 부딪힘 위험
   4) 골조작업
      - 철골기둥과 보철근간 접합부 처리 미흡으로 인한 붕괴사고 위험
   5) 마감작업
      - 지하층 밀폐공간 작업 시 질식 위험

09-3-15 TOP DOWN 단위 작업별 안전대책

1. TOP DOWN 단위 작업별 안전대책 (KOSHA C - 60 - 2015)
   1) 지하연속벽 작업
      ① 굴착면 붕괴방지 및 토사유출 방지를 위한 안정액 관리
      ② 철근망의 조립상태 사전점검 및 철근망 지지할수 있는 줄걸이 방법으로 인양
   2) R.C.D 작업
      - 케이싱 상부에 덮개를 설치하거나 주위에 방호울 등 안전시설물 설치
   3) 1층 슬래브 공사 및 굴착작업
      ① 사용 장비별로 낙하비래 방지대책수립, 골조작업과 복합적 안전관리 수행
      ② 암반 굴착작업은 굴착방법별로 안전작업대책 수립. 시행
   4) 골조작업
      - 구조물 붕괴 방지를 위한 구조전문가와 지속적으로 검토 및 보강작업 확인
   5) 마감공사
      - 지하층 밀폐공간작업 보건프로그램 시행

09-3-16 흙막이 시공시 문제점

1. 흙막이 시공시 문제점
   ① 연약 점성토지반의 히빙
   ② 사질토지반의 보일링
   ③ 지반침하 및 앵커시스템 파괴
   ④ 사면활동에 의한 파괴
   ⑤ 지하수 유입 및 유출
   ⑥ 토류벽체의 과도한 수평변위
   ⑦ 뒤채움불량에 배면 지반침하
   ⑧ 좌굴에 의한 띠장 파괴

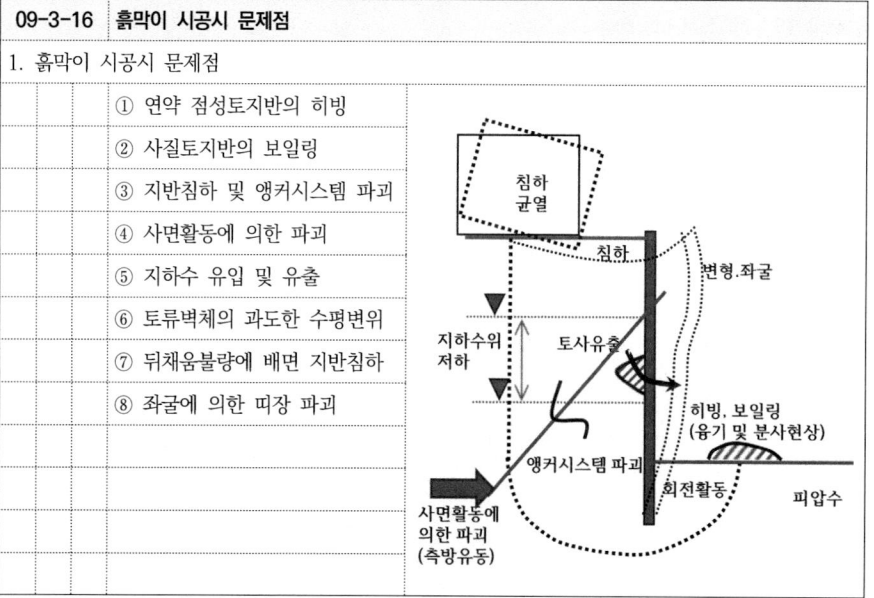

09-3-17	흙막이 시공시 인접구조물 지반침하, 흙막이 붕괴 원인	100(25),107(25),120(25)
1. 흙막이 시공시 인접구조물 지반침하, 흙막이 붕괴 원인 137(10)		
	① 계측관리 미흡으로 인한 흙막이 변형	
	② 근입깊이 부족등의 시공관리 미흡으로 인한 히빙, 보일링 발생	
	③ 흙막이 배면의 뒷채움 불량	
	④ 강제배수로 지하수위 저하	
	⑤ 피압수 상승	
	⑥ 우수침투로 인한 주동토압 상승	
	⑦ 과굴착	

09-3-18	흙막이 시공시 인접구조물 지반침하, 흙막이 붕괴방지대책	100(25),107(25),120(25)
1. 흙막이 시공시 인접구조물 지반침하, 흙막이 붕괴 방지대책 137(10)		
	① 흙막이벽의 근입깊이 증가	
	② 흙막이 배면 과대 상재하중 제거	
	③ 소단 설치하여 수동토압 증대	
	④ 계측관리 철저	
	⑤ 토류판 배면 약액주입으로 뒷채움 철저	
	⑥ 흙막이 스트러트 좌굴 방지대책 실시	
	⑦ 히빙, 보일링 방지대책 강구	
	⑧ 우수침투 방지대책 실시	
	⑨ 흙막이 강성 확보	

09-3-19	히빙현상 heaving	91(10),115(10),111(25)
1. 개요		
	흙막이 벽체 내외부의 흙의 중량 차로 인해 굴착 저면이 부풀어 오르는 현상	
2. 히빙현상		

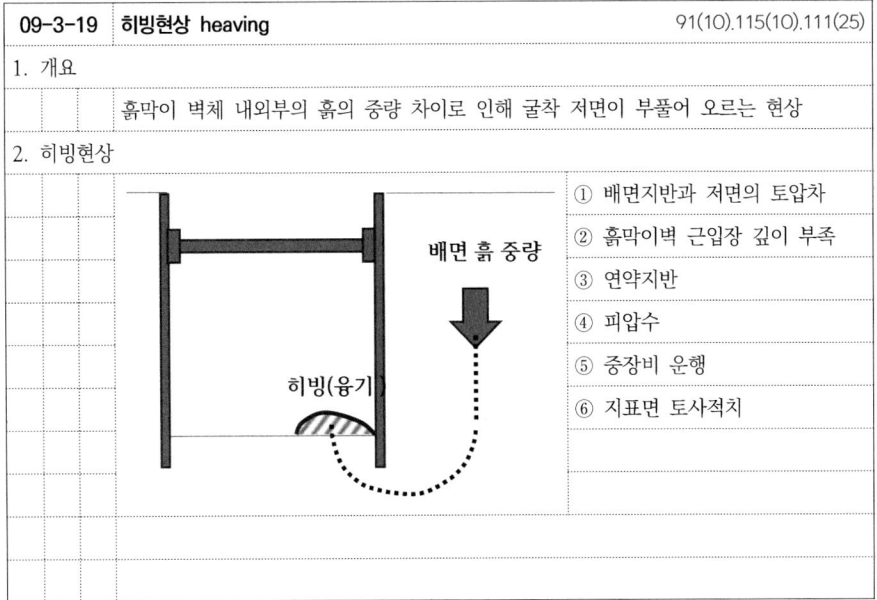

① 배면지반과 저면의 토압차
② 흙막이벽 근입장 깊이 부족
③ 연약지반
④ 피압수
⑤ 중장비 운행
⑥ 지표면 토사적치

09-3-20	boiling 현상	112(10)
1. 개요		
	사질토 지반의 흙막이 배면 지하수위가 굴착저면보다 높을 때 굴착저면 흙과 물이 위로 솟구쳐 오르는 현상	
2. boiling 현상		

① 배면지반과 저면과의 수위차
② 포화지반
③ 흙막이벽 근입장 깊이 부족
④ 굴착저면 사질지반
⑤ 피압수

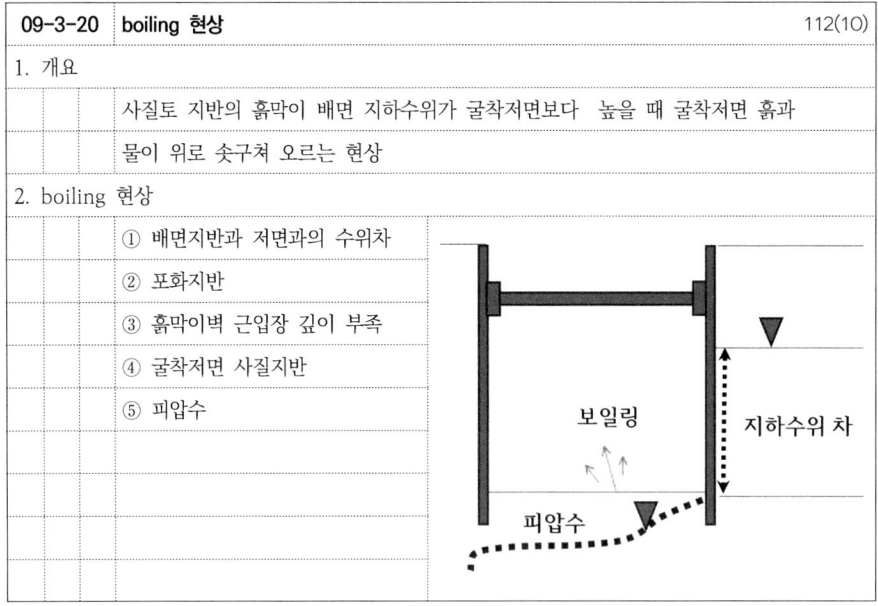

09-3-21 piping 현상   115(10), 120(10)

1. 개요
흙막이 배면에 pipe 모양의 물의 통로가 생겨 흙이 세굴되어 지반침하

2. piping 현상

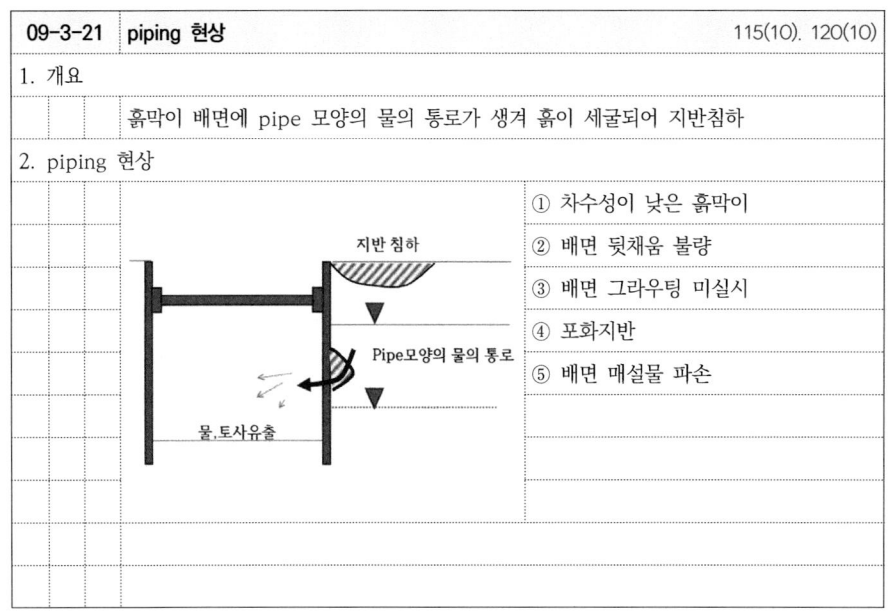

① 차수성이 낮은 흙막이
② 배면 뒷채움 불량
③ 배면 그라우팅 미실시
④ 포화지반
⑤ 배면 매설물 파손

09-3-22 피압수

1. 개요
지반 내 상.하의 불투수층 사이에 높은 압력을 갖는 지하수

2. 피압수 문제점

① 터파기의 용출현상
② 슬러리월의 공벽붕괴
③ 부력발생

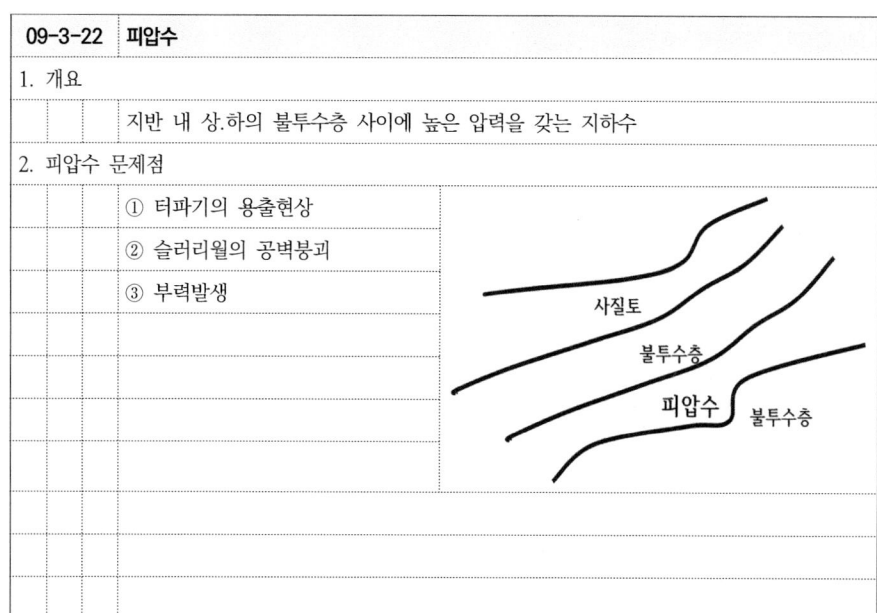

09-3-23 투수계수

1. 개요
물이 흙의 간극을 통과하여 이동하는 속도

2. Darcy의 법칙

Q = KiA

Q : 침투유량   K : 투수계수

A : 단면적

투수계수 大 → 압밀침하속도 빠름

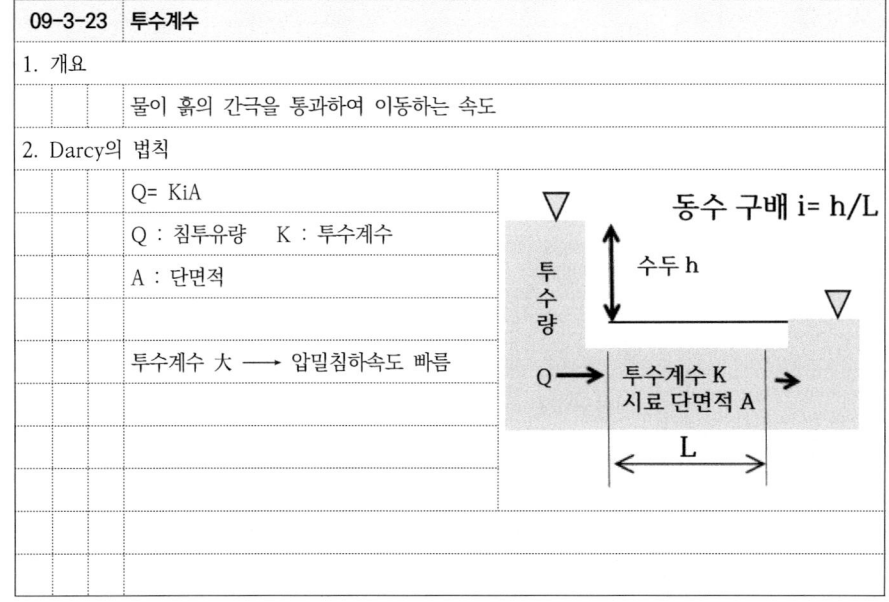

동수 구배 $i = h/L$

09-3-24 침투압

1. 개요
침투수가 흐를 때 흙입자에 가하는 마찰력

2. 침투압

침투압 = 물의 단위중량 * 동수구배 * 심도

침투압 상승 → 분사현상(Quicksand) → 보일링 → 수리구조물 붕괴

3. 용도

① 양압력 산정
② 파이핑 판정

09-3-25 한계동수구배

1. 개요
   - 흙 중의 유효응력이 "0" 일때의 동수구배
   - 상향 침투압이 증가되어 분사현상이 발생할때의 동수구배

2. 한계동수구배
   - 한계동수구배 = (흙의 비중-1)/(1+간극비)

09-3-26 유선망   102(10), 114(10)

1. 개요
   - 유선(물침투 경로)과 등수두선(수두가 같은점 연결선)으로 이루어진 망

2. 유선망

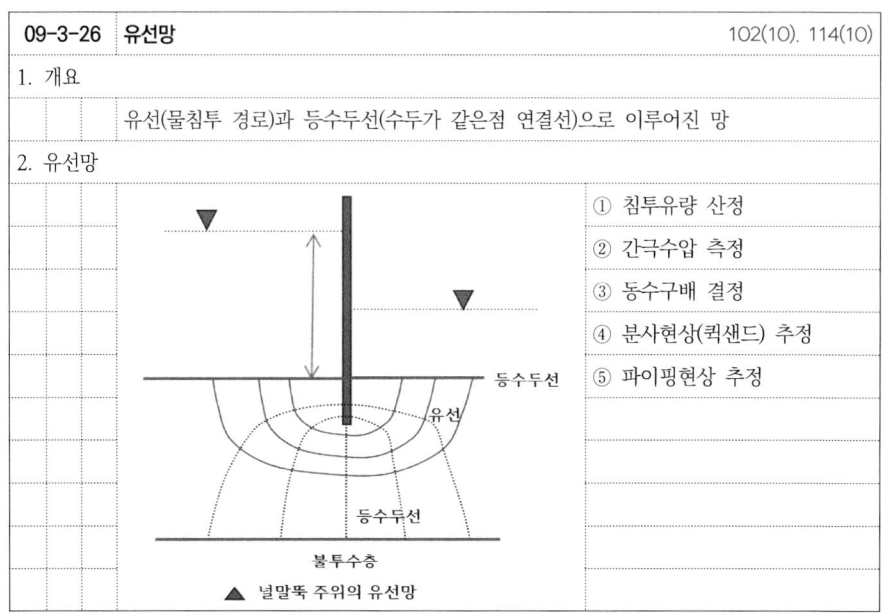

① 침투유량 산정
② 간극수압 측정
③ 동수구배 결정
④ 분사현상(퀵샌드) 추정
⑤ 파이핑현상 추정

▲ 널말뚝 주위의 유선망

09-3-27 소단

1. 개요
   - 절.성토 및 지하 터파기 시 안정성 확보를 위해 구배를 수평으로 완화한 평탄부분

2. 소단설치 목적
   ① 흙막이 수동토압 증대
   ② 사면 안정성 확보

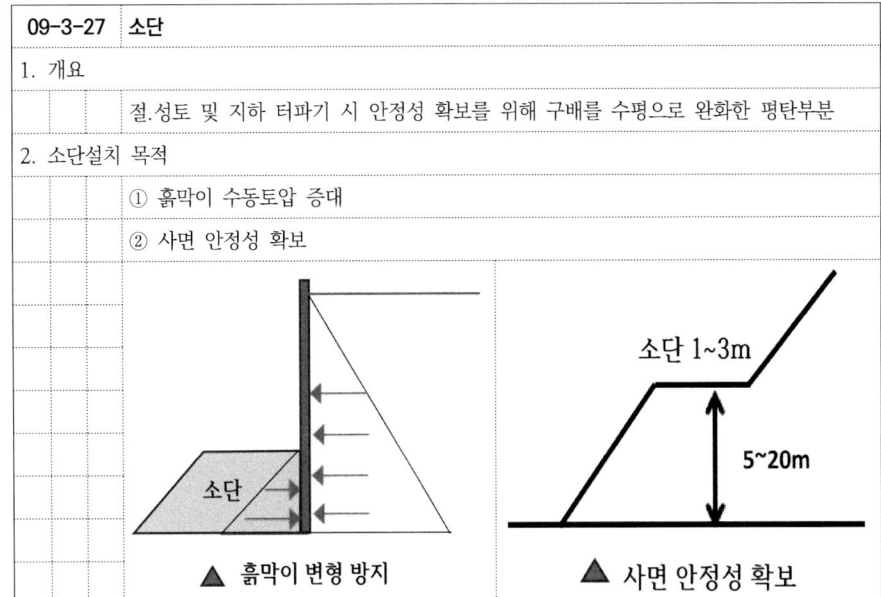

▲ 흙막이 변형 방지   ▲ 사면 안정성 확보

09-3-28 흙막이 계측   108(25),110(25),117(25),124(25),129(25),132(25)

1. 개요
   - 계측이란 설계 및 시공 시에 발생되는 오차, 오류를 보완하기 위해 기구 활용하여 구조물과 지반 등의 거동을 측정하는 행위

2. 흙막이 계측기 종류 (KOSHA C - 103 - 2014)

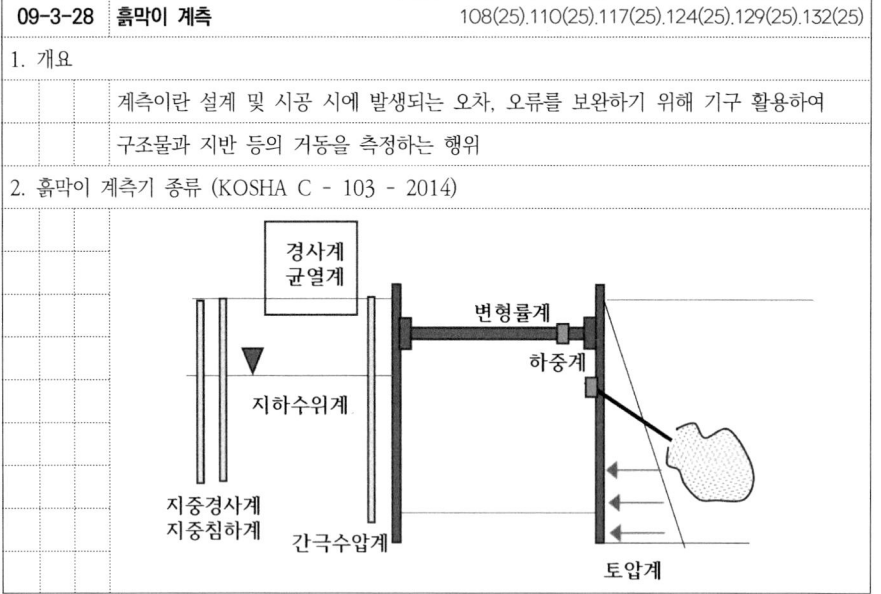

09	토공사 기출문제
4. 기초	
	1) 얕은기초
	- 90(10). 지반의 파괴형태
	- 127(10). 얕은기초의 하중-침하 거동 및 지반의 파괴형태
	- 102(10). 지반의 전단파괴
	- 113(25). 흙의 전단파괴 종류와 특징을 설명하시오.
	- 94(10). 얕은 기초의 굴착공법

09	토공사 기출문제
4. 기초	
	2) 말뚝기초
	- 103(10). PDA(Pile Driving Analyzer)
	- 102(25). 기초말뚝의 허용지지력을 추정하는 방법과 허용지지력에 영향을 미치는 요인
	- 106(25). 기성콘크리트말뚝의 파손의 원인과 방지대책 그리고 시공 시 유의사항 및 안전대책에 대하여 설명하시오
	- 100(10). 말뚝의 폐색효과
	- 110(10). 배토말뚝과 비배토말뚝
	- 105(25). 건설현장에서 시행하는 대구경 현장타설 말뚝기초(RCD) 공법의 철근 공상 방지대책과 슬라임 처리방안에 대하여 설명하시오.

09	토공사 기출문제
4. 기초	
	3) 문제점
	- 94(10).117(10). Pile 기초의 부마찰력(Negative Pressure)
	- 102(25). 구조물의 시공시 발생하는 양압력과 부력의 발생원인 및 방지대책
	- 108(25). 공사 중 발생될 수 있는 지하구조물의 부상요인과 그 안전대책 설명
	- 109(25). 지지말뚝의 부마찰력이 발생하여 구조물에 균열이 발생했다. 원인과 방지대책을 설명하시오.
	- 111(25). 건축구조물의 부력발생원인과 부상방지를 위한 공법별 특징과 유의사항 및 중점안전관리대책에 대하여 설명하시오.
	- 114(25). 하천구역 인근에서 지하구조물 공사 시 지하수 처리공법의 종류와 지하구조물 부상 발생원인 및 방지대책에 대하여 설명하시오.
	- 119(25). 건축구조물의 부력 발생원인과 부상방지 공법별 특징 및 중점안전관리 대책에 대하여 설명하시오.

09	토공사 기출문제
4. 기초	
	3) 문제점
	- 137(25). 지반에서 발생하는 부마찰력의 발생원인 및 방지대책에 대하여 설명.

09	토공사 기출문제
4. 기초	
	4) 기초보강
	- 105(25). 기존 구조물을 보존하기 위하여 실시하는 기초보강공법인 Under pinning 의 종류와 시공시 안전대책에 대하여 설명하시오.
	- 126(10). 언더피닝(Under Pinning) 공법의 종류별 특성

09-4-1 기초공법 분류 94(10)

1. 개요

   구조물의 하중을 지반에 안전하게 전달시키는 최하부 구조부분

2. 기초공법 분류

1)얕은(직접)기초		-독립기초	
		-매트기초	
		-보상기초	
2)깊은(말뚝)기초	-재료별	-기성말뚝	-RC, PC, PHC, 강
		-현장타설	-굴착 -Prepacked공법(CIP,MIP,PIP)
	-공법별	-타입,압입	-레이몬드, 페데스탈, 프랭키
		-매입	-SIP, 중굴
		-굴착	-인력 : 심초공법 -기계 : 베노토, RCD, 어스드릴
		-케이슨	

09-4-2 얕은기초, 깊은기초

1. 얕은기초, 깊은기초 종류

얕은기초	푸팅기초	독립기초, 복합기초, 연속기초
	전면기초	
깊은기초		선단지지말뚝, 마찰말뚝

2. 얕은기초, 깊은기초 비교

구분	얕은기초	깊은기초
정의	$\dfrac{D}{B} \leq 1$	$\dfrac{D}{B} > 1$
하중	직접전달	pile 등
지반	양호	연약지반

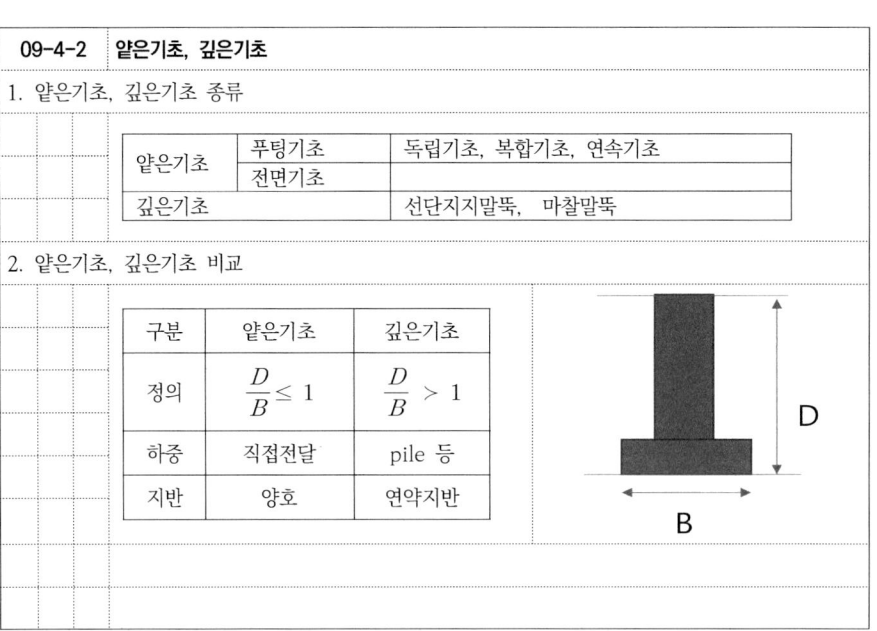

| 09-4-3 | 기초 허용지지력 | 102(25) |

1. 개요

극한 지지력에 대하여 소정의 안전율을 가지며 침하량이 허용치 이하가 되게 하는 하중강도의 최대치를 의미

2. 기초 허용지지력

1) 허용지지력$(Ra) = \dfrac{\text{극한지지력}(Ru)}{\text{안전율}(Fs)}$

① 얕은기초 - 지지력에 의해 결정
② 깊은기초 - 침하에 의해 결정

2) 극한지지력(Ru)
= 선단지지력(Rb) + 주면마찰력(Rs)

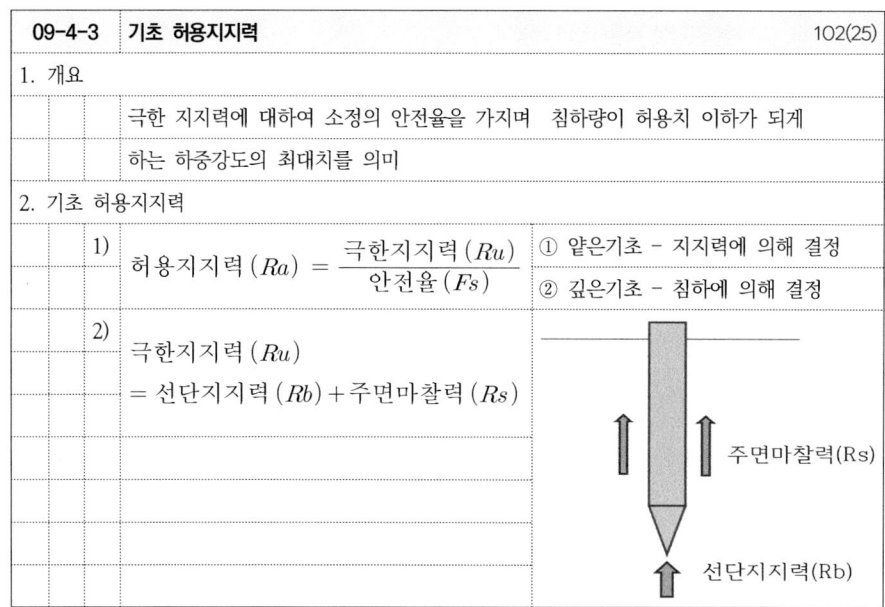

주면마찰력(Rs)
선단지지력(Rb)

| 09-4-4 | Top Base공법 | |

1. 개요

짧은 팽이형 콘크리트 파일을 연속압입 설치, 쇄석다짐 후 상부 철근 결속 후 콘크리트 매트 기초타설

2. 원리

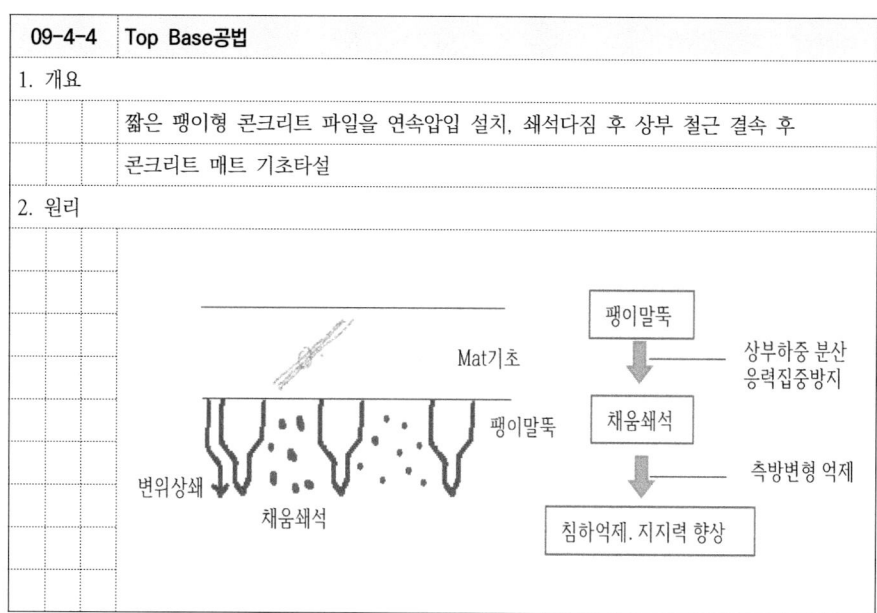

| 09-4-5 | 얕은기초 지반 파괴형태 | 90(10), 127(10), 102(10), 113(25) |

1. 개요

구조물이 과도한 침하로 흙의 극한전단강도가 발휘되는 형태

2. 얕은기초 지반 파괴형태

구분	전반전단파괴	국부전단파괴	관입전단파괴
파괴	전반	국부	관입
토질	단단한 점토, 조밀한 모래	연한 점토, 느슨한 모래	초연약지반
	융기	부분융기	-
변형형태			

| 09-4-6 | 말뚝의 기능상 분류 | |

1. 말뚝의 기능상 분류

1) 지지말뚝
   ① 상부구조물 하중을 선단지지력에 의해 지지
   ② 현장콘크리트타설 말뚝

2) 마찰말뚝
   ① 말뚝 타입하여 주면마찰력에 의해 지지
   ② 기성콘크리트 말뚝

3) 무리말뚝, 다짐말뚝
   ① 말뚝을 무리지어 박아 무른지반 다짐효과

09-4-7 말뚝 시항타

1. 개요
   - 본항타 관리기준 수립을 위한 시험
2. 시항타 목적
   - ① 말뚝 설계의 적정성 확인
   - ② 지반조건 확인
   - ③ 항타장비 적합성 확인
   - ④ 항타 시공 최종 관입량 확정
   - ⑤ 지지력 추정

09-4-8 말뚝의 지지력 재하시험의 분류

1. 개요
   - 말뚝 지지력은 선단부 지지력과 주면 마찰력의 합
   - 재하시험은 실물시험으로 지지력을 직접적으로 산출
2. 재하시험의 분류
   1) 정재하시험
      - ① 압축재하시험
      - ② 인발시험
      - ③ 수평재하시험
   2) 동재하시험
      - ① 초기항타 : 항타에너지, 말뚝건전도 확인
      - ② 재항타 : 항타종료 일정시간 후 지지력 변화 확인

09-4-9 정재하 시험, 동재하 시험

1. 개요
   1) 정재하시험 : 타입된 말뚝에 실제 하중으로 재하 하여 지지력 측정
   2) 동재하시험 : 항타시 말뚝 변형률과 가속도 분석.측정
2. 정재하 시험, 동재하 시험의 비교

구분	정재하 시험	동재하 시험
원리	실제 하중 재하	타격시 변형률, 가속도계 분석
시험방법	복잡	간단
적용	기성말뚝, 현장타설말뚝	기성말뚝
특징	신뢰성	시공성
시험기준	구조물 별로 1회 (동당 1개소) -250본당 : 1회	전체말뚝의 1%이상 -100개소 미만 최소 1개 실시

09-4-10 동재하 시험

1. 개요
   - 항타시 응력과 속도를 분석,측정하여 말뚝의 지지력을 결정
2. 시험방법

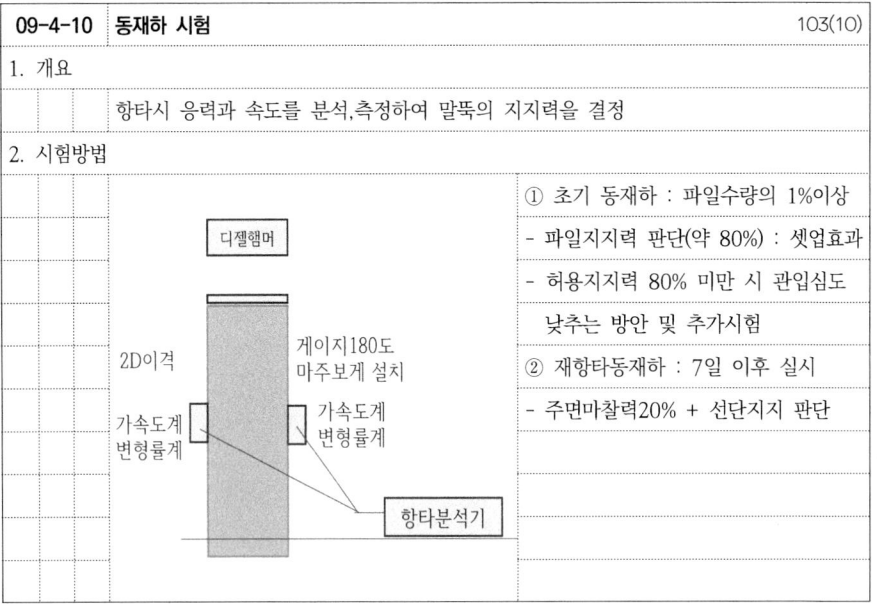

- ① 초기 동재하 : 파일수량의 1%이상
- 파일지지력 판단(약 80%) : 셋업효과
- 허용지지력 80% 미만 시 관입심도 낮추는 방안 및 추가시험
- ② 재항타동재하 : 7일 이후 실시
- 주면마찰력20% + 선단지지 판단

09-4-11 말뚝의 건전도 시험

1. 개요
말뚝 지지력에 영향을 줄 수 있는 결함을 감지하기 위해 실시하는 비파괴 시험

2. 말뚝의 건전도 시험의 종류

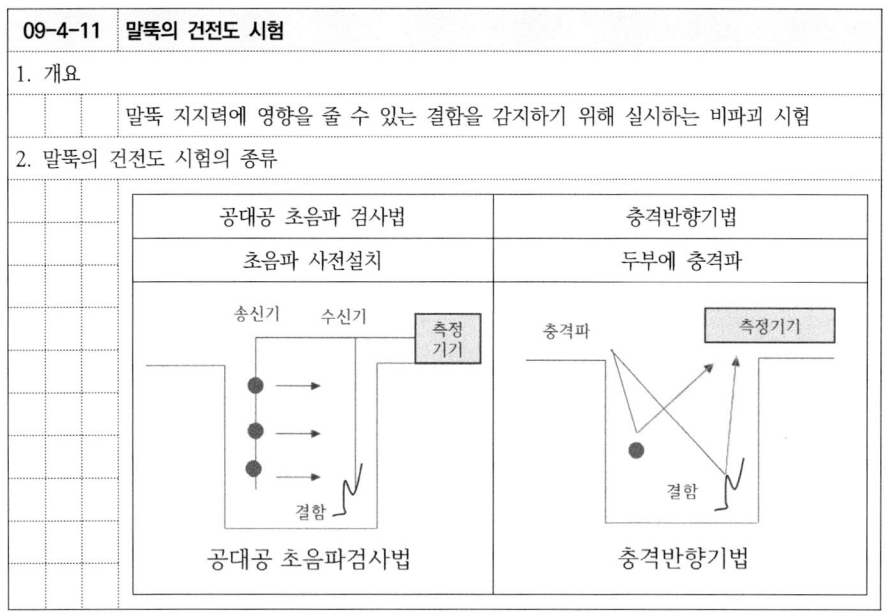

공대공 초음파 검사법	충격반향기법
초음파 사전설치	두부에 충격파

09-4-12 Time Effect

1. 개요
항타 후 시간이 경과하면서 말뚝 지지력이 증가 또는 감소하는 현상

2. Time Effect 분류

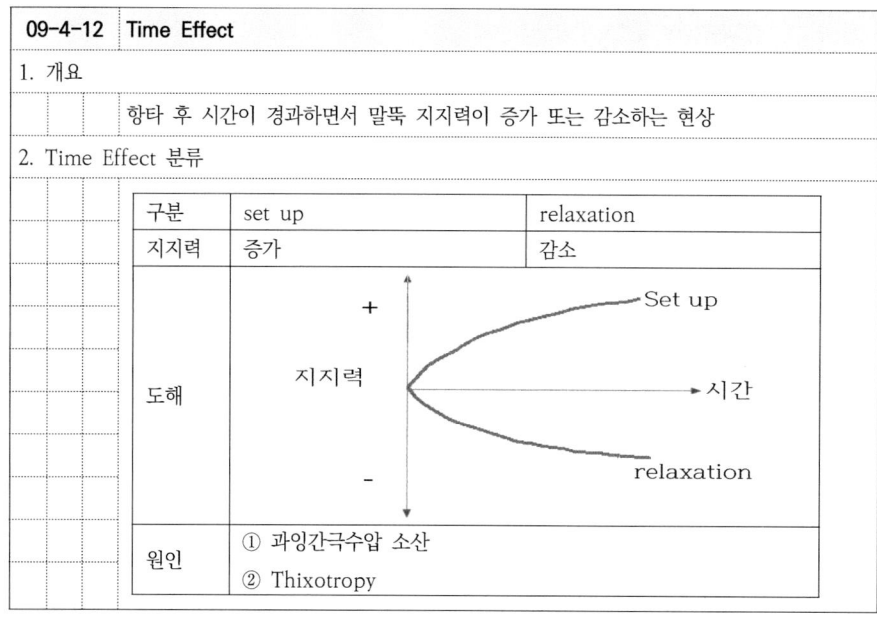

구분	set up	relaxation
지지력	증가	감소
도해		
원인	① 과잉간극수압 소산 ② Thixotropy	

09-4-13 정마찰력, 부마찰력, 중립점

1. 개요
1) 정마찰력 : 말뚝 주면에 상향으로 작용하는 마찰력
2) 부마찰력 : 말뚝의 주위 지반이 침하 시 말뚝 주면에 하향으로 작용하는 마찰력
3) 중립점 : 지반의 압밀침하와 말뚝의 침하가 같은 위치

2. 정마찰력, 부마찰력, 중립점

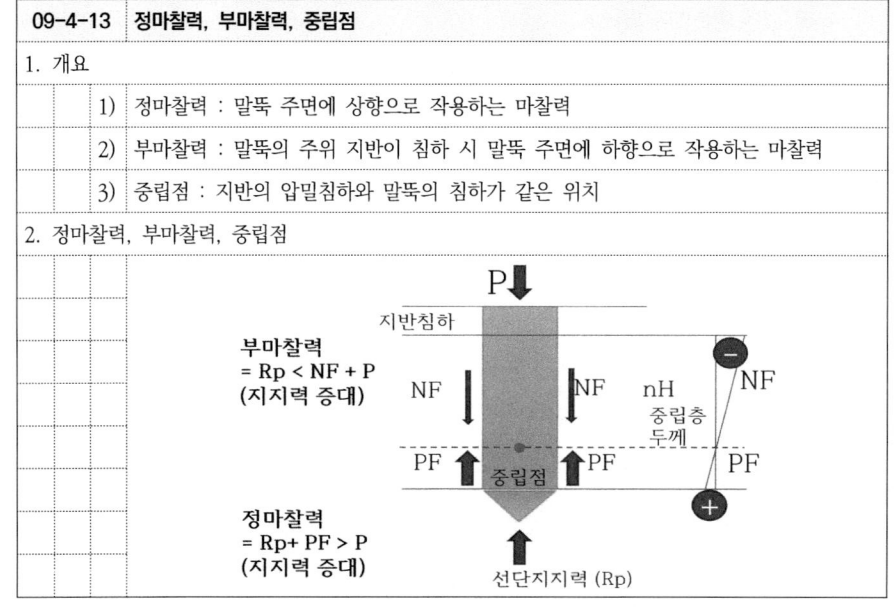

09-4-14 부마찰력

94(10), 117(10), 109(25), 137(25)

1. 개요
말뚝의 주위 지반이 침하 시 말뚝 주면에 하향으로 작용하는 마찰력

2. 부마찰력의 원인 및 방지대책

원인	방지대책
① 연약층 두꺼울 때	① 진동 지반교란 방지-preloading
② 지하수위 저하	② 이중관 말뚝 사용
③ 연약지반 시공시	③ 무리말뚝
④ 과재 하중	④ 지표면 적재금지
⑤ 파일이음부의 시공불량	⑤ 표면 역청제 도포
⑥ 진동교란 영향	⑥ 표면적이 적은 말뚝 사용
⑦ 침하 지반	⑦ 이음부 강성확보
⑧ 파일간격이 조밀	⑧ 배수공법(수압 변화방지)
	⑨ 연약지반 개량

09-4-15 기성콘크리트 말뚝박기 공법의 종류

1. 기성콘크리트 말뚝박기 공법의 종류
   1) 타입(항타)공법
      ① 타격공법 : 드롭, 디젤 등 햄머
      ② 진동공법 : 바이브로 햄머
   2) 매입공법
      ① 프리-보링공법 : SIP
      ② 중굴공법
      ③ 회전공법

09-4-16 말뚝의 파손형태

1. 말뚝의 파손형태
   ① 두부 파손
   ② 종방향 균열
   ③ 횡방향 균열
   ④ 선단부 파손
   ⑤ 이음부 파손
   ⑥ 휨 파손

09-4-17 말뚝 파손원인

1. 말뚝 파손 원인
   ① 햄머 용량 과다
   ② 과잉 항타
   ③ 쿠션재 보강 부족
   ④ 편타
   ⑤ 말뚝 강도 부족
   ⑥ 이음불량
   ⑦ 지반 내 지장물
   ⑧ 파일 적재중 파손

09-4-18 말뚝 파손 방지대책

1. 말뚝 파손 방지대책
   ① 적정 햄머 용량 선택
   ② 타격에너지, 낙하고 조정
   ③ 쿠션재 두께 확보
   ④ 수직도 유지, 축선일치
   ⑤ 말뚝강도 확보
   ⑥ 이음부 시공 관리 철저
   ⑦ 지반조건에 맞는 시공법 선정
   ⑧ 운반, 보관, 취급 주의

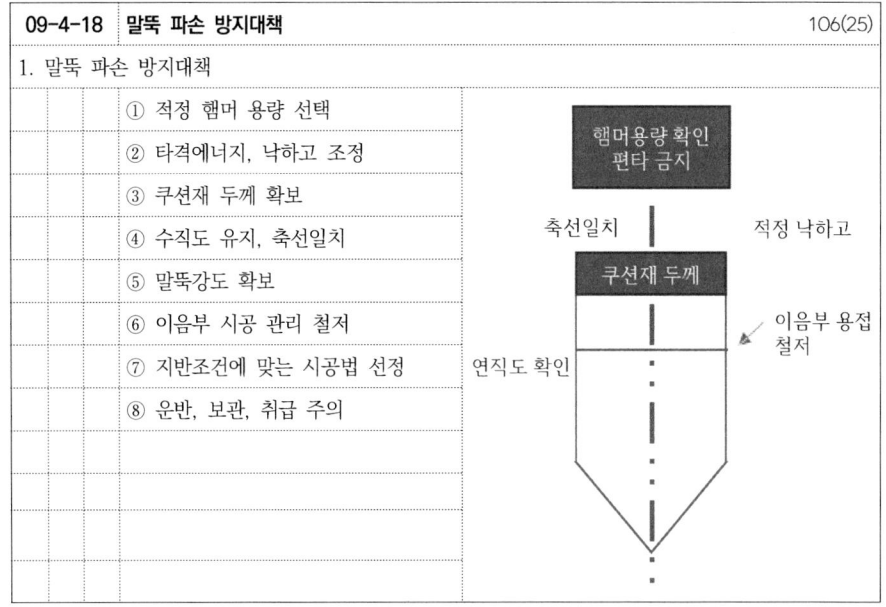

09-4-19 기초침하의 분류

1. 기초침하의 분류

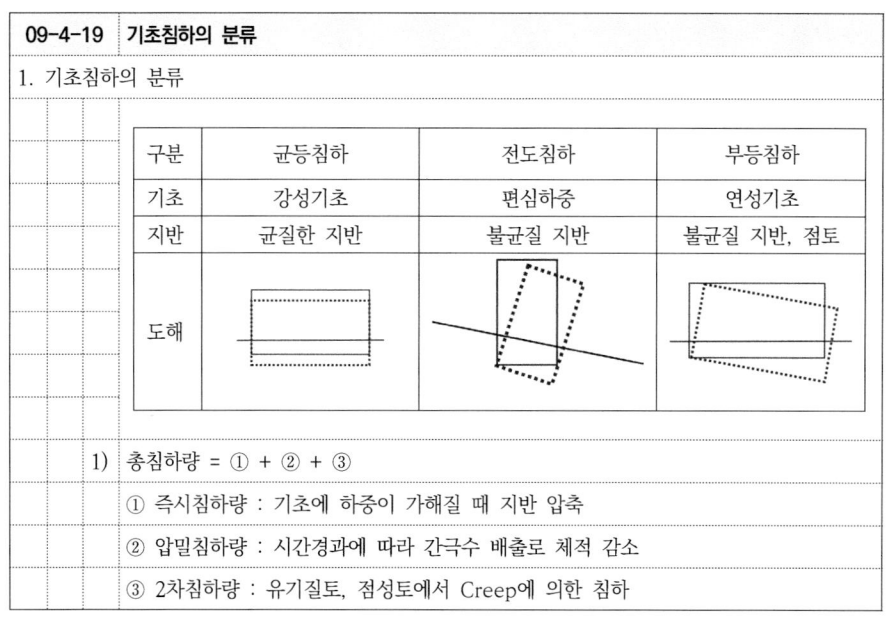

구분	균등침하	전도침하	부등침하
기초	강성기초	편심하중	연성기초
지반	균질한 지반	불균질 지반	불균질 지반, 점토
도해			

1) 총침하량 = ① + ② + ③
   ① 즉시침하량 : 기초에 하중이 가해질 때 지반 압축
   ② 압밀침하량 : 시간경과에 따라 간극수 배출로 체적 감소
   ③ 2차침하량 : 유기질토, 점성토에서 Creep에 의한 침하

09-4-20 기초침하의 원인

1. 기초침하의 원인
   ① 구조물 하중에 의한 지중응력 증가
   ② 함수비 증가로 인한 지반 지지력 저하
   ③ 기초파손에 의한 지내력 저하
   ④ 지중공간의 함몰
   ⑤ 동상 후 지반 연화로 지지력 저하

09-4-21 구조물 부등침하 원인 및 방지대책

1. 부등침하 원인 및 방지대책

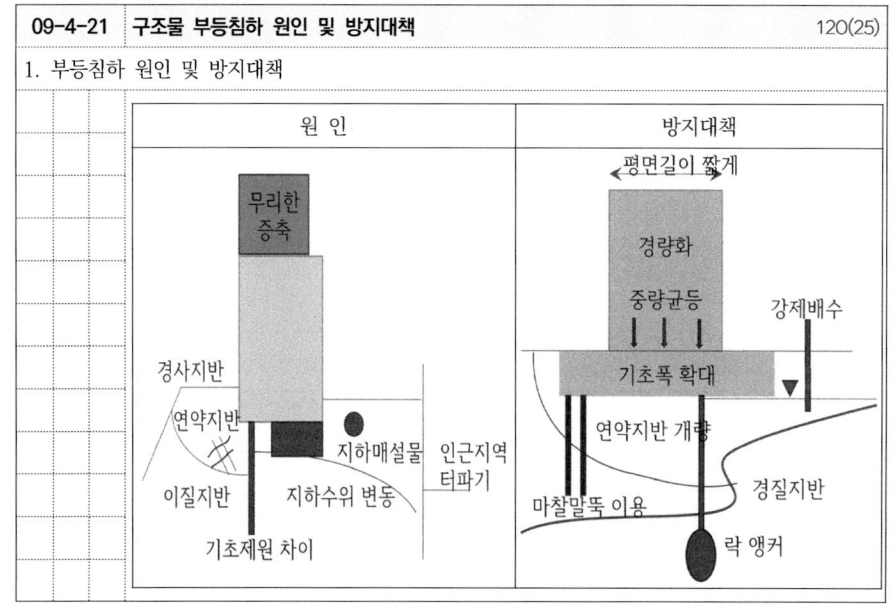

09-4-22 부력

1. 개요
   부력 : 지하수위 하부의 지하층이 받는 상향의 압력

2. 부력

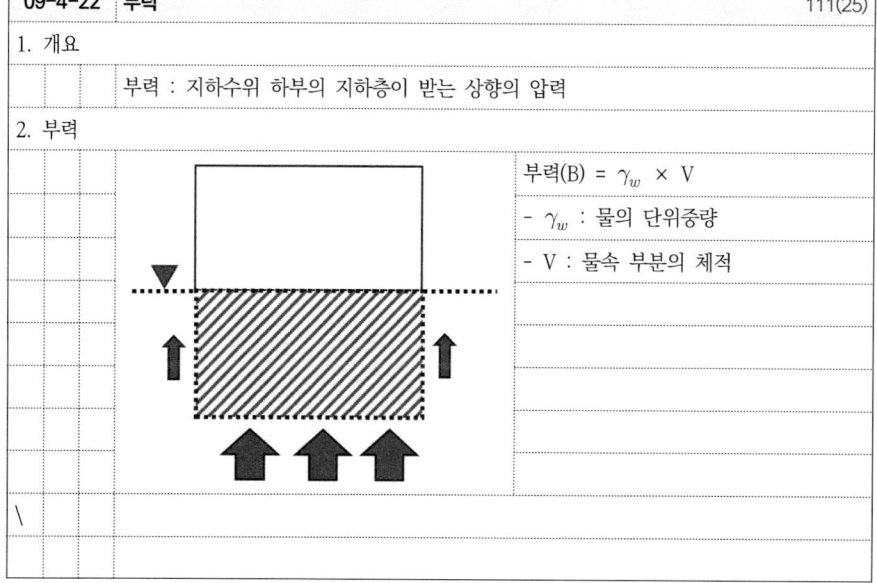

- 부력(B) = $\gamma_w \times V$
- γ_w : 물의 단위중량
- V : 물속 부분의 체적

227

09-4-23 지하구조물의 부상원인 및 방지대책   102(25),108(25),111(25),114(25),119(25)

1. 지하구조물의 부상원인 및 방지대책

부상원인	부상방지대책

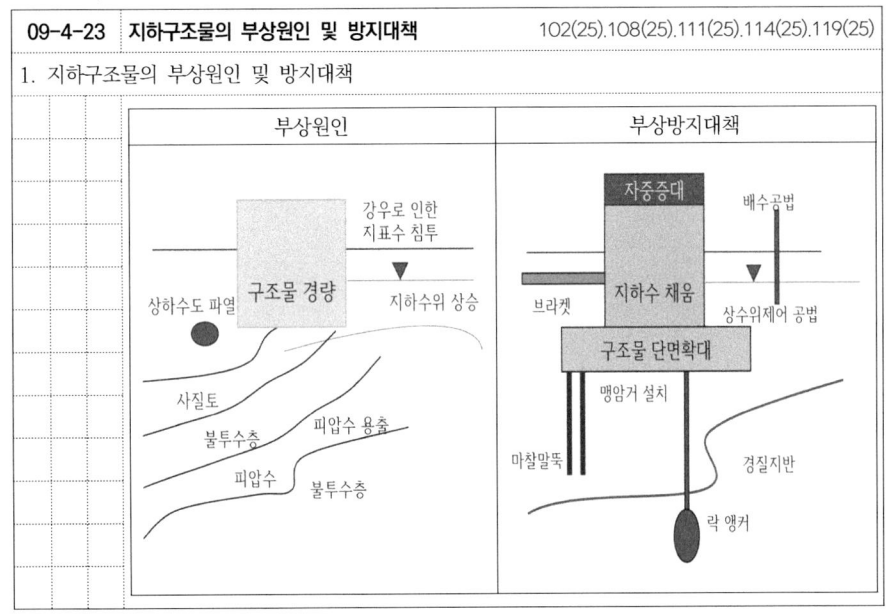

09-4-24 지하수 처리공법

1. 지하수 처리공법의 종류
   1) 배수공법
      ① 중력배수 - 집수정, deep well
      ② 강제배수 - well point, 진공deep well
   2) 영구배수공법
      ① drain mat
      ② trench + 다발관
   3) 상수위 제어공법

09	토공사 기출문제
5. 사면	
	1) 암반
	- 126(10). 암반의 파쇄대(Fracture Zone)
	- 122(10). SMR (Slope Mass Rating) 분류
	- 114(10). 암반 사면의 안전성 평가방법
	- 113(25). 발파를 이용하여 암사면 절취 시 사전점검 항목과 암질판별기준 및 안전대책에 대하여 설명하시오.
	- 100(25). 대절토 암반사면의 절개시 사면안정에 영향을 미치는 요인과 안정대책
	- 119(10). 암반사면의 붕괴형태
	- 115(25). 대규모 암반구간에서 발생하기 쉬운 암반 붕괴의 원인, 안전대책 및 암반층별 비탈면 안정성 검토방법에 대하여 설명하시오.

09	토공사 기출문제
5. 사면	
	2) 토사
	- 104(25). 토사사면의 붕괴 형태와 굴착면의 붕괴원인 및 안전대책에 대하여 설명
	- 116(10). 연성 거동을 보이는 절토사면의 특징
	- 125(10). 절토 사면의 계측항목과 계측기기 종류
	- 135(10). 절토 사면의 붕괴원인 및 방지대책
	- 136(25). 비탈면 사면붕괴 형태, 붕괴원인 및 방지대책에 대하여 설명하시오.

09	토공사 기출문제
5. 사면	
	3) 사면파괴 및 붕괴
	- 95(10). land creep와 land slide
	- 91(10). 사면파괴 및 사면안정 지배요인
	- 112(10). 사면붕괴의 원인과 사면의 안정을 지배하는 요인
	- 125(10). 토석붕괴의 외적원인 및 내적원인
	- 124(25).133(25). 도로공사 시 사면붕괴형태, 붕괴원인 및 사면안정공법 설명
	- 128(25). 사면붕괴의 종류와 형태 및 원인을 설명하고 사면의 불안정 조사방법과 안정검토방법 및 사면의 안정대책에 대하여 설명하시오
	- 108(25). 국지성 강우에 의한 도로 및 주거지에서 토석류의 발생유형을 설명하고, 문제점 및 대책에 대하여 설명하시오.
	- 109(25). 공용중인 도로와 인접한 비탈사면에서의 불안정 요인과 사면붕괴를 사전에 감지하고 인명피해를 최소화하기 위한 예방적 안전대책 설명

09	토공사 기출문제
5. 사면	
	4) 낙석
	- 123(25). 절토사면의 낙석대책을 위한 보강공법과 방호공법의 종류 및 특징에 대하여 설명하시오.
	- 131(10). 절토사면 낙석예방 록볼트(Rock Bolt) 공법

09-5-1 비탈면(사면) 분류

1. 개요
   비탈면은 지반의 경사진 면으로 인공비탈면과 자연비탈면으로 구분
2. 인공비탈면 분류
   ① 쌓기 비탈면
   ② 깎기 비탈면
3. 규모에 따른 분류
   ① 2종 시설물
   : 비탈면높이 30m 이상, 연장 100m 이상인 깎기비탈면
   (비탈면에 설치되는 높이 5m 이상, 연장 100m 이상인 옹벽시설물도 해당)
   ② 대규모 깎기비탈면 : 비탈면높이가 20m 이상인 깎기비탈면
   ③ 대규모 쌓기비탈면 : 비탈면높이가 10m 이상인 쌓기비탈면

09-5-2 쌓기비탈면 파괴형태   104(25), 124(25), 128(25), 133(25)

1. 개요
   파괴(failure) : 지반내부의 응력상태가 지반의 강도를 초과할 때 발생
   (지반의 균열이나 과도한 변형상태)
2. 쌓기비탈면 파괴형태

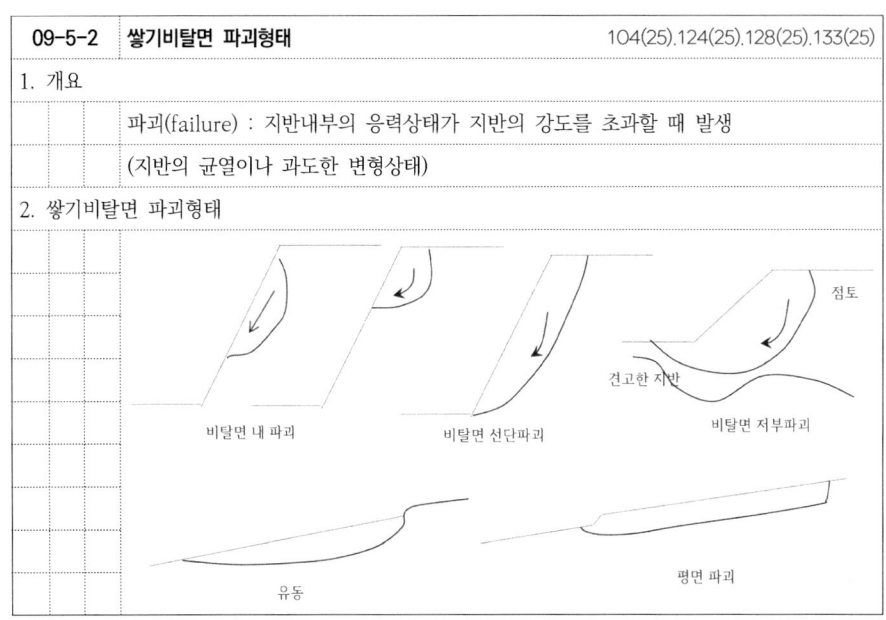

09-5-3 깎기비탈면 파괴형태   119(10), 124(25), 128(25), 133(25)

1. 깎기비탈면 파괴형태

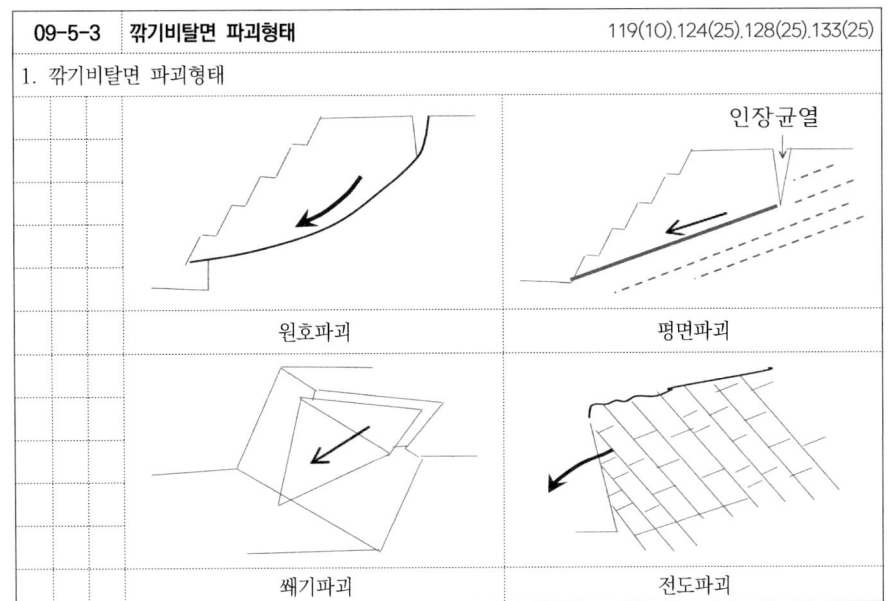

09-5-4 비탈면 붕괴 유형   128(25)

1. 비탈면 붕괴 유형
   ① 토사 비탈면의 붕괴 : 구성지반이 토층으로 이루어진 사면에서의 붕괴
   - 절토 비탈면의 붕괴 : 인위적으로 지반을 절취하여 생성된 사면에서의 붕괴
   - 성토 비탈면의 붕괴 : 흙을 쌓아서 만든 사면에서의 붕괴
   ② 암반 비탈면의 붕괴 : 구성지반이 암반으로 이루어진 사면에서의 붕괴

09-5-5 land creep, land sliding (산사태)　　　95(10)

1. 비교

구분	land creep	land sliding
원인	지하수위상승 → 전단강도 감소	호우,지진 → 전단응력 증가
지형	완경사면 (5-10°)	급경사면 (30° 이상)
발생시기	강우 후 시간 경과시	호우중, 호우직후, 지진발생시
활동속도	느리다	빠르다
형태	연속적	순간적
규모	대규모	소규모
대책	절토, 압성토, 토류벽 옹벽, E/A, S/N	지하수위 저하공법, 옹벽 억지공법(pile), E/A, S/N,

09-5-6 토사 붕괴의 형태　　　124(25). 136(25)

1. 개요

붕괴(collapse)란 파괴토체(비탈면 파괴면 상부에 존재하는 흙의 덩어리)가
비탈면에서 떨어져 나가 비탈끝 방향으로 이동한 상태

2. 토사 붕괴의 형태

- 사면 중심부 붕괴
- 사면 천단부 붕괴 (53° 이상)
- 사면 하단부 붕괴

09-5-7 비탈면 붕괴원인　　　104(25),112(10),125(10),124(25),133(25),128(25),135(10),136(25)

1. 비탈면 붕괴원인 (굴착공사 표준안전 작업지침 제28조)

1) 외적원인 (전단응력 증가)
   ① 사면, 법면의 경사 및 기울기의 증가
   ② 절토 및 성토 높이의 증가
   ③ 공사에 의한 진동 및 반복 하중의 증가
   ④ 지표수 및 지하수의 침투에 의한 토사 중량의 증가
   ⑤ 지진, 차량, 구조물의 하중작용
   ⑥ 토사 및 암석의 혼합층두께

2) 내적원인 (전단강도 감소)
   ① 절토 사면의 토질·암질
   ② 성토 사면의 토질구성 및 분포
   ③ 토석의 강도 저하

09-5-8 비탈면 붕괴 방지대책　　　100(25),104(25),113(25),115(25),124(25),128(25),133(25),135(10),136(25)

1. 비탈면 붕괴 방지대책

1) 억제(보호)공법
   ① 식생공
   ② 숏크리트
   ③ 콘크리트 격자블록
   ④ 돌쌓기, 돌붙임

2) 억지(보강)공법
   ① 억지말뚝
   ② 소일네일링
   ③ 앵커
   ④ 옹벽
   ⑤ 압성토
   ⑥ 절취 등 경사면 완화

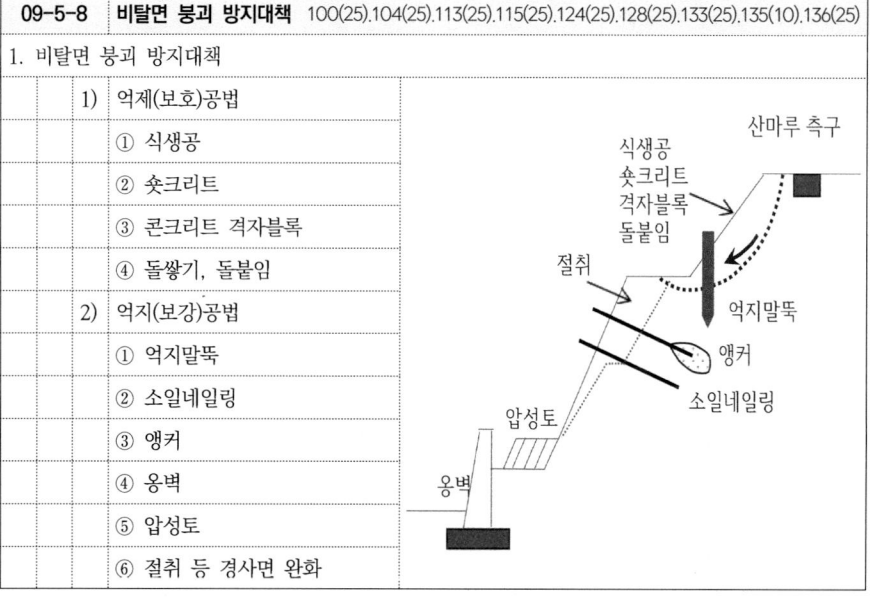

09-5-9 비탈면 안정성 확보 방안   124(25), 128(25), 133(25)

1. 비탈면 안정성 확보 방안
   - ① 보강공법 : 앵커, 네일, 록볼트, 억지말뚝
   - ② 옹벽공법 : 콘크리트 옹벽, 보강토 옹벽, 돌망태 옹벽, 기대기 옹벽, 돌쌓기 옹벽
   - ③ 표면보호공법 : 격자블록 및 돌붙이기, 콘크리트 뿜어붙이기, 비탈면 녹화
   - ④ 비탈면 배수시설 : 지표수 배수시설, 지하수 배수시설
   - ⑤ 비탈면 안전시설 : 낙석방지망, 낙석방지울타리, 낙석방지옹벽, 피암터널

09-5-10 비탈면의 안정성 검토사항   113(25), 115(25), 128(25)

1. 비탈면의 안정성 검토사항
   - ① 지질조사 : 층별 또는 경사면의 구성 토질구조
   - ② 토질시험 : 최적함수비, 삼축압축강도, 전단시험, 점착도 등의 시험
   - ③ 사면붕괴 이론적 분석 : 원호활절법, 유한요소법 해석
   - ④ 과거의 붕괴된 사례유무
   - ⑤ 토층의 방향과 경사면의 상호관련성
   - ⑥ 단층, 파쇄대의 방향 및 폭
   - ⑦ 풍화의 정도
   - ⑧ 용수의 상황

09-5-11 암반의 분류방법   113(25)

1. 암반의 분류방법
   - ① 지질학적 암석명에 의한 분류
   - ② 공학적 특성을 이용한 점수배점을 이용한 분류 (RMR, SMR 등)
   - ③ 강도 및 풍화도를 이용한 분류
   - ④ 불연속면의 상태에 따른 분류
   - ⑤ 탄성파 속도 및 시공성에 따른 분류방법 등

09-5-12 CORE 회수율 (TCR : test core recovery)

1. 개요
   - 코어로 시료 채취 시 파쇄되지 않은 상태로 회수되는 정도
   - 지반의 물성 및 역학적 특성을 파악

2. CORE 회수율

$$TCR = \frac{회수된\ Core\ 길이}{시추한\ 암석\ 길이} * 100$$

   - ① RQD 판정
   - ② 절리와 층리의 간격파악
   - ③ 함유물의 유무
   - ④ 암석의 강도 추정

09-5-13 RQD

1. 개요
   - 암반의 상태를 나타내는 암질지수표

2. RQD 공식

$$RQD = \frac{10cm\ 이상\ cone\ 길이\ 합계}{총\ 시추길이} * 100$$

3. RQD 암질상태

RQD	0-25	25-50	50-75	75-90	90-100
상태	매우 나쁨	나쁨	보통	양호	매우 양호

4. RQD 활용
   ① Q-SYSTEM 값 산정
   ② RMR 값 산정
   ③ 암반사면 구배결정

09-5-14 RMR - Rock mass rating (암반분류법)

1. 개요
   - 절리, 지하수, RQD 등 평가하여 암반을 5등급으로 분류하는 방법

2. 평가항목

절리상태	절리간격	RQD	일축압축강도	지하수 상태
30 %	20 %	20 %	15 %	15 %

3. 암반등급 분류

등급	I	II	III	IV	V
평가점수	81-100	61-80	41-60	21-40	20이하
상태	매우양호	양호	보통	불량	매우불량

09-5-15 Q-system (암반분류법)

1. 개요
   - RQD, 불연속면, 불연속면 기울기, 불연속면 변화정도, 지하수 감소계수, 응력감소계수 반영하여 암반을 분류하는 방법

2. 평가방법

$$Q = \frac{RQD}{J_n} \frac{J_r}{J_a} \frac{J_w}{SRF}$$

- J_n : 절리군수
- J_r : 절리면 거칠기
- J_a : 절리면 변질정도
- J_w : 절리내 지하수감소계수
- SRF : 응력감소계수

09-5-16 SMR (slope mass rating)

1. 개요
   - 사면의 등급에 따라 예상되는 파괴형태, 안정성을 예비적으로 평가

2. 암반사면 분류에 의한 사면거동 예측

$$SMR = R + (F_1 + F_2 + F_3) * F_4$$

- F_1 : 사면과 절리의 주향방향 차이
- F_2 : 사면의 경사방향과 절리의 경사각 차이
- F_3 : 절리의 경사
- F_4 : 사면의 절취 방법

3. SMR 의한 분류 등급

등급	I	II	III	IV	V
SMR	81-100	61-80	41-60	21-40	0-20
판정	매우 양호	양호	보통	불량	매우 불량
예상 파괴	-	-	쐐기 파괴	평면파괴 큰 쐐기형파괴	대규모 평면파괴 토사형 파괴

09-5-17 불연속면

1. 개요
물리적으로 서로 분리가 된 면으로 인장강도가 존재하지 않는 면(절리,단층 등)

2. 불연속면 절리와 단층 비교

구분	절리	단층
규모	수cm ~ 수십 m 지반 횡압력	수십 m ~ 수 km 지각변동
종류	-	정단층, 역단층, 주향단층
영향	암석 붕락	대규모 암반붕괴

3. 불연속면의 방향에 따른 암반 붕괴형태

불연속면	다수+불규칙	일방향	이방향	역방향
붕괴형태	원형	평면	쐐기	전도

09-5-18 암반사면 안전성 평가방법 114(10),128(25)

1. 암반사면 안전성 평가방법
1) 현장조사
   ① 지형, 지반, 지질상태, 불연속면, 절리면, 풍화
   ② 표준관입시험, 시료채취
2) 현장시험 - 절리면 경사각, 절리면 거칠기
   슈미트 해머, tilt test, pointload test, profile guage test
3) 암석시험 - 일축압축시험, 삼축압축시험, 절리면 전단시험
4) 사면안정해석
   ① 평사투영법 - 개략적 사면안정 해석
   ② 한계평형법 - 정밀 사면안정 해석
5) 암반분류법 평가 - RMR, Q-system, SMR분류법

09-5-19 절토사면 낙석발생 유형 및 원인

1. 절토사면 낙석발생 유형

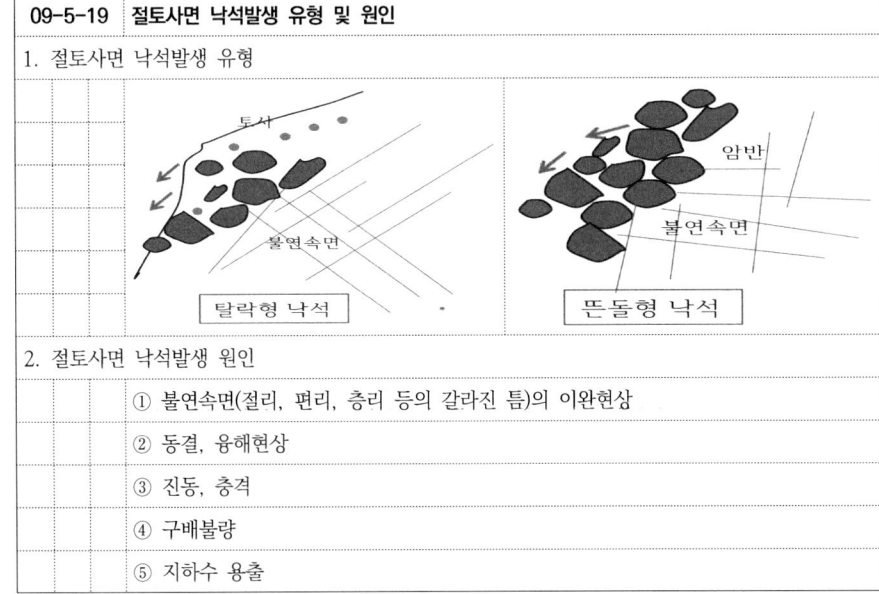

2. 절토사면 낙석발생 원인
① 불연속면(절리, 편리, 층리 등의 갈라진 틈)의 이완현상
② 동결, 융해현상
③ 진동, 충격
④ 구배불량
⑤ 지하수 용출

09-5-20 절토사면 낙석대책 방호공법 123(25)

1. 절토사면 낙석대책 방호공법
① 피암터널
- 낙석 규모가 큰 곳
- 이격부 여유가 없는 곳
② 낙석방지망
③ 낙석방지울타리
④ 낙석방지옹벽

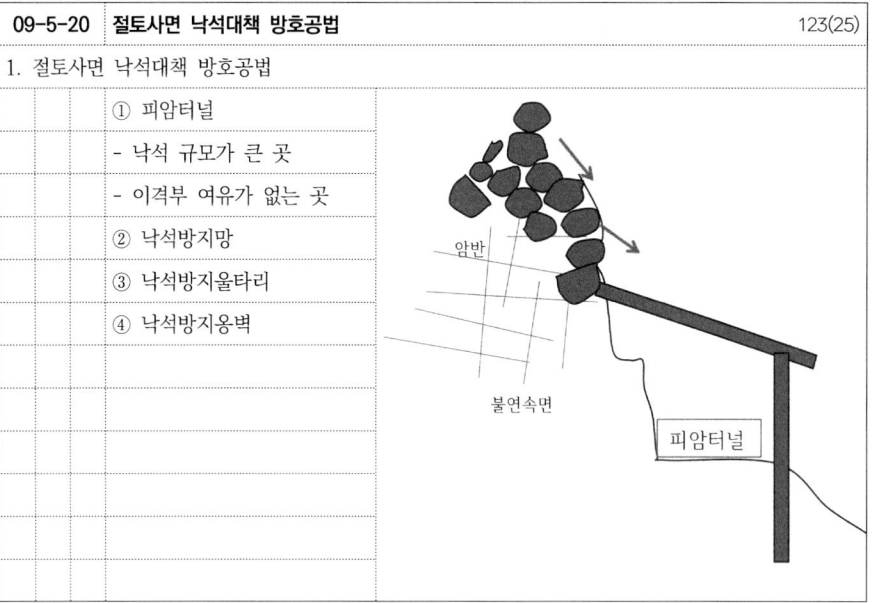

09-5-21 절토 작업 시 준수사항 113(25), 115(25)

1. 절토 작업 시 준수사항
   ① 상부 붕락 위험장소의 작업금지
   ② 상·하부 동시작업 금지
   ③ 높은 굴착면은 계단식 굴착, 폭 2m의 소단 설치
   ④ 2m 이상의 굴착면은 안전대 착용, 붕괴 쉬운 지반은 보강
   ⑤ 급경사 통로는 사다리 설치, 상·하부 지지물로 고정하여 도괴방지
   ⑥ 용수 발생 시 즉시 작업 책임자에게 보고
   ⑦ 우천, 해빙으로 토사 붕괴 우려 시 작업 전 점검, 굴착 천단부 중량물 방치금지
   ⑧ 경사면 비닐덮기 등 보호 조치
   ⑨ 발파암반 낙석방지 방호망, 몰타르 주입, 그라우팅, 록볼트 등 방호시설 설치
   ⑩ 경사면 도수로, 산마루측구 등 배수시설, 안전시설 및 안전표지판 설치
   ⑪ 벨트콘베이어 사용 시 완만한 경사, 콘베이어 양단면 스크린 설치로 토사 전락방지

09-5-22 토석류 108(25)

1. 개요
   강우시 지반내로 침투된 강우에 의해 지반의 유효응력이 감소하여 파괴된 토체가
   비탈면 표면을 따라 마치 유체와 같이 흘러내리는 것

2. 토석류의 형태

09-5-23 토석류 제어 공법 108(25)

1. 토석류 제어 공법
   ① 토석류 파쇄공 설치
   ② 사방댐, 네트공법 설치
   ③ 토석류 스크린 설치(Rake)
   ④ 토석류 흐름방향 우회- 토사둑 설치

09	토공사 기출문제
6. 옹벽	
	1) 총칙
	- 126(10). 주동토압, 수동토압, 정지토압
	- 134(10). 옹벽에 작용하는 토압 및 옹벽의 안정조건
	- 131(25). 철근콘크리트 옹벽의 유형을 열거하고, 옹벽의 붕괴원인과 방지대책에 대하여 설명하시오.
	- 101(25). 강우 및 지하수 등의 침투로 인하여 옹벽의 붕괴방지를 위한 배수처리방법
	- 110(25). 폭우로 인하여 비탈면 토사가 유실되고, 높이 5 m의 옹벽이 붕괴되었다. 비탈면토사유실 및 옹벽붕괴의 주요원인과 안전대책에 대하여 설명
	- 121(25). 옹벽구조물공사 시 지하수로 인한 문제점 및 안전성 확보방안 설명
	- 136(10). 옹벽의 안정조건과 붕괴 사고 예방대책

09	토공사 기출문제
6. 옹벽	
	2) 보강토 옹벽
	- 92(10).114(10). 보강토옹벽의 안정해석시 파괴유형
	- 121(25).126(25). 보강토옹벽의 파괴유형과 방지대책을 설명하시오.
	- 108(25). 보강토 옹벽의 구성요소와 뒷채움재의 조건 및 보강성토 사면의 파괴 양상에 대하여 설명하시오.

09-6-1	옹벽의 분류	131(25)
1. 개요		
	옹벽은 토압에 저항하는 구조물로 토지의 최적 이용을 목적으로 설치	
2. 옹벽의 분류		
	1) 콘크리트 옹벽	
	- 중력식 옹벽, 반중력식 옹벽, 캔틸레버 옹벽, 부벽식 옹벽	
	2) 보강토 옹벽	
	- 판넬식, 블록식 보강토 옹벽	
	3) 돌망태 옹벽	
	4) 돌(블록)쌓기 옹벽	
	5) 기대기 옹벽	

09-6-2	옹벽축조 작업 시 준수사항
1. 옹벽축조 작업 시 준수사항	
	① 수평방향 연속시공을 금지, 단위시공 최소화하여 분단시공
	② 굴착 즉시 버팀 콘크리트를 타설, 기초 및 본체구조물 축조
	③ 절취경사면 낙석 우려 및 장기간 방치 시 숏크리트, 록볼트, 넷트, 등으로 방호
	④ 작업위치 좌우에 대피통로 확보

09-6-3 토압계수 (earth pressure coefficient)

1. 개요
연직응력에 대한 수평응력의 비율로서, 정지, 수동, 주동토압계수로 구분

2. 토압계수의 종류
① 주동토압(active earth pressure)
- 옹벽이 뒤채움 반대방향으로 변위가 발생할 때 옹벽배면에 발생하는 토압

② 정지토압(at rest earth pressure)
- 옹벽의 변위가 없을 때 옹벽 배면에 작용하는 토압

③ 수동토압(passive earth pressure)
- 옹벽이 뒤채움 방향으로 변위가 발생할 때 옹벽배면에 발생하는 토압

09-6-4 옹벽의 붕괴 원인

1. 옹벽의 붕괴 원인
① 옹벽의 안정성 미확보
② 기초지반의 지지력 부족
③ 과도한 토압
④ 배수불량
⑤ 뒷굽길이 부족
⑥ 뒷채움 불량
⑦ 높이 부적정

09-6-5 옹벽의 붕괴방지대책

1. 옹벽의 붕괴방지대책

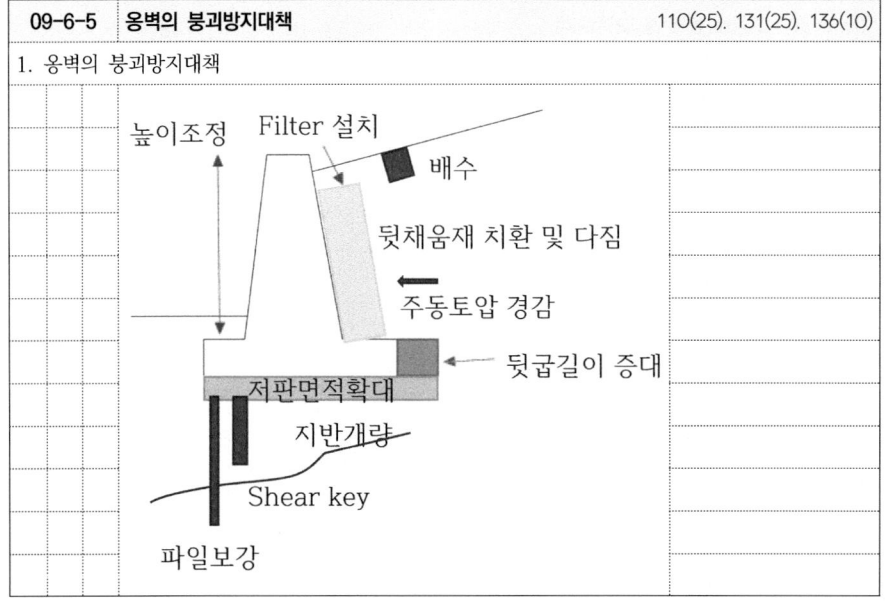

09-6-6 옹벽의 안정성 검토

1. 옹벽의 안정성 검토

검토항목	안전율
활동	FS = 활동저항력/활동력 > 1.5
전도	FS = 저항모멘트/활동모멘트 > 2.0
지지력	FS = 지반의 극한지지력/지반반력 > 3.0
전체안정성	FS > 1.5

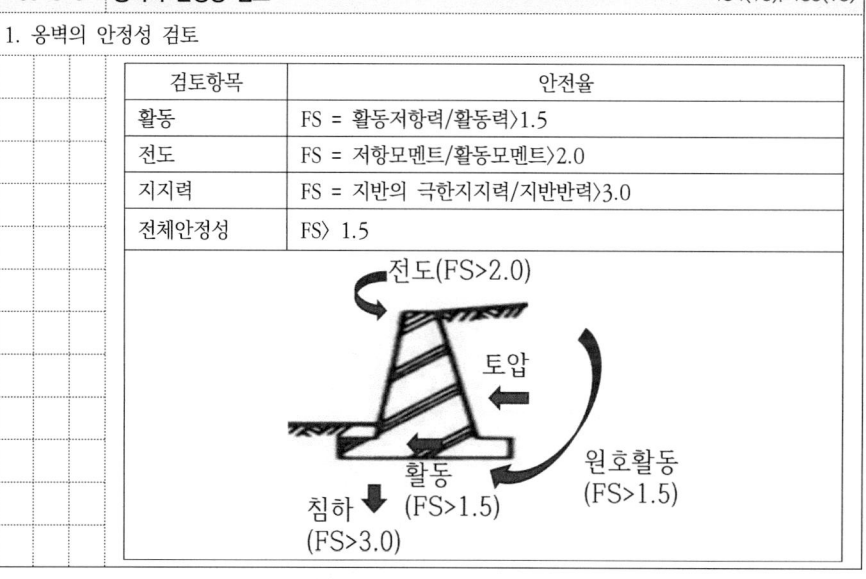

09-6-7	보강토옹벽(reinforced soil retaining wall)		108(25)
1. 개요			
	금속 또는 섬유 보강재를 이용하여 층층이 쌓아올린 옹벽		
2. 보강토 옹벽의 구성요소			
	① 전면벽체	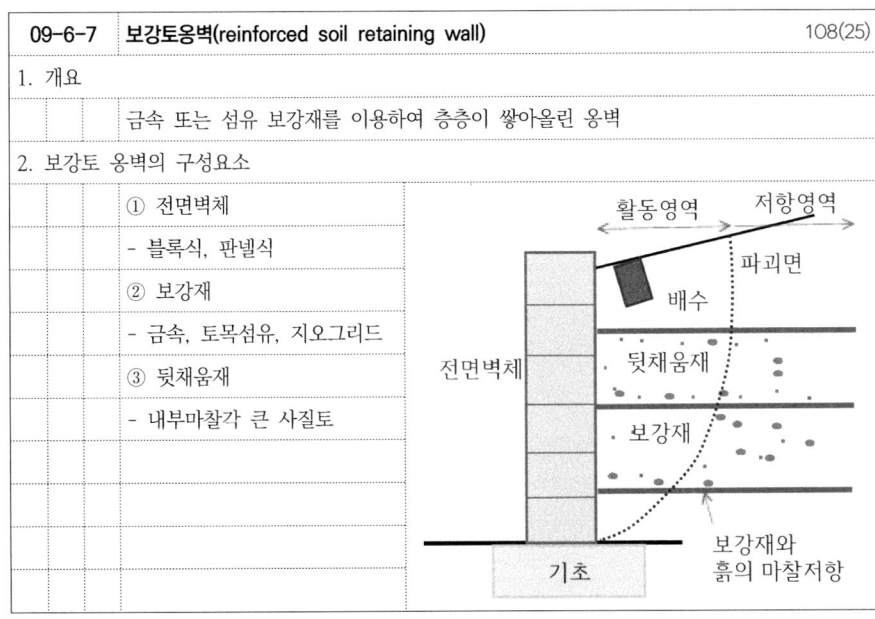	
	- 블록식, 판넬식		
	② 보강재		
	- 금속, 토목섬유, 지오그리드		
	③ 뒷채움재		
	- 내부마찰각 큰 사질토		

09-6-8	보강토 옹벽 파괴유형	92(10),114(10),121(25),126(25)
1. 보강토 옹벽 파괴유형 (KDS 11 80 10)		
	1) 외적파괴 형태	
	① 활동	
	② 전도	
	③ 침하	
	④ 원호활동	
	2) 내적파괴 형태	
	① 수평움직임의 인발파괴	
	② 보강재 파단	
	③ 인발파괴	

09-6-9	보강토 옹벽 붕괴원인	
1. 보강토 옹벽 붕괴유형별 원인		
	1) 보강토체 변형, 균열	
	① 뒷채움 재료 및 다짐불량	
	② 침투수	
	2) 침하 및 부등침하	
	- 연약지반처리 미흡 등 기초지지력 부족	
	3) 국부적 붕괴	
	- 배면 침투수 유입으로 전면판 붕괴	
	4) 보강토체 붕괴	
	- 우수 유입 수압증가	
	5) 전체사면 붕괴	
	- 전체사면 안정성 검토 미실시	

09-6-10	보강토 옹벽 붕괴방지대책	121(25),126(25)
1. 보강토 옹벽 붕괴방지대책		
	① 양질재료 선정 및 다짐철저	
	② 연약지반 개량	
	③ 배수시설	
	④ 양질의 뒷채움재 사용	
	⑤ 지표수유입 차단	
	⑥ 외적안정성 검토	
	- 활동, 전도, 지지력, 전체안정성	
	⑦ 내적안정성 검토	
	- 인발파괴, 보강재 파단	

09-6-11 보강토옹벽 우수로 인한 붕괴메카니즘

1. 보강토옹벽 우수로 인한 붕괴메카니즘

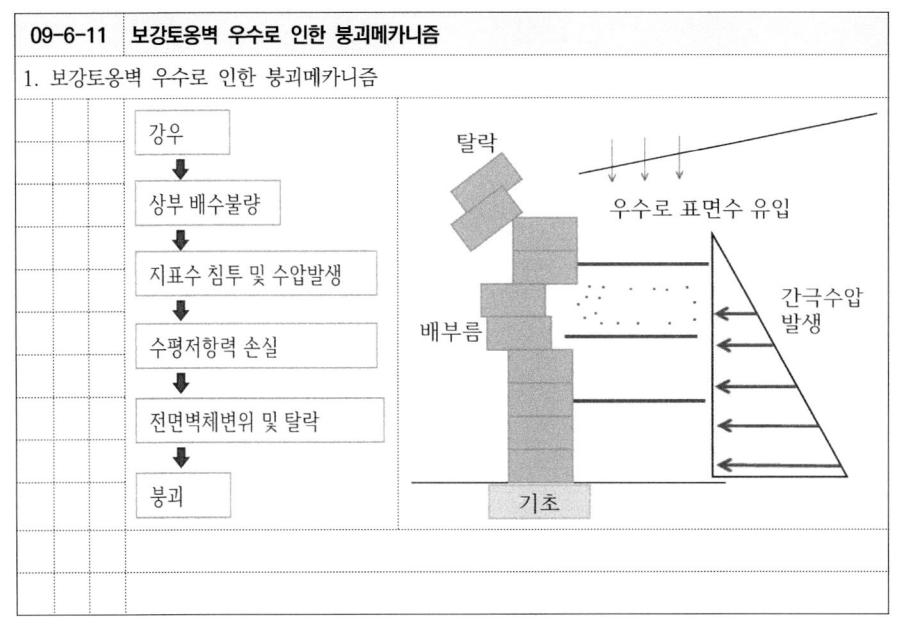

09-6-12 보강토옹벽 배수시설관리

1. 보강토옹벽 배수시설관리

① 전면벽체 배면 자갈, 쇄석 등 배수층
② 배면 집수용 토목섬유 배수재
③ 보강토체 내부 수평배수층
④ 배수용 뒷채움재
⑤ 지표면 배수구
⑥ 지하 배수구(암거)

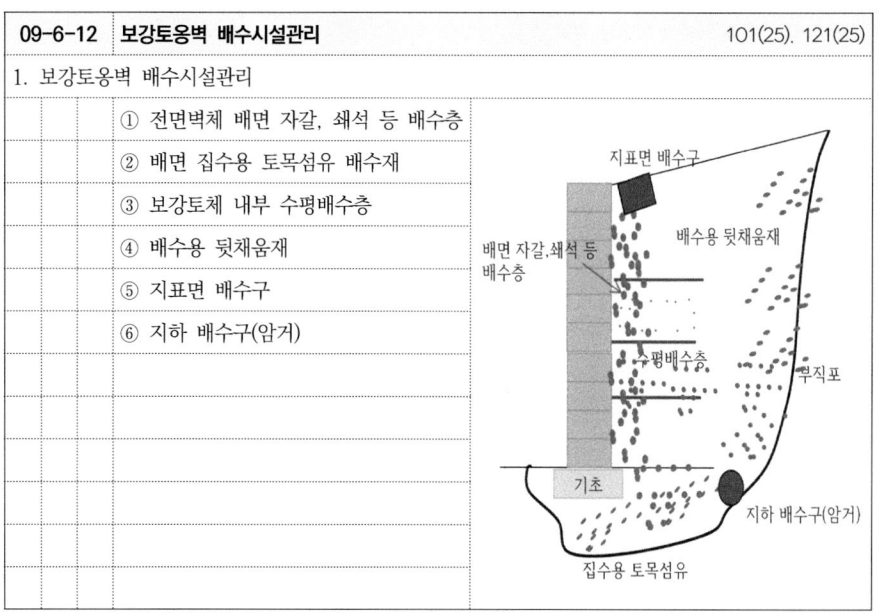

09-6-13 보강토 옹벽 계측관리

1. 보강토 옹벽 계측항목

① 균열
② 전도
③ 변형
④ 배부름
⑤ 지하수위
⑥ 침하

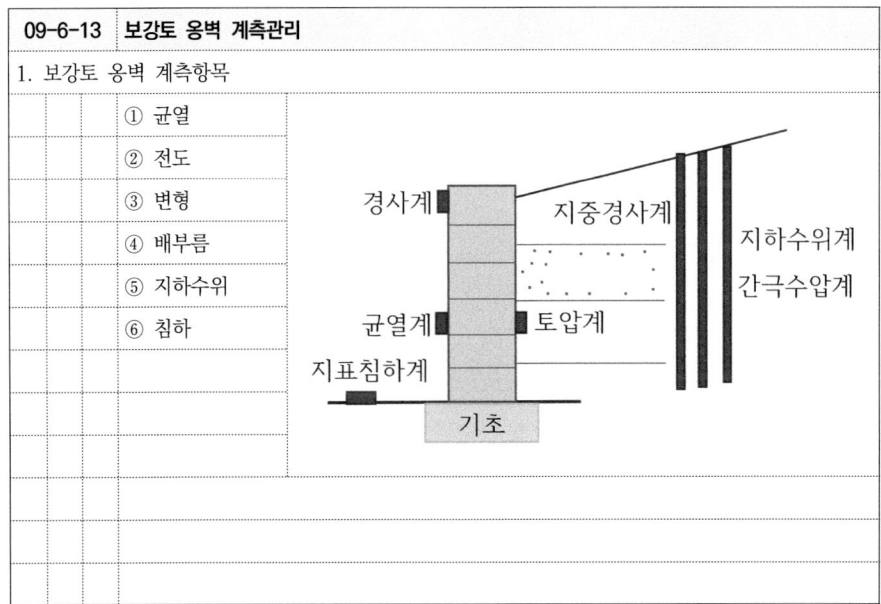

09-6-14 기대기 옹벽

1. 개요

불안정한 깎기비탈면 표면을 보호하기 위한 목적으로 콘크리트 벽체를 설치하여 암괴 지지시키고 붕괴 방지 목적의 옹벽

2. 기대기 옹벽의 종류 (KCS 11 80 20)

① 밑다짐식
② 합벽식
③ 계단식

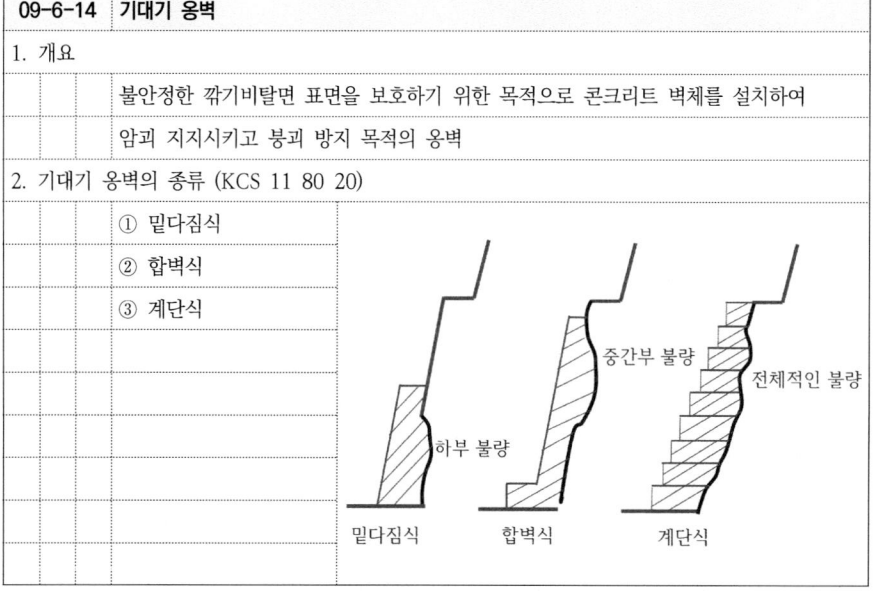

09-6-15 기대기 옹벽 안정성 검토

1. 기대기 옹벽 안정성 검토 (KDS 11 80 20)
   ① 전도
   ② 활동
   ③ 지지력
   ④ 전단파괴
   ⑤ 모멘트파괴

MEMO

26년 대비
건설안전기술사 핵심개념 총정리

건설안전기술사 핵심개념 총정리

제 10 장

철근콘크리트

제10장 철근콘크리트

10	철근콘크리트공사
	1. 거푸집 및 동바리
	2. 철근
	3. 콘크리트

10	철근콘크리트공사 기출문제
1. 거푸집 및 동바리	
	1) 거푸집.동바리
	- 121(25). 거푸집 및 동바리에 작용하는 하중에 대하여 설명하시오.
	- 104(25). 철근콘크리트 공사에서 거푸집 및 동바리의 구조검토 순서와 거푸집 시공 허용오차에 대하여 설명하시오.
	- 113(25).130(25). 철근콘크리트공사에서 거푸집 및 동바리 설계 시 고려하중과 설치기준에 대하여 설명하시오.
	- 110(25). 순간 최대 풍속이 40 m/sec인 태풍이 예보된 상황에서 교량건설공사 현장의 거푸집.동바리에 작용하는 풍하중과 안전점검기준 설명
	- 134(25). 건설현장에서 거푸집 및 동바리 붕괴사고 예방을 위한 거푸집의 존치 기간, 거푸집및동바리 해체 단계별 검토사항, 공사관계자별 주요 역할(책임)에 대하여 설명하시오.

10	철근콘크리트공사 기출문제
1. 거푸집 및 동바리	
	1) 거푸집.동바리
	- 95(10). 거푸집 및 동바리의 검사항목
	- 107(10). 거푸집동바리의 안전율
	- 114(25). 거푸집동바리 설계·시공 시 붕괴 유발요인 및 안전성 확보 방안 설명
	- 123(25). 콘크리트 타설 중 거푸집 동바리의 붕괴재해 원인 및 안전대책 설명
	- 124(25). 계단형상으로 조립하는 거푸집 동바리 조립 시 준수사항과 콘크리트 펌프카 작업시 유의사항에 대하여 설명하시오.
	- 101(25). 거푸집 및 동바리 설치시 위험성평가와 안전대책
	- 124(25). 위험성평가 진행절차와 거푸집 동바리공사의 위험성평가표 설명

10	철근콘크리트공사 기출문제
1. 거푸집 및 동바리	
	2) 거푸집
	- 129(10). 콘크리트 측압(側壓) 산정기준 및 측압에 영향을 주는 요인
	- 96(10). Concrete Head(콘크리트 타설시 측압관련)
	- 127(10). 거푸집 측면에 작용하는 콘크리트 타설시 측압결정방법
	- 108(25).124(10). 콘크리트 타설시 거푸집 측압에 영향을 주는 요소를 설명
	- 119(25). 거푸집에 적용되는 설계하중의 종류와 콘크리트 타설 시 콘크리트 측압의 감소방안을 설명하시오.
	- 90(10). 거푸집 존치기간
	- 132(10). 거푸집의 해체 시기

10	철근콘크리트공사 기출문제
1. 거푸집 및 동바리	
	3) 작업발판 일체형거푸집
	- 121(25). 작업발판 일체형거푸집 종류 및 조립·해체 시 안전대책을 설명하시오.
	- 106(25). 갱폼 (Gang form) 제작 시 갱폼의 안전설비 및 현장에서 사용 시 안전 작업대책에 대하여 설명하시오.
	- 116(25). 갱폼(Gang Form)의 구조 및 구조검토 항목, 재해발생 유형과 작업 시 안전대책에 대하여 설명하시오.
	- 124(25). 갱폼(Gang Form) 현장 조립 시 안전설비기준 및 설치·해체 시 안전대책에 대하여 설명하시오.
	- 133(25). 갱폼(Gang Form)의 안전설비기준과 설치·해체·인양작업 시 안전대책에 대하여 설명하시오.
	- 137(10). 갱 폼의 조립·이동·양중·해체 시 안전 조치 사항

10	철근콘크리트공사 기출문제
1. 거푸집 및 동바리	
	4) 기타 거푸집
	- 122(25). 연속 거푸집 공법의 특징, 시공 시 유의사항과 안전대책에 대하여 설명
	- 130(25). 건설현장 거푸집공사에서 사용되는 합벽지지대의 구조검토와 점검 시 다음 사항에 대하여 설명하시오.
	1) 구조검토를 위한 적용기준
	2) 설계하중
	3) 측압 및 구조안전성 검토에 관한 사항
	4) 현장조립 시 점검사항
	- 107(25). 공동주택 공사 중 알루미늄거푸집 (AL-Form) 의 설치 · 해체시 발생하는 안전 사고의 원인 및 대책에 대하여 설명하시오.

10	철근콘크리트공사 기출문제
1. 거푸집 및 동바리	
	5) 동바리
	- 96(10).114(10). 좌굴(buckling)
	- 109(10). 오일러(Euler) 좌굴하중 및 유효좌굴길이
	- 122(10). 동바리 설치높이가 3.5미터 이상일 경우 수평연결재 설치 이유
	- 133(25). 동바리의 유형별 조립 시 안전조치사항과 조립·해체시 준수사항에 대하여 설명하시오.
	- 136(10). 시스템 동바리 및 보 형식의 동바리 조립 시 안전조치

10	철근콘크리트공사 기출문제
1. 거푸집 및 동바리	
	6) 시스템동바리
	- 123(25). 시스템동바리의 설치 및 해체 시 준수사항에 대하여 설명하시오.
	- 127(25). 시스템동바리 조립 시 가새의 역할 및 설치기준, 시공 시 검토해야 할 사항에 대하여 설명하시오.
	- 106(25). 시스템 (System) 동바리의 구조적 개념과 붕괴원인 및 붕괴 방지대책에 대하여 설명하시오
	- 126(25). 시스템동바리의 구조적 특징과 붕괴발생원인 및 방지대책을 설명하시오.
	- 119(25). 시스템동바리의 붕괴유발요인 및 설계단계의 안전성 확보방안 설명
	- 125(25). 시스템 동바리 설치 시 주의사항과 안전사고 발생원인 및 안전관리 방안에 대하여 설명하시오.

10-1-1 거푸집의 종류

1. 개요

    부어넣는 콘크리트가 소정의 형상, 치수를 유지하며 콘크리트가 적합한 강도에 도달하기까지 지지하는 가설구조물

2. 거푸집의 종류

일반거푸집	목재,금속재,알루미늄	
특수거푸집 (전용폼,대형폼)	① 벽전용	갱 폼, 클라이밍 폼
	② 바닥전용	테이블 폼, 플라잉 폼
	③ 벽+바닥	터널 폼
	④ 연속공법	수직 : 슬라이딩 폼, 슬립 폼 수평 : 트래블링 폼
	⑤ 무지주공법	보우빔, 페코빔
	⑥ 바닥판공법	데크플레이트, 와플폼, half slab, w식
작업발판 일체형 거푸집	갱 폼, 슬립 폼, 클라이밍 폼, 터널 라이닝 폼 그 밖에 거푸집과 작업발판이 일체로 제작된 거푸집 등 (ACS, RCS등)	

10-1-2 거푸집 조립 시의 안전조치

1. 거푸집 조립 시 준수사항 (산업안전보건 기준에 관한 규칙 제331조의2)

    ① 거푸집을 조립하는 경우에는 거푸집이 콘크리트 하중이나 그 밖의 외력에 견딜 수 있거나, 넘어지지 않도록 견고한 구조의 긴결재, 버팀대 또는 지지대를 설치하는 등 필요한 조치를 할 것

    ② 거푸집이 곡면인 경우에는 버팀대의 부착 등 그 거푸집의 부상방지 조치

10-1-3 거푸집의 해체작업 시 준수사항

1. 거푸집의 해체작업 시 준수사항 (콘크리트공사 표준안전작업지침 제9조)

    ① 해체 순서에 의해 실시, 안전담당자를 배치

    ② 콘크리트 자중, 시공중 기타 하중에 충분한 강도를 가질 때까지는 해체금지

    ③ 안전 보호장구를 착용

    ④ 관계자 외 출입금지

    ⑤ 상하 동시 작업금지

    ⑥ 구조체 무리한 충격, 지렛대 사용금지

    ⑦ 거푸집의 낙하 충격으로 인한 돌발적 재해 방지

    ⑧ 박혀있는 못, 날카로운 돌출물 즉시 제거

    ⑨ 재사용, 보수할 것 선별, 분리하여 적치, 정리정돈

10-1-4 작업발판 일체형 거푸집

121(25)

1. 작업발판 일체형 거푸집 (산업안전보건 기준에 관한 규칙 제331조의3)

    ① 갱 폼(gang form)

    ② 슬립 폼(slip form)

    ③ 클라이밍 폼(climbing form)

    ④ 터널 라이닝 폼(tunnel lining form)

    ⑤ 그 밖에 거푸집과 작업발판이 일체로 제작된 거푸집 등

10-1-5 작업발판 일체형 거푸집의 안전조치   121(25). 137(10)

1. 갱 폼의 조립등의 작업 시 준수사항 (산업안전보건 기준에 관한 규칙 제331조의3)
   - ① 근로자에게 작업절차 주지시킬 것
   - ② 구조물 내부에서 갱폼 작업발판으로 출입할 수 있는 이동통로 설치
   - ③ 갱 폼의 지지,고정철물 이상유무 수시점검 및 교체
   - ④ 조립,해체시 갱폼 인양장비에 매단 후 작업
   - ⑤ 근로자 탑승 채 갱폼의 인양작업 금지

2. 갱 폼외 조립등의 작업 시 준수사항
   - ① 거푸집 연결 및 지지재의 변형 여부 등 확인
   - ② 조립 등 작업장소 출입금지 조치
   - ③ 콘크리트 양생기간 준수 및 거푸집 이탈, 낙하 방지를 위해 견고하게 지지
   - ④ 인양 장비에 매단 후 작업하는 등 낙하.붕괴.전도 위험방지 조치

10-1-6 갱 폼   121(25). 106(25). 116(25). 124(25). 133(25)

1. 개요
   - 동일 단면 구조물에서 외부벽체 거푸집과 거푸집 설치·해체작업 및 미장·치장(견출)
   - 작업발판용 케이지(Cage)를 일체로 제작하여 사용하는 대형 거푸집

2. 갱폼 조립 등 작업 시 안전대책
   - ① 관리책임자가 해체작업 지휘
   - ② 인양고리 비파괴검사 확인, 용접불량 확인
   - ③ 하부 출입금지 경계표시, 감시자 배치
   - ④ 작업발판 고정 확인
   - ⑤ 안전난간대, 수직사다리 설치
   - ⑥ 양중용 wire rope 점검
   - ⑦ 악천후시 작업중지
   - ⑧ 전단볼트 사전 해체 금지
   - ⑨ 갱폼 해체전 콘크리트 강도 확인

10-1-7 콘크리트 타설 시 거푸집 점검사항   95(10). 130(25)

1. 콘크리트 타설 시 거푸집 점검사항 (콘크리트공사표준안전작업지침 제7조)
   - ① 거푸집의 부상 및 이동방지 조치
   - ② 건물의 보, 요철부분, 내민부분의 조립상태 및 콘크리트 타설시 이탈방지장치
   - ③ 청소구의 유무 확인 및 콘크리트 타설시 청소구 폐쇄 조치
   - ④ 거푸집의 흔들림을 방지하기 위한 턴 버클, 가새 등의 필요한 조치

10-1-8 측압   96(10). 108(25). 119(25). 124(10). 127(10). 129(10). 130(25)

1. 개요
   - 콘크리트 유동성에 의해 수직부재에 작용하는 수평방향의 압력

2. 측압 상승 요인
   - ① 슬럼프 클수록
   - ② 타설속도 빠를수록
   - ③ 단면두께 클수록
   - ④ 폼 간격 클수록

3. 측압 산정식 (KCS 14 20)
   1) 일반콘크리트용 측압

   $$P = W*H$$

   W : 굳지않은콘크리트 단위중량
   H : 타설높이

10-1-9 측압 산정식

1. 일반콘크리트용 외 측압 산정식 (KCS 14 20)

    1) 슬럼프가 175 mm 이하이고, 1.2 m 깊이 이하의 일반적인 내부진동다짐으로 타설되는 기둥 및 벽체의 콘크리트 측압

    ① 기둥의 측압

    ② 타설 속도가 2.1m/h 이하이고, 타설 높이가 4.2m 미만인 벽체의 측압

    $$P = C_W\, C_C \left[7.2 + \frac{790R}{T+18} \right]$$

    P : 콘크리트측압(KN/m^2)
    C_W : 단위중량계수
    C_C : 화학첨가물 계수
    R : 타설속도(m/hr)
    T : 타설되는 콘크리트 온도

    ③ 타설 속도가 2.1m/h 이하이면서 타설 높이가 4.2m 초과하는 벽체 및 타설 속도가(2.1~4.5)m/h인 모든 벽체의 측압

    $$P = C_W\, C_C \left[7.2 + \frac{1160 + 240R}{T+18} \right]$$

    다만, 측압의 최소값은 $30\, C_W\ KN/m^2$ 이상이고, 최대값은 $W*H$값 이하

10-1-10 거푸집 존치기간   90(10), 132(10)

1. 개요

    콘크리트 타설 후 소요강도 확보될 때까지 외력,자중에 영향 없도록 존치하는 기간

2. 거푸집 존치기간

부재	① 압축강도 시험 콘크리트 압축강도	② 압축강도 시험(X) 평균기온	조강	보통(1종)	고로(2종)
기초,보,기둥,벽 등 측면	5MPa이상 *내구성 중요구조물(10MPa이상)	20° 이상	2일	4일	5일
수평부재 밑면 단층	fck*2/3배이상, 최소 14MPa이상	10°-20°	3일	6일	8일
수평부재 밑면 다층	설계기준 강도 이상				

3. 거푸집 존치기간 판단방법

    ① 슈미트 해머

    ② 공시체(봉함양생) 압축강도

    ③ 적산온도

10-1-11 콘크리트 적산온도

1. 개요

    콘크리트 강도 예측관리기법, 양생온도와 양생시간을 함수로 나타낸 것

2. 적산온도

    $$M = \sum (\theta + 10) * \triangle t \quad (\triangle t : 시간, \theta : \triangle t 동안 온도)$$

3. 적산온도

    ① 압축강도 추정

    ② 초기 양생기간의 산정

    ③ 거푸집 존치기간 산정

10-1-12 동바리의 유형   133(25)

1. 개요

    타설 된 콘크리트가 소정의 강도를 얻을 때까지 거푸집 및 장선·멍에를 적정 위치에 유지시키고, 상부하중을 지지하는 부재

2. 동바리의 유형

    ① 파이프 서포트

    ② 강관틀 지주

    ③ 조립 강주식 지주

    ④ 윙 서포트

    ⑤ 수평지지보(보우빔/ 페코빔)

    ⑥ 시스템 서포트

10-1-13 동바리 조립 시의 안전조치

1. 동바리 조립 시 준수사항 (산업안전보건 기준에 관한 규칙 제332조)

   ① 침하방지조치 - 받침목, 깔판의 사용, 버림 콘크리트 타설 등
   ② 동바리 상하 고정 및 미끄럼 방지조치
   ③ 상부·하부의 동바리 수직선상에 위치하도록 하여 깔판·받침목에 고정시킬 것
   ④ 개구부 상부에 동바리 설치 시 견고한 받침대 설치
   ⑤ U헤드가 없는 동바리의 상단에 U헤드 설치하고 멍에 전도 및 이탈방지 조치
   ⑥ 동바리의 이음은 같은 품질의 재료를 사용할 것
   ⑦ 강재의 접속부 및 교차부는 볼트·클램프 등 전용철물을 사용
   ⑧ 깔판, 받침목은 2단 이상 설치 금지(거푸집의 형상에 따른 부득이한 경우 제외)
   ⑨ 깔판, 받침목을 이어서 사용하는 경우에는 그 깔판·받침목을 단단히 연결할 것

10-1-14 동바리로 사용하는 파이프 서포트 조립 시의 안전조치

1. 개요

   외관, 내관, 꽂기핀으로 구성되어 있으며 내관에는 받이판, 외관에는 바닥판이
   용접되어 지지하는 구조 (산업안전보건 기준에 관한 규칙 제332조의2)

2. 동바리로 사용하는 파이프 서포트 조립 시 준수사항

   ① 3개이상 이어서 사용금지
   ② 이어서 사용 시 4개이상의 전용철물
   ③ 3.5m초과 시 2m이내마다
   수평연결재 2개 방향 설치 및
   변위방지 조치

10-1-15 동바리로 사용하는 조립강주의 경우 조립 시의 안전조치

1. 개요

   층고가 높거나 스팬이 긴 경우, 슬래브 두께가 매우 커서 지지력이 큰 지주가
   요구될 때 강주를 조립하여 사용하는 구조

2. 동바리로 사용하는 조립강주의 조립 시 준수사항 (산업안전보건 기준에 관한 규칙)

   ① 높이가 4미터를 초과하는 경우에는
   높이 4미터 이내마다 수평연결재를
   2개 방향으로 설치 및 변위를 방지할 것

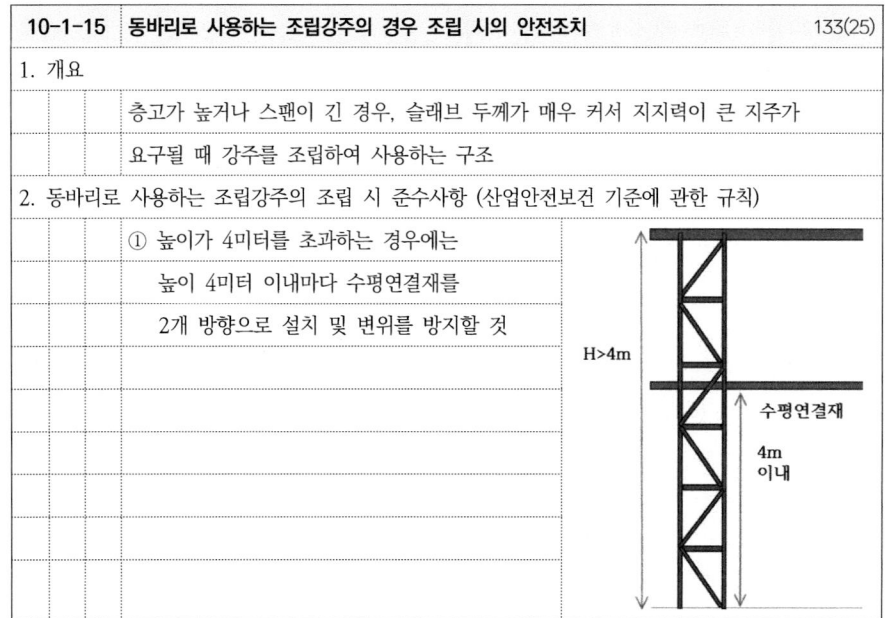

10-1-16 시스템 동바리 조립 시의 안전조치

1. 개요

   규격화·부품화된 수직재, 수평재 및 가새재 등의 부재를 현장에서 조립

2. 시스템 동바리 조립 시 준수사항 (산업안전보건 기준에 관한 규칙)

   ① 수평재는 수직재와 직각으로 설치
   ② 연결철물을 사용
   ③ 조립도 준수
   ④ 수직재와 받침철물 겹침길이
   = 받침철물길이* 1/3 이상

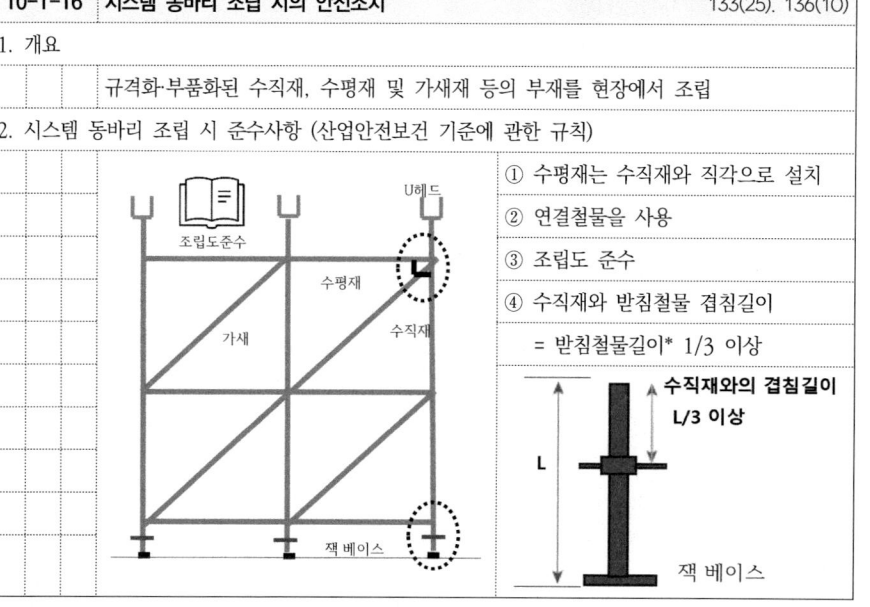

| 10-1-17 | 보 형식의 동바리의 경우 조립 시의 안전조치 | 133(25), 136(10) |

1. 개요

　강제 갑판, 철재트러스 조립 보 등 수평으로 설치하여 거푸집을 지지하는 동바리

2. 보(Beam)형식의 동바리 종류

　① 호리 빔(Horry Beam)
　② 페코 빔(Pecco Beam)
　③ 보우 빔(Bow Beam)

3. 보(Beam) 동바리 조립 준수사항

　① 접합부 걸침길이 확보
　　지지물에 고정시켜 미끄러짐 방지
　② 동바리 사이에 수평연결재 설치
　③ 설계도서 준수하여 설치

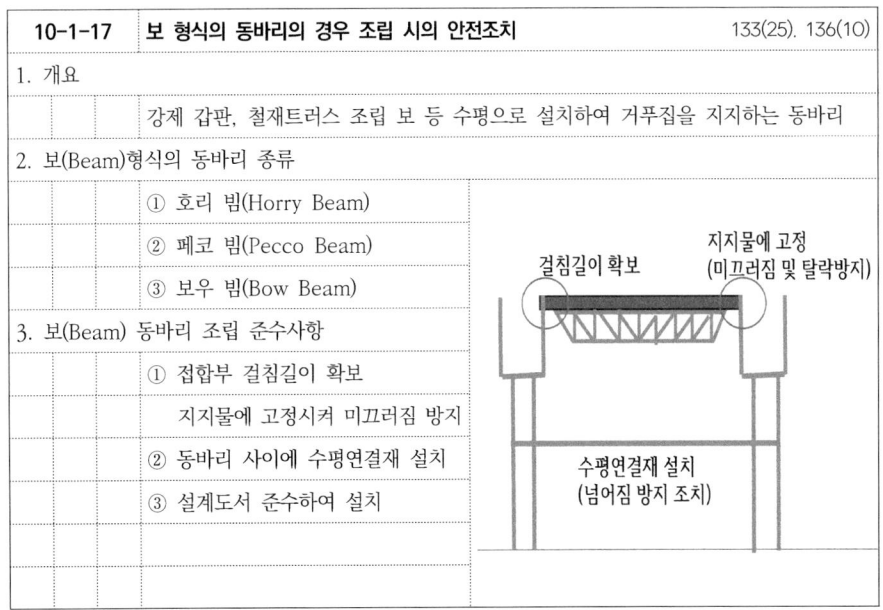

| 10-1-18 | 거푸집 및 동바리 조립·해체 등 작업 시의 준수사항 | 133(25) |

1. 거푸집 및 동바리 조립·해체 등 작업 시의 준수사항 (산업안전보건 기준에 관한 규칙)

　① 해당 작업을 하는 구역에는 관계 근로자가 아닌 사람의 출입을 금지할 것
　② 비, 눈, 그 밖의 기상상태의 불안정한 경우에는 작업 중지할 것
　③ 재료, 기구 또는 공구 등을 올리거나 내리는 경우 달줄·달포대 등을 사용
　④ 낙하·충격에 의한 돌발적 재해를 방지하기 위하여 버팀목을 설치하고
　　거푸집 및 동바리를 인양장비에 매단 후에 작업을 하도록 조치를 할 것

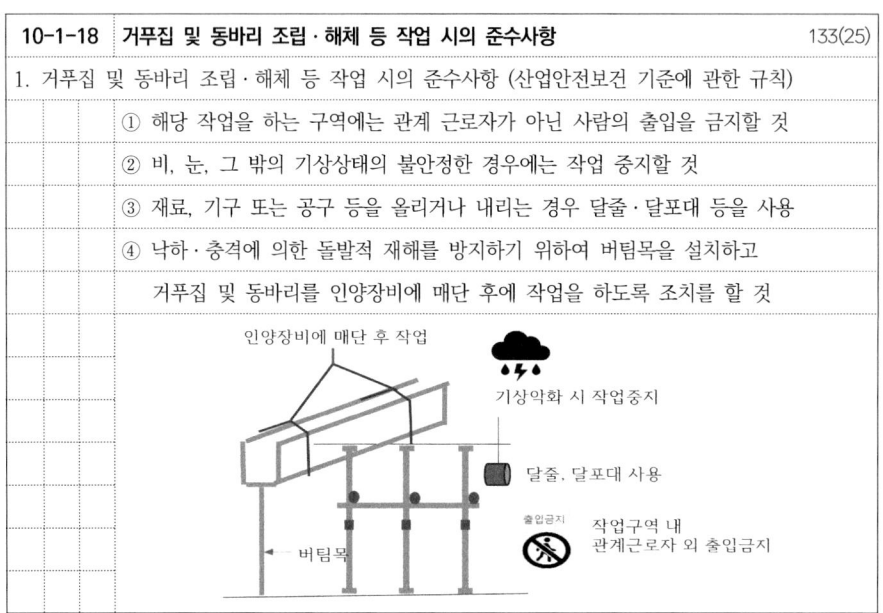

| 10-1-19 | 동바리(지주) 점검사항 | 95(10) |

1. 동바리(지주) 점검사항 (콘크리트공사 표준안전작업지침 제7조)

　① 부동침하 방지조치
　② 강관지주(동바리) 사용 시 접속부 나사 등의 손상상태
　③ 이동식 틀비계 사용 시 바퀴의 제동장치

| 10-1-20 | 거푸집 동바리 설계 시 붕괴 유발요인 | 114(25) |

1. 설계 시 붕괴 유발요인

　① 하중조합에 의한 해석 미실시
　② 설계하중에 대한 안전성 검토 누락
　③ 좌굴 안전성 검토 미흡
　④ 측압에 대한 Form tie 안전성 미검토

| 10-1-21 | 거푸집 동바리 안전성 확보 방안 | 106(25), 114(25), 119(25), 126(25) |

1. 설계 시 안전성 확보 방안
   - ① 구조검토 및 조립도 작성.이행 준수
   - ② 모든 설계하중 안전성 검토
   - ③ 하중조합 안전성 검토
   - ④ 재사용 허용응력 저감 적용
   - ⑤ 2차원,3차원 구조해석 안전성 검토

| 10-1-22 | 거푸집 동바리 안전성 검토 | 104(25), 119(25), 121(25), 130(25) |

1. 거푸집 동바리 안전성 검토

   하중계산 ➡ 응력계산 ➡ 단면계산

   1) 하중계산
      - ① 연직하중 : 고정 + 작업하중
      - ② 콘크리트 측압
      - ③ 풍하중
      - ④ 수평하중 : 풍압, 유수압
      - ⑤ 특수하중 : 편심하중, 매설물의 양압력, 장비하중 등
   2) 응력계산
      - 휨모멘트, 전단력, 최대처짐량
   3) 단면계산
      - 장선, 멍에 등 간격, 동바리 좌굴 검토

| 10-1-23 | 거푸집 동바리 시공 시 붕괴 유발요인 | 114(25), 123(25) |

1. 시공 시 붕괴 유발요인
   - ① 조립도 이행 미 준수
   - ② 콘크리트 타설 안전수칙 미 준수
   - ③ 수직재 좌굴하중 감소 방지조치 미흡
   - ④ 수평연결재 설치기준 미 준수
   - ⑤ 수직재 연결핀 미 설치
   - 타설중 부상변형에 따른 인발력 안정성 미비

| 10-1-24 | 좌굴 | 96(10), 114(10) |

1. 개요
   - 축방향 압축력을 받는 기둥이 횡방향으로 변형하는 것
2. 좌굴 원인
   - ① 세장비가 큰 부재
   - ② 하중의 집중
   - ③ 편심하중 작용
3. 거푸집 동바리 좌굴 방지대책
   - ① 가새 설치
   - ② 수평연결재 2m마다 2방향 설치
   - ③ 수직도 관리로 편심하중 방지
   - ④ 집중하중 방지(자재적치 제거)
   - ⑤ 강성을 갖춘 부재 선정

| 10-1-25 | 수평연결재 설치 이유 | 122(10) |

1. 개요
   동바리 좌굴을 방지하기 위함.(좌굴시험을 실시하니 대부분 좌굴 2m지점 발생)

2. 수평연결재 설치 이유

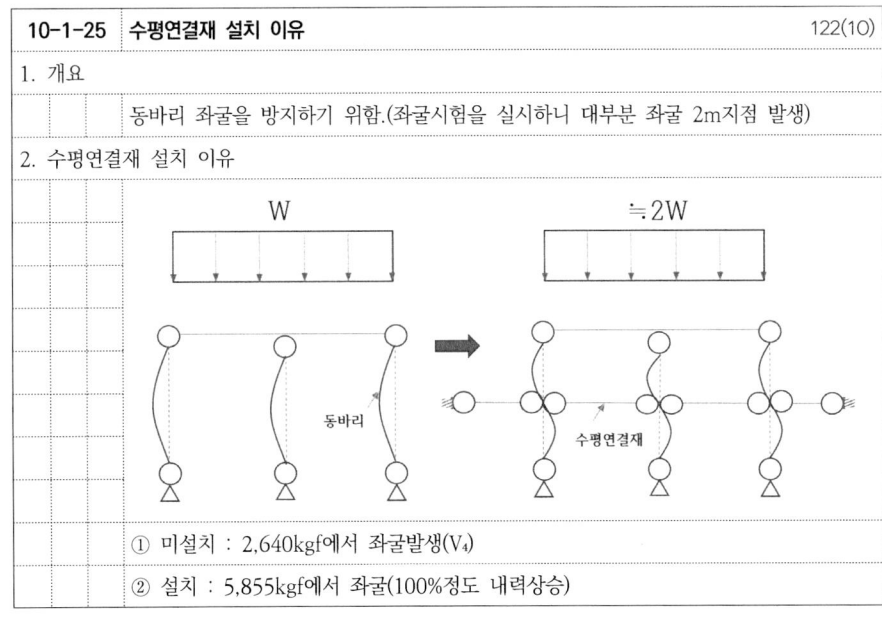

① 미설치 : 2,640kgf에서 좌굴발생(V₄)

② 설치 : 5,855kgf에서 좌굴(100%정도 내력상승)

| 10-1-26 | 수평연결재 2방향 설치 이유 | 122(10) |

1. 수평연결재 2방향 설치 이유

① 수평연결재 변위방지

② 동바리의 좌굴방지

③ 동바리 수직도 향상

④ 동바리 이탈방지

⑤ 진동,충격에 저항

⑥ 전체 안정성 확보

| 10-1-27 | 가새의 역할 | 127(25) |

1. 개요
   4변형으로 짜여진 뼈대의 변형을 방지하기 위해 대각방향으로 댄 보강재
   수평력(풍하중,지진 등)에 저항하여 4변형이 마름모꼴의 변형 방지

2. 가새의 역할

① 수평력에 의한 변형방지

② 수직력에 의한 좌굴방지

③ 구조체의 안전성 확보

※ 가설구조물의 접합부(연결부)는 모두 핀(힌지)연결이므로 가새가 없는 구조물은
불안정 구조체

핀(힌지)연결 : 모멘트(휨) 저항력이 없는 구조

10	철근콘크리트공사 기출문제
2. 철근	
	1) 총칙
	- 100(10). 주철근과 전단철근
	- 131(10). 무량판구조의 전단보강철근
	- 93(10). 철근의 이음과 정착
	- 109(25). 철근의 이음(길이, 위치, 공법종류, 주의사항)과 Coupler이음 설명
	- 101(10). 철근량과 유효높이
	- 98(10). 철근의 유효높이와 피복두께
	- 118(10). 철근콘크리트 공사에서의 철근 피복두께와 간격
	- 102(10). 과소철근보, 과다철근보, 평형철근비
	- 119(10). 과소철근보
	- 124(10).134(10). 강재의 연성파괴와 취성파괴
	- 126(10). 콘크리트 구조물의 연성파괴와 취성파괴

10	철근콘크리트공사 기출문제
2. 철근	
	2) 부식관련
	- 107(10). 콘크리트 내부 철근 수막(水膜)현상
	- 97(10).103(10).118(10). 철근의 부동태막
	- 128(10). RC구조물의 철근부식 및 방지대책
	- 106(25). 철근의 철근부식에 따른 성능저하 손상도 및 보수판정 기준, 부식원인 및 방지대책에 대하여 설명하시오

10	철근콘크리트공사 기출문제
2. 철근	
	3) 안전사고
	- 107(25). 건설현장에서 골조공사시 철근의 운반, 가공 및 조립시 발생하는 안전사고의 원인과 대책에 대하여 설명하시오.
	- 113(25). 철근도괴사고의 유형과 발생원인 및 예방대책에 대하여 설명하시오.
	- 118(25). 건설현장에서 철근의 가공·조립 및 운반 시의 준수사항에 대하여 설명
	- 116(25). 중소규모 건설현장에서 철근 작업절차별 유해위험요인과 안전보건 대책에 대하여 설명하시오.
	- 99(10). 인력운반의 작업안전

10-2-1 철근콘크리트 구조 성립이유

1. 개요
인장력에 취약한 콘크리트를 인성재료인 철근으로 보강하여 일체화 시킨 구조

2. 철근콘크리트 구조 성립이유
① 선팽창계수 유사($1*10^{-5}$mm/℃)
② 구조적 상호보완
③ 철근부식방지
④ 내화성
⑤ 부착력 확보

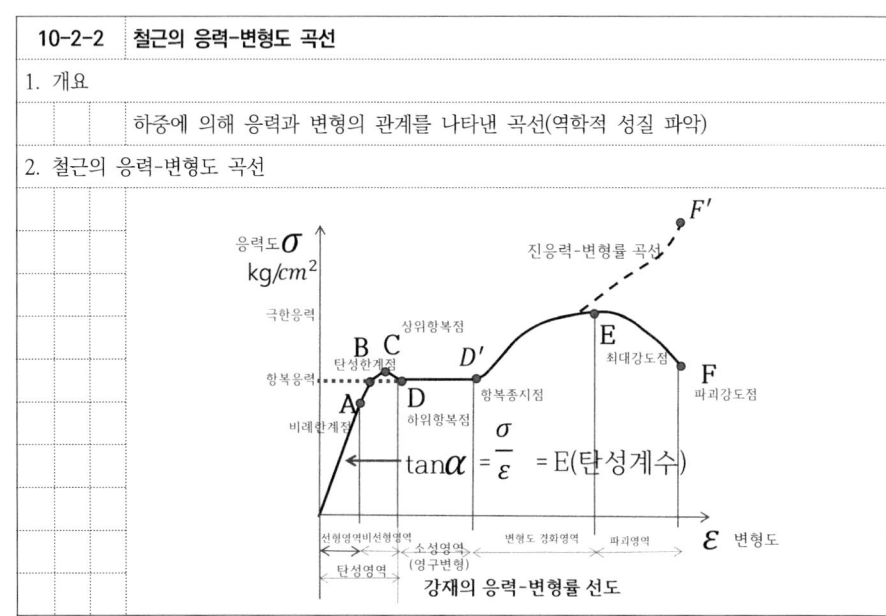

10-2-2 철근의 응력-변형도 곡선

1. 개요
하중에 의해 응력과 변형의 관계를 나타낸 곡선(역학적 성질 파악)

2. 철근의 응력-변형도 곡선

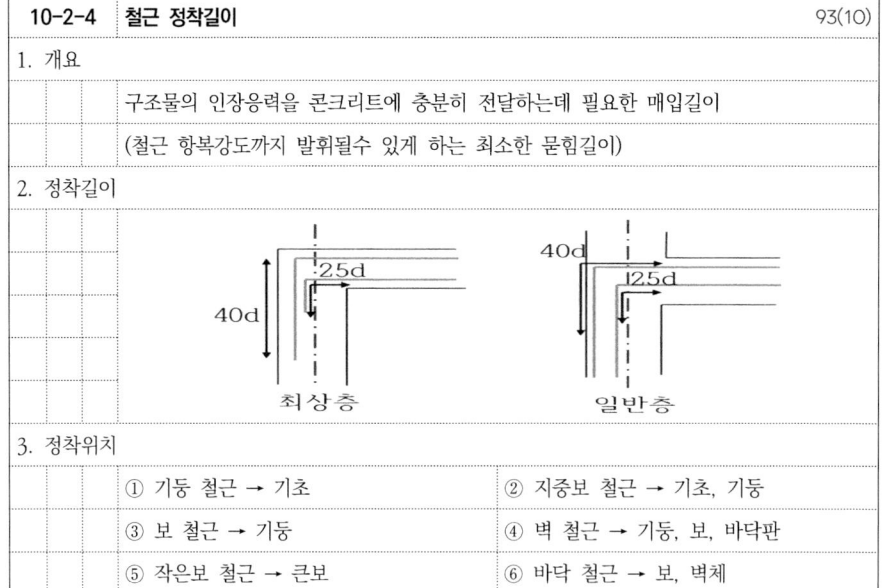

$$\tan\alpha = \frac{\sigma}{\varepsilon} = E(탄성계수)$$

강재의 응력-변형률 선도

10-2-3 철근 이음   93(10), 109(25)

1. 철근 이음 위치
① 응력이 적은곳
② 보 : 압축측에서 이음
③ 기둥 : 하단 50cm이상 / 기둥높이 3/4이하

2. 철근 이음 공법의 종류

1) 겹침이음	겹침길이 최소 30cm이상	
2) 용접이음	① 겹침용접	
	② 맞댐용접	
	③ 가스압접	
3) 기계적이음	① sleeve 압착	길이 5d이상
	② 약액주입법	슬리브내부에 약액충진
	③ 나사식이음	
	④ cad weld	D35이상 이음
	⑤ G-Loc Splice	

10-2-4 철근 정착길이   93(10)

1. 개요
구조물의 인장응력을 콘크리트에 충분히 전달하는데 필요한 매입길이
(철근 항복강도까지 발휘될수 있게 하는 최소한 묻힘길이)

2. 정착길이

(최상층: 40d, 25d / 일반층: 40d, 12.5d)

3. 정착위치
① 기둥 철근 → 기초
② 지중보 철근 → 기초, 기둥
③ 보 철근 → 기둥
④ 벽 철근 → 기둥, 보, 바닥판
⑤ 작은보 철근 → 큰보
⑥ 바닥 철근 → 보, 벽체

10-2-5 부착강도

1. 개요
철근과 콘크리트의 경계면의 강도(철근 활동 저항성 확보)

2. 부착강도에 영향을 주는 요인(증가)
① 피복두께 두꺼울수록
② 철근 주장이 클수록(가는 철근 여러다발 사용)
③ 콘크리트 강도 클수록
④ 물시멘트비 작을수록
⑤ 다짐(공기 및 잉여수 제거)
⑥ 철근표면상태
⑦ 정착길이 길수록
⑧ 부식도 약 2%까지는 증가

부착강도(MPa) vs 부식율(%) 그래프 — 약 2%에서 최대

부식율과 부착강도

10-2-6 피복두께

1. 개요
콘크리트 표면에서 가장 근접한 철근 표면까지의 거리

2. 피복두께 유지 필요성
① 내구성 확보
② 내화성 확보
③ 골재 유동성 확보
④ 소요강도 확보
⑤ 방청성
⑥ 부착성 확보

수중	100mm	
흙에 영구히 묻힘부위	75mm	
흙에 접하는 부위	D19이상	50mm
	D16이하	40mm
흙에 접하지 않는 부위	슬래브, 벽체, 장선	D35초과 40mm
		D35이하 20mm
	보, 기둥	40mm
	쉘, 절판 부재	20mm

최소 피복두께 기준

10-2-7 유효깊이

1. 개요
콘크리트 압축측 표면에서 철근 중심까지의 거리

2. 유효깊이 부족 시 문제점

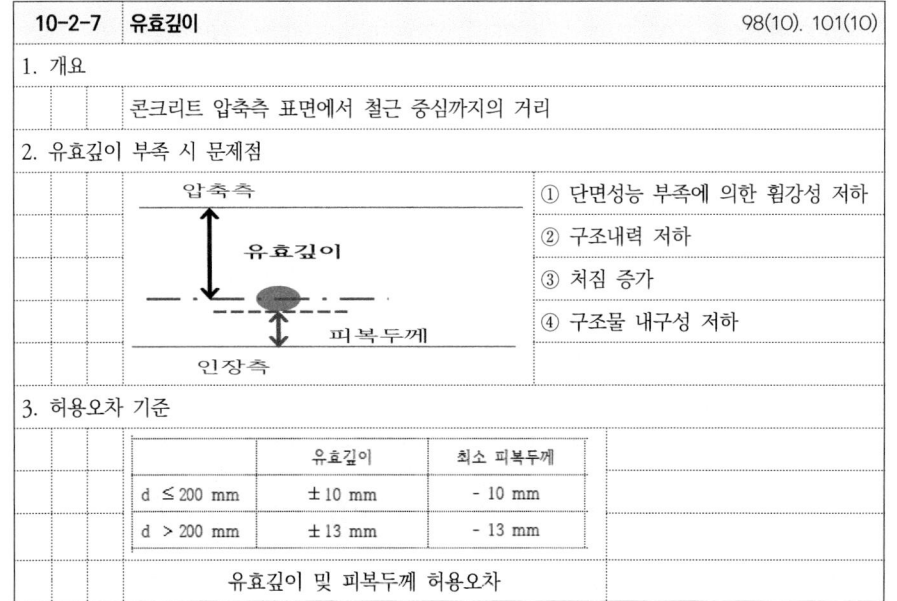

① 단면성능 부족에 의한 휨강성 저하
② 구조내력 저하
③ 처짐 증가
④ 구조물 내구성 저하

3. 허용오차 기준

	유효깊이	최소 피복두께
d ≤ 200 mm	± 10 mm	- 10 mm
d > 200 mm	± 13 mm	- 13 mm

유효깊이 및 피복두께 허용오차

10-2-8 균형철근비, 과소철근보, 과다철근보

1. 개요
철근비는 콘크리트 단면적과 철근의 단면적의 비율

2. 균형철근비, 과소철근보, 과다철근보

① 균형철근비
- 철근이 항복함과 동시에 압축연단의 콘크리트 변형률이 0.003에 도달하여 파괴될때의 철근비

② 과소철근보
- 콘크리트가 극한변형률(압축)에 도달했을때의 철근은 이미 항복한 상태가 되도록 설계된 보

③ 과다철근보
- 철근이 항복하지 않도록 설계된 보

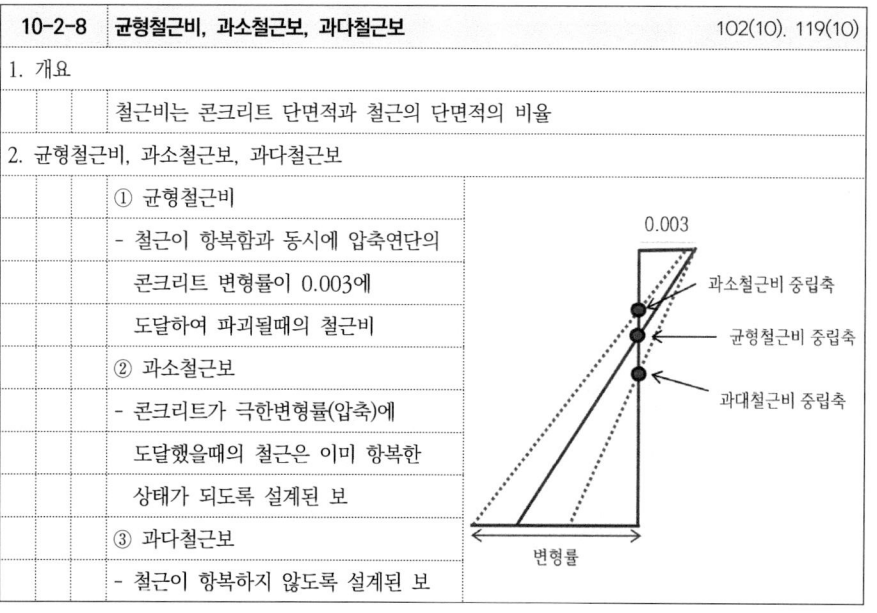

10-2-9 철근비에 따른 콘크리트 파괴유형   124(10), 126(10), 134(10)

1. 철근비에 따른 콘크리트 파괴유형

구분	철근비	파괴유형	특징
과소철근비 Pmin	$\rho < \rho_b$	연성파괴	철근 먼저 항복
평형철근비 Pb	$\rho = \rho_b$	평형파괴	동시 항복
과대철근비 Pmax	$\rho > \rho_b$	취성파괴	콘크리트 먼저 항복

2. 연성파괴와 취성파괴

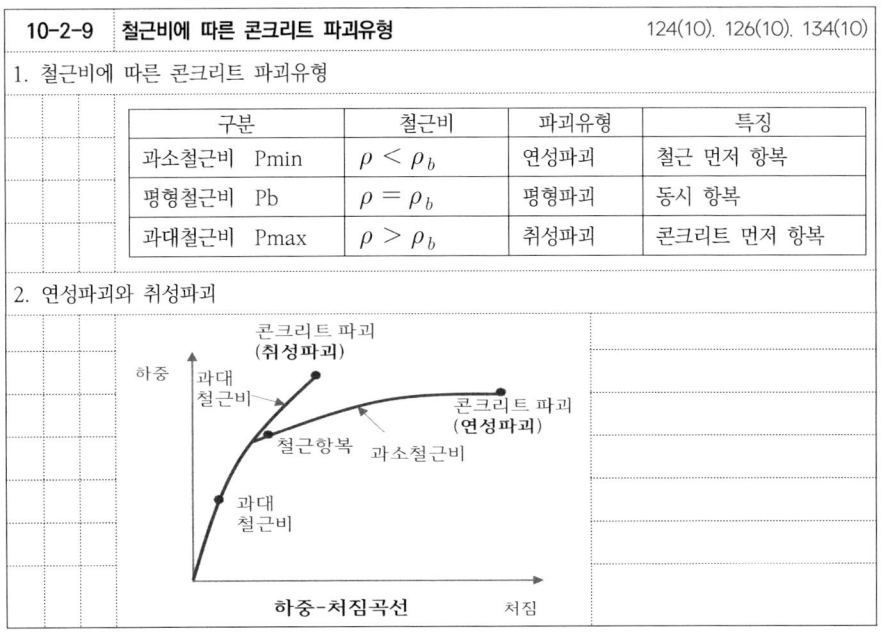

하중-처짐곡선

10-2-10 최대철근비 및 최소철근비 규정 이유

1. 최대철근비 및 최소철근비 규정 이유

   ① $Pb >$ 적게 배근 - 철근먼저 항복 후 콘크리트 파괴 (연성파괴)

   ② 지나치게 작게 배근 - 철근 먼저 항복, 압축측 콘크리트 갑자기 파괴 (취성파괴)

2. 최대철근비, 최소철근비 규정

   ① $\rho_{max} = 0.75 \rho_b$

   ② 둘중 큰 값

   $\rho_{min} = \dfrac{0.25\sqrt{f_{ck}}}{fy}$

   $\rho_{min} = \dfrac{1.4}{fy}$

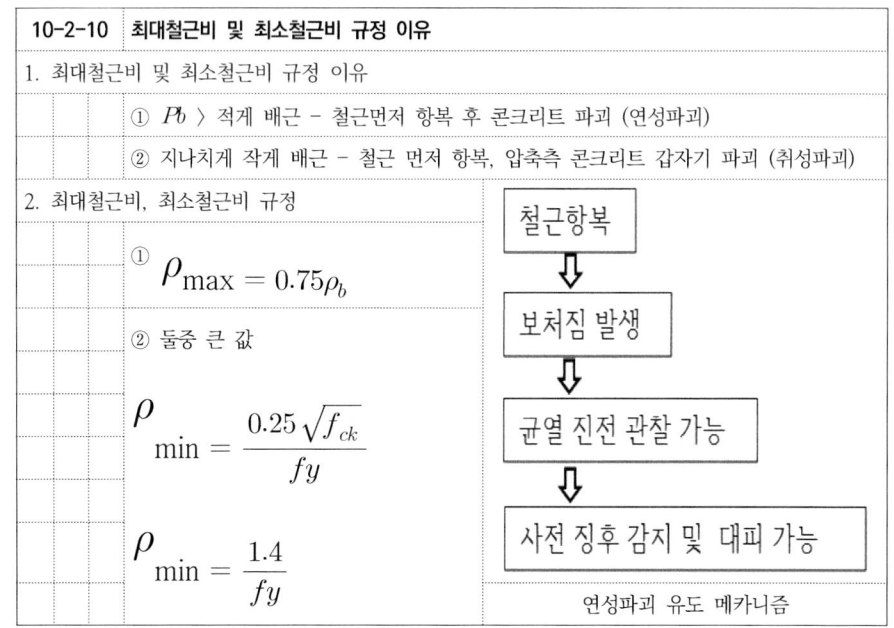

연성파괴 유도 메카니즘

10-2-11 부동태막   97(10), 103(10), 118(10)

1. 개요

   콘크리트에 둘러 쌓인 철근 표면에 20-60Å(옹스트롬) 정도의 두께로 이루어진 부식하기 어려운 성질을 가진 막

2. 부동태막 파괴 원인 및 방지대책

   수화열반응 : $CaO + H_2O \rightarrow Ca(OH)_2 + 125\,cal/g$

   중성화 : $Ca(OH)_2 + CO_2 \rightarrow CaCO_3 + H_2O$

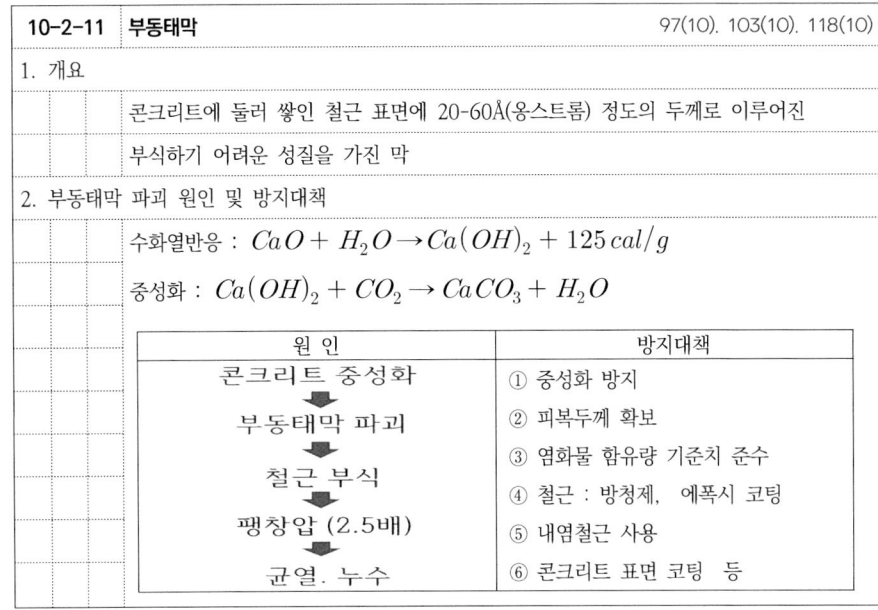

10-2-12 철근의 부식   106(25), 128(10)

1. 개요

   물리,화학적 반응에 의한 부동태막 파괴로 부식촉진제(물,산소,전해질)로 전기화학적 반응에 의한 부식발생

2. 부식 메카니즘

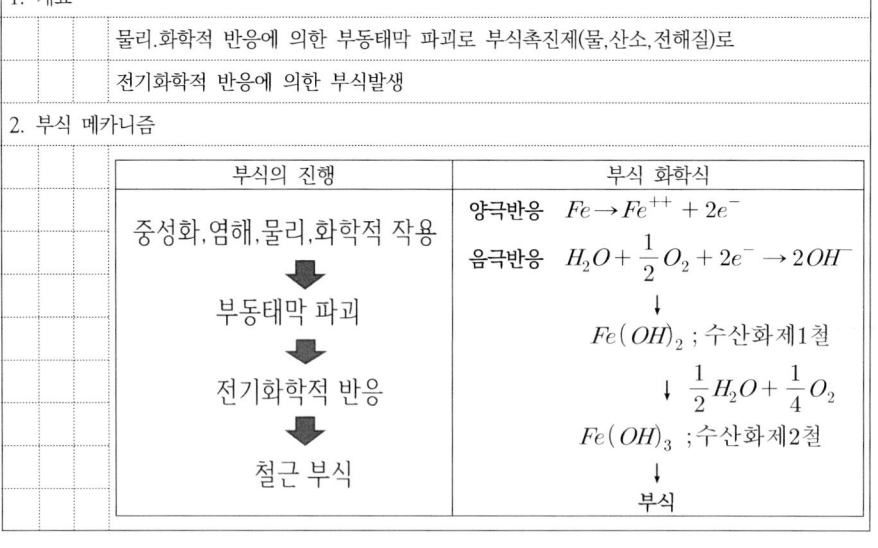

10-2-13 철근 부식 원인   106(25)

1. 철근 부식 원인
   ① 중성화에 의한 부식
   - PH농도 8.5-9.5이하 → 부동태막 파괴
   ② 염해에 의한 부식
   - 염화이온 → 부동태막 파괴
   ③ 전류에 의한 침식
   - 구조물 전류 흐를때 철근에서 콘크리트로 전류가 흘러 부식
   ④ 물리적, 화학적 작용에 의한 크랙
   - 동결융해, 알칼리골재반응, 기계적작용

10-2-14 철근 부식 방지대책   128(10)

1. 철근 부식 방지대책
   ① 양질재료 사용 및 혼화재료
   ② 밀실한 콘크리트 타설 및 양생철저
   ③ 철근부식방지
   - 에폭시 코팅처리/피복두께 증가/ 단위수량감소 등
   ④ 해사 사용시 염분제거 철저
   ⑤ 염화물량 허용치 이하로 사용
   - 비빔시 콘크리트 중의 염화물 이온량 : $0.3 \text{kg}/m^3$이하
   - 상수도의 물을 혼합수로 사용 시 : $0.04 \text{kg}/m^3$이하
   - 콘크리트 중의 염화물이온량의 허용상한치 : $0.6 \text{kg}/m^3$이하
   - 잔골재의 염화물이온량 : 0.02%

10-2-15 철근 운반, 가공, 조립 시 주요 유해.위험요인   116(25)

1. 철근 운반, 가공, 조립 시 주요 유해.위험요인
   ① 인력운반 시 무리한 동작 및 부적합한 자세로 근골격계질환 위험
   ② 인양 작업 시 와이어로프가 결손되어 철근 떨어짐 위험
   ③ 절단기계의 누전으로 감전 위험
   ④ 철근절곡기 오작동으로 끼임 위험
   ⑤ 가스 압접기 사용 중 토치에 화상 위험
   ⑥ 가스 압접기에 손가락 끼임 위험
   ⑦ 조립 중 무너지면서 철근에 깔림 위험
   ⑧ 조립 중 작업발판이 탈락하면서 떨어짐 위험

10-2-16 철근 운반, 가공, 조립 시 재해예방대책   107(25), 116(25)

1. 철근 운반, 가공, 조립 시 재해예방대책
   ① 인력에 의한 중량물 취급방법 등 안전교육 실시
   ② 와이어로프 손상 점검후 작업 실시
   ③ 절단기계 사용 전 누전여부 확인하고 누전차단기 연결
   ④ 절곡기에 오작동 방지위해 보호덮개 설치
   ⑤ 가스 압접기 사용 시 안전작업 절차 준수
   ⑥ 버팀대 설치 등 도괴 위험 방지 조치
   ⑦ 적합한 구조의 작업발판 설치 및 작업발판 위 과다적재 금지

10-2-17	인력으로 철근을 운반 시 준수사항	99(10), 118(25)

1. 인력으로 철근을 운반 시 준수사항 (콘크리트공사표준안전작업지침 제12조)
   ① 1인당 무게는 25kg 정도 적절, 무리한 운반 삼가
   ② 2인 이상이 1조가 되어 어깨메기로 하여 운반
   ③ 부득이 긴 철근을 1인이 운반 시 한쪽을 어깨에 메고 한쪽끝을 끌면서 운반
   ④ 양끝을 묶어 운반
   ⑤ 내려 놓을 때 천천히 내려놓고 던지지 않아야 함.
   ⑥ 공동 작업은 신호에 따라 작업

10-2-18	기계 이용하여 철근을 운반 시 준수사항	118(25)

1. 기계 이용하여 철근을 운반 시 준수사항 (콘크리트공사표준안전작업지침 제12조)
   ① 운반작업 시 작업 책임자를 배치하여 수신호, 표준신호 방법에 의해 시행
   ② 달아 올릴때에 로우프와 기구의 허용하중을 검토하여 과다 인양금지
   ③ 비계나 거푸집 등에 대량의 철근 적재금지
   ④ 달아 올리는 부근에 관계근로자 이외 출입 금지
   ⑤ 권양기의 운전자는 현장책임자가 지정

훅 해지장치
2줄 걸이
달포대
묶은 와이어의 걸치기 예

10-2-19	철근을 운반할 때 감전사고 등을 예방하기 위한 준수사항	

1. 철근을 운반할 때 감전사고 등을 예방하기 위한 준수사항
   (콘크리트공사 표준안전작업지침 제12조)
   ① 철근 운반하는 바닥 부근에 전선 배치 금지
   ② 주변 전선과의 이격거리는 최소한 2m 이상
   ③ 운반장비 전선의 배선상태 확인 후 운행

10-2-20	철근가공 및 조립작업 시 준수사항	118(25)

1. 철근가공 및 조립작업 시 준수사항 (콘크리트공사 표준안전작업지침 제11조)
   ① 철근가공 작업장 주위 작업책임자가 상주, 작업원 이외는 출입을 금지
   ② 작업자 안전모 및 안전보호장구 착용
   ③ 가공작업 고정틀에 정확한 접합을 확인
   ④ 아아크(Arc)용접 배전판, 스위치는 쉽게 조작 가능한 곳 설치, 접지상태 확인

10-2-21	철근 절단 작업 시 준수사항		118(25)
1. 햄머절단 작업 시 준수사항 (콘크리트공사 표준안전작업지침 제11조)			
	① 햄머자루 금, 쪼개진 부분 확인, 사용 중 햄머 빠지지 아니하도록 튼튼하게 조립		
	② 햄머부분 마모, 훼손된 것 사용금지		
	③ 무리한 자세로 절단금지		
	④ 절단기의 절단 날이 마모로 미끄러질 우려 시 사용금지		
2. 가스절단 작업 시 준수사항			
	① 해당 자격 소지자가 작업, 보호구 착용		
	② 호스는 겹침,구부러짐, 밟히지 않도록 하고 전선은 피복 손상 확인		
	③ 호스, 전선는 다른 작업장을 거치지 않는 짧은 길이 확인		
	④ 가연성 물질 인접작업 시 소화기 비치		

10-2-22	철근 도괴 사고원인 및 대책		113(25)
1. 철근 도괴 사고원인 및 대책			
	1) 도괴 사고원인		
		① 무리한 철근조립	
		② 자립도 및 강성부족	
		③ 도괴방지 장치 미비	
		④ 이음위치 부적절	
		⑤ Footing 철근 상부 중량물 적치	
	2) 도괴방지대책		
		① 철근 조립도 작성 및 준수	
		② 이음위치 검토	
		③ 수직철근 짧게 자립도 확보	
		④ 중량물 적치 금지	
		⑤ 도괴방지조치 철저	

10-2-23	철근 도괴 방지 조치		113(25)
1. 철근 도괴 방지 조치			
	① 버팀대 설치		
	② 앵커 및 버팀줄		
	③ 가새 철근 설치		

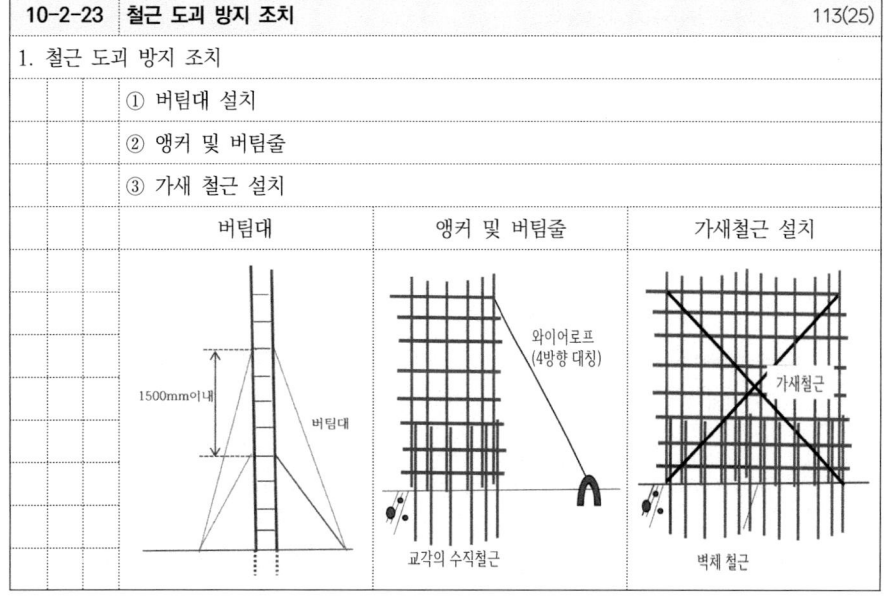

10	철근콘크리트공사 기출문제
3. 콘크리트	
1) 배합	
- 104(10).117(10). 시방배합과 현장배합	
- 121(10). 콘크리트 배합설계 순서	
- 127(10). 콘크리트의 물-결합재비(water-binder ratio)	
- 116(10). 골재의 함수상태	
2) 혼화재료	
- 95(10). 고성능 감수제와 유동화제	
- 123(10). 콘크리트에 사용하는 감수제의 효과	
- 106(10). 수중 불분리성 혼화제	

10	철근콘크리트공사 기출문제
3. 콘크리트	
3) 품질관리	
- 102(25). 굵은골재의 최대치수가 콘크리트에 미치는 영향	
- 93(10). 레미콘 반입시 검사항목	
- 102(25). 레미콘 운반시간이 콘크리트 품질에 미치는 영향과 대책 및 콘크리트 타설시 안전대책	
- 111(25). 불량 레미콘의 발생유형 및 처리방안에 대하여 설명하시오.	
- 118(25). 건설현장에서 콘크리트 타설작업 중 우천상황 발생 시 콘크리트의 강도 저하 산정방법 및 품질관리방안에 대해서 설명하시오.	
- 122(10). 펌퍼빌리티(Pumpability)	

10	철근콘크리트공사 기출문제
3. 콘크리트	
4) 강도 및 비파괴 시험	
- 96(10). 배합강도와 설계기준강도	
- 109(10). 콘크리트 압축강도를 28일 양생 강도 기준으로 하는 이유	
- 100(25). 콘크리트 공사에서 콘크리트 강도의 조기판정이 필요한 이유와 조기판정법	
- 123(10). 콘크리트의 비파괴 시험	
- 117(10). 슈미트 해머(Schmidt hammer)에 의한 반발경도 측정방법	
- 133(10). 슈미트 해머(Schmidt Hammer)를 이용한 콘크리트 강도 추정 방법	

10	철근콘크리트공사 기출문제
3. 콘크리트	
5) 타설	
- 118(10). 철근콘크리트의 수직·수평분리타설 시 유의사항	
- 103(25). 콘크리트공사 표준안전작업지침에 대하여 설명하시오.	
- 125(25). 철근콘크리트 공사 단계별 시공 시 유의사항과 안전관리 방안 설명	
- 100(25). 콘크리트 타설시 붕괴재해 원인과 안전대책	
- 112(25). 콘크리트 타설시 부상현상(浮上現象)의 정의와 방지대책에 대하여 설명	
- 104(25). 콘크리트 펌프를 이용한 압송타설시 작업 중 유의사항과 안전대책 설명	
- 113(25).117(25).126(25). 펌프카를 이용한 콘크리트 타설 시 안전작업절차와 타설작업 중 발생할 수 있는 재해유형과 안전대책에 대하여 설명하시오.	
- 128(25). 콘크리트 타설 중 이어치기 시공 시 주의사항에 대하여 설명하시오.	

10	철근콘크리트공사 기출문제
3. 콘크리트	
	6) 문제점 (재료분리,균열)
	- 134(10). 굳지 않은 콘크리트의 재료분리 원인 및 대책
	- 120(10). 콘크리트의 침하균열(Settlement Crack)
	- 124(10). 온도균열
	- 106(10). 콘크리트의 수축 (Shrinkage)
	- 126(25). 콘크리트 타설 후 체적 변화에 의한 균열의 종류와 관리방안을 설명
	- 101(25). 콘크리트 구조물 시공시 발생균열에 대하여 발생시기별로 설명
	- 121(25). 콘크리트 타설 후 발생하는 초기균열의 종류별 발생원인 및 예방대책
	- 119(25). 콘크리트 구조물에 작용하는 하중의 종류를 기술하고 이에 대한 균열의 특징과 제어대책에 대하여 설명하시오.
	- 113(25). 구조물에 작용하는 하중에 의한 균열의 종류와 발생원인 및 방지대책
	- 95(10). 콘크리트 구조물의 허용균열과 종방향균열

10	철근콘크리트공사 기출문제
3. 콘크리트	
	6) 문제점 (재료분리,균열)
	- 137(25). 철근콘크리트 건축물의 사용기간 경과에 따른 열화발생의 유형 중 균열 발생 방지를 위한 대책과 균열발생 시 보수 필요 여부를 결정하는 균열 폭의 기준 및 보수·보강공법에 대하여 설명하시오.

10	철근콘크리트공사 기출문제
3. 콘크리트	
	7) 보수,보강
	- 91(10). 강섬유 보강 콘크리트
	- 94(10). 콘크리트의 균열 보강공법
	- 102(25). 콘크리트 구조물의 사용환경에 따라 발생하는 콘크리트 균열의 평가 방법과 보수보강공법
	- 134(25). 콘크리트 균열의 발생 원인, 대책 및 보수·보강공법에 대하여 설명
	- 112(25). 철근콘크리트 교량 구조물에 발생된 변형에 대한 보수·보강기법 설명
	- 115(25). 철근콘크리트 교량 구조물에 발생된 각종 노후화 손상에 대하여 안전도 확보를 위하여 시행되는 보수·보강 공법 및 방법에 대해서 설명
	- 123(25). 철근콘크리트구조 건축물의 경과연수에 따른 성능저하 원인, 보수·보강 공법의 시공방법과 안전대책에 대하여 설명하시오.

10	철근콘크리트공사 기출문제
3. 콘크리트	
	8) 내구성
	- 108(10). Rock Pocket 현상
	- 115(10). 콘크리트의 에어 포켓(Air Pocket)
	- 109(10). 염해에 대한 콘크리트 내구성 허용기준
	- 111(25). 잔골재의 입도, 유해물 함유량, 내구성에 대하여 설명하시오.
	- 100(25).118(25).126(25). 134(25). 콘크리트 내구성 등급과 내구성 저하 원인 및 방지대책에 대하여 설명
	- 132(25). 콘크리트 구조물의 성능저하 원인과 방지대책에 대하여 설명하시오.
	- 109(10). 안전점검시 콘크리트 구조물의 내구성시험

10	철근콘크리트공사 기출문제
3. 콘크리트	
	9) 열화
	- 108(10).124(25). 콘크리트 구조물의 복합열화 요인 및 저감대책에 대하여 설명
	- 115(25). 콘크리트 구조물의 열화 원인, 열화로 인한 결함 및 대책
	- 120(25). 콘크리트 구조물의 열화에 영향을 미치는 인자들의 상호 관계 및 내구성 향상을 위한 방안에 대하여 설명하시오.
	- 132(10). 염해에 의한 콘크리트 열화 현상
	- 117(10).122(10). 콘크리트 구조물에서 발생하는 화학적 침식
	- 94(10). 콘크리트 중성화의 화학반응 및 시험방법
	- 104(25). 콘크리트 구조물의 중성화 발생원인, 조사과정, 시험방법에 대하여 설명
	- 128(10). 알칼리골재반응
	- 136(25). 철근콘크리트 구조물에 발생하는 열화발생 원인, 열화유형, 열화판정 기준 및 예방대책을 설명하시오.

10	철근콘크리트공사 기출문제
3. 콘크리트	
	10) PSC
	- 91(10). 112(10). PS강재의 응력부식과 지연파괴
	- 133(25). 프리스트레스트 콘크리트에서 PS 강재의 인장방법 및 응력이완(Stress Relaxation), 응력부식(Stress Corrosion)에 대하여 설명하시오.
	- 134(25). PSC 거더(Prestressed Concrete Girder) 공사 중 사고 예방을 위해 PSC 거더의응력변화와 긴장작업 시 주의사항 및 시공 단계별 안전 유의사항에 대하여 설명하시오.
	- 106(25). 프리스트레스트 콘크리트에 대한 다음 사항을 설명하시오.
	가) 정의 , 특징 , 긴장방법 , 시공 시 유의사항
	나) PSC 거더 (Girder) 긴장 시 주의사항 및 거치 시 안전조치사항
	- 99(10). Creep와 Relaxation

10	철근콘크리트공사 기출문제
3. 콘크리트	
	11) 콘크리트 종류
	- 102(10). 수중콘크리트
	- 98(10).112(10). 서중콘크리트
	- 105(10). 한중콘크리트의 품질관리
	- 126(25). 한중콘크리트 시공 시 문제점과 안전관리대책에 대하여 설명하시오.
	- 114(10). 자기치유 콘크리트(Self-Healing Concrete)
	- 101(25).113(25). 매스콘크리트에서 온도균열 제어방법과 시공 시 유의사항 설명
	- 118(25). 무량판 슬래브의 정의, 특징 및 시공 시 유의사항에 대하여 설명하시오.
	- 125(25). 무량판 슬래브와 철근 콘크리트 슬래브를 비교 설명하고, 무량판 슬래브 시공시 안전성 확보 방안에 대하여 설명하시오.
	- 136(25). 무량판구조 슬래브의 종류와 특징, 시공 시 유의사항과 재해예방을 위한 안전대책에 대해 설명하시오.

10	철근콘크리트공사 기출문제
3. 콘크리트	
	12) 화재
	- 94(10).105(10). 콘크리트 폭열에 영향을 주는 인자
	- 103(25). 콘크리트구조물의 화재발생 시 폭열현상의 원인 및 방지대책을 설명
	- 108(25). 고강도 콘크리트의 폭열현상 발생 메커니즘과 방지대책 및 화재피해 정도를 측정하는 방법에 대하여 설명하시오.
	- 102(25). 콘크리트 구조물 화재시 구조물의 안전에 영향을 미치는 요소와 구조물의 화재예방 및 최소화 방안
	- 106(25). 콘크리트 구조물의 화재 시 구조물의 안전에 영향을 미치는 요소를 나열하고, 콘크리트 구조물의 화재예방 및 피해최소화 방안 설명
	- 117(25).122(25). 철근콘크리트 구조물의 화재에 따른 구조물의 건전성 평가 방법 및 보수보강 대책에 대하여 설명하시오.

10-3-1 콘크리트

1. 개요
   - 시멘트+물+잔골재+굵은골재+혼화재료 구성
2. 양질의 콘크리트
   - ① 강도
   - ② 내구성
   - ③ 시공성
3. 양질의 콘크리트 제조
   - ① 양질의 재료
   - ② 배합설계
   - ③ 시공(혼합, 운반, 타설, 양생, 다짐)

10-3-2 응결과 경화

1. 개요
   - 응결 : 시멘트가 물과 접촉, 수화반응에 따라 유동성을 상실 후 굳어질 때까지 과정
   - 경화 : 응결 과정 이후의 강도 발현 과정
2. 응결과 경화

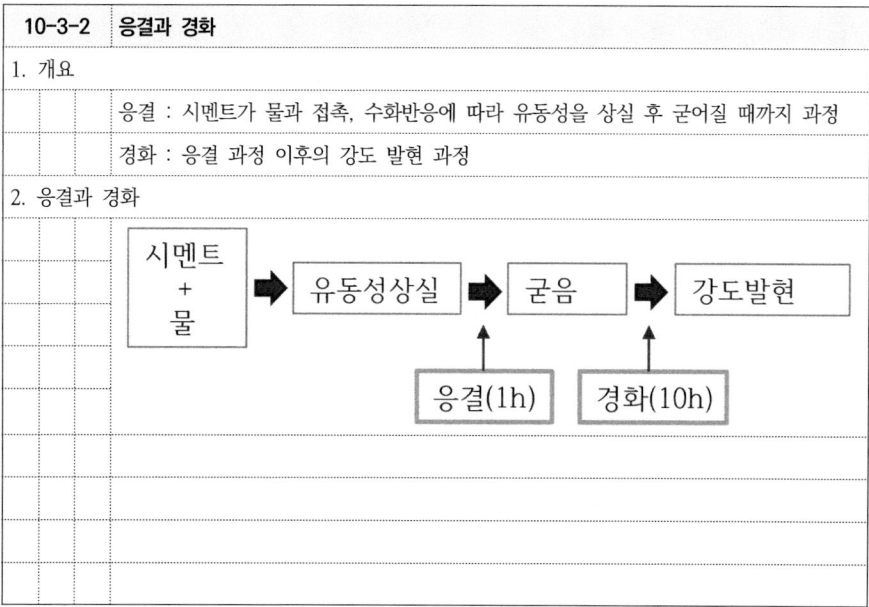

10-3-3 시멘트 종류

1. 시멘트 종류
    1) 포틀랜드 시멘트
        ① 1종 - 보통 포틀랜드 시멘트
        ② 2종 - 중용열
        ③ 3종 - 조강
        ④ 4종 - 저열
        ⑤ 5종 - 내황산염
    2) 특수시멘트
        -초속경 시멘트/알루미나 시멘트
    3) 혼합시멘트
        ① 실리카
        ② 플라이애쉬
        ③ 고로 슬래그

10-3-4 시멘트의 주성분

1. 개요

    포틀랜드시멘트의 주성분은 함량에 따라 석회(CaO), 실리카(SiO_2), 알루미나 (Al_2O_3) 및 산화철(Fe_2O_3)

2. 시멘트 주성분

    SiO_2 플라이애쉬, 고로슬래그
    수밀성↑ 장기강도↑ 수화열↓
    중용열 시멘트
    조강 시멘트 팽창 시멘트
    CaO 생석회 Al_2O_3 (self stress현상)
    초기강도↑ 수화열↑ 경화시간↓

10-3-5 시멘트의 화학적 구성물

1. 시멘트의 화학적 구성물
    ① 규산 3석회(C_3S 앨라이트)
    - 조기강도, 수화속도 빠르나, 수화열은 크다
    ② 규산 2석회(C_2S 벨라이트)
    - 장기강도에 영향, 수화속도 늦음, 수화열 작다
    ③ 알루민산 3석회(C_3A 알루미네이트)
    - 초기강도에 영향, 수화속도 빠르며, 수화열 크다.
    ④ 알루민산 철사석회(C_4AF 페라이트)
    - 강도발현에 영향을 주지 않음

10-3-6 물시멘트비와 물결합재비

1. 개요

    물시멘트비 : 시멘트풀 속의 물과 시멘트의 중량비

    물결합재비 : 시멘트풀 속의 물과 결합재의 중량비

2. 물시멘트비와 물결합재비

구분	W/C	W/B
결합재	물+ 시멘트	물+ 시멘트 + 혼화재
물양	많다	적다
수화열	높다	낮다
강도	보통	단기강도 : 다소낮음 /장기강도 : 높음

3. 콘크리트 물결합재비 최소화 대책
    ① 굵은골재 최대치수 크게
    ② 잔골재율 작게
    ③ 단위수량 작게
    ④ 감수제 사용

구분	W/B
내구성	60%
수밀성	50%
탄산화저항성	55%

10-3-7 공기량 규정 목적

1. 공기량 규정 목적

- AE제 넣지 않으면 갇힌공기만 존재 (0.5~2%)
- 공기량 과도 : 강도저하

2. 공기량 시방서 규정

레디믹스트 콘크리트	3~6%
건축표준시방서	4~6%
콘크리트 시방서	4~7%

10-3-8 골재의 흡수량

116(10)

1. 개요

절대건조상태에서 표면건조포화상태가 될 때까지의 흡수하는 수량

2. 골재의 함수상태

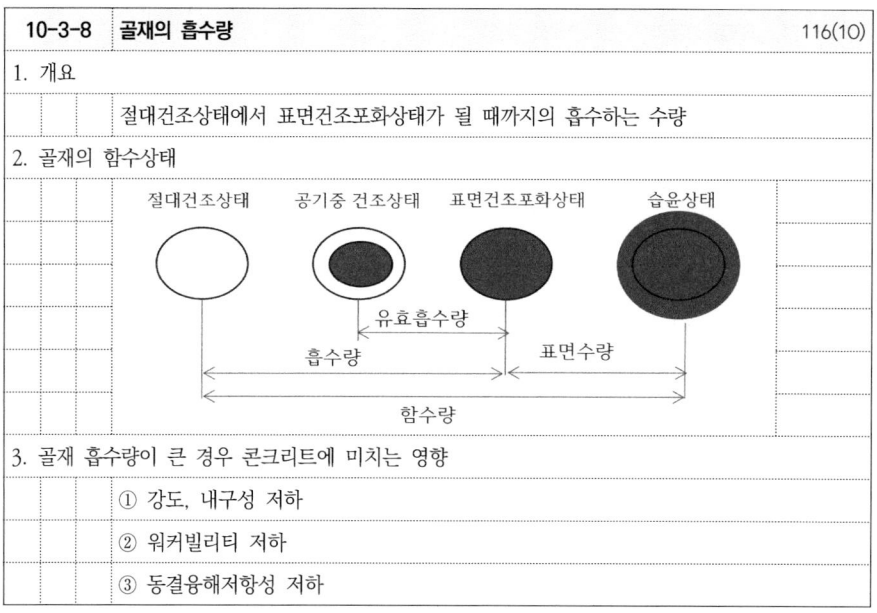

3. 골재 흡수량이 큰 경우 콘크리트에 미치는 영향

① 강도, 내구성 저하
② 워커빌리티 저하
③ 동결융해저항성 저하

10-3-9 혼화재료

1. 개요

콘크리트의 성능개선 및 부여하기 위해 사용

2. 혼화재료 구분

구분	사용량	배합설계	종류
① 혼화재	5% 이상	고려	포졸란, fly ash, 고로 slag, 실리카흄
② 혼화제	5% 미만	무시	AE제, 감수제, 유동화제, 응결경화제

3. 사용목적

① 콘크리트 성질개선 (내구성, 수밀성, 강도)
② 단위수량, 단위시멘트량 감소
③ 방청 및 AAR저항성 증가

10-3-10 감수제

95(10), 123(10)

1. 개요

계면활성 작용에 의해 시멘트 입자를 분산시켜 워커빌리티를 향상시킴으로써 단위수량을 감소시키는 혼화제

2. 감수제 종류 및 효과

1) 종류

- AE제/감수제/AE감수제/고성능 AE감수제

2) 효과

① 워커빌리티 향상
② 수화열저감
③ 재료분리 및 블리딩 감소
④ 수밀성 증대
⑤ 동결융해 저항성 증대

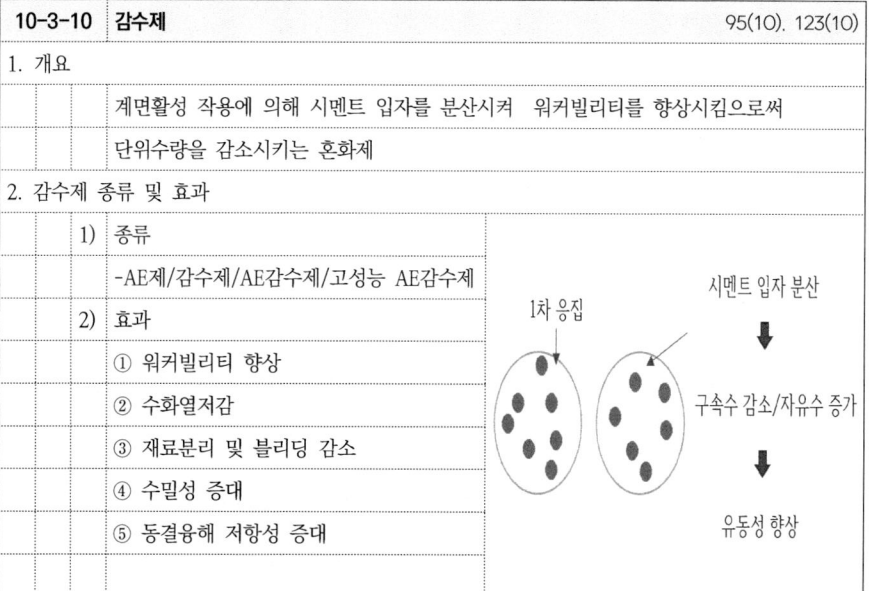

10-3-11 표면활성제의 작용(계면활성 작용)

1. 표면활성제의 작용(계면활성 작용)

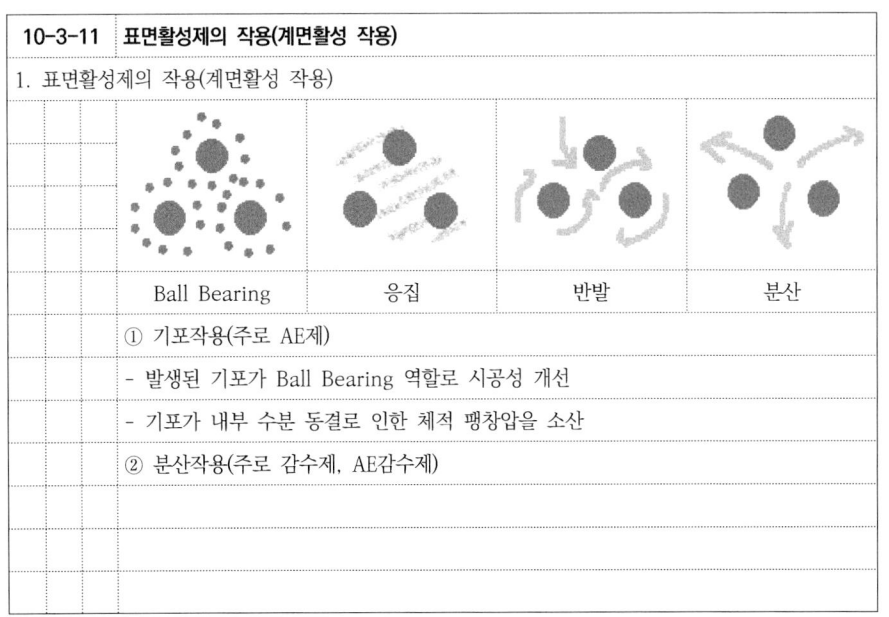

① 기포작용(주로 AE제)
- 발생된 기포가 Ball Bearing 역할로 시공성 개선
- 기포가 내부 수분 동결로 인한 체적 팽창압을 소산

② 분산작용(주로 감수제, AE감수제)

10-3-12 유동화제

1. 개요

　w/c를 변화시키지 않고 워커빌리티를 개선할 목적으로 사용

2. 특징

① slump가 21cm 까지 직선상승
② 워커빌리티 향상
③ 내구성, 수밀성 증대
④ 건조수축 균열 감소

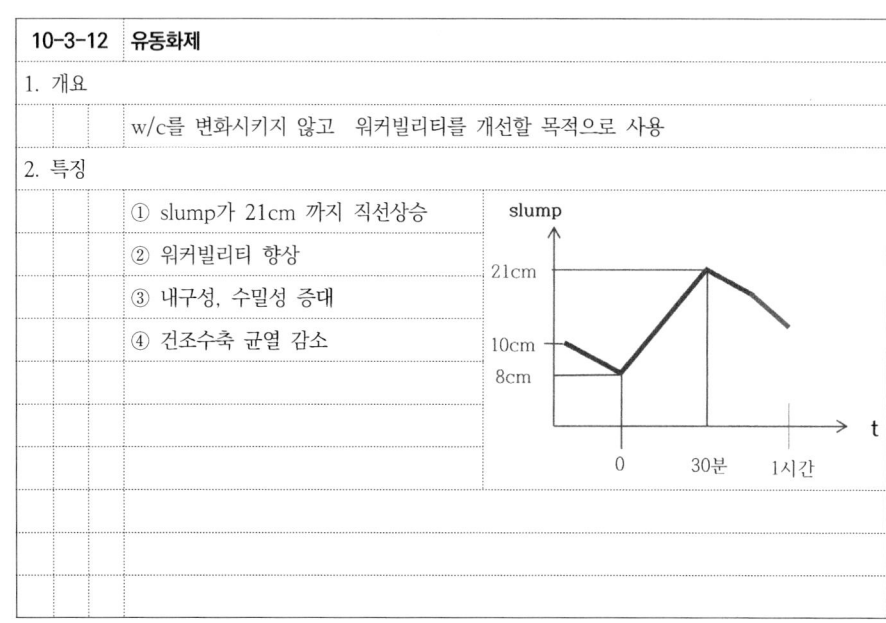

10-3-13 배합설계   121(10)

1. 개요

　콘크리트 각 재료의 비율, 사용량을 정하는 것

2. 배합설계 목적 (=콘크리트 요구조건)

| ① 강도,내구성,수밀성 확보 | ② 균열저항성 | ③ 워커빌리티 | ④ 경제성 |

3. 배합설계 흐름도

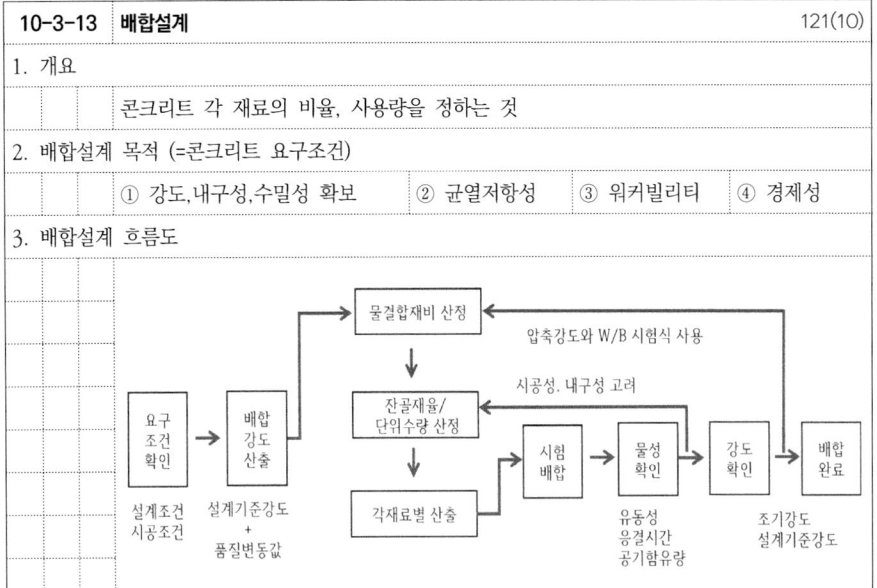

10-3-14 콘크리트 강도의 종류   96(10)

1. 콘크리트 강도의 종류

1) 설계기준강도(fck) : 구조 설계에 기준이 되는 압축강도
2) 내구성 기준 압축강도: 내구성 설계에 있어 기준이 되는 압축강도
3) 품질기준강도(fcq) : 설계기준강도와 내구성 기준압축강도 중 큰값 결정된 강도
4) 배합강도(fcr) : 콘크리트 배합을 정하는 경우 목표로 하는 압축강도

① $fck \leq 35$MPa 인 경우

$$fcr \geq fcq + 1.34\,S$$
$$fcr \geq (fcq - 3.5) + 2.33S$$

중 큰값 (S: 압축강도 표준편차)

② $fck > 35$MPa 인 경우

$$fcr \geq fcq + 1.34\,S$$
$$fcr \geq 0.9fcq + 2.33S$$

중 큰값 (S: 압축강도 표준편차)

5) 호칭강도 : 기온,습도,양생 등 시공적인 영향 보정값을 고려하여 주문한 강도
6) 기온보정강도 : 설계기준강도 측정 재령까지 예상평균 기온에 따르는 강도 보정

10-3-15 시방배합, 현장배합   104(10), 117(10)

1. 개요
   1) 시방배합 : 시방서 또는 책임기술자가 지시하는 배합
   2) 현장배합 : 시방배합을 현장의 재료상태를 고려하여 적합하게 조정한 배합

2. 비교

구분		시방배합	현장배합
기준		시방서	현장골재 고려
골재 입도	잔골재	5mm 체 100% 통과	5mm 체 거의통과, 일부 남음
	굵은골재	5mm 체 100% 남는것	5mm 체 거의남고, 일부만 통과
골재함수상태		표면건조 포화상태	기건상태, 습윤상태
단위량		1 m3	1 batch

10-3-16 빈배합, 부배합

1. 개요
   1) 빈배합 : 단위시멘트량 150 ~ 250 kg/m3
   2) 부배합 : 단위시멘트량 300 kg/m3 이상

2. 특징 비교

빈배합	부배합
① 강도저하	① 강도, 내구성 저하
② 수화열 작다	② 수화열 크다
③ AAR(알칼리골재반응) 줄어든다	③ 측압상승
④ 재료분리 발생	④ 균열발생
⑤ 비빔시간 길어진다	⑤ pre cooling, pipe cooling
⑥ 서중콘크리트 유리	⑥ 한중콘크리트 유리
	⑦ 비경제적 배합

10-3-17 콘크리트의 성질   123(10)

1. 개요
   1) 굳지않은 콘크리트는 믹싱 후부터 응결에 따라 일정 강도를 나타내기 까지
   2) 굳은 콘크리트는 시간의 경과에 따라 강도가 증진되는 콘크리트

2. 콘크리트의 성질

미경화 콘크리트	경화 콘크리트
① workability(시공성)	① 강도 - 압축강도, 인장강도, 휨, 전단, 철근부착강도, 피로강도
② consistancy(반죽질기)	② 탄성계수
③ compactibility(다짐성)	③ creep
④ finishability(마감성)	④ 콘크리트 중량
⑤ mobility(유동성)	⑤ 체적변화 - 건조수축, 온도변화
⑥ viscosity(점성)	⑥ 수밀성
⑦ plasticity(성형성)	⑦ 내구성
⑧ 재료분리저항성	⑧ 내화성
⑨ 충전성	

10-3-18 굳지 않은 콘크리트의 시공성에 영향을 주는 요인

1. 굳지 않은 콘크리트의 시공성에 영향을 주는 요인
   ① 단위수량이 크면 시공연도 증가 재료분리 가능성이 커짐
   ② 시멘트 분말도 적으면 시공연도 증가, 블리딩 감소
   ③ 비빔시간 불충분하면 시공연도 불량
   ④ 쇄석사용 시 시공연도 감소
   ⑤ 잔골재율이 크면 시공연도 증가

10-3-19 콘크리트 품질관리시험 93(10)

1. 개요

시공 및 사용자재에 대한 품질시험·검사활동뿐 아니라 설계도서와 불일치된 부적합공사를 사전 예방하기 위한 활동

2. 품질관리시험(=콘크리트의 받아들이기 품질검사)

항목	판정기준	시기 및 횟수
슬럼프	±25mm	
슬럼프 플로	±100mm	1회/일,
공기량	±1.5%	120㎥마다 또는 배합이
온도	한중 : 5-20℃/ 서중 : 35℃이하	다를 때 마다
단위수량	185kg/㎥이하	
염화물함유량	0.3kg/㎥이하	바닷모래 사용-2회/일

10-3-20 슬럼프 시험

1. 개요

굳지않은 콘크리트의 반죽질기를 측정하여 워커빌리티 판단 시험

2. 시험방법

① 슬럼프 콘 수밀평판 중앙 설치
② 콘크리트 1/3씩 25회 다짐하며 채움
③ 탈형 후 무너져 내린 높이 측정

3. 슬럼프 표준값

종류	일반적인 경우	단면 큰 경우
철근 콘크리트	80 - 150mm	60 - 120mm
무근 콘크리트	50 - 150mm	50 - 100mm

10-3-21 슬럼프 플로

1. 개요

고유동 콘크리트의 워커빌리티 판단

2. 시험방법

① 슬럼프 콘 수밀평판 중앙 설치
② 콘크리트를 넣은후 들어올림
③ 원모양으로 퍼진 지름을 측정

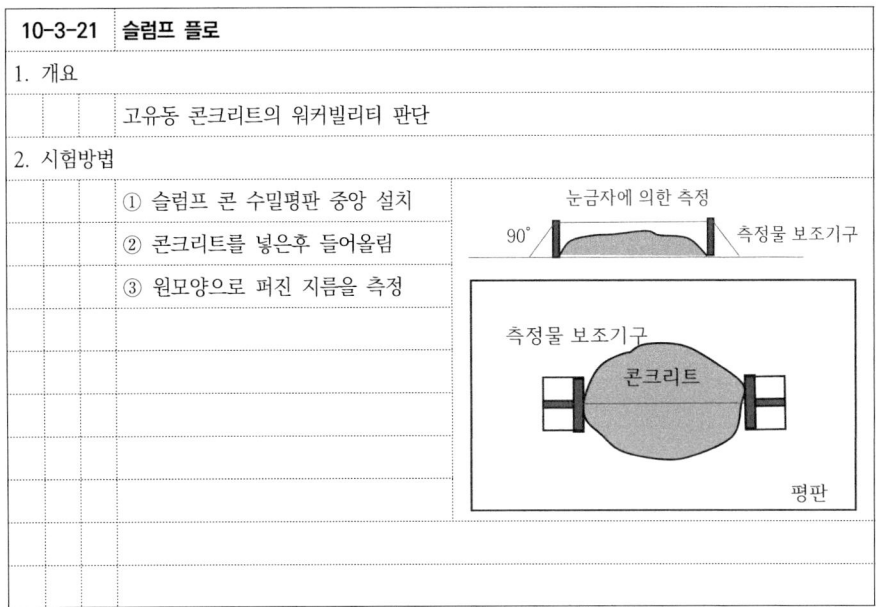

10-3-22 공기량 시험방법 및 판정

1. 개요

적정한 공기량 확보시 워커빌리티 향상, 동결융해 저항성 증가

2. 공기량 시험방법 및 판정

① 시료를 용기안에 넣고 다짐
② 뚜껑을 닫고 주수한 다음 초기압력에 일치시킨다.
③ 겉보기 공기량을 측정
④ 공기량을 산출하고 결과 판정

- 보통 콘크리트 : 3 ~ 6%
- 경량 콘크리트 : 3.5 ~ 6.5%

10-3-23 단위수량

1. 개요
   - 굳지 않은 콘크리트 1㎥ 중에 포함된 물의 양(골재중의 수량을 제외)
2. 단위수량이 콘크리트의 시공성에 미치는 영향
   - ① 단위수량이 클수록 콘크리는 묽어져서 반죽질기가 크게 되어 재료분리 발생
   - ② 단위수량이 적을수록 된 반죽이 되어 유동성이 저하
3. 단위수량 시험방법 및 시기
   1) 시험. 검사방법
      - ① 정전용량법 : 정전용량과 수분율의 관계로 측정
      - ② 마이크로파법 : 물분자에 의한 파의 감쇄 원리로 측정
      - ③ 단위용적질량법(에어미터법) : 단위 용적 질량의 변화량 이용
      - ④ 모르타르 고주파가열법 : 고주파 가열장치(전자렌지) 이용
   2) 시험횟수 : 1회/일, 120㎥마다 또는 배합이 변경될 때마다
   3) 판정기준 : 시방배합 단위수량 ±20kg/㎥ 이내

10-3-24 염화물 함유량 측정시험   109(10), 111(25)

1. 개요
   - 바닷모래를 사용하는 경우 (2회/일) 측정, 굳지 않은 콘크리트의 품질검사
2. 염화물이 철근 콘크리트에 미치는 영향
   - ① 철근의 부동태막 파괴되어 철근 부식→체적팽창에 의한 균열→장기강도 저하
   - ② 건조수축 증가
   - ③ 내구성 저하
3. 염화물 함유량 측정시험
   - ① 흡광광도법
   - ② 전위차 적정법
   - ③ 시험지법
   - ④ 질산은 적정법
   - ⑤ 이온전극법
4. 염화물의 허용량

비빔시 콘크리트 중의 염화물 이온량	0.3kg/㎥이하
상수도의 물을 혼합수로 사용 시	0.04kg/㎥이하
콘크리트 중의 염화물 이온량	0.6kg/㎥이하
잔골재의 염화물 이온량	0.02%

10-3-25 콘크리트 압축강도

1. 개요
   - 재령 28일의 표준양생 공시체로 압축강도 확인
2. 압축강도 시험시기 및 횟수
   - ① 1회/일
   - ② 구조물의 중요도와 공사의 규모에 따라 120㎥ 마다 1회
   - ③ 배합이 변경될 때마다
3. 압축강도 판정기준
   1) $f_{ck} \leq 35$ MPa
      - ① 연속 3회 시험값의 평균이 호칭강도 이상
      - ② 1회 시험값(공시체 3개 압축강도 평균값)이 (호칭강도- 3.5MPa) 이상
   2) $f_{ck} > 35$ MPa
      - ① 연속 3회 시험값의 평균이 호칭강도 이상
      - ② 1회 시험값(공시체 3개 압축강도 평균값)이 호칭강도의 90% 이상

10-3-26 콘크리트 압축강도 영향요인

1. 개요
   - 콘크리트는 압축강도가 다른 강도에 비해 상당히 크고, 다른 강도 개략적 추정
2. 콘크리트 압축강도 영향을 주는 요인
   - ① 재료의 품질 영향 : 시멘트, 골재, 물, 혼화재료 등
   - ② 배합 영향 : 물시멘트비, 슬럼프, 공기량 등
   - ③ 시공방법 영향 : 재료계량, 비빔, 운반, 타설, 다짐, 양생
   - ④ 재령의 영향 : 경과시간(재령)에 따라 증가
   - ⑤ 시험방법 영향 : 공시체의 표면의 영향, 재하속도

10-3-27 압축강도 불합격 시 조치

1. 압축강도 불합격 시 조치
   ① 관리재령의 연장 검토
   ② 비파괴시험 실시
   ③ 문제된 부분의 코어 채취하여 압축강도 시험
   ④ 코어의 압축강도 평균 호칭강도의 85%초과하고 각각의 값이 75%초과
   ⑤ 코어의 압축강도가 불합격 시 재하시험 실시
   ⑥ 재하시험 결과 불합격의 경우 구조물 보강등의 조치

10-3-28 콘크리트 비파괴시험   117(10), 123(10), 133(10)

1. 콘크리트 비파괴시험
   ① 강도법 - 슈미트해머 타격 20회 평균값
   ② 초음파법 - 음속의 크기에 따라 강도 측정
   ③ 복합법 - 강도법 + 초음파법 병용
   ④ 전기법 - 전기적 저항 및 전위차 이용하여 철근부식 감지
   ⑤ 방사선법 - X선, γ선 내부 투과 철근위치 및 내부결함 조사
   ⑥ 레이더법 - 레이더를 침투시켜 탐사, 공동 및 층분리 발견

10-3-29 콘크리트 타설 시 유해.위험요인   100(25)

1. 콘크리트 타설 시 유해.위험요인
   ① 콘크리트 운반차량에 끼임 위험
   ② 타설 중 슬래브 단부에서 떨어짐 위험
   ③ 타설 중 철근 등에 걸려 넘어짐 위험
   ④ 타설용 호스의 요동으로 부딪힘 위험
   ⑤ 편타설로 인한 슬래브 무너짐 위험
   ⑥ 압송관 연결부가 분리되면서 맞음 위험
   ⑦ 다짐기 누전으로 인한 감전 위험
   ⑧ 펌프카 넘어짐 위험

10-3-30 콘크리트 타설 시 재해예방대책   100(25)

1. 콘크리트 타설 시 재해예방대책
   ① 운반차량 후진 시 유도자 배치
   ② 타설장소 개구부, 슬래브 단부 안전난간 등 떨어짐 방지조치
   ③ 철근배근 상부 이동에 필요한 작업발판 설치
   ④ 콘크리스 압송압력 기준치 이하로 유지
   ⑤ 분산타설 및 동바리 변형 등 점검
   ⑥ 작업 전 압송관 연결부 상태 사전 점검
   ⑦ 다짐기 누설전류 측정 및 누전차단기 설치
   ⑧ 펌프카 아웃트리거 설치 등 넘어짐 방지조치

10-3-31 콘크리트 타설 시 안전수칙   103(25), 100(25)

1. 콘크리트 타설 시 안전수칙 (콘크리트공사 표준안전작업지침 제13조)
   ① 타설순서 계획에 의하여 실시
   ② 콘크리트를 치는 도중에는 거푸집등 이상 유무 확인
   ③ 타설속도는 콘크리트 표준시방서 준수
   ④ 손수레 타설 위치까지 천천히 운반하여 거푸집에 충격 방지
   ⑤ 손수레로 운반 시 적당한 간격을 유지
   ⑥ 손수레 운반 통로에 방해물 즉시 제거
   ⑦ 콘크리트의 운반, 타설기계 성능 확인
   ⑧ 콘크리트의 운반, 타설기계는 사용 전, 중, 후 반드시 점검
   ⑨ 거푸집 변형, 탈락에 의한 붕괴사고 방지를 위해 타설순서를 준수
   ⑩ 지나친 진동은 거푸집 도괴를 유발하므로 전동기 적절히 사용

10-3-32 펌프카에 의해 콘크리트를 타설 시 안전수칙   104(25),113(25),117(25),126(25)

1. 펌프카에 의해 콘크리트를 타설 시 안전수칙 (콘크리트공사 표준안전작업지침 제14조)
   ① 차량안내자를 배치하여 레미콘트럭과 펌프카를 유도
   ② 펌프 배관용 비계를 사전점검, 이상 시 보강 후 작업
   ③ 펌프카의 배관상태를 확인, 장비 사양의 적정호스 길이 초과금지
   ④ 호스 선단 요동방지 위해 확실히 붙잡고 타설
   ⑤ 콘크리트 비산에 주의하여 타설
   ⑥ 펌프카의 붐대를 조정 시 주변 전선 확인, 이격 거리 준수
   ⑦ 아웃트리거 사용 시 지반 부동침하로 인한 펌프카 전도 방지 조치
   ⑧ 펌프카 전후 식별 용이한 안전표지판 설치

10-3-33 콘크리트 타설작업 시 준수사항

1. 콘크리트 타설작업 시 준수사항 (산업안전보건기준에 관한 규칙 제334조)
   ① 작업 전 거푸집 및 동바리의 변형·변위 및 지반의 침하 점검 및 보수할 것
   ② 작업 중 변형·변위 등의 감시자를 배치, 이상 시 작업 중지 및 대피시킬 것
   ③ 거푸집 붕괴의 위험이 발생할 우려가 있으면 충분한 보강조치를 할 것
   ④ 콘크리트 양생기간을 준수하여 거푸집 및 동바리를 해체할 것
   ⑤ 편심이 발생하지 않도록 골고루 분산하여 타설할 것

10-3-34 콘크리트 타설장비 사용 시의 준수사항

1. 콘크리트 타설장비 (산업안전보건기준에 관한 규칙 제335조)
   ① 콘크리트 플레이싱 붐(placing boom)
   ② 콘크리트 분배기
   ③ 콘크리트 펌프카 등

2. 콘크리트 타설장비 사용 시의 준수사항
   ① 작업 전 콘크리트타설장비를 점검하고 이상을 발견하였으면 즉시 보수할 것
   ② 난간 등에서 작업 시 호스의 요동·선회로 인한 추락 위험 방지를 위해 안전난간설치 등 필요한 조치를 할 것
   ③ 붐 조정 시 주변의 전선 등에 의한 위험을 예방하기 위한 적절한 조치를 할 것
   ④ 지반 침하나 아웃트리거 등 손상으로 장비 넘어짐 위험 방지 조치를 할 것

10-3-35 콘크리트 양생

1. 개요
   - 콘크리트 자체물성 및 설계 소요강도가 발현 될 수 있는 기간까지의
   - 보양 및 보온조치

2. 양생의 종류
   - ① 습윤양생 : 수분을 가하여 양생
   - ② 막양생 : 방수막 형성하여 수분증발 방지
   - ③ 증기양생 : 고온의 증기로 수화반응 촉진
   - ④ 전열양생 : 전열선을 거푸집에 배치하여 콘크리트 냉각방지
   - ⑤ 오토클레이브 양생 : 고온.고압의 가마 속에서 양생(콘크리트 말뚝)

10-3-36 콘크리트 양생작업 시 유해.위험요인

1. 콘크리트 양생작업 시 유해.위험요인
   - ① 어두운 조명에 부딪힘 및 넘어짐 위험
   - ② 갈탄사용으로 유독가스에 의한 질식위험
   - ③ 열풍기 외함에 누전으로 인한 감전
   - ④ 열풍기 과열에 의한 화재위험
   - ⑤ 개구부, 슬래브 단부에서 떨어짐 위험
   - ⑥ 양생 중인 지하 밀폐공간 출입 중 산소결핍에 의한 질식위험

10-3-37 콘크리트 양생. 보양 시 안전조치 사항

1. 콘크리트 양생. 보양 시 안전조치 사항 (KOSHA C - 24 - 2011)
   - ① 콘크리트 양생용 열풍기는 누전차단기 및 접지선 연결
   - ② 갈탄사용은 가급적 지양하고 부득이 사용 시 적절한 환기조치
   - ③ 갈탄 교체 시 관리감독자의 지휘에 따라 실시
   - ④ 양생 장소 출입 시 호흡용보호구 착용
   - ⑤ 화재예방조치 및 소화기 비치
   - ⑥ 야간작업을 위해 조명시설 설치
   - ⑦ 지하밀폐공간 출입 시 사전 환기 실시 및 유해가스와 산소농도 측정
   - ⑧ 개구부 덮개 및 슬래브 단부 떨어짐 방지조치 실시

10-3-38 재료분리 134(10)

1. 개요
   - 콘크리트 구성요소가 골고루 분포되어 있지 않고 균질성 상실한 상태

2. 재료분리 발생시 문제점
   - ① 강도저하
   - ② 철근 부착강도 저하
   - ③ 내구성 저하
   - ④ 수밀성 저하
   - ⑤ bleeding, laitance

10-3-39 블리딩

1. 개요
   - 골재나 시멘트가 침강하여 혼합수 일부가 상승하는 현상

2. 블리딩의 문제점
   - ① 철근과 콘크리트 부착강도 저하
   - ② 침하균열
   - ③ 수밀성 저하

10-3-40 Water Gain

1. 개요
   - 블리딩 현상에 의해 발생, 물이 상승하여 표면에 고이는 현상

2. Water Gain의 문제점
   - ① 균열발생
   - ② 수밀성 저하
   - ③ 재료분리 발생
   - ④ 내구성 저하

10-3-41 레이턴스(Laitance)

1. 개요
   - 콘크리트 타설 후 블리딩현상으로 표면에 물과 함께 떠오르는 미세한 물질

2. 레이턴스의 문제점
   - ① 이어치기 부분의 부착강도 저하
   - ② 철근부식 및 중성화의 요인
   - ③ 내구성 저하
   - ④ 방수공사의 하자발생

10-3-42 rock pocket (=곰보현상)

108(10)

1. 개요
   - 철근과 거푸집 사이 간격이 좁을 때 굵은 골재가 하부로 이동하지 못해 공극 발생
   - 철근이 노출되는 현상

2. rock pocket 원인
   - ① 철근 치우침, 굽은 철근으로 피복두께 부족
   - ② 다짐 부족
   - ③ 스페이서 탈락
   - ④ 굵은골재 최대치수 부적절

3. rock pocket 방지대책
   - ① 양질의 AE제 사용
   - ① 다짐기준 준수
   - ② 간격재 기준 준수
   - ③ 피복두께 확보

10-3-43 Air pocket (표면 기포자국)

1. 개요
   - 콘크리트 타설 시 다짐이 충분하지 않을 경우 내부에 남아있는 공기방울

2. Air pocket과 rock pocket이 구조물에 미치는 영향
   ① 피복두께 감소 : 철근의 부식촉진 및 내화성능 저하
   ② 구조내력 감소 : 부착강도 저하

10-3-44 cold joint

1. 개요
   - 먼저 타설한 콘크리트 표면이 경화한 상태에서 나중에 타설한 콘크리트 사이에 완전히 일체화가 되지 않은 시공 불량 이음부

2. cold joint로 인한 피해
   ① 내구성 저하
   ② 관통균열로 인한 누수 및 철근부식
   ③ 탄산화 촉진

   - 25°C 초과 - 2시간 후에 타설
   - 25°C 이하 - 2.5시간 후에 타설

3. cold joint의 원인 및 방지대책

원인	방지대책
① 콘크리트 공급 지연	① bleeding, laitance 제거
② 타설인력부족 및 다짐부족	② 레미콘 도착 시간 엄수
③ 분말도 높은 시멘트(조기응결)	③ 응결지연제 사용
④ 여름철 기온 상승	④ 이어치기 소요 시간 엄수
⑤ 넓은 지역의 순환타설 시간초과	⑤ 재료분리 방지

10-3-45 콘크리트 균열 요인에 따른 분류

1. 균열 요인에 따른 분류
   1) 발생원인에 의한 분류
      ① 설계조건 : 설계기준 미비, 오류 등
      ② 시공조건 : 시공 부주의, 초과하중, 피복두께 오류 등
      ③ 재료조건 : 시멘트, 혼화재료, 골재 등의 품질관리 미흡 등
      ④ 사용환경 : 온.습도 변화, 동결융해, 중성화, 염해 등
   2) 내력 영향에 의한 분류
      ① 구조적 : 하중에 의한 균열, 단면 및 철근량 부족에 의한 균열
      ② 비구조적 : 소성수축 균열, 침하균열, 온도균열, 건조수축 균열, 미세균열 등
   3) 발생시기에 의한 분류
      ① 경화 중 균열 : 재료분리, 소성수축 균열, 침하균열, 자기수축 균열, 온도균열 등
      ② 경화 후 균열 : 건조수축 균열, 화학반응에 의한 균열, 동결융해에 의한 균열 등

10-3-46 침하균열

1. 개요
   - 블리딩에 의해 콘크리트 상면이 침하하여 철근을 따라 표면에 생기는 균열

2. 침하균열 개념도

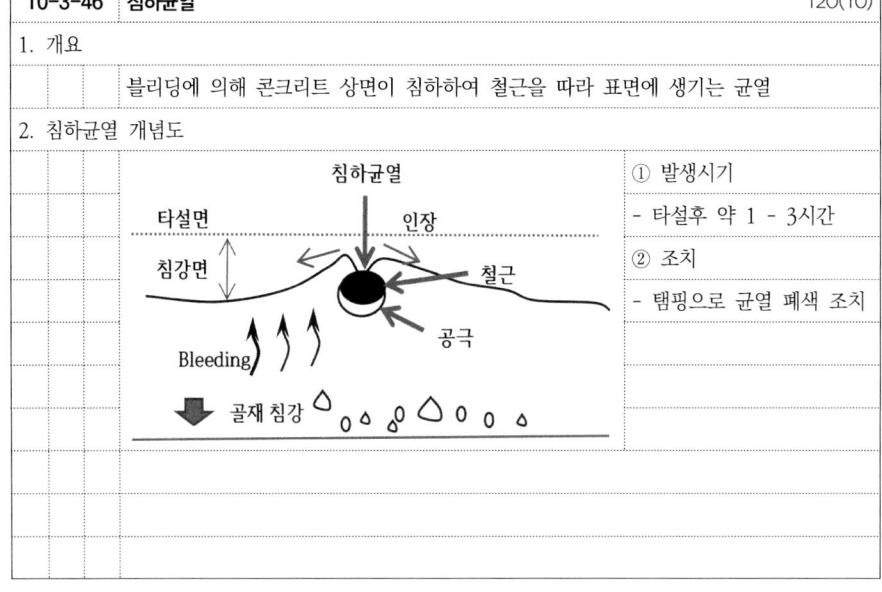

① 발생시기
- 타설후 약 1 - 3시간

② 조치
- 탬핑으로 균열 폐색 조치

10-3-47 소성수축 균열

1. 개요
   - 타설 직후 표면에서의 급속한 수분 증발로 인해 수분 증발속도가 콘크리트 표면의 블리딩 속도보다 빠를 때 발생되는 균열

2. 소성수축균열 개념도

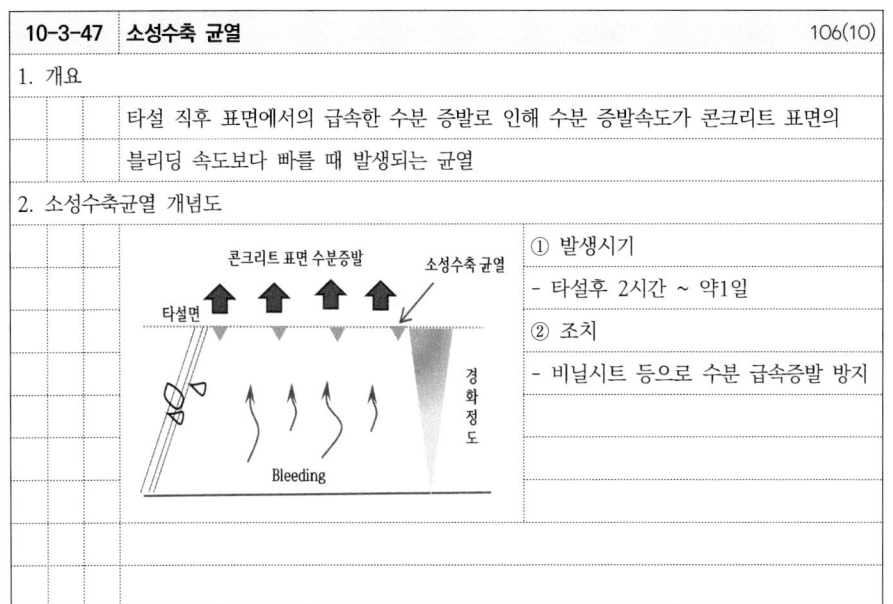

① 발생시기
- 타설후 2시간 ~ 약1일

② 조치
- 비닐시트 등으로 수분 급속증발 방지

10-3-48 온도 균열

1. 개요
   - 수화반응 할 때 고온의 내부온도와 외부온도와의 차이로 발생되는 균열

2. 온도균열 개념도

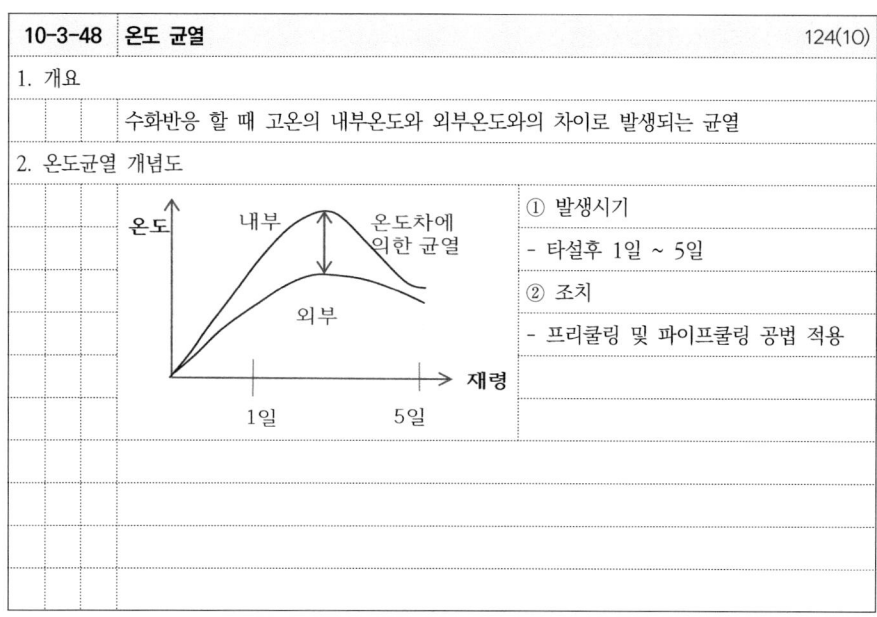

① 발생시기
- 타설후 1일 ~ 5일

② 조치
- 프리쿨링 및 파이프쿨링 공법 적용

10-3-49 건조수축 균열

1. 개요
   - 콘크리트 내부 잉여수의 증발에 의해 발생되는 균열

2. 건조수축 균열의 발생과정

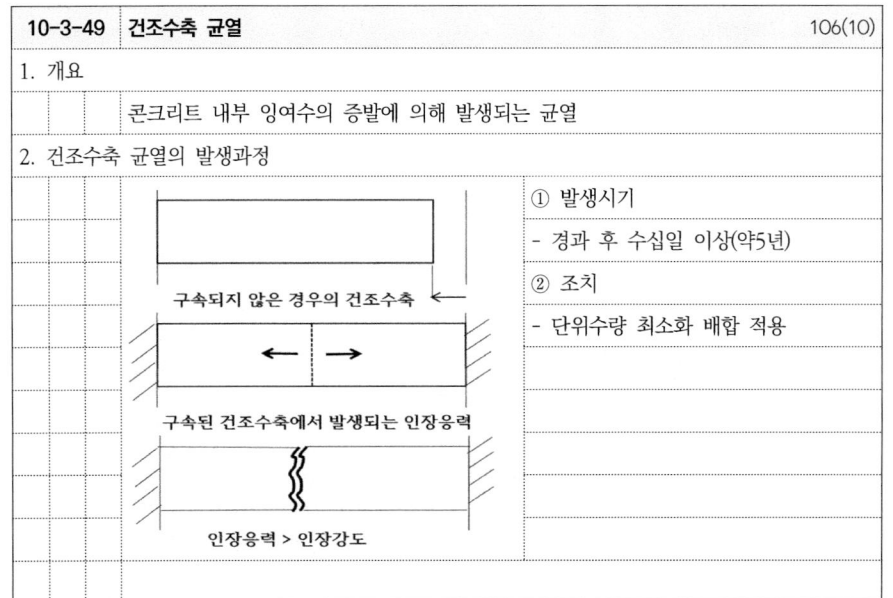

① 발생시기
- 경과 후 수십일 이상(약5년)

② 조치
- 단위수량 최소화 배합 적용

10-3-50 균열 조사

1. 균열 조사
   1) 균열길이
      - 균열 최초발견 시 균열 양끝단에 표시하고 날짜를 표기
      - 균열 재관찰 시 또는 진행 시도 동일하게 관리
   2) 균열폭
      - 균열폭 측정 : 균열스케일, 균열현미경 등 사용
      - 균열폭 변동 측정 시 초기값 측정위치 구조물에 기록

2. 균열폭에 따른 보수공법 선정

균열폭(mm)	표면처리공법	주입공법	충전공법
0.2미만	◎		◎
0.2 - 0.3미만	◎	◎	◎
0.3 - 1.0미만		◎	◎
1.0이상			◎

10-3-51 콘크리트 균열 보수공법   102(25), 112(25), 115(25), 123(25), 134(25), 137(25)

1. 콘크리트 균열 보수공법(비구조적 균열)
   - ① 표면처리
   - ② 주입공법
   - ③ 충전공법
   - ④ 단면복구공법 : 철근부식 제거 및 방청 처리후 폴리머시멘트 모르타르 이용

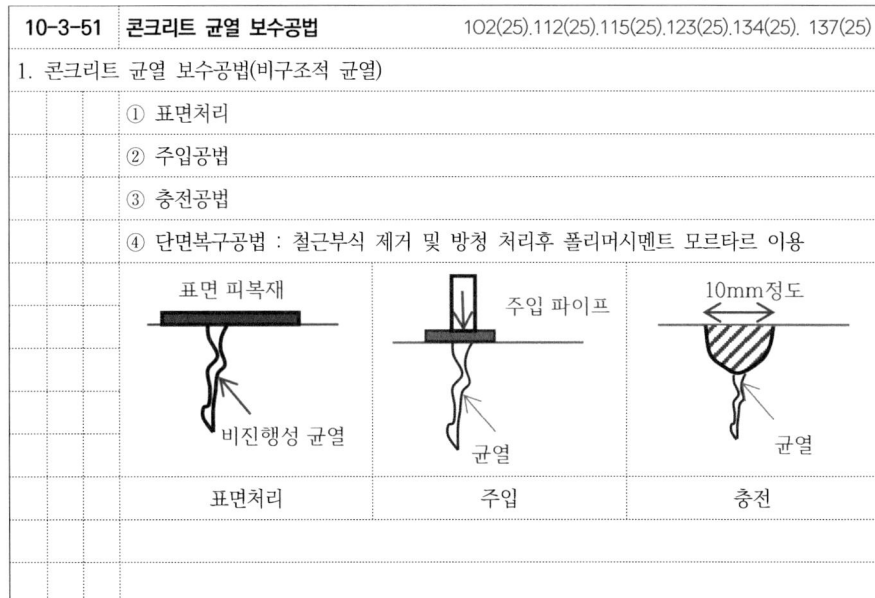

표면처리   주입   충전

10-3-52 콘크리트 균열 보강공법   94(10), 102(25), 112(25), 115(25), 123(25), 134(25), 137(25)

1. 콘크리트 균열 보강공법(구조적 균열)
   - ① 강재 Anchor 공법
   - ② Prestress 공법
   - ③ 강판부착 공법
   - ④ 탄소섬유 쉬트 보강공법

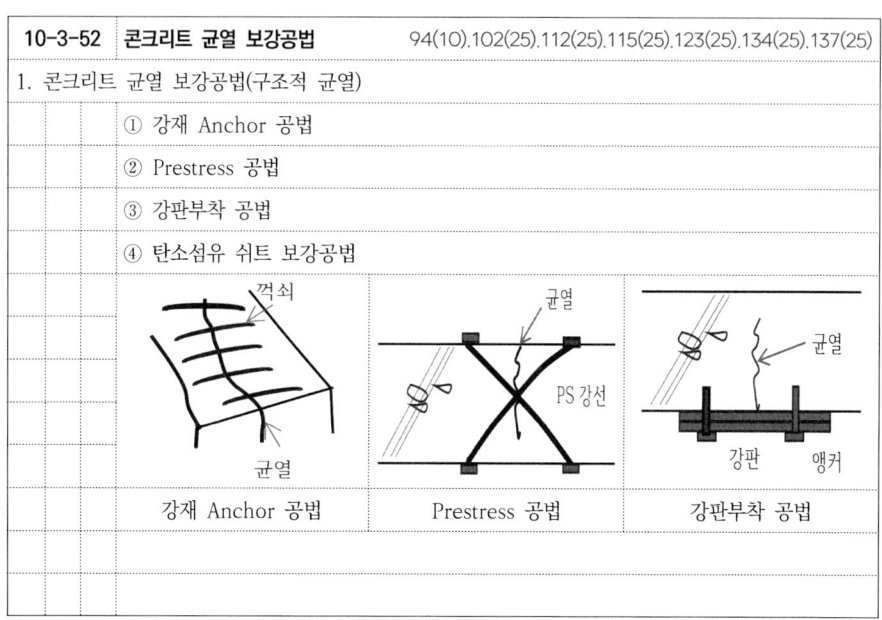

강재 Anchor 공법   Prestress 공법   강판부착 공법

10-3-53 콘크리트의 열화   115(25), 120(25), 136(25)

1. 개요
   - 콘크리트 표면과 내부 철근 부식 등으로 인해 성능이 저하되는 것
2. 콘크리트의 열화요인
   - ① 중성화
   - ② 염해
   - ③ 알칼리골재반응
   - ④ 동결융해
   - ⑤ 온도변화
   - ⑥ 건조수축

10-3-54 복합열화   108(10), 124(25)

1. 개요
   - 콘크리트 구조물은 환경영향에 의해 열화현상이 발생되며 이는 복합적으로 나타내며 서로에 의해 가속됨
2. 복합열화 메카니즘

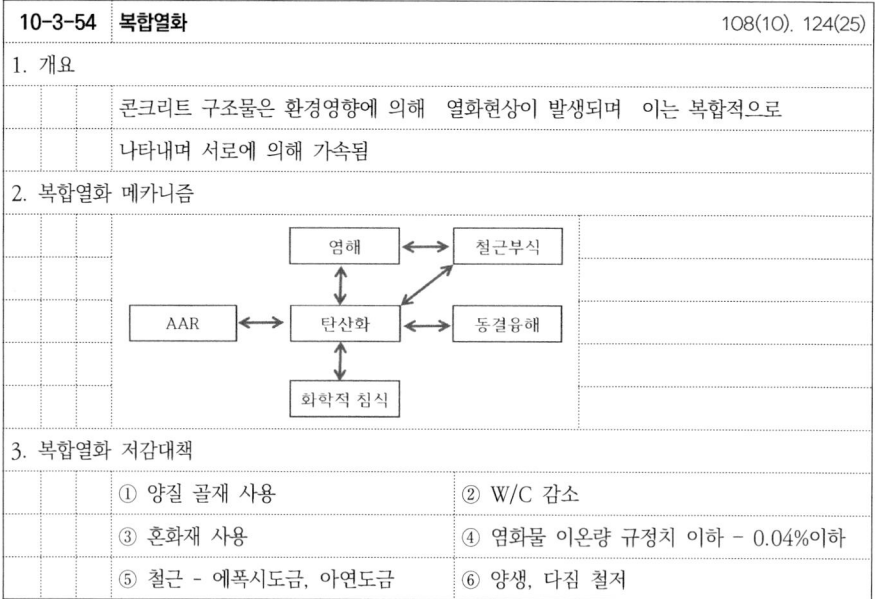

3. 복합열화 저감대책
   - ① 양질 골재 사용
   - ② W/C 감소
   - ③ 혼화재 사용
   - ④ 염화물 이온량 규정치 이하 - 0.04%이하
   - ⑤ 철근 - 에폭시도금, 아연도금
   - ⑥ 양생, 다짐 철저

10-3-55 화학적 침식   117(10), 122(10)

1. 개요
콘크리트 재료들이 서로 화학반응하거나, 외부환경에의해 화학반응을 일으켜
강도저하, 열화되는 현상

2. 화학적 침식 분류
① 팽창현상 화학적 침식(황산칼슘)
② 부식현상 화학적 침식(황산)

$CaSO_4$ (황산칼슘) 생성 반응식
$$MgSO_4 + Ca(OH)_2 \rightarrow CaSO_4 + Mg(OH)_2$$
$$NaSO_4 + Ca(OH)_2 \rightarrow CaSO_4 + 2NaOH$$

Ettringite 생성 반응식
$$CaSO_4 + C_3A \rightarrow Ettringite$$

3. 화학적 침식 방지대책
① 저알칼리 시멘트 사용
② 반응성 없는 굵은 골재 사용
③ 철근 코팅
④ AE, AE감수제 사용
⑤ 염화물 이온량 규정치 이하
⑥ 피복두께 두껍게

10-3-56 알칼리 골재반응   128(10)

1. 개요
시멘트 중의 알칼리 성분과 골재 등의 실리카 광물질이 화학반응 하여 실리카 겔이
형성되어 수분을 계속 흡수하며 팽창균열을 유발하는 반응

2. 알칼리 골재반응 원인

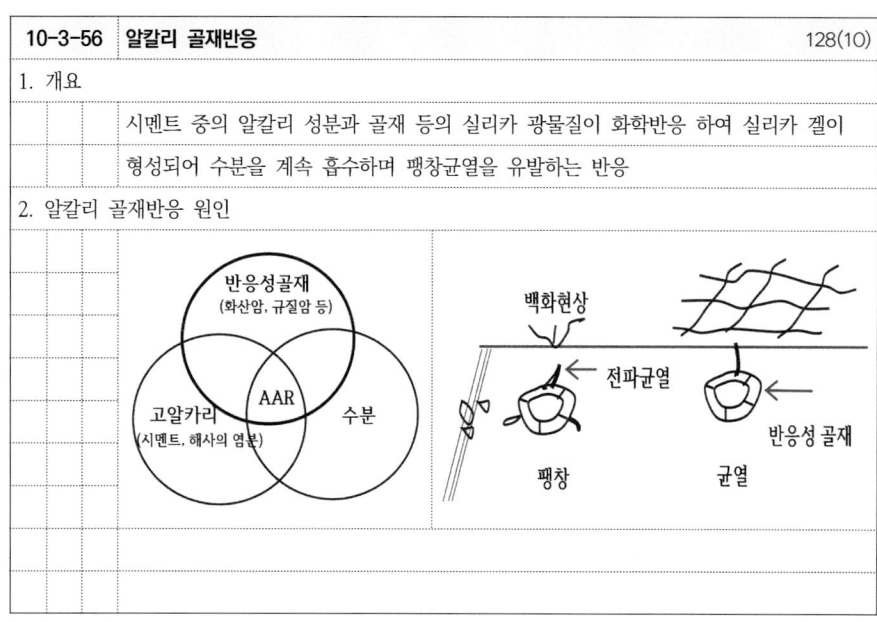

10-3-57 염해   132(10)

1. 개요
콘크리트 내부에 축적된 염분이 철근의 부식을 촉진, 균열등 손상 입히는 현상

2. 염해의 메카니즘
염화이온(Cl-)침투 → 부동태 피막 파괴 → 철근의 전기화학적 반응 → 철근의 부식

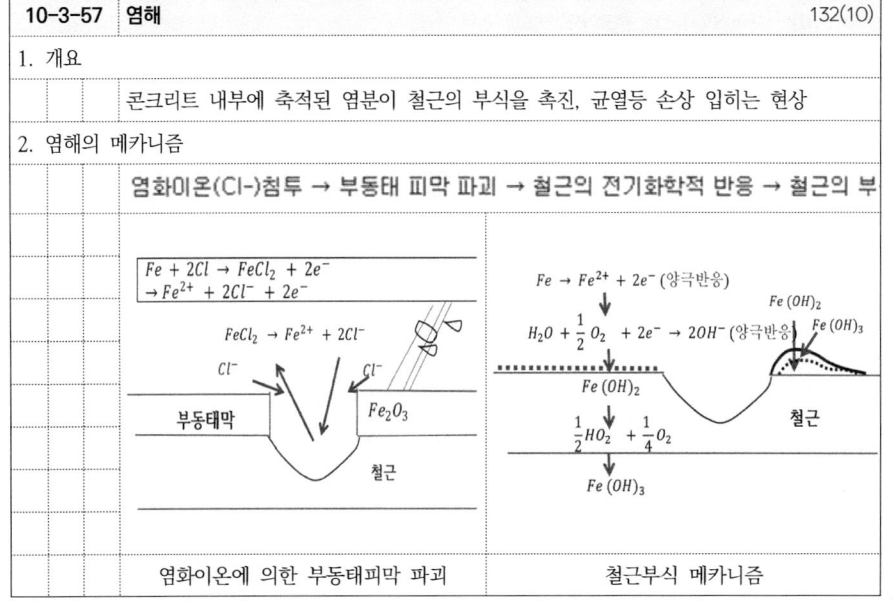

염화이온에 의한 부동태피막 파괴 | 철근부식 메카니즘

10-3-58 탄산화   94(10), 104(25)

1. 개요
강알칼리성 콘크리트가 CO2와 반응하여 중성화되고 철근부식에 대한 보호성능이
사라지는 열화현상

2. 탄산화 메카니즘
탄산가스 침투 → 중성화 → 부동태막 파괴 → 철근부식 → 부피팽창 → 균열

탄산화(중성화) Ca(OH)2 + CO2 ⇒ Ca(OH)3 + H2O(수분증발)

3. 탄산화 속도
$X(탄산화\ 깊이\ mm) = A\sqrt{T}$

4. 탄산화 영향인자
① 피복두께
② 비중이 낮은 골재
③ 물시멘트비 클수록
④ 마감재 유무

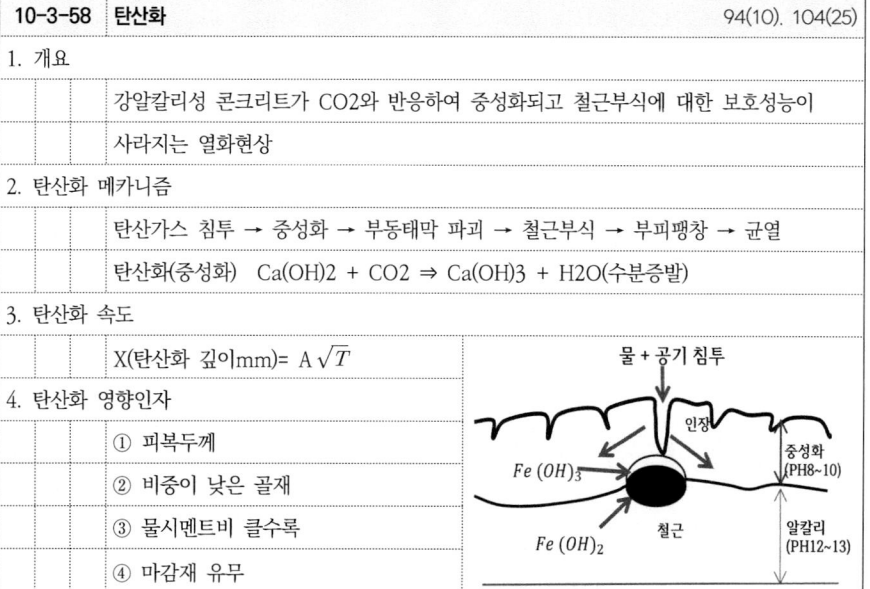

10-3-59 동결융해

1. 개요
   - 함유된 수분이 동결에 의해 팽창(9%), 융해에 의해 수축이 반복되며 열화되는 현상

2. 동결융해 깊이 증대에 따른 성능저하

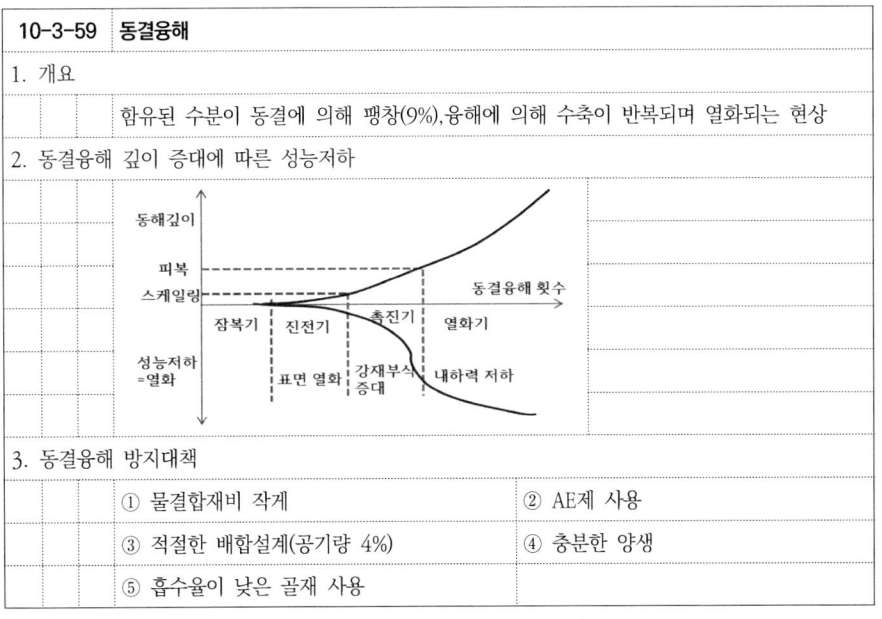

3. 동결융해 방지대책
   - ① 물결합재비 작게
   - ② AE제 사용
   - ③ 적절한 배합설계(공기량 4%)
   - ④ 충분한 양생
   - ⑤ 흡수율이 낮은 골재 사용

10-3-60 POP-OUT

1. 개요
   - 경화된 콘크리트 표면의 굵은골재가 수분을 흡수하여 동결팽창되면서 외부로 빠져나오는 현상

2. POP-OUT 원인
   - ① 동결융해
   - ② 흡수성 골재 사용
   - ③ 알칼리 골재반응
   - ④ 콘크리트 폭열

3. POP-OUT 방지대책
   - ① AE, AE감수제
   - ② 골재 세척사용, 반응성 골재 차단
   - ③ 내화피복, 섬유보강 콘크리트
   - ④ 단위시멘트량 적게

10-3-61 프리스트레스트 콘크리트 (PSC)   91(10), 106(25), 112(10), 133(25)

1. 개요
   - 외력에 의한 인장응력을 상쇄시키기 위해 미리 압축응력 도입한 부재

2. 프리스트레스트 콘크리트 (PSC)의 특징
   - ① 장스팬 구조 가능
   - ② 탄력성, 복원성 우수
   - ③ 균열저항성 증대
   - ④ 구조물 자중 경감
   - ⑤ 부식위험성 적고 내구성 확보

3. 프리스트레스트 콘크리트 (PSC) 공법의 종류

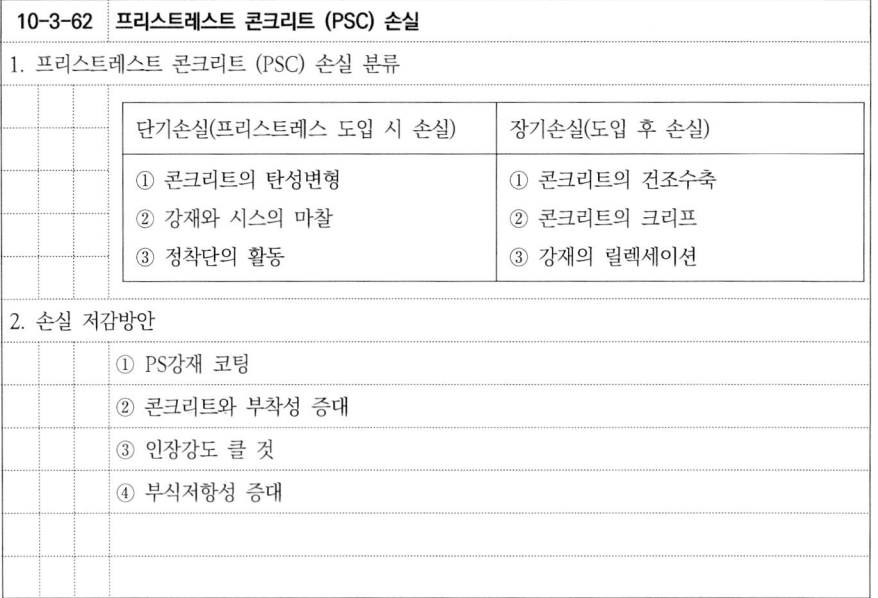

① pretension 방법 - 공장제작 - 품질양호
② post tension 방법 - 현장제작 - PS 강재 재긴장 가능

10-3-62 프리스트레스트 콘크리트 (PSC) 손실

1. 프리스트레스트 콘크리트 (PSC) 손실 분류

단기손실(프리스트레스 도입 시 손실)	장기손실(도입 후 손실)
① 콘크리트의 탄성변형	① 콘크리트의 건조수축
② 강재와 시스의 마찰	② 콘크리트의 크리프
③ 정착단의 활동	③ 강재의 릴렉세이션

2. 손실 저감방안
   - ① PS강재 코팅
   - ② 콘크리트와 부착성 증대
   - ③ 인장강도 클 것
   - ④ 부식저항성 증대

10-3-63 PS강재의 종류 및 요구성질

1. PS강재의 종류
   - ① 강선 : 프리텐션공법에 사용(∅2.9~9)
   - ② 강연선 : 강선을 꼬아서 만든것
   - ③ 강봉 : 포스트텐션공법에 사용(∅9.2~32), 응력이완 작은 장점
   - ④ 인장강도의 크기 : 강연선〉강선(고강도철근의 4배)〉강봉(고강도철근의 2배)

2. PS강재의 요구성질
   - ① 인장강도 큰 것
   - ② 항복비(항복강도/인장강도) 큰 것
   - ③ 응력이완 작은 것
   - ④ 부착강도 큰 것
   - ⑤ 응력부식에 대한 저항성 큰 것
   - ⑥ 연신율이 큰 것

10-3-64 응력이완 (relaxation) 99(10), 133(25)

1. 개요
   - PS강재를 긴장 후 시간경과에 따라 인장응력 감소되는 현상

2. 응력이완의 문제점
   - ① 부재 균열
   - ② 변형, 처짐
   - ③ 내구성 저하

3. 응력이완의 분류

순 릴렉세이션	겉보기 릴렉세이션	응력이완 값
= $\dfrac{\text{인장응력의 변화량}}{\text{최초인장응력}} * 100\%$	순 릴렉세이션 + 2차응력 손실	강선, 강연선 : 3%이하 강봉 : 1.5% 이하

   - ① 순 릴렉세이션 : 변형률을 일정하게 유지했을 때 일정한 변형하에서 발생
   - ② 겉보기 릴렉세이션 : 콘크리트 크리프와 건조수축에 의해 변형률이 일정하게 유지 못하고 시간경과에따라 변형률이 감소

10-3-65 응력부식 91(10), 112(10), 133(25)

1. 개요
   - 프리스트레스 콘크리트에서 외부 응력 또는 내부 응력의 존재하에서 PS 강선 부식이 현저하게 촉진되는 현상

2. 응력부식 요인
   - ① 과도한 녹, 표면의 홈
   - ② roll 상태의 휨응력 집중
   - ③ 단면 취약부
   - ④ 용접에 의한 잔류응력

3. 응력부식 방지대책
   - ① 그라우팅 신속 실시
   - ② 코팅 처리
   - ③ 응력 분산 및 단면보강
   - ④ 잔류응력 제거

10-3-66 서중콘크리트 98(10), 112(10)

1. 개요
   - 일 평균 25℃ 초과할 경우 적용하는 콘크리트

2. 서중콘크리트 시공 시 문제점
   - ① 공기량 감소
   - ② 슬럼프 감소
   - ③ cold joint발생
   - ④ 소성수축균열 및 건조수축균열
   - ⑤ 단위수량증가로 내구성 및 강도 저하

10-3-67 한중 콘크리트   105(10), 126(25)

1. 개요
   - 일 평균기온이 4℃ 이하 또는 타설 완료 후 24시간 동안 일최저기온 0℃ 이하
   - 예상되는 조건일 때 시공하는 콘크리트/ 초기동해 방지를 위한 보양조치가 중요

2. 동해 원인
   ① 빙점이하 기온에서 타설
   ② 흡수율이 큰 골재 사용
   ③ 물시멘트비가 큰 경우
   ④ 얼음, 눈 등 혼입

3. 기온에 따른 시공방법

기온	시공방법
0~4℃	간단한 주의와 보온
-3~0℃	재료(물, 골재)의 가열 + 적절한 보온
-3℃이하	재료(물, 골재)의 가열 + 적절한 보온 + 급열

10-3-68 한중 콘크리트 타설 시 주요위험요인

1. 한중 콘크리트 타설 시 주요위험요인
   1) 양생, 보양 시 연료별 위험요인
      ① 갈탄 : 일산화탄소에 의한 질식위험
      ② 메탄올 연료 : 유해가스로 인한 시신경장해 및 화재위험
      ③ 열풍기(등유, 전기) : 산소농도 결핍에 의한 질식 및 감전위험
   2) 방동제를 음용수로 오인하여 섭취로 인한 중독

10-3-69 한중 콘크리트 타설 시 주요위험에 대한 안전대책

1. 양생, 보양 시 안전대책
   ① 갈탄 연료 사용 지양
   ② 질식 재해예방교육 실시
   ③ 출입 전 산소 및 일산화탄소 농도 측정
   ④ 출입 시 공기호흡기 등 착용
   ⑤ 열풍기 감전 재해예방조치 : 누전기/접지
   ⑥ 화재예방 조치 및 소화기 비치
   ⑦ 제조사의 사용법, 사용상 주의사항 준수

2. 방동제 취급 시 안전대책
   ① 드럼통 및 소분용기에 MSDS경고표지 부착
   ② 취급장소 MSDS비치, 게시
   ③ MSDS교육 실시

10-3-70 매스콘크리트   101(25), 113(25)

1. 개요
   - 0.8m 이상인 구조체, 하단 구속된 벽체 0.5m 이상에 적용되는 콘크리트

2. 매스콘크리트의 문제점

   1) 내부 구속에 의한 균열   2) 외부 구속에 의한 균열

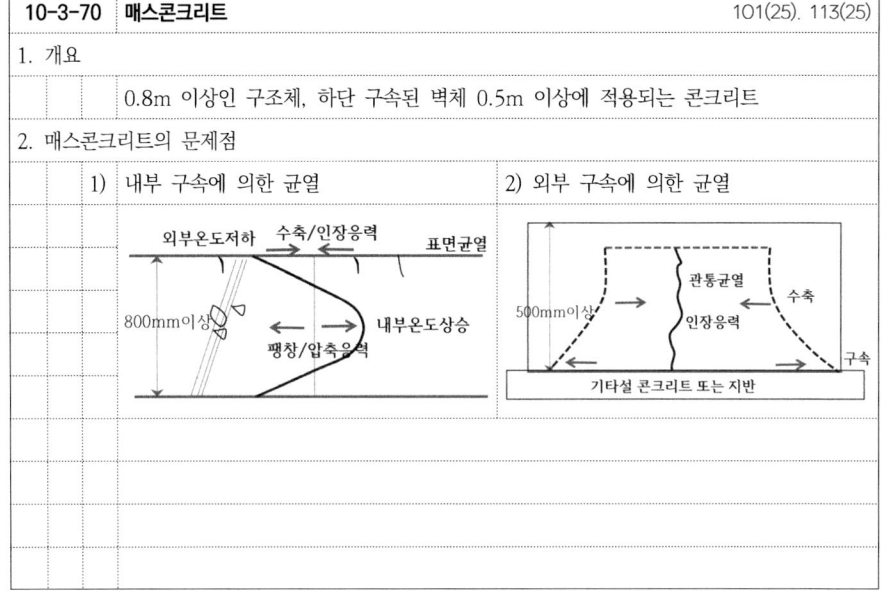

10-3-71 매스콘크리트의 온도균열 발생 원인 및 제어대책

1. 매스콘크리트의 온도균열 발생 원인
   - ① 부재의 단면치수가 클수록
   - ② 분말도가 높은 시멘트 사용
   - ③ 단위 시멘트량이 많을수록
   - ④ 콘크리트 내.외부 온도차가 클수록
   - ⑤ 수화 발열량이 클수록

2. 매스콘크리트의 온도균열 발생 제어대책
   - ① 온도균열 지수관리
   - ② 감수제, 응결지연제 사용으로 발열량 저감
   - ③ 중용열 시멘트 사용
   - ④ 프리쿨링, 파이프쿨링 적용
   - ⑤ 신축줄눈 설치
   - ⑥ 습윤양생

10-3-72 온도균열지수

1. 개요

   인장강도를 온도응력 최대값으로 나눈값

2. 온도균열지수

$$ICR = \frac{인장응력}{온도응력}$$

   - ① 균열방지 : 1.5 이상
   - ② 균열제한 : 1.2~1.5
   - ③ 유해한 균열 제한 : 0.7~1.2
   - ④ 유해한 균열발생 : 0.7 미만

온도균열지수와 발생확률

10-3-73 고강도 콘크리트   108(25)

1. 개요

   설계기준강도 40Mpa이상(경량콘크리트 27Mpa이상)인 콘크리트

2. 고강도 콘크리트 특징

1) 장점	2) 단점
① 부재 경량화 가능	① 강도별현에 변동이 커서 취성파괴 우려
② 소요단면 감소	② 내화 취약(폭렬현상)
③ 크리프현상 감소	③ 품질변화 우려

3. 고강도 제조원리

   고성능감수제 (단위수량감소) + 실리카 흄 플라이애쉬 고로슬래그 (수화생성물 증가) = 고강도화 (모세관공극 감소)

10-3-74 고강도 콘크리트 폭렬현상 및 방지대책   94(10). 105(10). 108(25).

1. 개요

   화재 시 내부 수분이 고열에 의해 팽창한 수증기가 외부로 빠져나가지 못하고
   표면이 박리, 비산해서 단면결손이 발생하는 현상

2. 폭렬현상 메카니즘

   화재발생 → 수증기압 상승 → 수증기압이 인장강도 초과 → 표면 박리 → 단면결손

3. 폭렬현상 방지대책(= 내화성 증진방안)
   - ① 내화피복
   - ② 내화도료
   - ③ Metal Lath 시공
   - ④ 탄소섬유 시트 바름
   - ⑤ 유기섬유 혼입

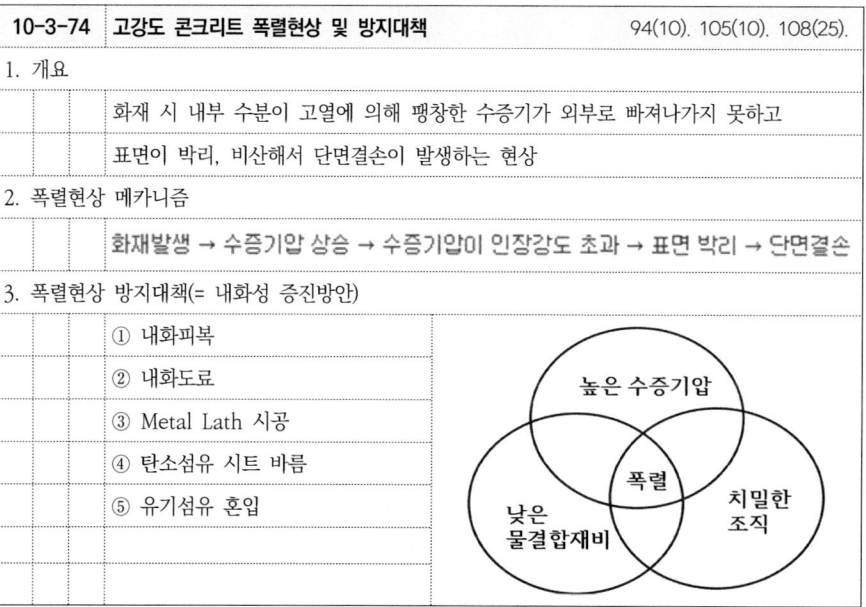

10-3-75 무량판 슬래브 종류 및 특징   118(25), 125(25), 136(25)

1. 개요
기둥만 있고 보가 없는 상태의 슬래브로 하중을 견디는 구조

2. 무량판 슬래브 종류

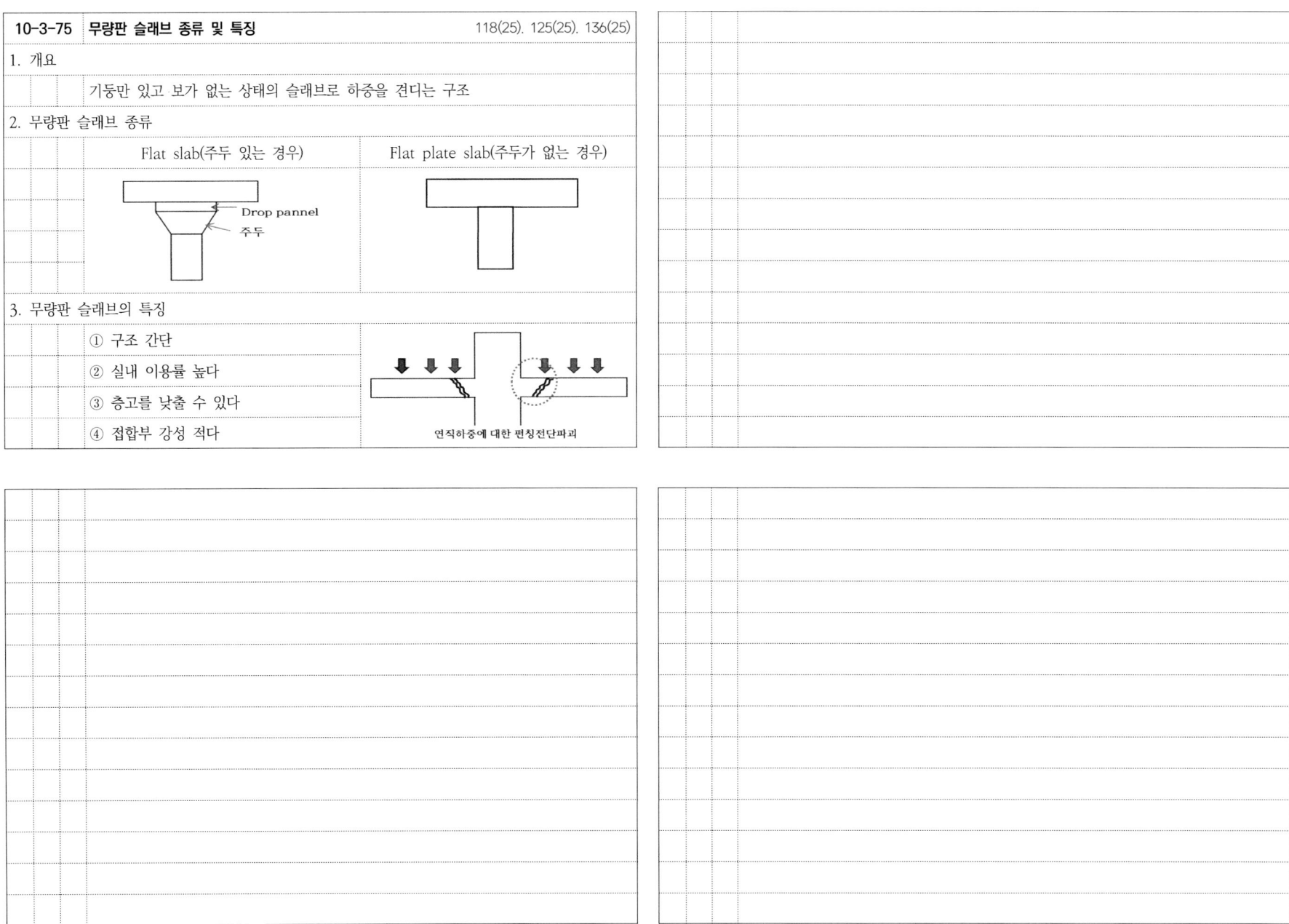

Flat slab(주두 있는 경우)	Flat plate slab(주두가 없는 경우)

3. 무량판 슬래브의 특징

① 구조 간단
② 실내 이용률 높다
③ 층고를 낮출 수 있다
④ 접합부 강성 적다

연직하중에 대한 펀칭전단파괴

MEMO

26년 대비
건설안전기술사 핵심개념 총정리

건설안전기술사 핵심개념 총정리

제 **11** 장

철골공사

제11장 철골공사

11	철골공사
	1. 공사 전 검토사항
	2. 건립전의 준비
	3. 건립작업
	4. 재해방지 가설설비

11	철골공사 기출문제
1. 공사 전 검토사항	
	- 100(25). 대형 발전플랜트 철골공사 건립계획 수립시 검토사항과 건립 전 철골부재에 부착해야할 재해방지용 철물
	- 102(10). 철골의 공사전 검토사항과 공작도에 포함시켜야 할 사항
	- 103(25). 철골공사 작업 시 철골자립도 검토대상구조물 및 풍속에 따른 작업범위를 기술하시오.
	- 107(10). 철골부재의 강재증명서 (Mill Sheet) 검사항목

11-1-1 철골공사 전에 검토사항

1. 철골공사 전에 검토사항 (철골공사 표준안전작업지침)

1) 설계도 및 공작도 확인	① 건립형식 및 건립작업상 문제점, 관련 가설설비 ② 건립기계 종류 및 건립공정 ③ 건립작업방법의 난이도 ④ 건립순서 ⑤ 공작도에 포함되어야 할 사항 ⑥ 풍압 등 외력에 대한 자립도
2) 건립 계획	① 지반 및 지형, 주변 건축물 밀집 등 현지조사 ② 건립기계의 인양범위 ③ 재해방지 시설 설치방법 ④ 신호방법, 악천후에 대비 처리방법

11-1-2 철골 공작도에 포함할 사항   102(10)

1. 개요

건립후에 가설부재나 부품을 부착하는 것은 위험한 작업이므로 사전에 계획하여 공작도에 포함

2. 철골 공작도에 포함할 사항 (철골공사 표준안전작업지침)

① 외부비계받이 및 화물승강설비용 브라켓
② 기둥 승강용 트랩
③ 구명줄 설치용 고리
④ 건립에 필요한 와이어 걸이용 고리
⑤ 기둥 및 보 중앙의 안전대 설치용 고리
⑥ 난간 및 방망 설치용 부재
⑦ 비계 연결용 부재
⑧ 방호선반 설치용 부재
⑨ 양중기 설치용 보강재

30cm 이내
Ø16 트랩
30cm 이상

▲ 기둥 승강용 트랩

11-1-3 철골 자립도 검토 대상 구조물 103(25)

1. 개요
   - 구조안전의 위험이 큰 철골구조물은 건립 중 강풍에 의한 풍압 등 외압에 대한 내력이 설계에 고려되었는지 확인 (철골공사표준안전작업지침)

2. 철골 자립도 검토 대상 구조물(=풍압 등 외력에 대한 내력 검토 대상)
   ① 높이 20미터 이상의 구조물
   ② 구조물의 폭과 높이의 비가 1:4 이상인 구조물
   ③ 단면구조에 현저한 차이가 있는 구조물
   ④ 연면적당 철골량이 50kg/m2 이하인 구조물
   ⑤ 기둥이 타이플레이트(tie plate)형인 구조물
   ⑥ 이음부가 현장용접인 구조물

11-1-4 철골건립계획수립 시 검토사항 100(25)

1. 철골건립계획수립 시 검토사항 (철골공사 표준안전작업지침)
   ① 입지조건
   - 현장인근 위해 여부, 차량 통행시 지장 여부, 작업반경내 지장물(가옥,전선 등)
   ② 건립기계 선정
   - 출입로, 설치장소, 기계조립면적/ 이동식 크레인 주행통로 / 건립기계의 인양범위
   ③ 건립순서 계획
   - 현장건립순서와 공장제작 순서 일치/ 후속작업 지장 받지않도록 계획 등
   ④ 운반로의 교통체계 또는 장애물에 의한 부재반입의 제약 등 고려 1일작업량 결정
   ⑤ 악천후 시 작업중지 및 강풍시 낙하,비래방지 조치
   - 풍속 : 10분간의 평균풍속이 1초당 10미터 이상
   - 강우량 : 1시간당 1밀리미터 이상
   ⑥ 재해방지 설비의 배치 및 설치방법
   ⑦ 신호방법, 악천 후에 대비한 처리방법

11	철골공사 기출문제
	2. 건립전의 준비
	- 132(25). 철골공사 안전관리를 위한 사전 준비사항, 철골 반입 시 준수사항, 안전시설물 설치계획에 대하여 설명하시오.
	- 136(25). 고층건물 철골공사 작업 시 철골조립 준비사항, 반입 시 준수사항 및 시공 중 재해방지설비에 대하여 설명하시오.

11-2-1 철골공사 FLOW CHART

1. 개요
   철골부재를 사용하여 제작, 조립, 도장, 내화피복, 마감작업 등의 공정 거치는 것

2. 철골공사 FLOW CHART

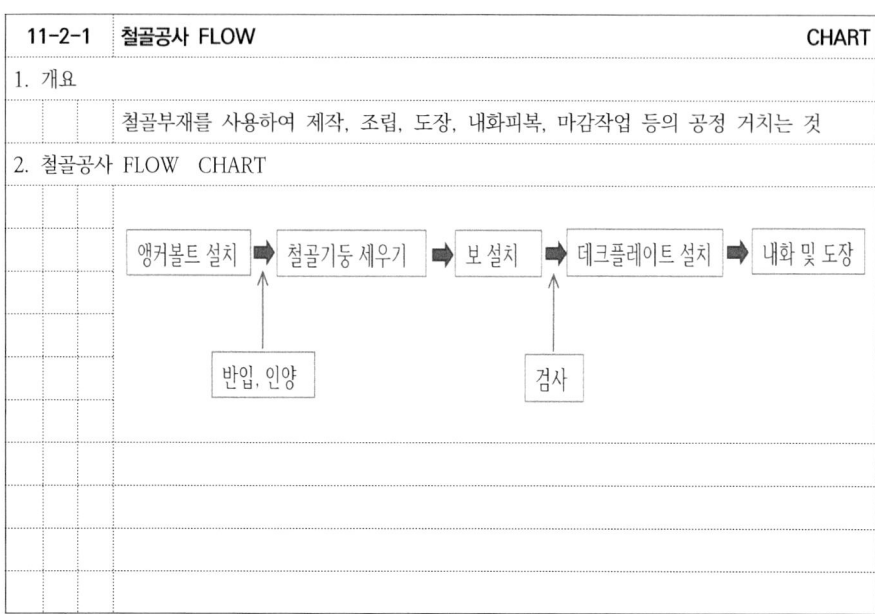

11-2-2 철골건립 준비사항 132(25), 136(25)

1. 철골건립 준비사항
   ① 낙하물 위험 없는 평탄한 장소 선정하여 정비
   ② 건립작업에 지장이 되는 수목은 제거, 이설
   ③ 인근에 건축물, 고압선 등 방호조치
   ④ 사용전에 기계기구에 대한 정비, 보수 실시
   ⑤ 기계 배치, 윈치 위치, 기계 부착된 앵카 등 고정장치와 기초구조 확인

11-2-3 철골반입 시 준수사항 132(25), 136(25)

1. 철골반입 시 준수사항 (철골공사 표준안전작업지침)
   ① 다른 작업에 장해가 되지 않는 곳에 철골 적치
   ② 받침대는 적치될 부재 중량 고려
   ③ 부재 반입시는 건립의 순서 등을 고려하여 반입
   ④ 부재 하차시 쌓여있는 부재 도괴방지 조치
   ⑤ 부재 인양 시 부재 무너지지 않도록 주의
   ⑥ 전선 등 다른 장해물에 접촉할 우려는 없는지 확인
   ⑦ 적치높이는 적치 부재 하단폭의 1/3이하

11-2-4 앵커볼트

1. 개요
   - 기초와 철골기둥을 연결하여 기둥을 잡아주며 휨응력을 기초로 전달하는 볼트

2. 앵커볼트 매립공법의 종류
   - ① 고정매입법
   - 대규모 공사 적합, 구조안정성 확보, 보수 곤란
   - ② 가동매입법
   - 소규모 구조 적합, 위치조정 가능
   - ③ 나중매입법
   - 경미한 공사 적합, 시공간단, 보수 용이
   - ④ 용접법
   - 경미한 구조 적합

11-2-5 기초공사 앵커볼트 작업 시 주요 위험요인 및 안전대책

1. 기초공사 앵커볼트 작업 시 주요 위험요인
   - ① 앵커볼트의 매립 정밀도 미확보로 구조적 문제
   - ② 기초철근 등에 걸려서 근로자 넘어짐

2. 기초공사 앵커볼트 작업 시 안전대책
   - ① 앵커볼트의 매립 정밀도 확보
   - ② 기초철근 상부에 적정한 작업발판 설치

11-2-6 앵커 볼트 매립 정밀도 범위

1. 앵커 볼트 매립 정밀도 범위 ((철골공사표준안전작업지침))
   - ① 기둥중심은 기준선 및 인접기둥의 중심에서 5mm이상 벗어나지 않을 것
   - ② 인접기둥간 중심거리의 오차는 3mm 이하일 것
   - ③ 앵커볼트는 정위치에서 2mm 이상 벗어나지 않을 것
   - ④ Base Plate 하단은 기준높이 및 인접기둥 높이에서 3mm이상 벗어나지 않을 것

11	철골공사 기출문제
3. 건립작업	
	1) 건립 및 접합
	- 104(25). 철골의 현장 건립공법에서 리프트업 공법 시공 시 안전대책 설명
	- 111(10). 고장력 볼트(High Tension Bolt)
	- 114(10). 고력볼트 반입검사
	- 105(25). 철골공사의 현장접합시공에서 부재간 접합(주각과 기둥, 기둥과 기둥, 보와 보, 기둥과 보)의 결함요소와 철골조립시 안전대책에 대하여 설명
	- 90(10).100(10). Shear connector(전단연결재)
	- 100(10). Scallop(스캘럽)
	- 121(25). 철골조 공장 신축공사 중 발생할 수 있는 재해유형을 열거하고, 사전 검토사항 및 안전대책에 대하여 설명하시오.

11	철골공사 기출문제
3. 건립작업	
	2) 용접
	- 111(10). 철골의 CO_2 아크(Arc)용접
	- 108(25). 강구조물 용접시 예열의 목적과 예열시 유의사항 및 용접작업의 안전대책에 대하여 설명하시오.
	- 121(10). 용접결함의 종류
	- 124(25). 강구조물의 용접결함의 종류를 설명하고, 이를 확인하기 위한 비파괴 검사 방법 및 용접시 안전대책에 대하여 설명하시오.
	- 130(25). 강구조물에서 용접 결함의 종류와 용접검사 방법의 종류 및 특징 설명
	- 133(10). 강구조물 용접결함의 종류 및 보수용접 방법
	- 113(10). 용접결함 보정방법을 설명하시오.
	- 109(10). 강재의 저온균열, 고온균열

11	철골공사 기출문제
3. 건립작업	
	3) 데크플레이트
	- 135(25). 데크플레이트 시공 시 발생하는 재해유형별 안전대책, 붕괴사고의 문제점 및 개선방안에대하여 설명하시오
	- 120(25).125(25). 데크플레이트 설치공사 시 발생하는 재해유형과 시공단계별 고려사항, 문제점 및 안전관리 강화방안에 대하여 설명하시오.
	- 112(25). 철골공사 중 무지보 데크플레이트 공법의 시공순서 및 재해발생 유형과 안전대책에 대하여 설명하시오.
	- 129(25). 데크플레이트의 종류 및 시공순서를 열거하고, 설치작업 시 발생 가능한 재해유형, 문제점 및 안전대책에 대하여 설명하시오.
	- 118(25). 데크플레이트(Deck Plate)공사 시 데크플레이트 걸침길이 관리기준과 주로 발생할수있는 3가지 재해유형별 안전대책에 대하여 설명하시오.
	- 133(25). 데크플레이트 붕괴사고 원인과 설치 시 안전수칙 및 점검사항 설명

11	철골공사 기출문제
3. 건립작업	
	4) 비파괴검사
	- 110(10). 강구조물의 비파괴시험 종류 및 검사방법
	- 101(25). 철골구조물에서 발생하는 결함의 주요내용과 결함발생원인
	- 102(10). 강재구조물의 비파괴시험
	- 115(10). 강재의 침투탐상시험
	- 119(25). 강재구조물의 현장 비파괴시험법을 설명하시오.
	5) 내화
	- 123(10). 철골구조물의 내화피복
	- 110(25). 철골구조물의 화재발생 시 내화성능을 확보하기 위한 철골기둥과 철골보의 내화뿜칠재 두께 측정위치를 도시하고, 측정방법과 판정기준 설명

11-3-1	철골기둥 인양 시 준수사항
1. 철골기둥 인양 시 준수사항 (철골공사표준안전작업지침)	
	① 인양 와이어 로우프와 샤클, 받침대, 유도 로우프, 조임기구 등을 준비
	② 발디딜 곳, 손잡을 곳, 안전대 설치장치 등을 확인
	③ 기둥 인양용 덧댐 철판을 부착
	④ 덧댐 철판에 와이어 로우프를 설치할 때에는 샤클을 사용
	⑤ 와이어 로우프를 걸 경우는 보호용 굄재 사용
	⑥ 후크에 인양 와이어 로우프를 걸 때에는 중심에 걸도록하고, 해지판 설치
	⑦ 기둥을 일으켜 세우기 전에 기둥의 밑부분에 미끄럼방지를 위한 깔판을 삽입
	⑧ 권상, 수평이동 및 선회시 부재 이동 범위 내 사람 유무 확인 후 실시
	⑨ 인양 및 부재에 로우프를 매는 작업은 경험이 충분한 자가 실시
	⑩ 통신, 신호체계를 수립하고 충분한 사전 교육을 하여야 한다
	⑪ 작업책임자는 건립기계와 인양작업자를 동시에 관찰할 수 있는 지점에 위치

11-3-2	철골보를 인양 시 준수사항
1. 철골보를 인양 시 준수사항 (철골공사표준안전작업지침)	
	① 와이어로프 매달기 각도 60도, 2열 매달고 체결지점 수평부재의 1/3기점
	② 크램프는 부재를 수평으로 하는 두 곳의 위치에 사용
	③ 크램프의 정격용량 초과금지
	④ 크램프의 작동상태를 점검한 후 사용
	⑤ 유도 로우프 확인
	⑥ 후크의 중심에 인양 와이어 로우프 설치
	⑦ 신호자는 운전자가 잘 보이는 곳에서 신호
	⑧ 부재의 균형을 확인하면 서서히 인양
	⑨ 흔들림, 선회하지 않도록 유도 로우프로 유도하며 장애물에 닿지 않도록 주의

11-3-3	철골공사 현장건립공법	104(25)
1. 개요		
	H-Beam 등 철골부재를 공장에서 제작 후 현장에 반입하여 적정한 건립공법에 따라 설치하는 것	
2. 철골공사 현장건립공법의 종류		
	① Lift up 공법	
	① 스테이지 조립공법	
	② 스테이지 조출공법	
	③ 현장조립공법	
	④ 병립공법	
	⑤ 지주공법	

11-3-4	철골작업의 작업제한 기준
1. 철골작업의 작업제한 기준 (산업안전보건 기준에 관한 규칙 제383조)	
	① 풍속 : 10m/s
	② 강우 : 1mm/hr
	③ 강설 : 1cm/hr

11-3-5	철골기둥 세우기작업 시 주요 위험요인 및 안전대책	121(25)

1. 철골기둥 세우기작업 시 주요 위험요인
   - ① 인양작업 시 로프파단으로 부재낙하로 맞음
   - ② 인양작업 중 회전으로 근로자 부딪힘
   - ③ 가조립 후 철골기둥 넘어짐
2. 철골기둥 세우기작업 시 안전대책
   - ① 작업 전 인양로프 점검
   - ② 유도로프 설치하여 회전방지조치
   - ③ 4면 와이어로프 설치 등 넘어짐 방지조치

11-3-6	철골 건립 시 넘어짐 방지조치	105(25)

1. 철골 건립시 넘어짐 방지조치
   - ① 자립도 검토
   - ② 불균형 모멘트 등 구조안전성 검토
   - ③ 넘어짐 방지용 Wire rope설치
   - ④ 주각부 앵커볼트 2중너트로 시공
   - ⑤ 가설보 및 가설브레이싱 설치
   - ⑥ 가볼트 시간최소화, 조기폐합구조

11-3-7	보 설치작업 시 주요 위험요인 및 안전대책	121(25)

1. 보 설치작업 시 주요 위험요인
   - ① 인양작업 시 로프파단으로 부재낙하로 맞음
   - ② 인양작업 중 회전으로 근로자 부딪힘
   - ③ 가조립 후 철골기둥 넘어짐
2. 철골기둥 세우기작업 시 안전대책
   - ① 작업 전 인양로프 점검
   - ② 유도로프 설치하여 회전방지조치
   - ③ 4면 와이어로프 설치 등 넘어짐 방지조치

11-3-8	철골보 설치 시 준수사항	105(25)

1. 철골보 설치 시 준수사항
   - ① 안전대 승강용 트랩에 걸어 추락 방지
   - ② 2인 1조로 작업
   - ③ 기둥 상단부, 보 연결부 등 안전대 부착설비 설치
   - ④ 볼트 구멍이 맞지 않을 경우는 신속히 지지용 드래프트 핀을 타입
   - ⑤ 무리한 힘을 가하여 볼트구멍 손상금지
   - ⑥ 해체한 와이어 로우프는 후크에 걸어 내리며 밑으로 던져서는 안된다

11-3-9 고장력 볼트   111(10), 114(10)

1. 개요
고장력간 재료로 만든 볼트와 너트를 조임하여 부재를 연결하는 볼트

2. 고장력 볼트 접합방식
① 마찰접합 - 접합면의 마찰내력
② 인장접합 - 볼트의 인장내력
③ 지압접합 - 볼트의 전단력과 지압내력

3. 조임방법

반입 검사 → 접합부 조립 → 1차조임(80% 조임) → 금매김 → 본조임 → 검사

- 반입 검사
  - 외관검사
  - 장력확인
- 접합부 조립
  - 틈새처리 등 조립정밀도 확인
  - 볼트구멍 수정
  - 마찰면 확인 (미끄럼계수/거칠기 확보)
- 본조임
  - 토크관리법
  - 너트회전법
- 검사
  - 육안(전수검사)
  - 토크값 ±10%
  - 너트회전량 120 ± 30도

11-3-10 볼트 체결 점검 및 조치방안

1. 볼트 체결 점검 및 조치방안

점검내용	조치방안
① 가볼트 불균등체결	- 볼트군 1/2이상 균등체결
② 이음판 및 휨	- 이음판 교체
③ 볼트길이부족	- 체결여장 나사산 3개이상 확보
④ 접합면	- 페인트, 기름, 뜬녹 제거
⑤ 접합면 틈새처리	- 틈 1mm이상 끼움판 삽입
⑥ 볼트 조임	- 회전량 부족 : 추가조임, 회전량 과다 : 교체
⑦ 앵커볼트	- 이중너트 체결 관리철저

11-3-11 용접작업의 유해. 위험성   104(25)

1. 용접작업의 유해. 위험성
① 고열.불티에 의한 화재.폭발
② 충전부 접촉에 의한 감전
③ 용접흄, 유해가스, 유해광선, 소음, 고열에 의한 건강장해
④ 유독물 체류장소 및 밀폐장소에서의 중독 또는 산소결핍
⑤ 용접작업에 의한 화상

11-3-12 용접접합

1. 개요
짧은 시간내에 국부적으로 가열하여 두 강재를 용융상태에서 접합

2. 용접이음의 종류
① 맞댐용접(그루브용접)
② 모살용접(필릿용접)

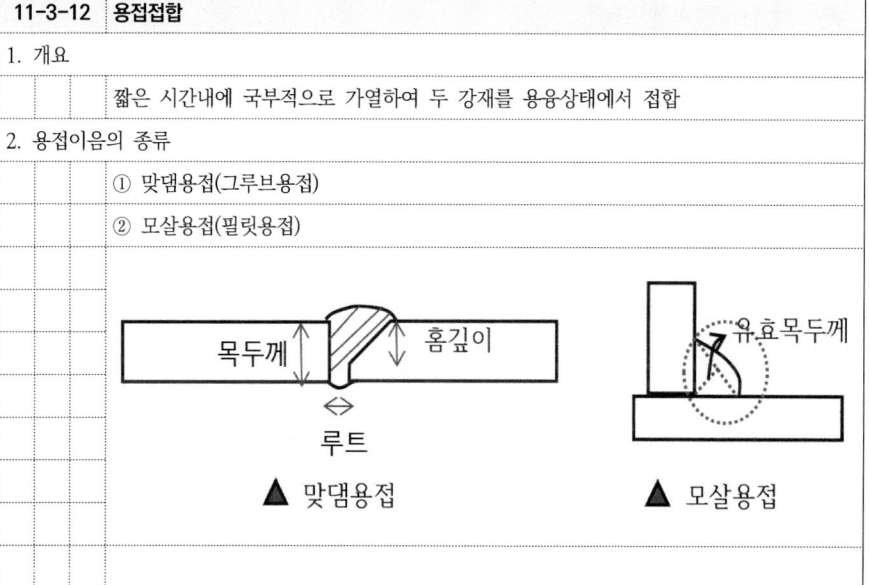

▲ 맞댐용접   ▲ 모살용접

11-3-13 용접방법의 종류 · 111(10)

1. 용접방법의 종류

용접방법	개요	Shield
① 피복 Arc용접	전압을 걸어 아크 발생 그 열로 용접봉, 모재 녹여 용접(수동)	용접봉 피복재
② CO2 Arc용접	코일 와이어가 아크 발생 모재와 와이어를 용접(반자동)	co2 가스
③ Submerged Arc용접	접합부 용제를 뿌리고 용접봉 아크열에 용접봉을 녹여 접합(자동용접)	분말모양의 Flux

11-3-14 scallop · 100(10)

1. 개요
용접선 교차로 인한 열응력 집중 방지를 위하여 부채꼴 모양의 모따기 홈

2. scallop 목적
① 용접선 교차 방지
② 용접 균열 방지
③ 용접 열응력 집중 방지
④ 용접결함, 용접변형 방지

11-3-15 End Tab (엔드탭)

1. 개요
용접결함을 사전에 방지하기 위해 용접선 시작, 종점부에 수평으로 부착하는 보조 강판

2. 시공 시 유의사항
① 용접 후 엔드탭 제거, 그라인더로 다듬질
② 모재와 같은 개선 형상을 가진판 사용
③ 용접 양단부 처리 엔드탭 위에서 50mm이상

11-3-16 가우징

1. 개요
가용접부 및 용접결함부의 제거 등을 위해 금속 표면에 홈을 파는 것

2. 가우징 종류
① 아크에어 가우징 : 아크열로 용융시킨 금속을 압축 공기로 불어내는 방식
② 가스 가우징 : 가스 불꽃과 산소로 홈을 파는 방법

3. 아크에어 가우징 작업 시 위험요인 및 안전대책

주요 위험요인	안전대책
① 보호구 미착용으로 눈 상해 위험	① 보호안경 및 보안면 착용
② 불꽃 비산에 의한 화재위험	② 불꽃비산방지 조치 및 화재예방대책
③ 강렬한 소음으로 소음성 난청 위험	③ 귀마개 등 보호구 착용
④ 감전위험	④ 누전차단기 설치 및 접지 실시

11-3-17 용접부의 검사 항목   124(25), 130(25)

1. 용접부의 검사 항목

   ① 용접 전
   - 홈의 각도, 간격 치수, 부재 밀착, 트임새 모양, 모아대기법, 구속법

   ② 용접 중
   - 아크전압, 용접속도, 용접봉, 운봉

   ③ 용접 후
   - 균열, 언더컷, 육안검사, 비파괴검사, 스터드용접 검사

11-3-18 용접결함의 종류   101(25), 121(10), 124(25), 130(25), 133(10)

1. 용접이음 형식에 따른 용접결함의 종류

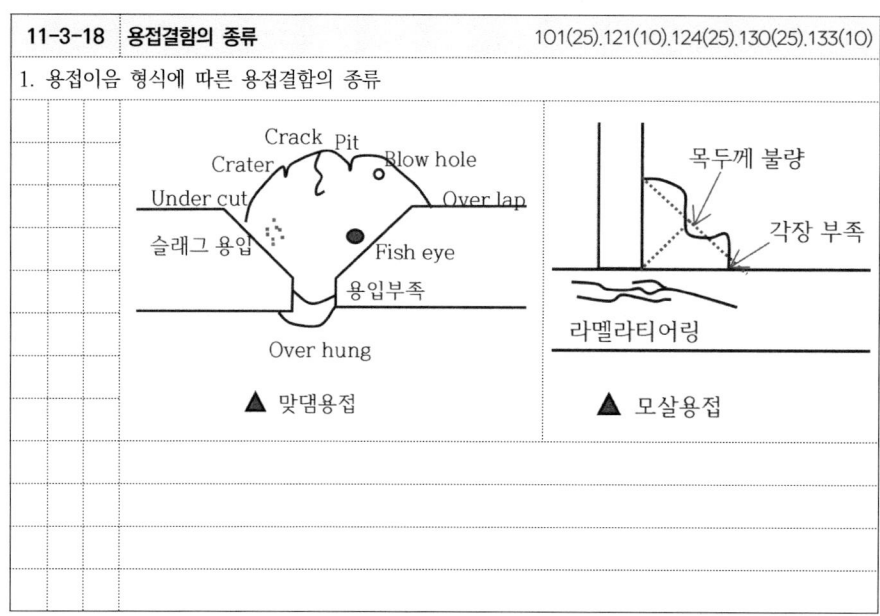

▲ 맞댐용접   ▲ 모살용접

11-3-19 용접결함의 원인 및 방지대책   108(25)

1. 용접결함의 원인 및 방지대책

원인	방지대책
① 용접전류 불안정	① 적정전류 공급
② 운봉속도 부적당	② 용접속도 준수
③ 용접각도 불량	③ 용접공 기능교육
④ 예열 부족	④ 예열 및 후열 실시
⑤ 이음부 이물질	⑤ 용접면 청소 철저
⑥ 숙련도 미숙	⑥ 숙련도 확인
⑦ 용접봉 결함	⑦ 적당한 용접봉 선택
⑧ 모재불량	⑧ end tap 사용

11-3-20 용접 예열   108(25)

1. 개요

   용접결함 방지를 목적으로 용접 전 모재를 가열하는 것

2. 용접 예열의 목적

   ① 부재간 이질감 해소

   ② 잔류응력 제거

   ③ 수축균열 예방

   ④ 급격한 용접으로 인한 팽창균열 방지

   ⑤ 저온 균열 예방

   ⑥ 냉각 속도 완화

11-3-21 용접결함 비파괴검사 방법   102(10), 110(10), 115(10), 119(25)

1. 용접결함 비파괴검사 방법의 종류

   ① 방사선투과법(RT)
   - 방사선투과, 필름 촬영
   - 내부결함검출

   ② 초음파탐상법(UT)
   - 초음파투입 동시 화면에 결함 검출
   - 용접두께, 균열 검출

   ③ 자분탐상법(MT)
   - 자력선 통과하여 자장에 의해 검출
   - 표면결함 검출

   ④ 침투탐상법(PT)
   - 침투액도포 → 닦은후 → 검사액 도포
   - 표면결함 검출

11-3-22 용접변형의 종류   101(25)

1. 개요

   용접에 의한 온도변화 과정에서 이음부에 응력변화로 생기는 현상

2. 용접변형의 종류

   ① 면 내의 수축변형
   - 가로수축(루트간격이 넓을 때)
   - 세로수축(긴부재 용접 시)
   - 회전변형(용접되지 않는 개선부분의 변형)

   ② 면 외의 수축변형
   - 횡굽힘변형(온도분포 불균일)
   - 종굽힘변형(좌우 용접선 수축차)
   - 좌굴변형(수축응력으로 판이 좌굴)
   - 비틀림변형(냉각된 후 높은 응력)

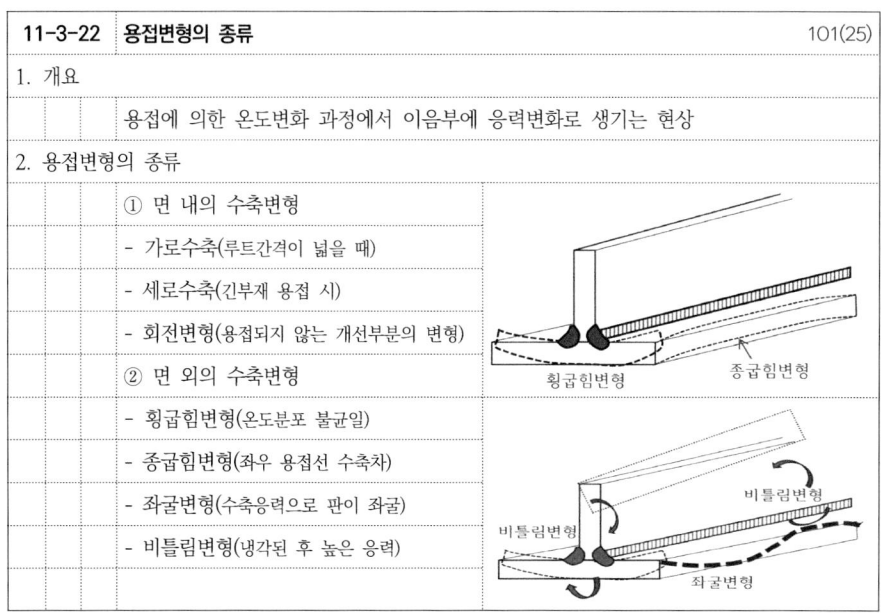

11-3-23 용접변형의 원인 및 방지대책   101(25)

1. 용접변형의 원인

   ① 용착금속의 냉각과정의 수축
   ② 용접열에 의한 모재 소성변형
   ③ 용융금속의 응고시 모재의 열팽창
   ④ 용접순서와 용접방법

2. 용접변형의 방지대책

   ① 역변형법 : 용접 전 역변형 미리 적용
   ② 역제법 : 보강재, 보조판 덧붙임
   ③ 피닝법 : 망치로 두들겨 잔류 응력 분산
   ④ 예열 실시
   ⑤ 용접순서 변경
   ⑥ 적정 전류 사용
   ⑦ 설계 시 용접부 저감

11-3-24 용접. 용단 시 불티의 특성

1. 용접. 용단 시 불티의 특성

   ① 수천개 발생.비산
   ② 높이에 따라 최대 11m까지 흩어짐
   ③ 축열에 의해 화재발생
   ④ 3000도이상의 고온체
   ⑤ 산소압력, 절단속도, 풍속 등에 따라 불티양과 크기 상이
   ⑥ 발화원 불티크기 0.2-3mm

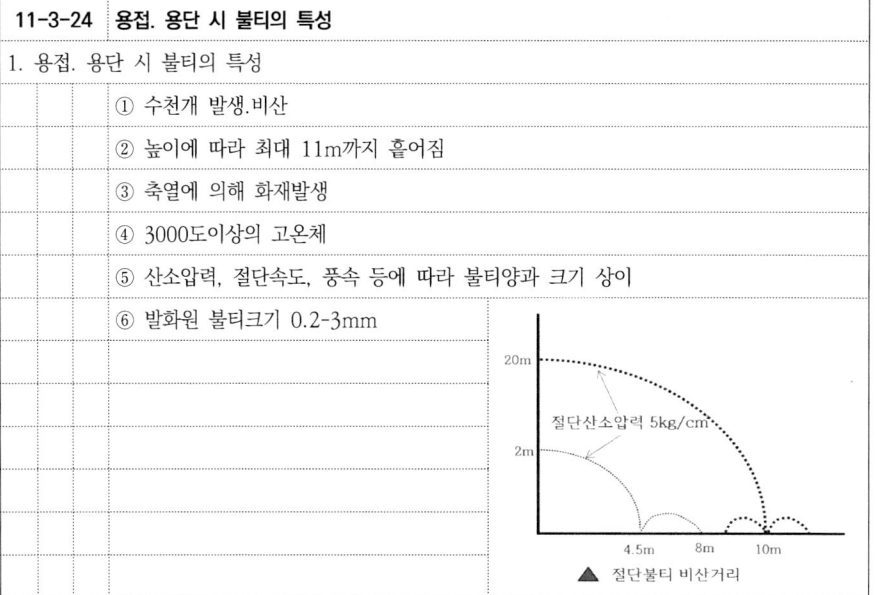

▲ 절단불티 비산거리

11-3-25 용접작업 시 화재예방조치   124(25), 108(25)

1. 용접작업 시 화재예방조치

   ① 화재감시자 지정.배치
   - 확성기, 휴대용 조명기구 및 화재 대피용마스크 등 대피용 방연장비를 지급
   ② 작업 준비 및 작업 절차 수립
   ③ 작업장 내 위험물의 사용·보관 현황 파악
   ④ 인근 가연성물질에 대한 방호조치 및 소화기구 비치
   ⑤ 용접불티 비산방지덮개, 용접방화포 등 불꽃, 불티 등 비산방지조치
   ⑥ 작업근로자에 대한 화재예방 및 피난교육 등 비상조치

11-3-26 화재감시자 배치대상 및 업무

1. 화재감시자 배치대상 (산업안전보건 기준에 관한 규칙 제241조의2)

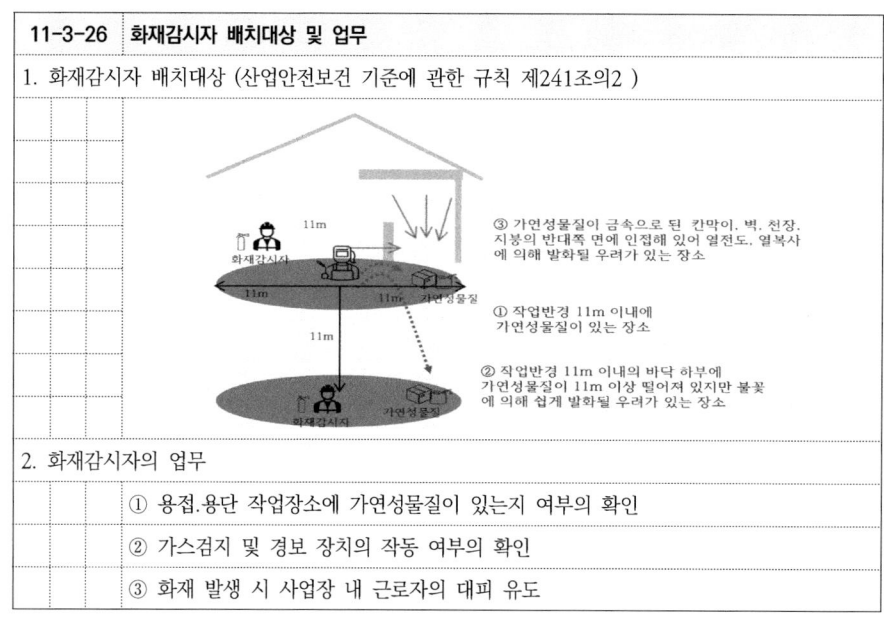

2. 화재감시자의 업무

   ① 용접.용단 작업장소에 가연성물질이 있는지 여부의 확인
   ② 가스검지 및 경보 장치의 작동 여부의 확인
   ③ 화재 발생 시 사업장 내 근로자의 대피 유도

11-3-27 데크플레이트   112(25), 129(25)

1. 개요

   공장에서 아연도금 강판을 요철 가공하여 현장에서 조립.설치하는 보형식의 동바리

2. 데크플레이트 시공순서

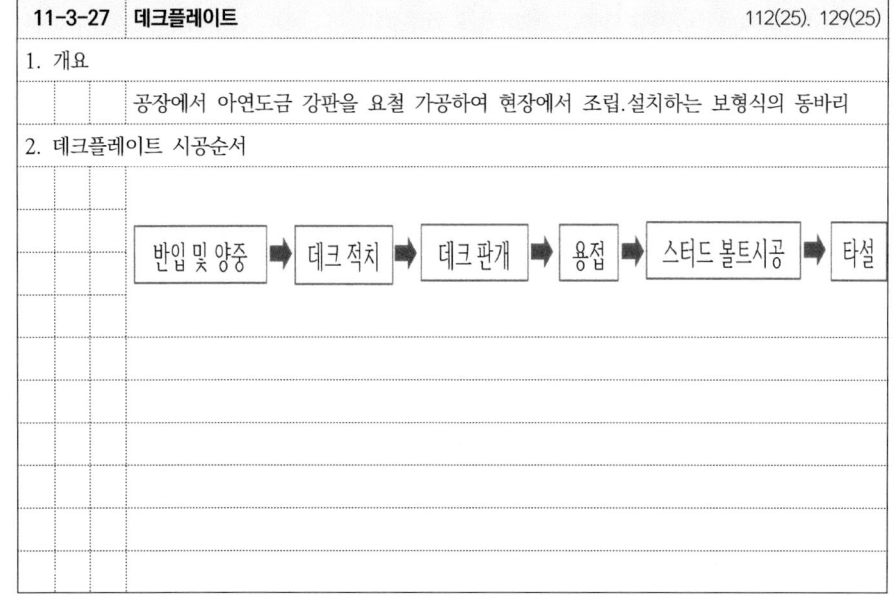

11-3-28 데크플레이트 설치 시 위험요인.안전대책 135(25), 120(25),125(25),112(25),129(25),118(25)

1. 데크플레이트 설치 작업 시 주요 위험요인

   ① 인양작업 시 로프파단으로 부재낙하로 맞음
   ② 데크플레이트지지 미흡으로 인한 이동 중 떨어짐
   ③ 데크플레이트 걸침길이 미확보로 인한 타설 시 무너짐
   ④ 집중타설로 인한 무너짐
   ⑤ 철골부재상에 과다 적재로 인한 무너짐

2. 데크플레이트 설치 작업 시 안전대책

   ① 작업전 로프점검 및 낙하위험구역 출입통제 조치
   ② 깔기 작업 후 용접 실시 및 안전대부착설비 설치
   ③ 양단 걸침길이 확보 및 앵글 등 보강조치
   ④ 과타설 방지 및 분산타설
   ⑤ 과다적재 금지조치

| 11-3-29 | 데크플레이트 걸침걸이 | 118(25) |

1. 개요

처짐 및 붕괴재해 예방을 위해 데크플레이트 지점간격이 3.6m 이내일 경우

2. 최소걸침걸이(KOSHA C - 65 - 2012)

① 주근 방향 50mm 이상

② 폭 방향 50mm 이상(아크 용접 시 30mm 이상)

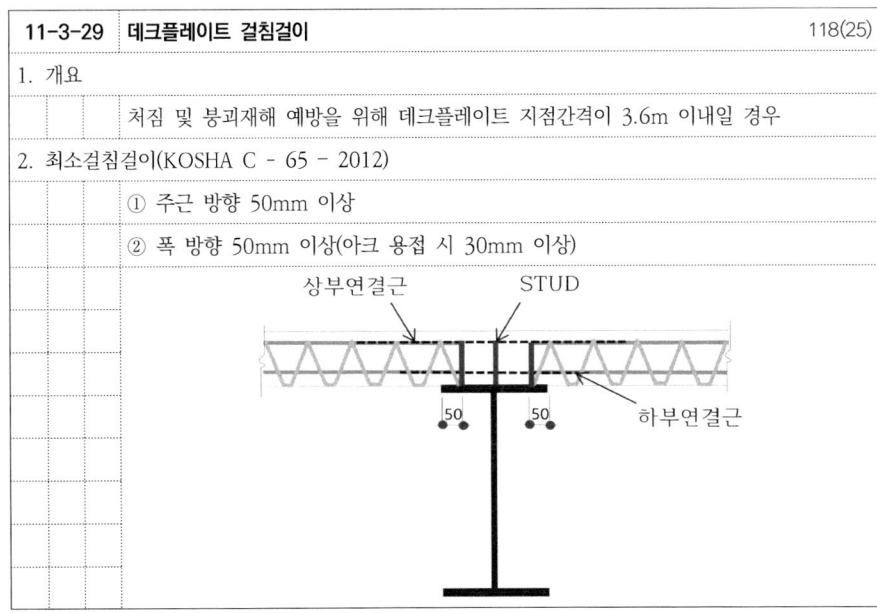

| 11-3-30 | 전단연결재(=Shear Connector) | 90(10), 100(10) |

1. 개요

합성보(콘크리트 슬래브 + 강재 보)의 연결부위에 응력변형 감쇠시키기 위해 설치

2. Shear Connector의 효과

① 합성보의 일체성 확보

② 접합부 강성확보(슬라브 들뜸방지)

③ 피로하중 감소

④ 전단력 저항

3. Shear Connector의 시공방법 및 검사

① 데크플레이트 설치 후 현장 용접

② 최소간격 : 6d

③ 최대간격 : 슬라브 두께의 8배

④ 수직도 유지

⑤ 불합격 5-10cm 인접부 재시공

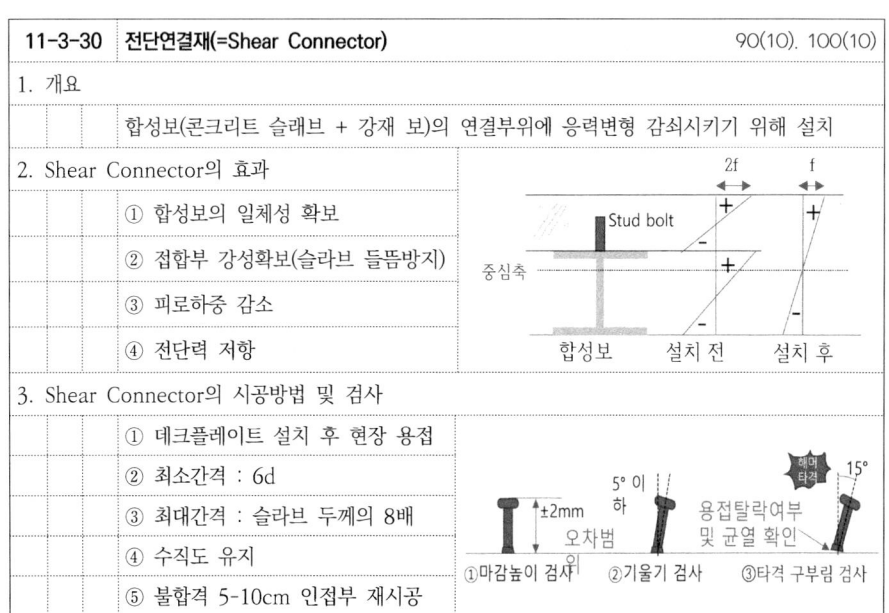

| 11-3-31 | 철골 내화피복 | 110(25), 123(10) |

1. 개요

화재에 취약한 철골을 내화성능을 갖는 재료로 피복

2. 내화피복공법의 종류

① 습식공법 : 타설, 조적, 미장, 뿜칠공법

② 건식공법

③ 합성공법

④ 도장공법

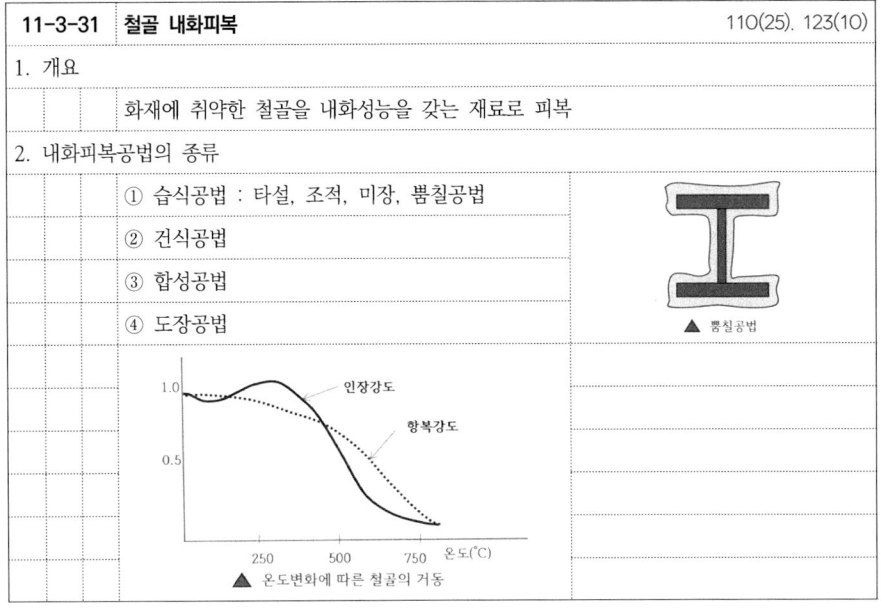

▲ 뿜칠공법

▲ 온도변화에 따른 철골의 거동

| 11-3-32 | 내화 및 도장작업 시 주요 위험요인 및 안전대책 |

1. 내화 및 도장작업 시 주요 위험요인

① 뿜칠호스 등 자재 운반 중 개구부로 떨어짐

② 고소작업대 안전작업 미준수로 인한 끼임

③ 고소작업대 안전난간 미설치로 인한 떨어짐

2. 내화 및 도장작업 시 안전대책

① 자재 운반 중 개구부 떨어짐 방지조치

② 고소작업대 과상승방지 장치 설치

③ 고소작업대 안전난간 설치

11-3-33 내화뿜칠 측정방법 및 판정기준 110(25)

1. 내화뿜칠 측정방법
   ① 시공 시
   - 핀을 이용하여 시공면적 5㎡당 1개소 확인
   ② 시공 후
   - 코어채취
   - 측정빈도 : 1500㎡ 마다 부위별 1회, 1500㎡ 미만 2회이상

2. 내화뿜칠 판정기준

불합격 판정	조치
① 측정된 값이 설계값보다 25% 이하	① 피복두께 부족시 뿜칠 추가 시공
② 측정된 값이 설계값보다 6mm 미만	② 두께 및 표면상태 불량시 재시공
③ 측정된 평균값이 설계값 미만	

11	철골공사 기출문제
4. 재해방지 가설설비	
	- 104(25). 도심지 고층건물의 철골공사 시 안전대책과 필요한 재해 방지설비에 대하여 설명하시오.
	- 106(25). 철골공사 작업 시 안전시공절차 및 추락방지시설에 대하여 설명하시오

11-4-1	철골공사 중 재해방지를 위한 준수사항
1. 철골공사 중 재해방지를 위한 준수사항	
	① 용도, 사용장소 및 조건에 따라 재해방지설비 설치
	② 고속작업에 따른 추락방지용 방망 설치
	③ 구명줄의 마닐라 로우프 16mm이상 설치하여 1인 1가닥의 사용
	④ 낙하 비래 및 비산방지 설비는 지상층의 철골 건립 개시 전에 설치
	⑤ 외부 비계 불필요 공법 시에도 낙하비래 및 비산방지설비를 철골보 이용하여 설치
	⑥ 화기 사용 시 불연재료의 울타리 설치, 석면포로 주위 덮은 등의 조치
	⑦ 철골 내부 낙하비래방지시설을 설치 시 3층 간격마다 수평으로 철망을 설치
	⑧ 기둥 제작 시 16mm 철근 이용 승강용 트랩 설치, 안전대 부착설비 겸용

11-4-2	철골공사 시 재해방지 설비	104(25), 106(25), 136(25)
1. 철골공사 시 재해방지 설비 (철골공사 표준안전작업지침)		
	1) 추락방지	
		① 비계, 달비계, 수평통로, 안전난간대 등 작업대
		② 추락방지용 방망
		③ 난간, 울타리
		④ 안전대부착설비, 안전대, 구명줄
	2) 비래,낙하 및 비산방지	
		① 방호철망, 방호울타리, 가설앵커설비
		② 석면포 등 불꽃의 비산방지

MEMO

26년 대비
건설안전기술사 핵심개념 총정리

건설안전기술사 핵심개념 총정리

제 12 장

초고층공사

제 12 장 초고층공사

12	초고층공사
	1. 총칙
	2. 커튼월
	3. 초고층 가설구조물 및 양중장비의 안전관리(CPB,타워크레인)
	4. 안전관리

12	초고층공사 기출문제
1. 총칙	
	- 106(25). 사용중인 초고층 빌딩에서 발생될 수 있는 재해요인과 방지대책에 대하여 설명하시오
	- 111(25). 초고층 건축물의 특징, 재해발생 요인 및 특성, 공정단계별 안전관리사항에 대하여 설명하시오.
	- 114(25). 고층 건축물의 재해 유형별 사고 원인 및 방지대책에 대하여 설명

12-1-1 초고층 건축물　　　　　　111(25)

1. 개요
   - 층수가 50층 이상 또는 높이가 200미터 이상인 건축물
2. 초고층 건축물공사의 특징
   - ① 풍속 영향의 가설재 설치 및 자재 보관 등에 있어 특별관리가 필요
   - ② 높이 증가에 따라 상승식 자재의 온도변화에 따른 수축 고려
   - ③ 고소작업으로 인한 고속양중장비 설치 요구
   - ④ 콘크리트를 압송하기 위한 고성능 압출장비의 운용 요구
   - ⑤ 자중에 의한 하부 구조물 압축변위 고려
   - ⑥ 고소작업 및 개구부가 증가되어 위험요소 증가
   - ⑦ 동일 수직선상에 동시작업으로 인한 안전시설 요구
   - ⑧ 많은 인원, 자재가 투입으로 협소한 작업공간의 효율적 공간운영 계획 요구

12-1-2 초고층 건설현장 재해발생 특성　　　　　　111(25)

1. 초고층 건설현장 재해발생 특성
   - ① 낙하물의 피해범위와 강도 크다
   - ① 협소한 작업공간에서 많은 장비들의 운영으로 충돌, 전도 위험성 높음
   - ② 각종 대형, 고압 기계장비의 붕괴 시 중대사고 발생 가능성 높음
   - ③ 콘크리트 양생부족으로 인한 붕괴 가능성 높음
   - ④ 화재 시 피난 곤란

12-1-3 초고층 건축물 공사의 안전관리 요구사항   111(25)

1. 초고층 건축물 공사의 안전관리 요구사항

특성	안전관리	비고
① 부재의 축소	취성파괴 품질관리	고강도콘크리트, 철골, SRC
② 풍속의 영향	가시설 구조안전성 검토	ACS
③ 인양장비	고도에 따른 설치	T/C, 리프트
④ 콘크리트 타설	압송력 증가에 따른 배관설치	CPB
⑤ 안전시설	고소, 풍속 등 안전시설계획	낙하물방지망, 추락방지망
⑥ 화재	대피경로, 대피장소, 소화시설	

12-1-4 코어월 선행공법의 특징

1. 개요

   ACS폼, Slip폼 등을 사용하여 코어부 RC공사를 철골공사보다 먼저 시공하는 공법

2. 코어월 선행공법의 특징

   ① 거푸집 전용횟수 증가

   ② 양중장비 필요없음

   ③ 하부 후속 작업자를 위한 낙하.비래 등 방지조치 요구

   ④ 코어월 선행으로 추락위험이 높음

   ⑤ 연결부위 시공정밀도 요구

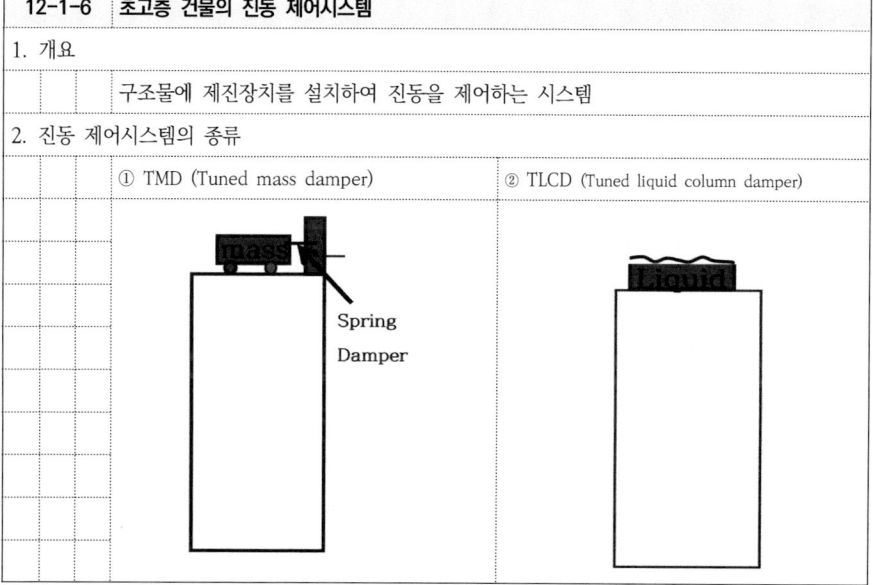

▲ 코어월 선행공법 구조

12-1-5 횡력의 제어시스템

1. 개요

   초고층 건축물의 풍하중 및 지진 등으로 인한 횡변위를 제어하기 위해 횡강성을 증대시킨 시스템

2. 횡력의 제어시스템의 종류

   ① 아웃리거(Outrigger) : 코어월과 외주부 기둥을 연결하는 트러스 보

   ② 벨트 트러스(Belt Truss) : 외주부 기둥들을 연결하여 주는 트러스 보

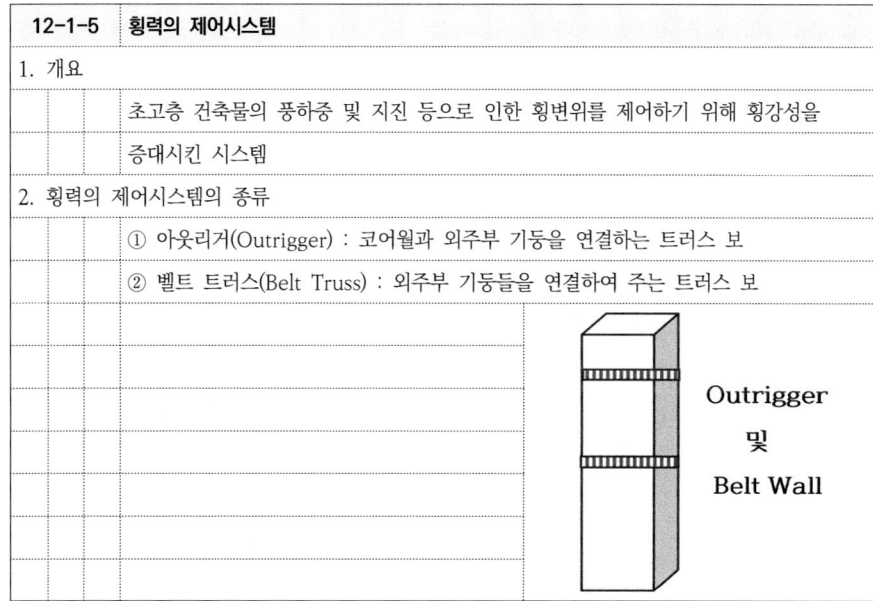

Outrigger 및 Belt Wall

12-1-6 초고층 건물의 진동 제어시스템

1. 개요

   구조물에 제진장치를 설치하여 진동을 제어하는 시스템

2. 진동 제어시스템의 종류

   ① TMD (Tuned mass damper)

   ② TLCD (Tuned liquid column damper)

12	초고층공사 기출문제
2. 커튼월	
	1) 요구성능
	- 117(10). 커튼월(Curtain Wall) 구조의 요구성능과 시험방법
	- 113(25). 건축물에 설치된 대형 유리에 대한 열 파손 및 깨짐 현상과 방지대책에 대하여 설명하시오.
	- 119(25). 창호와 유리의 요구성능을 각각 설명하고, 유리가 열에 의한 깨짐 현상의 원인과 방지대책에 대하여 설명하시오.
	- 104(10). 유리 열파손

12	초고층공사 기출문제
2. 커튼월	
	2) 기둥축소 현상
	- 108(10). 철골기둥 부동축소 현상(Column Shortening)
	- 113(25). 초고층 건축공사 현장에서 기둥축소(Column Shortening) 현상의 발생 원인과 문제점 및 예방대책에 대하여 설명하시오.
	- 107(10). 콘크리트의 크리프(Creep) 파괴

12-2-1	커튼월의 분류
1. 개요	
	공장생산 부재로 건물골조에 고정철물(패스너)을 사용, 부착시킨 비내력 외부벽체
2. 커튼월의 분류	
	1) 재료에 의한 분류
	① 금속커튼월
	② PC(Precast concrete curtain wall)커튼월
	2) 구조방식에 의한 분류
	① Mullion 방식
	② Panel 방식
	3) 조립방법에 의한 분류
	① Stick wall Method
	② Unit Wall Method
	③ Window Wall Method

12-2-2	커튼월 구조방식에 의한 분류
1. 커튼월 구조방식에 의한 분류	

① 멀리온 방식	② 패널 방식
- 수직부재 구조체에 구축하고 패널 설치	- 벽유닛을 하나의 패널로 제작
- 간단한 양중장비로 설치가 가능	- 대형화 될수록 설치 효율의 저하

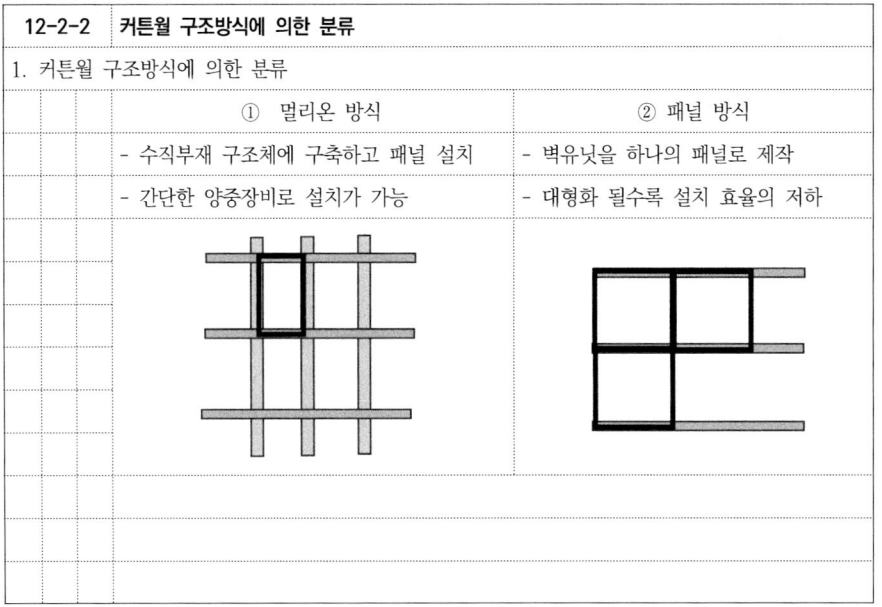

12-2-3 커튼월 조립방식에 의한 분류

1. 커튼월 조립방식에 의한 분류
   1) Unit Wall
      - 구성부재 전부 공장 제작 후 현장에서 설치하는 방식
      - 운반.취급 곤란, 시공오차 흡수 곤란
   2) Stick Wall
      - 구성부재를 현장에서 조립하여 창틀이 구성되는 방식
      - 운반. 취급 용이, 현장시공으로 하자 발생 우려
   3) Window Wall
      - 창호 주변이 패널로 구성되어 창호의 구조가 패널 트러스에 연결
      - 부분적 보수 용이, 복잡 부위의 설계 곤란

12-2-4 금속 커튼월의 설치 시 안전조치 사항

1. 금속 커튼월의 설치 시 안전조치 사항 (KOSHA C - 55 - 2015)
   ① 설치 전 위험성평가를 실시
   ② 양중방법 및 작업반 구성 등의 안전작업계획서 작성
   ③ 커튼월 낙하사고 예방을 위한 콘크리트 설계압축강도 이상일 때 실시
   ④ 40cm이상의 작업발판 설치
   ⑤ 고령자 고소작업 배치 제한
   ⑥ 구조물 먹메김 시 돌출물 사전 확인
   ⑦ 크레인 전담 신호수 배치 및 양중용 로프이상 유무 점검
   ⑧ 공구 낙하방지를 위한 공구함 사용

12-2-5 커튼월 요구성능 및 성능시험   117(10), 119(25)

1. 커튼월 요구성능
   ① 구조상 - 내구성, 내풍압성, 내진성, 기밀성, 수밀성
   ② 기능상 - 단열, 채광, 내화, 차음, 결로 등
   ③ 의장상 - 외관미, 외부 환경성
2. 커튼월 성능시험
   ① 풍동시험
   ② mock up test - 실물대 모형
   ③ field test - 기밀, 수밀성능 확인

12-2-6 풍동실험

1. 개요
   외장 System에 가장 많은 영향을 미치는 풍하중에 대한 평가하여 설계 반영
2. 시험방법
   공사 부지 주변의 상황과 건축물의 형상을 축소하여 풍동 내에 설치하여
   과거 100년간의 최대풍속을 가하여 시험
3. 풍동실험의 종류
   ① 외벽 풍압시험
   ② 구조 하중시험 및 고주파 응력시험
   ③ 보행자 풍압영향시험 및 빌딩풍시험

12-2-7	Mock-up test
1. 개요	
	풍동시험을 근거로 설계한 실물모형을 공사 예정지에서 커튼월의 변위측정 등을 공사 전에 최악의 외기 조건하에서 시험하는 것
2. Mock-up test의 종류	
	① 기밀시험 : 통기량(한시간 동안 통과한 공기의 양)
	② 수밀시험 : 빗물 누수여부 확인(빗물이 실내로 들어오지 않는 한계 풍압)
	③ 단열시험 : 열에너지(열관류율, 열전도율)
	④ 구조시험 : 풍압력에 유리파손 여부(강한 바람에 버틸수 있는 최대풍압)
	⑤ 층간변위시험 : 좌우변위, 상하변위

12-2-8	Field Test (현장시험)
1. 개요	
	건축물의 외장 커튼월을 설치한 후 설치된 외벽에 대해 시방서에 명시된 요구조건을 충족하는지를 확인하기 위한 시험
2. 시험의 종류	
	① 기밀성능 시험
	② 수밀성능 시험
	③ 동압하에서 수밀성능 시험
	④ 영구 밀폐성 시험

12-2-9	column shortening (기둥축소 현상)	113(25)
1. 개요		
	건물 자중에 의한 구조체의 구조수축 누적현상	
2. 기둥축소의 발생원인		
	1) 철골	
	- 탄성 축소량 : 하중, 탄성계수	
	2) 코어월	
	① 탄성 축소량 : 하중, 탄성계수	
	② 크리프 축소량 : 크리프계수, 하중, 가력시점, 상대습도	
	③ 건조수축 축소량 : 극한건조수축 변형도, 경과시간, 상대습도, 철근비	

12-2-10	부등축소 (Differential Column Shortening)	108(10)
1. 개요		
	내부 코아전단벽과 외부기둥의 축소량 차이	
2. 부등축소에 의한 영향		
	① 슬래브, 보 처짐 부가응력발생	
	② 슬래브 기울어짐에 파티션의 손상	
	③ 아웃리거 부가모멘트 과도발생	
	④ 커튼월 비틀림의 탈락	
3. 부등축소의 발생원인		
	① 내외부 온도차	
	② 기둥 구조 상이	
	③ 내,외부 기둥의 하중차	
	④ 합성구조 기둥	

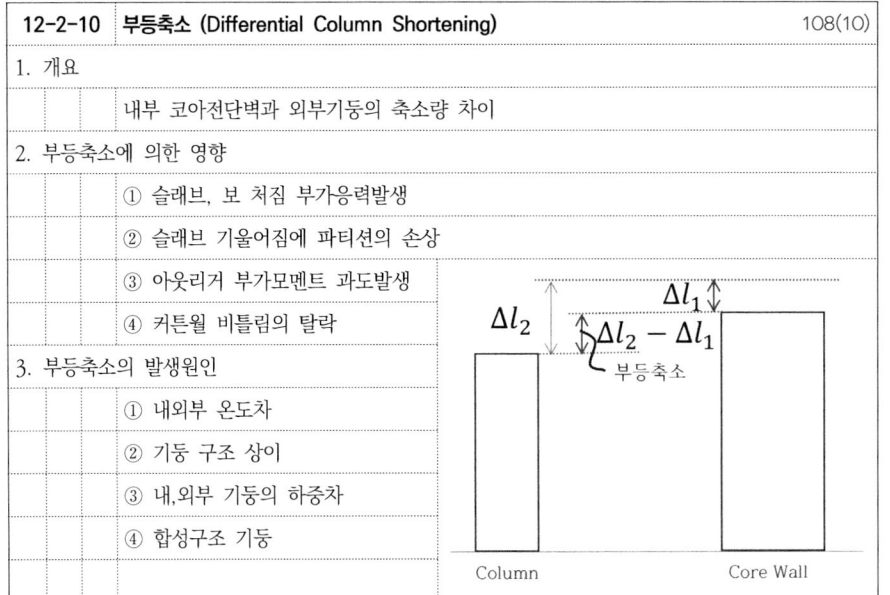

12-2-11 creep 107(10)

1. 개요
일정한 크기 하중이 지속될 때 하중의 증가 없어도 시간이 경과함에 따라 콘크리트 변형이 증가하는 현상

2. 크리프 변형

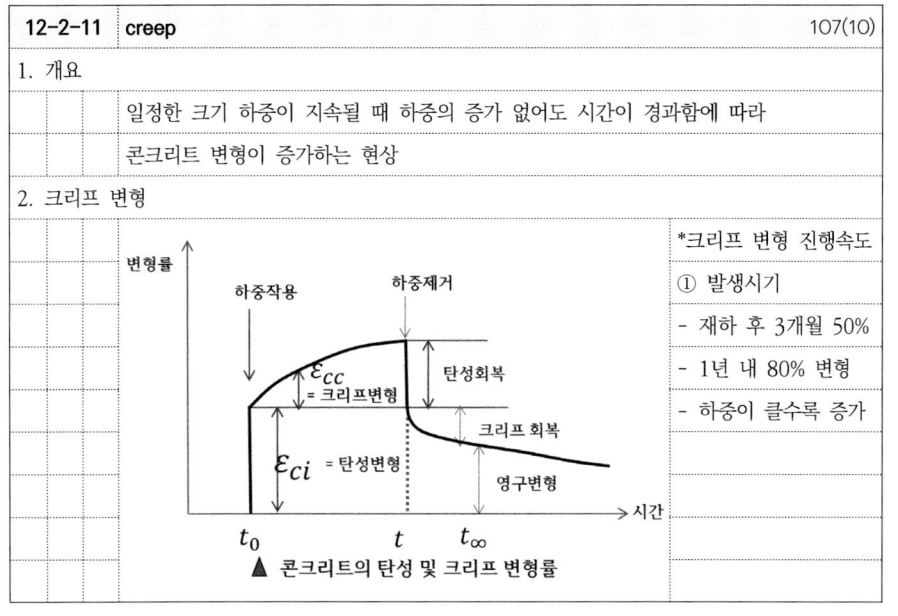

▲ 콘크리트의 탄성 및 크리프 변형률

*크리프 변형 진행속도

① 발생시기
- 재하 후 3개월 50%
- 1년 내 80% 변형
- 하중이 클수록 증가

12	초고층공사 기출문제
3. 초고층 가설구조물 및 양중장비의 안전관리(CPB,타워크레인)	
	1) 가설구조물
	- 115(25). 초고층 빌딩의 수직거푸집 작업 중 발생할 수 있는 재해유형별 원인과 설치 및 사용시 안전대책에 대하여 설명하시오.
	- 116(25). ACS(Automatic Climbing System)폼의 특징 및 시공시의 안전조치와 주의사항에 대하여 설명하시오.
	- 92(10). 슬립폼(Slip form)과 슬라이딩폼(Sliding form)

12	초고층공사 기출문제
3. 초고층 가설구조물 및 양중장비의 안전관리(CPB,타워크레인)	
	2) 양중장비
	- 110(25). 초고층 건축물의 양중계획 시 고려사항과 자재 양중 시의 안전대책에 대하여 설명하시오.
	- 116(25). 도심지 초고층 현장에서 콘크리트 배합 및 배관 시 고려사항과 타설 시 안전대책에 대하여 설명하시오.
	- 121(10). CPB(Concrete Placing Boom)의 설치방식

12-3-1	초고층 건축물의 가설구조물 구조검토대상
1. 초고층 건축물의 가설구조물 구조검토대상	
	① ACS Form의 앵커의 허용인장과 압축강도
	② ACS Form의 매입 콘크리트 강도
	③ 타워크레인 및 리프트의 기초 구조검토
	④ 타워크레인의 상승 Bracket에 대한 구조검토
	⑤ 타워크레인 및 CPB가 본구조물에 미치는 영향검토
	⑥ CPB의 Bracket에 대한 구조검토
	⑦ CPB의 앵커 검토

12-3-2	ACS Form	116(25)
1. 개요		
	양중장비 없이 자체 유압시스템으로 상승하면서 콘크리트를 타설할수 있는 시스템	
2. ACS Form 구조		

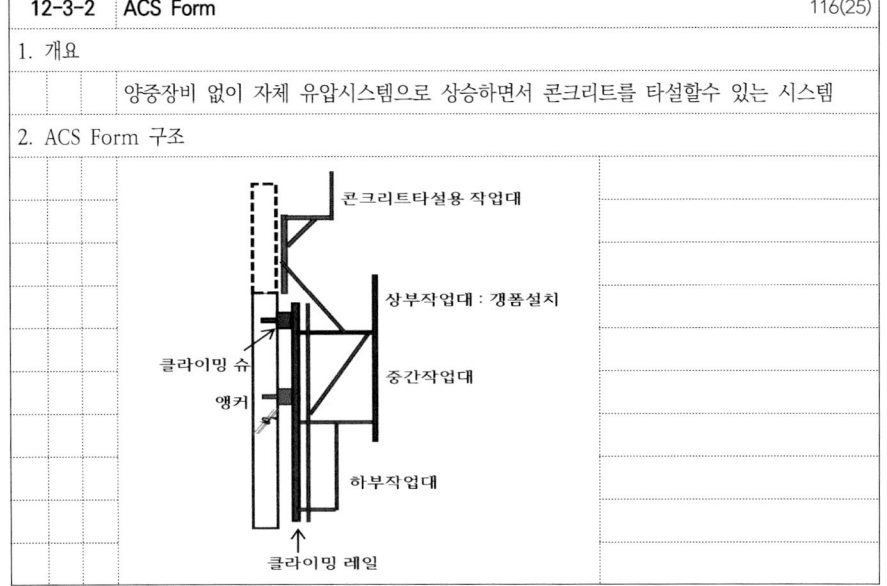

12-3-3 ACS Form 설치 및 상승작업 시 안전조치 사항 116(25)

1. ACS Form 설치 및 상승작업 시 안전조치 사항 (KOSHA C - 1 - 2011)
   ① 구조검토 실시
   ② 거푸집 상승작업 절차 준수(인양속도, 1회 인양길이 등)
   ③ 작업대에 허용적재하중 표지판 설치 및 과적재 금지
   ④ 작업대 발끝막이판 설치
   ⑤ 발화물질 적재 및 화기 사용 금지
   ⑥ 상승작업 전 클라이밍 슈와 앵커 설치 상태 점검
   ⑦ 유압펌프 이상유무 확인
   ⑧ 콘크리트 양생강도 확인 후 상승
   ⑨ 상승 작업시 지상층 작업자 이동 통제
   ⑩ 강풍발생 시 인양작업 중지

12-3-4 초고층 건물에서의 CPB

1. 개요
   콘크리트 타설 단부에서 콘크리트 압송관을 지지하고 선회가 가능하여 작업반경
   내에 대량 및 정밀 타설이 가능토록 제작된 설비
2. 초고층 건물에서의 CPB의 특징
   ① 붐에 미치는 충격하중 최소화가능
   ② 높은 수직부분까지 타설가능
   ③ 정밀한 타설 가능
   ④ 배관작업이 불가능한 곳에 설치
   ⑤ 적정한 토출량 유지
   ⑥ 기계화로 타설 간편화

12-3-5 초고층 건물에서의 CPB 설치방법의 종류 121(10)

1. 초고층 건물에서의 CPB 설치방법의 종류

Core Wall 내부 Type	Slab Open Type	Core Wall 외부 Type	Climbing System Type
코어월	Slab	코어월	ACS
ACS 이용하여 설치	슬래브, 벽체 동시 타설에 적용 유리	설치.해체시 위험성 큼	ACS 내부에 설치하여 동시 상승

12-3-6 CPB의 설치 및 상승작업 시 안전조치 사항

1. CPB의 설치 및 상승작업 시 안전조치 사항 (KOSHA)
   ① 구조검토 실시
   ② CPB 상승작업 절차 준수(상승속도, 1회 상승길이 등)
   ③ 콘크리트 양생강도 확인 후 상승
   ④ 상승 후 관리감독자 붐 회전반경 내 타공정 및 장비와의 간섭유무 등 점검
   ⑤ 정기적 압송배관 설치 상태 점검
   ⑥ 강풍 발생 시 지지점 이상유무 확인하고 붕괴에 대한 안전성 확보
   ⑦ 악천후 지난 후 이상유무 확인 후 작업재개
   ⑧ CPB와 펌프 운전자 간의 신호체계 확인

12-3-7 초고층 건물에서의 타워크레인 설치 방법에 따른 분류

1. 타워크레인 설치 방법에 따른 분류
    1) 내부 상승 방식
        ① 코어 지지형
        ② 슬래브 지지형
        ③ 혼합형
    2) 외부 상승 방식
        ① 고정형
        ② 건물 외벽 상승형

12-3-8 타워크레인 설치 방법에 따른 특징

1. 타워크레인 설치 방법에 따른 특징
    1) 외부 고정방식
        ① 높이가 높을수록 마스트의 수 증가
        ② 자중 증가로 높이 제한
        ③ 마스트 상승 작업 용이
    2) 외부 상승방식(내부 코어지지형)
        ① Bracket 이동 및 설치에 따른 작업 장시간 소요
        ② 브라켓 설치 및 해체시 위험성이 높음
        ③ 코어월이 T/C 하중 부담
    3) 내부 상승방식
        ① 추가 마스트 필요없음
        ② 타공정 작업간에 간섭이 적음

12-3-9 양중장비(T/C, 리프트)의 설치 및 상승작업 시 안전조치 사항

1. 양중장비(T/C, 리프트)의 설치 및 상승작업 시 안전조치 사항 (KOSHA C – 79 – 2015)
    ① 구조검토 실시
    ② 설치.해체 작업방법 준수(자립고 및 벽체지지 방법등)
    ③ T/C 장비 간의 충돌방지센서를 부착
    ④ 관련법에서 정한 검사 실시

12	초고층공사 기출문제
4. 안전관리	
1)	낙하위험
	- 103(25). 초고층건물에서 거푸집낙하의 잠재위험요인 및 사고방지대책 설명
2)	초고층 화재
	- 103(25). 초고층아파트에서 화재 시 잠재적 대피방해요인을 쓰고, 일반적인 대피방법에 대하여 설명하시오.
	- 110(25). 고층 건축물의 피난안전구역의 개념과 피난안전구역의 건축 및 소방시설 설치기준에대하여 설명하시오.

12-4-1 초고층 건축물 공사 단계별 최소 낙하위험범위

1. 초고층 건축물 공사 단계별 최소 낙하위험범위 (KOSHA C - 79 - 2015)

건축물 높이 h	낙하위험 반경	최소 낙하위험 반경
h ≤ 100m	h/5	12.5m
100m < h ≤ 150m	h/6	20m
150m < h ≤ 200m	h/7	25m
200m < h	h/8	30m

12-4-2 초고층 건물 공사에서의 안전시설의 설치 시 준수사항

1. 초고층 건물에서의 안전시설의 설치 시 준수사항 (KOSHA C - 79 - 2015)
   ① 낙하물방지망, 추락방지망 등 안전시설물은 충격하중 등에 충분히 견딜 수 있는 지지점 강도를 발현하는 개소에 설치
   ② 작업발판의 끝에는 발끝막이판을 설치
   ③ 낙하물방지망은 첫 단만 설치하고 바람의 영향을 고려하여 수직보호망을 설치
   ④ 낙하방지·방호시설은 반드시 화재예방을 위해 난연재를 사용
   ⑤ 피난안전구역 및 피난유도시설은 식별이 용이하도록 안내표지판 설치 등의 조치

12-4-3 초고층 피난안전시설

1. 초고층 피난안전시설
   ① 옥상 광장
   ② 피난용 승강기
   ③ 피난안전구역 : 비상조명등 방재시설 구비
   ④ 방화구획 : 내화구조의 바닥, 벽 및 방화문, 방화셔터가 있는 공간
   ⑤ 특별피난계단
   ⑥ 피난층 : 곧바로 지상으로 갈수 있는 출입구가 있는 층

12-4-4	초고층 건축물 공사 피난 안전구역 설치 대상 및 구비설비	110(25)
1. 개요		
	피난층 또는 지상으로 통하는 직통계단과 직접연결되는, 건축물의 피난·안전을 위하여 건축물 중간층에 설치하는 대피공간	
2. 피난안전구역 설치대상		
	피난안전구역 → 30개층 이내 1개소 (초고층: 50층 이상 / 200m 이상) 층수의 1/2 상하 5개층 이내에 1개소 설치 (준초고층: 30층 - 49층)	
3. 구비설비		
	① 방독면	② 화재종합방재실과의 통신설비
	③ 소화설비	④ 배연설비(외부 마감이 완료되어 구획이 된 경우에 한함)
	⑤ 자동제세동기 등 심폐소생술을 할 수 있는 응급장비	

12-4-5	초고층 건축물 공사에서의 소방시설	110(25)
1. 초고층 건축물 공사에서의 소방시설의 설치 시 준수사항		
	① 화재종합방재실 : 피난층에 설치	
	② 피난안전구역 : 구비설비의 정기적 작동 이상유무 점검	
	③ 소화기구 : 정기적 점검	
	④ 소화기는 바닥면적 33제곱미터 이상으로 구획된 실은 하나 이상을 설치	
	⑤ 비상경보설비 또는 비상방송설비를 설치	
	⑥ ACS폼에는 소화전 설치	
	⑦ 소화기구 사용법 및 화재시 대응방법 기록하여 부착	
	⑧ 각 작업장은 피난구 유도표지	

12-4-6	초고층 건축물 공사에서의 화재예방 준수사항
1. 초고층 건축물 공사에서의 화재예방 준수사항 (KOSHA C - 91 - 2015)	
	① 화기작업 허가서를 작성
	② 위험물질저장 장소 인근 화기사용금지 경고표지판 설치
	③ 화재위험작업 시 화재감시자 지정
	④ 용접 불티비산 방지조치
	⑤ 분전반에는 누전차단기를 설치하는 등 누전으로 인한 화재 방지
	⑥ 화재 관련 교육 또는 훈련을 매 3개월 마다 1회 이상 실시
	⑦ 화기를 사용하는 장소에는 소화기를 설치
	⑧ 전기용품은 과부하가 발생되지 않도록 사용관리

12-4-7	연돌효과 (Stack effect)
1. 개요	
	고층건물의 내.외부 압력차이로 최하층에서 최상층으로 강한 기류 형성
2. 연돌효과	

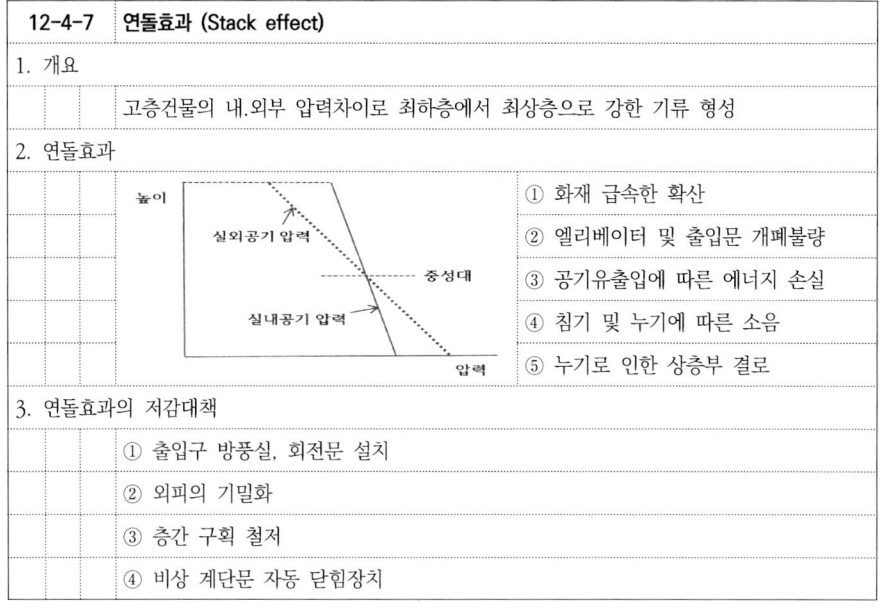

	① 화재 급속한 확산
	② 엘리베이터 및 출입문 개폐불량
	③ 공기유출에 따른 에너지 손실
	④ 침기 및 누기에 따른 소음
	⑤ 누기로 인한 상층부 결로

3. 연돌효과의 저감대책
① 출입구 방풍실, 회전문 설치
② 외피의 기밀화
③ 층간 구획 철저
④ 비상 계단문 자동 닫힘장치

MEMO

26년 대비
건설안전기술사 핵심개념 총정리

건설안전기술사 핵심개념 총정리

제 13 장

해체공사

제13장 해체공사

13	철거.해체공사
	1. 총칙
	2. 해체공법의 종류 및 특징
	3. 해체공사 전 확인
	4. 해체공사 안전시공
	5. 해체작업에 따른 공해방지

13	철거.해체공사 기출문제
1. 총칙	
	- 134(10). 건축물 해체의 신고 및 허가 절차
	- 111(25). 10층 이상 건축물의 해체 등 건설기술진흥법상 안전관리계획 의무대상 건설공사를 열거하고, 해체공사계획의 주요 내용을 설명하시오.

13	철거.해체공사 기출문제
2. 해체공법의 종류 및 특징	
	- 94(10). 구조물의 해체공법
	- 116(10). 해체공법 중 절단공법
	- 123(25). 구조물의 해체공사를 위한 공법의 종류 및 작업상의 안전대책 설명
	- 109(25). 도심지 재개발 건축현장의 건축 구조물을 해체하고자 한다. 해체공법의 종류별 특징과 공법선정 시 고려사항 및 안전대책 기술하시오.
	- 115(25). 주민이 거주하고 있는 협소한 아파트 단지 내에서 높고 세장한 철근콘크리트 굴뚝을 철거할 때, 적용 가능한 기계식 해체공법 및 안전대책 설명
	- 116(25). 도심지에서 지하 3층, 지상 12층 규모의 노후화된 건물을 철거하려고 한다. 현장에 적합한 해체공법을 나열하고 해체작업 시 발생될 수 있는 문제점과 안전대책에 대하여 설명하시오.

13	철거.해체공사 기출문제
3. 해체공사 전 확인	
	- 124(25).128(25). 압쇄장비를 이용한 해체공사 시 사전검토사항과 해체 시공계획 서에 포함사항 및 해체시 안전관리사항에 대하여 설명하시오.
	- 125(25). 도심지 공사에서 구조물 해체 시 사전조사 사항과 안전사고 유형 및 안전관리방안에 대하여 설명하시오.
	- 126(25). 노후화된 구조물 해체공사 시 사전조사항목과 안전대책에 대하여 설명
	- 132(25). 건축물관리법 상 해체계획서 작성사항 및 해체공사 시 안전 유의사항에 대하여 설명하시오.
	- 133(25). 「해체공사 표준안전작업지침」상 해체공사 전 확인사항(부지상황 조사, 해체대상구조물조사) 및 해체작업계획 수립 시 준수사항에 대하여 설명

13	철거.해체공사 기출문제
4. 해체공사 안전시공	
	1) 안전시공 및 재해
	- 101(25). 대형브레이크와 화약발파공법을 병용 해체 시 작업순서와 안전유의사항
	- 120(25). 노후 건축물 해체·철거공사 시 발생한 붕괴사고 사례를 열거하고, 붕괴 사고발생원인및 예방대책에 대하여 설명하시오.
	- 122(25). 건축구조물 해체공사 시 발생할 수 있는 재해유형과 안전대책 설명
	- 129(25). 해체공사의 안전작업 일반사항과 공법별 안전작업수칙을 설명하시오
	2) 석면
	- 107(10). 석면의 조사대상기준 및 해체 작업시 준수사항
	- 101(25).113(25). 기존 건축구조물 철거공사에서 석면구조물과 설비 해체작업시 조사대상과 안전작업 기준에 대하여 설명하시오.
	- 102(25). 건축물이나 설비의 철거 해체시, 석면조사 대상 및 조사 방법, 석면 농도의 측정방법에 대하여 설명하시오.

13	철거.해체공사 기출문제
5. 해체작업에 따른 공해방지	
	112(25). 해체공사 시 사전조사 항목과 해체공법의 종류 및 건설공해 방지대책

13-1-1	해체공사 업무 절차

1. 해체공사 업무 절차

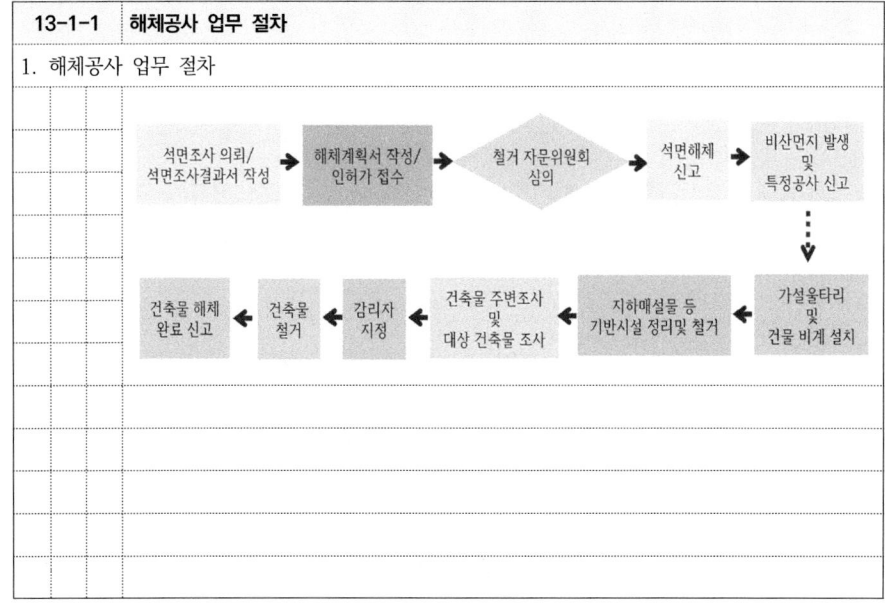

13-1-2	해체공사 관련법규

1. 해체공사 관련법규

	건설기술진흥법	건축물관리법	산업안전보건법
	안전관리계획서 수립	해체계획서 작성	석면 조사
	- 10층 이상인 리모델링 또는 해체공사	- 해체의 신고대상 및 해체의 허가대상	- 건축물, 설비 철거.해체 시

▶ 안전관리계획을 수립하면 해체계획서 제출한 것으로 간주

13-1-3 해체공사 안전관리

1. 해체공사 안전관리계획의 수립기준
   ① 구조물해체의 대상·공법 등의 개요 및 시공상세도면
   ② 해체순서, 안전시설 및 안전조치 등에 대한 계획

2. 해체공사 정기안전점검 실시시기

1차	2차
총공정 초·중기 단계	총공정 말기 단계

13-1-4 건축물 해체의 신고 및 허가 대상

1. 건축물 해체의 신고 및 허가 대상
   1) 신고 대상

일부해체	주요구조부 해체하지 않는 해체
전면해체	연면적 500㎡ 미만, 높이 12m 미만, 3개층 이하(지상+지상층)
그 밖의 해체	바닥면적 85㎡ 이내 증축, 개축, 재축
	연면적 200㎡ 미만 + 3층 미만 대수선
	12m 미만(관리지역 등)

   2) 허가 대상

   신고 대상 건축물 외

   ▶ 신고대상이더라도 버스정류장, 도시철도 역사 출입구, 횡단보도 등 지방자치단체의 조례로 정하는 시설이 있는 경우 허가 대상

13-1-5 건축물 해체 신고절차   134(10)

1. 건축물 해체 신고절차

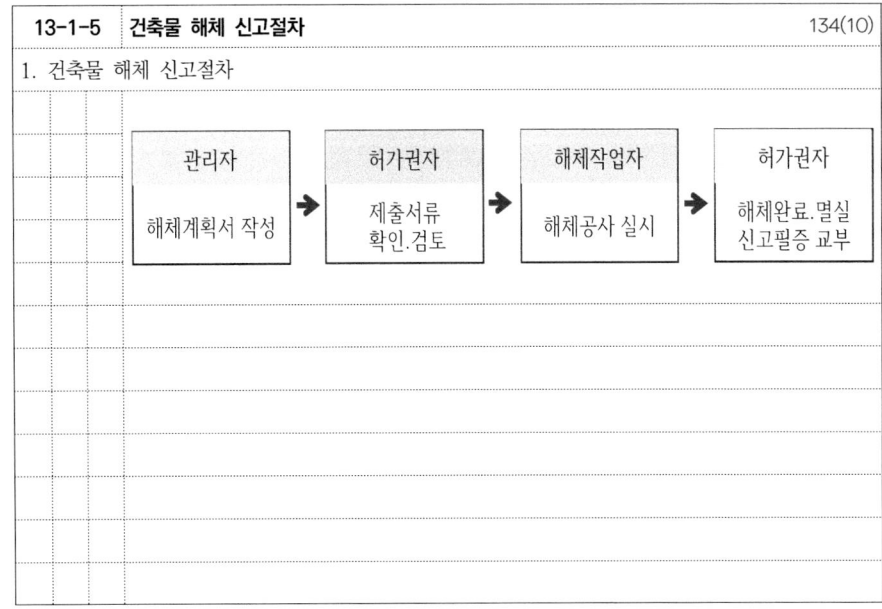

13-1-6 건축물 해체 허가절차   134(10)

1. 건축물 해체 허가절차

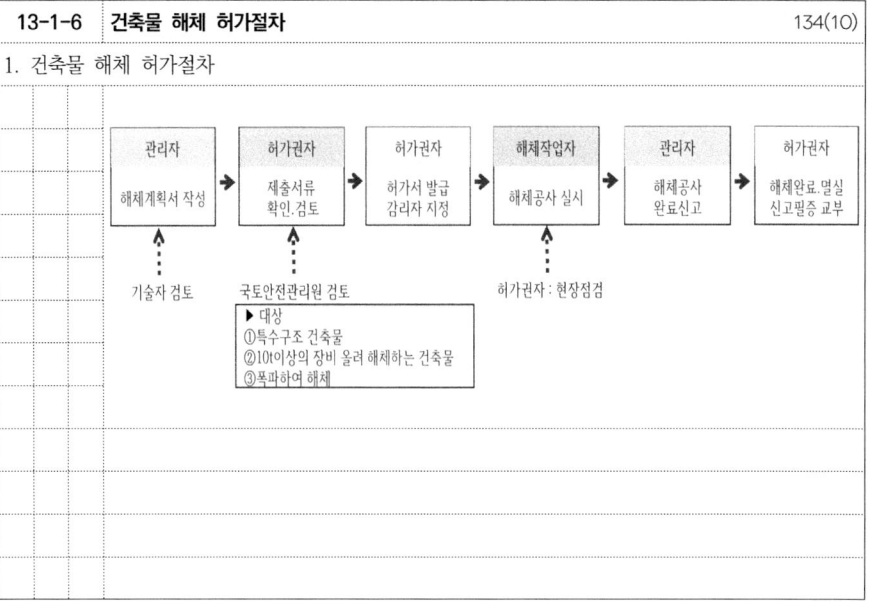

13-1-7 석면조사   107(10), 101(25), 102(25), 113(25), 117(25)

1. 개요
   건축물. 설비소유주는 철거.해체시 석면조사 한 후 그 결과 기록.보존

2. 석면조사의 종류
   ① 일반석면조사 : 석면함유 여부 및 함유자재 종류, 위치 및 면적
   ② 기관석면조사 : 일정 규모 이상 시 석면조사기관을 통하여 조사

3. 기관석면조사 실시 대상
   ① 건축물 연면적 $50m^2$이상 이면서 철거면적 $50m^2$이상
   ② 주택 연면적 $200m^2$이상이면서 철거면적 $200m^2$이상
   ③ 단열재/보온재 등 자재면적$15m^2$이상/부피$1m^3$이상의 설비 철거부분
   ④ 파이프길이의 합 $80m$이상이면서 보온재길이 합 $80m$이상

4. 기관석면조사 방법
   ① 예비조사(건축도면/자재이력 확인)
   ② 해체 자재의 성질별로 구분   ③ 자재의 성질별로 크기고려 시료채취

13-1-8 석면의 해체.제거

1. 석면해체. 제거업자를 통한 석면해체. 제거대상(석면함유 중량비율 1%이상)
   ① 벽체, 바닥재, 천장재 및 지붕재 등 자재 면적합 $50m^2$이상
   ② 분무재 또는 내화피복재
   ③ 단열재, 개스킷, 패킹재, 실링재 등 면적 합$15m^2$이상/부피$1m^3$이상
   ④ 파이프 보온재 길이 합 $80m$이상

2. 석면해체.제거업자의 준수사항
   ① 해체, 제거 작업 7일전 고용노동청에 신고
   ② 해체, 제거 시 작업기준 준수(산업안전보건기준에 관한 규칙)
   ③ 작업완료 후 작업장 공기 중 석면농도 측정(0.01개/cm^3이하)
   ④ 서류보존(30년간)

13-1-9 석면농도기준의 준수   102(25)

1. 개요
   석면해체.제거업자는 작업이 완료된 후 작업장 공기 중 석면농도를 기준이하가
   (0.01개/cm^3)되도록 하며, 증명자료 관할지방노동관서에 제출

2. 석면 농도측정자의 자격
   ① 석면조사기관 소속된 산업위생관리산업기사 또는 대기환경산업기사 이상
   ② 작업환경측정기관 소속된 산업위생관리산업기사 이상

3. 석면농도의 측정방법
   ① 작업장 내 청소 완료 후 건조한 상태
   ② 침전된 분진 비산
   ③ 지역 시료채취방법(멤브레인 여과지)

13-2-1 해체공법의 종류   109(25), 111(25), 112(25), 115(25), 116(25), 123(25)

1. 해체공법의 종류   KCS 41 85 01

   ① 기계력에 의한 공법
   - 브레이커(핸드, 대형), 절단기, 강구에 의한 공법, 다이아몬드 와이어소 공법
   ② 전도에 의한 공법
   ③ 유압력에 의한 공법
   - 유압식 확대기에 의한 공법, 잭에 의한 공법, 압쇄기에 의한 공법
   ④ 화약, 가스 폭발력에 의한 공법
   ⑤ 전기적 발열력에 의한 공법
   ⑥ 제트력에 의한 공법
   - 워터제트, 화염제트에 의한 공법 등

13-2-2 브레이커 공법

1. 개요

   굴착기에 브레이커를 장착하여 유압 압축력으로 타격

2. 특성

   ① 진동 심하여 슬라브 붕괴 주의
   ② 소음문제로 도심지 적용 곤란
   ③ 타공법 적용이 곤란한 지하구조물에 적용
   ④ 분진 심함

13-2-3 절단공법   116(10)

1. 개요

   절단톱, 와이어 쏘 사용, 절단 후 양중장비로 인양하여 지상에서 압쇄하는 공법

2. 특성

   ① 대형, 고층건축물 정밀해체에 적합
   ② 소음, 진동, 분진 등 환경적 영향 거의 없음
   ③ 예상치 못한 부재파괴나 전도에 주의
   ④ 작업효율 매우 우수

13-2-4 전도공법

1. 개요

   구조물의 일부 파쇄, 절단 후 전도모멘트를 이용하여 전도시켜 해체

2. 특징

   ① 굴뚝, 기둥 및 벽 등 수직부재 해체에 적용
   ② 전도위치와 파편 비산거리 예측하여 작업반경 설정 필요
   ③ 분진.소음 심함
   ④ 안전사고 위험성 높음

13-2-5	압쇄공법
1. 개요	
	굴착기에 압쇄기를 장착하여 상층에서 하층으로 파쇄.해체
2. 특성	
	① 소음.진동 다소 유리
	② 절단공법에 비해 분진 발생
	③ 지상에서 대형 굴착기 이용으로 안전성 우수
	④ 도심지에서 가장 많이 사용
	⑤ 작업효율 우수
	⑥ 살수작업자 재해발생 유의

13-2-6	발파공법
1. 개요	
	소량의 화약 이용 파괴, 불안정한 상태로 만들어 자체하중으로 붕괴유도
2. 특징	
	① 폭풍압, 순간 소음, 진동, 분진 발생
	② 구조적 안전성 유리
	③ 안전사고 발생 적음

13-2-7	해체작업용 기계기구
1. 해체작업용 기계기구(해체공사표준안전작업지침)	
	① 압쇄기 : 쇼벨에 설치하여 콘크리트에 압축력 가해 파쇄
	② 대형브레이커 : 쇼벨에 설치
	③ 핸드브레이커 : 압축공기, 유압의 급속한 충격력
	④ 철제해머 : 해머를 크레인에 부착 충격을 주어 파쇄
	⑤ 화약류
	⑥ 팽창제 : 광물의 수화반응에 의한 팽창압 이용하여 파쇄
	⑦ 절단톱
	⑧ 재키 : 부재 사이에 재키를 설치한 후 국소부에 압력을 가해 해체
	⑨ 쐐기타입기 : 구멍속에 쐐기를 박아 넣어 구멍을 확대하여 해체
	⑩ 화염방사기 : 구조체를 고온으로 용융시키면서 해체
	⑪ 절단톱 : 회전날 끝에 다이아몬드 입자를 혼합 경화하여 제조된 절단톱
	⑫ 절단줄톱 : 와이어에 다이아몬드 절삭날을 부착하여, 고속회전시켜 절단 해체

13-3-1 사전조사 및 작업계획서 작성   111(25),124(25),128(25)

1. 사전조사 및 작업계획서 작성 (산업안전보건 기준에 관한 규칙 별표4)
    1) 사전조사내용
        - 해체건물 등의 구조, 주변상황 등
    2) 작업계획서 내용
        ① 해체의 방법 및 해체 순서도면
        ② 가설설비, 방호설비, 환기설비 및 살수.방화설비 등의 방법
        ③ 사업장 내 연락방법
        ④ 해체물의 처분계획
        ⑤ 해체 작업용 기계.기구 등의 작업계획서
        ⑥ 해체작업용 화약류 등의 사용계획서
        ⑦ 그 밖에 안전.보건에 관련된 사항

13-3-2 해체 대상 구조물 조사 사항   112(25),126(25),124(25),128(25),133(25)

1. 해체 대상 구조물 조사 사항 (해체공사표준안전작업지침 제14조)
    ① 구조의 특성 및 생수, 층수, 건물높이 기준층 면적
    ② 평면 구성상태, 폭, 층고, 벽 등의 배치상태
    ③ 부재별 치수, 배근상태, 구조적으로 약한 부분
    ④ 해체시 전도의 우려의 내외장재
    ⑤ 설비기구, 전기배선, 배관설비 계통의 상세 확인
    ⑥ 구조물의 설립연도 및 사용목적
    ⑦ 구조물의 노후정도, 재해(화재, 동해 등) 유무
    ⑧ 증설, 개축, 보강 등의 구조변경 현황
    ⑨ 해체공법의 특성에 의한 비산각도, 낙하반경 등의 사전 확인
    ⑩ 진동, 소음, 분진의 예상치 측정 및 대책방법
    ⑪ 해체물의 집적 운반방법
    ⑫ 재이용, 이설을 요하는 부재현황

13-3-3 부지상황 조사 사항   112(25),124(25),128(25),126(25),133(25)

1. 부지상황 조사 사항 (해체공사표준안전작업지침 제15조)
    ① 부지내 공지유무, 해체용 기계설비위치, 발생재 처리장소
    ② 철거, 이설, 보호조치 공사 장애물 현황
    ③ 접속도로의 폭, 출입구 갯수 및 매설물의 종류
    ④ 인근 건물동수 및 거주자 현황
    ⑤ 도로 상황조사, 가공 고압선 유무
    ⑥ 차량대기 장소 유무 및 교통량(통행인 포함.)
    ⑦ 진동, 소음발생 영향권 조사

13-3-4 해체작업계획 수립 시 준수사항   133(25)

1. 해체작업계획 수립 시 준수사항 (해체공사표준안전작업지침 제16조)
    ① 작업구역내 관계자 외 출입통제
    ② 악천후 시 작업중지
    ③ 사용기계기구 인양, 내릴 때 그물망, 그물포대 사용
    ④ 전도작업 시 낙하위치 검토 및 파편 비산거리 예측하여 작업반경 설정
    ⑤ 다른 작업자의 대피상태 확인 후 전도작업 실시
    ⑥ 해체건물 외곽 방호용 비계 설치, 해체물의 전도, 낙하, 비산의 안전거리 유지
    ⑦ 방진벽, 비산차단벽, 분진억제 살수시설을 설치
    ⑧ 신호규정 준수, 신호방식 등 교육에 의해 숙지
    ⑨ 적정한 위치에 대피소 설치

| 13-3-5 | 건축물관리법에 따른 해체계획서 포함사항 | 132(25) |

1. 건축물관리법에 따른 해체계획서 포함사항

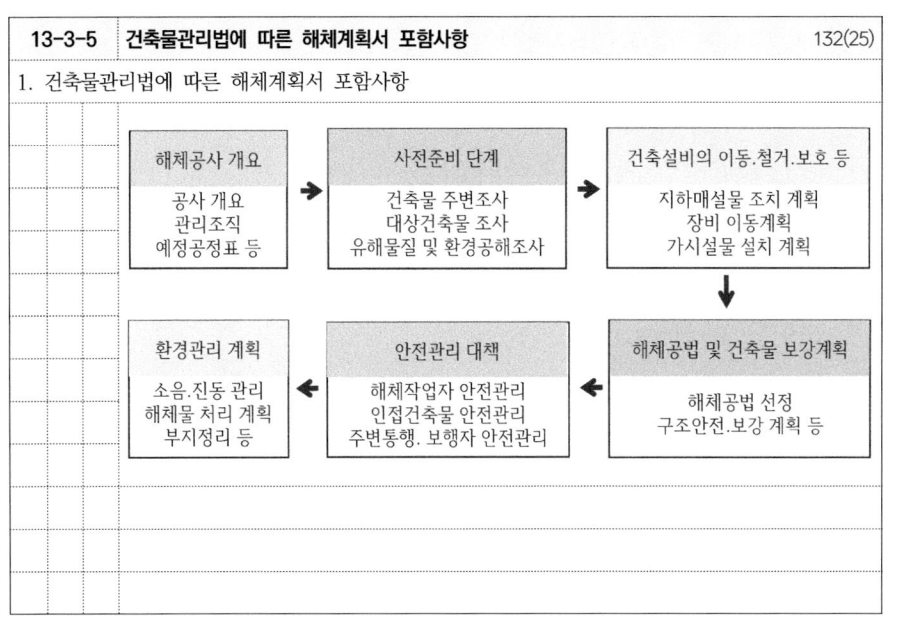

| 13-3-6 | 건축물관리법에 따른 사전조사 |

1. 건축물 주변조사
   1) 인접건축물 및 주변 시설물 조사
      ① 인접 건축물 현재 용도 및 높이, 구조형식 등
      ② 인접 건축물과 해체 대상건축물과 이격거리
      ③ 옹벽이나 사면 유·무
      ④ 접속도로 폭, 주변의 버스정류장·도시철도 역사 출입구·횡단보도와 이격거리
      ⑤ 주변보행자 통행과 차량 이동상태
      ⑥ 부지 내 공지 유·무, 해체용 기계설비의 위치, 해체잔재 임시 보관 장소
      ⑦ 가공 고압선 유·무 등
   2) 지하매설물 조사
   3) 지하건축물 조사
      - 지하건축물 해체 시 인접건축물의 영향 등

| 13-3-7 | 건축물관리법에 따른 사전조사 |

2. 해체 대상건축물 조사
   1) 설계도서가 있는 건축물
      ① 건축물의 구조형식, 연면적, 층수(층고 포함), 높이, 폭 등
      ② 기둥, 보, 슬래브, 벽체 등 부재별 배치 상태 및 외부에 노출된 주요구조 부재
      ③ 캐노피, 발코니 등 건축물 내·외부의 캔틸레버 부재
      ④ 용접부위, 이종재료 접합부, 철근이음 및 정착상태 등 구조적 취약부
      ⑤ 건축물 해체 시 박락의 우려가 있는 내·외장재의 유·무
      ⑥ 전기, 소방, 설비 계통의 상세
   2) 설계도서가 없는 건축물
      ① 변위·변형
      ② 콘크리트 비파괴강도
      ③ 강재용접부 등 결함
      ④ 강재의 강도 등

| 13-3-8 | 건축물관리법에 따른 사전조사 |

3. 유해물질 및 환경공해조사
   ① 기관석면조사
   ② 유해물질 및 환경공해 유·무
   ③ 소음, 진동, 비산먼지 및 인근지역 피해 가능성 등

13-4-1 해체공사 안전작업 flow

1. 해체공사 안전작업 flow

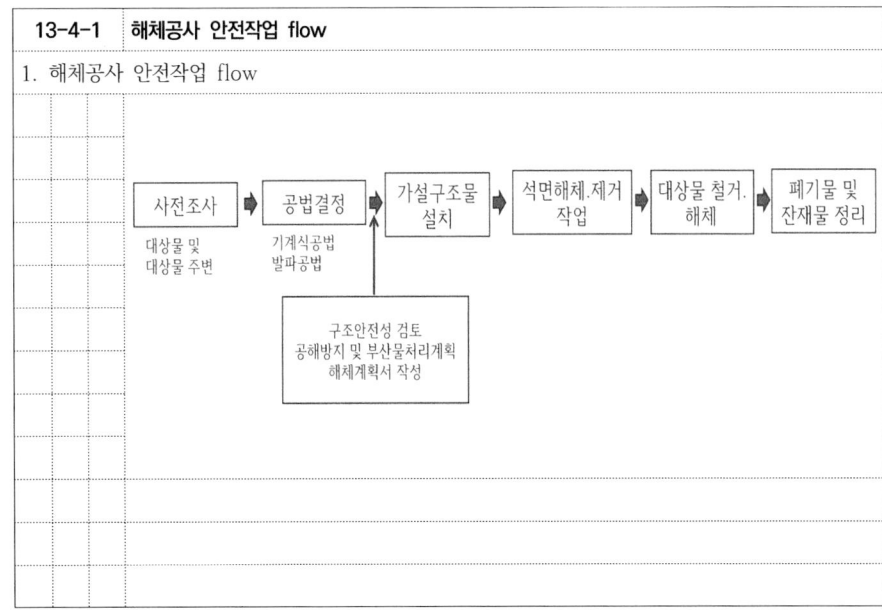

13-4-2 해체공사 주로 발생하는 재해유형 122(25), 125(25)

1. 해체공사 주로 발생하는 재해유형

　① 과도한 성토로 인한 구조물 무너짐
　② 철거잔재물 과다적재로 슬라브 무너짐
　③ 장비 탑재하여 철거중 슬라브 무너짐
　④ 조적벽체 철거중 무너져 깔림
　⑤ 살수 작업자 해체물 파편에 맞음
　⑥ 살수 작업중 개구부, 단부로 떨어짐
　⑦ 살수 작업자 중장비에 부딪힘
　⑧ 중장비 이동중 넘어짐
　⑨ 비계 전도로 떨어짐
　⑩ 석면해체 중 지붕에서 떨어짐
　⑪ 폐기물 잔재물 인양 시 낙하하여 맞음

13-4-3 해체공사의 안전관리대책 124(25), 125(25), 128(25)

1. 해체공사의 안전관리대책 (KCS 41 85 01)

　① 해체공사는 안전위생관리계획서 작성하여 담당원의 승인을 받아야 한다.
　② 중기 차량은 정기검사, 작업 전 점검을 하고, 유자격자로 하여금 운전을 하도록
　　 하며, 차량 이동 시에는 유도원을 배치하여야 한다.
　③ 구조재의 부식상태 및 자재의 접합상태를 조사하여 예기치 않은 전도에 의한
　　 사고가 발생하지 않도록 하여야 한다.
　④ 가스 절단기의 불꽃에 의한 화재의 우려가 있기 때문에 공사현장에는 필히
　　 소화기, 소화용수, 살수설비를 설치한다.
　⑤ 전도, 기계사용 시 구조적 안정성을 확인함과 동시에 비산에 대한 방호에 주의
　⑥ 크레인, 차량 등의 중량차는 출입이 많으므로 안전통로 설치
　⑦ 해체물, 철근 등의 비산, 낙하방지 등의 안전시설 설치

13-4-4 해체공법 선정 시 고려사항 109(25)

1. 해체공법 선정 시 고려사항

　① 구조물 구조,규모
　② 인접건물과의 거리 및 입지여건
　③ 해체공법 특성에 따른 비산각도 및 낙하반경의 현장 적용성확인
　④ 공사기간, 시공성, 안전성, 경제성
　⑤ 공해, 폐기물 처리 등 법적규제 검토

13-4-5 해체공사 시 안전점검 사항

1. 해체공사 시 안전점검 사항
   ① 가시설물의 적정성, 인접도로 및 보도구간의 안전대책
   ② 잭서포트 설치상태, 잔재물 반출계획, 작업자 안전관리
   ③ 해체장비의 제원 확인, 해체순서 준수, 도로변 전도방지 대책
   ④ 주변 인접건축물 계측관리, 흙막이 가시설물 적정성 확인 등

13-4-6 해체공사 가설구조물

1. 해체공사 가설구조물
   ① 도로변의 가설울타리 및 방음벽
   ② 비계
   ③ 방진막(비계와의 이음부 인장강도 1KN이상일 것)
   ④ 낙하물 방지망
   ⑤ 보행자 통행로
   ⑥ 가설전기 및 가설용수
   ⑦ 세륜 및 살수시설

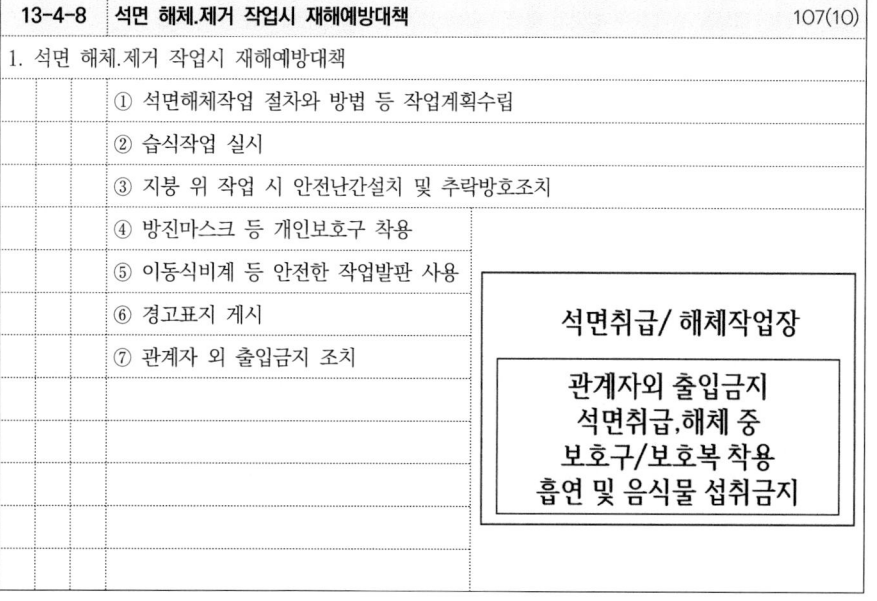

13-4-7 석면 해체.제거 작업절차

1. 석면 해체.제거 작업절차
   ① 경고판 설치
   ② 위생설비 설치
   ③ 비닐보양
   ④ 음압기 설치
   ⑤ 습윤제 살포
   ⑥ 석면대상물 해체.제거
   ⑦ 임시폐기물보관 및 반출
   ⑧ 진공청소
   ⑨ 공기질 측정

13-4-8 석면 해체.제거 작업시 재해예방대책

1. 석면 해체.제거 작업시 재해예방대책
   ① 석면해체작업 절차와 방법 등 작업계획수립
   ② 습식작업 실시
   ③ 지붕 위 작업 시 안전난간설치 및 추락방호조치
   ④ 방진마스크 등 개인보호구 착용
   ⑤ 이동식비계 등 안전한 작업발판 사용
   ⑥ 경고표지 게시
   ⑦ 관계자 외 출입금지 조치

석면취급/ 해체작업장

관계자외 출입금지
석면취급,해체 중
보호구/보호복 착용
흡연 및 음식물 섭취금지

13-4-9	대상물 철거.해체 작업 시 유해.위험요인 및 안전관리 방안
1. 대상물 철거.해체 작업 시 유해.위험요인	
	① 굴착기 회전 시 붐대에 부딪침 위험
	② 철거된 파편에 맞음 위험
	③ 이동, 작업중 개구부 및 단부 떨어짐 위험
2. 대상물 철거.해체 작업 시 안전관리 방안	
	① 건설기계 유도자 배치
	② 현장 내 작업자 이동에 안전한 통로 확보
	③ 살수작업 시 안전거리 확보
	④ 잔재물 낙하위험구간 작업자 출입통제
	⑤ 개구부 방호조치
	⑥ 안전대 부착설비 설치

13-4-10	대상물 철거.해체 작업 중 구조물 무너짐 예방대책	120(25)
1. 대상물 철거.해체 작업 중 구조물 무너짐 예방대책		
	① 구조 안전성 검토 후 구조보강 계획수립	
	② 해체 작업계획서 작성	
	③ 작업계획서 준수 여부 철저한 관리.감독	
	④ 철거잔재물 과적재되지 않도록 관리.감독	
	⑤ 장비 탑재 시 취약부 사전 확인하여 이동 제한	
	⑥ 장비 작업하는 성토구간의 다짐 철저	
	⑦ 성토구간의 살수로 인해 토압변화에 대비	
	⑧ 무너짐 전조증상 수시로 확인하며 작업	

13-4-11	대상물 철거.해체 작업의 압쇄기 사용공법 적용 시 안전을 위한 준수사항
1. 압쇄기 사용공법 적용 시 안전을 위한 준수사항 (해체공사표준안전작업지침 제17조)	
	① 항시 중기의 안전성 및 지반다짐 확인, 편평도는 1/100이내
	② 중기전도로 인한 사고방지 조치
	③ 중기 운전자자격 확인
	④ 중기 작업반경 및 해체물 낙하 예상 위치 출입 제한
	⑤ 살수 작업자와 중기 운전자는 서로 상황 확인
	⑥ 벽과 연결된 비계 외벽해체 직전 철거
	⑦ 해체물 비산, 낙하방지를 위해 수평 낙하물 방호책 설치
	⑧ 안전대 부착설비를 하고 안전대 착용
	⑨ 파쇄작업순서 준수(슬라브, 보, 벽체, 기둥)

13-4-12	대상물 철거.해체 작업의 압쇄공법과 대형브레이커 공법병용 시 준수사항
1. 압쇄공법과 대형브레이커 공법병용 시 준수사항 (해체공사표준안전작업지침 제18조)	
	① 압쇄기로 슬라브, 보, 내벽 등을 해체
	② 대형브레이커로 기둥을 해체할 때에는 장비간 안전거리 확보
	③ 대형브레이커와 엔진으로 인한 소음을 최대한 줄일 수 있는 수단 강구
	④ 소음, 진동 기준은 관계법에서 정하는 바에 따라 처리

13-4-13 대상물 철거.해체 작업의 대형브레이커 공법과 전도공법병용 시 준수사항

1. 대형브레이커 공법과 전도공법병용 시 준수사항 (해체공사표준안전작업지침 제19조)

   ① 사전 작업계획에 따라 전도작업, 순서에 의한 단계별 작업을 확인
   ② 전도작업 시 신호를 정하여 작업자에게 주지, 안전한 거리에 대피소 설치
   ③ 전도를 목적으로 절삭할 부분은 시공계획 수립시 결정
   ④ 기둥 전도방향 전면 철근 2본 이상 남겨 반대방향 전도방지
   ⑤ 인장 와이어로우프는 2본 이상
   ⑥ 예정 하중으로 넘어지지 않을 때 절삭부분을 더 깎아내어 자중에 의한 전도 유도
   ⑦ 전도작업 전에 비계와 벽과의 연결재는 철거 여부 확인

13-4-14 대상물 철거.해체 작업의 철햄머 공법과 전도공법 병용 시 준수사항

1. 철햄머 공법과 전도공법 병용 시 준수사항 (해체공사표준안전작업지침 제20조)

   ① 크레인 설치위치 및 붐 회전반경 및 햄머사양 사전 확인
   ② 철햄머 매단 와이어로우프는 사용 전 점검
   ③ 철햄머 작업반경내와 해체물이 낙하·전도·비산하는 구간 설정, 통행인 출입통제
   ④ 벽과 기둥의 상단을 타격금지
   ⑤ 철햄머의 선회거리와 속도 등의 조건 사전 검토
   ⑥ 방진벽, 비산파편 방지망 설치 등 분진발생 방지 조치
   ⑦ 철근절단 시 안전대 부착설비를 설치, 안전대를 사용하고 무리한 작업금지
   ⑧ 위험작업구간에는 안전담당자 배치

13-4-15 대상물 철거.해체 작업의 화약류 발파공법 101(25)

1. 화약류 취급 시 유의 사항 (해체공사표준안전작업지침 제21조)

   ① 폭발물 보관 용기 취급 시 철제기구, 공구 사용금지
   ② 양도양수허가증 수량에 의해 반입, 필요한 분량만 용기로 반출하여 즉시 사용
   ③ 화약류에 충격금지
   ④ 화약류는 화기 부근, 그라인더 사용하고 있는 부근 취급금지
   ⑤ 전기뇌관은 전지, 전선 등 전기설비 부근 접촉금지
   ⑥ 화약, 폭약, 화공약품은 각각 다른 용기에 수납
   ⑦ 남은 화약류 취급소에 반납
   ⑧ 항상 도난에 유의하여 출입자 명부를 비치
   ⑨ 화약류를 현장에 운반 시 포대, 상자 등 사용
   ⑩ 화약, 폭약 및 도화선 등 운반 시 여러 사람이 각 종류별로 별개 용기에 넣어 운반
   ⑪ 운반자의 능력에 알맞는 양으로 운반
   ⑫ 발파기를 사전에 점검하고 작동불가 및 불능시 즉시 교체

13-4-16 화약발파 공사 시 유의 사항 101(25)

1. 화약발파 공사 시 유의 사항 (해체공사표준안전작업지침 제21조)

   ① 장약전 누설전류와 지전류 및 발화성 물질의 유무 확인
   ② 전기 뇌관 결선부위 방수 및 누전방지 조치
   ③ 사전 도통시험으로 도화선 연결상태 점검
   ④ 출입금지 구역 설정
   ⑤ 점화 신호(깃발 및 싸이렌 등의 신호)의 확인
   ⑥ 지발전기뇌관 발파 5분, 그외 발파는 15분 이내에 현장 접근금지
   ⑦ 폭풍압과 비산석 방지를 위한 방호막 설치
   ⑧ 불발장약 확인 및 제거 후 후속 발파 실시

13-5-1 해체작업에 따른 소음 및 진동 공해방지

1. 해체작업에 따른 소음 및 진동 공해방지 (해체공사표준안전작업지침 제22조)
   ① 공기압축기 장비의 소음 진동 기준은 관계법 준수
   ② 전도물 규모 작게하여 중량 최소화
   ③ 햄머의 중량과 낙하높이를 가능한 한 낮게
   ④ 현장 내 대형 부재로 해체, 장외에서 잘게 파쇄
   ⑤ 방음, 방진 목적의 가시설 설치

13-5-2 공해방지 대책   112(25)

1. 공해방지 대책

   1) 생활소음, 생활진동 규제기준

   소음 기준 (단위: dB)

	조석	주간	야간
주거지	60	65	50
상업지	65	70	50

   진동 기준 (단위: dB)

시간대별 대상지역	주간 (06:00~22:00)	심야 (22:00~06:00)
주거지역 등	65이하	60이하
그 밖의 지역	70이하	65이하

   2) 발파진동 규제기준   진동치 규제기준 (단위 : kine)

진동	문화재	주택, apt	상가	철골 콘크리트, 빌딩
허용치	0.2	0.5	1.0	1.0 - 4.0

   3) 분진
      - 살수작업, 살수차 운행 / - 방진시설, 분진 측정기 설치

   4) 지반침하 : 중기 운행시 수반되는 진동 등 고려 대비

   5) 폐기물 처리 : 폐기물관리법에 따라 처리

MEMO

26년 대비

건설안전기술사 핵심개념 총정리

제 14 장

터널공사

제14장 터널공사

14	터널공사
	1. 총칙
	2. 굴착 및 발파
	3. 갱구부
	4. NATM 공법
	5. 지보재 및 보조공법
	6. 배수 및 방수
	7. 라이닝콘크리트 및 거푸집
	8. 계측
	9. 작업환경
	10. 공사 시 문제점(여굴, 편압)

14	터널공사 기출문제
1. 총칙	
	- 126(25). 터널 굴착공법의 사전조사 사항 및 굴착공법의 종류를 설명하고, 터널 시공시 재해유형과 안전관리 대책에 대하여 설명하시오.
2. 굴착 및 발파	
	- 92(10). 암반등급 판별기준
	- 120(10). 암반의 암질지수(RQD : Rock Quality Designation)
	- 126(10). 터널 제어발파
	- 132(10). 시험발파 절차(Flow) 및 사전 검토사항
3. 갱구부	
	- 103(25). 갱구부 설치유형을 분류하고, 시공 시 유의사항 및 보강공법을 설명

14	터널공사 기출문제
4. NATM 공법	
	- 120(10). 페이스 맵핑(Face Mapping)
	- 114(25). NATM공법 시공 중 발생하는 사고의 유형별 원인 및 안전대책 설명
	- 102(25). 터널 암반굴착시 자유면 확보방법과 발파작업시 안전수칙
	- 130(25). 터널 굴착공법 중 NATM공법에 대해서 적용 한계성과 개선사항을 안전측면에서 설명하시오.
	- 107(25). 터널 굴착공사에서 암반 발파시 사고의 원인 및 안전대책 설명
	- 123(25). 전기식 뇌관과 비전기식 뇌관의 특성 및 발파현장에서 화약류 취급 시 유의사항에 대하여 설명하시오.
	- 134(25). 건설현장 발파작업 시 발파책임자의 업무와 화약류 취급소 운용 시 안전준수사항, 전기발파와 비전기발파, 전자발파의 안전기준 및 천공 작업 시 준수사항에 대하여 설명하시오.

14	터널공사 기출문제
5. 지보재 및 보조공법	
	- 110(25). 터널굴착 시 보강공법을 적용해야 되는 대상지반유형을 제시하고, 지보재의 종류와 역할, 숏크리트(Shotcrete)와 록볼트(Rock Bolt)의 주요기능 및 작용효과를 설명하시오.
	- 118(25). 터널공사에서 락볼트 및 숏크리트의 작용효과에 대해서 설명
	- 106(10). 숏크리트
	- 93(10). Shotcrete의 Rebound
	- 120(25). 크리트(Shotcrete)타설 시 리바운드(Rebound)량이 증가할수록 품질이 저하되는데 숏크리트 리바운드 발생 원인과 저감 대책을 설명하시오
	-109(25).127(25). 터널굴착 시 터널붕괴사고 예방을 위한 터널막장면의 굴착보조 공법에 대하여 설명하시오.
	- 96(10). 터널에서 훠폴링(Fore poling) 파이프루프

제14장 터널공사

14. 터널공사 기출문제

5. 지보재 및 보조공법
- 136(10). 터널 지보공 설치 시 주요 점검사항
- 136(25). Shield TBM(Tunnel Boring Machine)공법 적용 시 막장면을 지지하는 방식을 분류하고 단계별 시공 시 안전관리사항에 대하여 설명하시오.

6. 배수 및 방수
- 92(10). 비배수터널
- 100(25). 지하수가 과다하게 발생하는 지반의 NATM 공법으로 굴착시 문제점과 안전시공대책 및 안전관리 방법

7. 라이닝콘크리트 및 거푸집
- 101(25). NATM 터널 시공시 라이닝 콘크리트 손상원인, 방지대책
- 101(10). 종방향 균열 발생원인

8. 계측
- 93(10). 터널에서의 계측
- 112(25). NATM 터널의 안전성 확보를 위해 시행하는 시공 중 계측항목(내용) 및 계측시스템에 대하여 설명하시오.
- 115(25). 터널 굴착공법 중 NATM공법 적용 시 터널굴착의 안전 확보를 위해 시행하는 시공중 계측항목 계측방법과 공용 중 유지관리 계측시스템에 대해서 설명하시오.
- 133(10). 터널공사 시 계측의 목적, 계측항목, 계측관리 시 유의사항

9. 작업환경
1) - 113(25). 터널공사에서 발생하는 유해가스와 분진 등을 고려한 환기계획 및 환기방식의 종류에 대하여 설명하시오.
- 117(25). 터널공사의 작업환경에 대하여 설명하고, 안전보건대책에 대하여 설명
- 128(25). 터널공사에서 작업환경 불량요인과 개선대책에 대하여 설명하시오.
- 111(25). 도심지 터널공사 시 발파로 인해 발생되는 진동 및 소음기준과 발파소음의 저감대책에 대하여 설명하시오
- 112(25). 건설공사 시 발파진동에 의한 인근 구조물의 피해가 발생하는 바, 발파 진동에 심각하게 영향을 미치는 요인과 발파진동 저감방안 설명

14	터널공사 기출문제
10. 공사 시 문제점(여굴, 편압 등)	
	1) 여굴
	- 106(10). 터널 굴착 시 여굴 발생원인 및 방지대책
	- 122(25). 터널공사에서 여굴의 원인과 최소화 대책에 대하여 설명하시오.
	- 132(25). 터널공사 여굴 발생 시 조사내용과 방지대책에 대하여 설명하시오.
	2) 편토압
	- 90(10). 터널에서 편토압 방지대책
	- 108(10). 터널 시공시 편압 발생대책
	3) 지하수 과다
	- 100(25). 지하수가 과다하게 발생하는 지반의 NATM 공법으로 굴착시 문제점과 안전시공대책 및 안전관리 방법

14-1-1	터널의 종류
1. 개요	
	지표 하에 축조되는 도로나 공간으로 이용하는 지하구조물로 단면적이 2㎡ 이상
2. 터널의 종류	
	① 위치
	- 산악, 지하, 해저, 하저터널 등
	② 용도
	- 철도, 도로, 수력발전, 배수, 보도, 상하수도 터널 등
	③ 시공방법
	- NATM, TBM, 쉴드, 침매터널 등

14-1-2	터널공법의 분류
1. 터널공법의 분류	
	1) NATM 공법(산악 터널)
	① 지반자체가 주요 지보재
	② 점보드릴로 천공, 발파
	2) 쉴드(Shield) 공법(토사 구간)
	① 굴착과 동시에 벽면에 콘크리트 세그를 조립하면서 굴착
	② 연약지반 적용가능, 지반침하, 소음, 진동 최소화 가능
	3) TBM 공법(암반 터널)
	① Boring Machine을 사용하여 굴진과 동시에 숏크리트 타설
	② 여굴이 적고 , 터널 변형의 최소화 가능
	4) 침매공법(해저 터널)
	① 육상에서 구조체 제작 후 해저로 이동하여 설치
	② 누수방지를 위한 연결부 관리 필요

14-1-3 터널 굴착작업 사전조사 및 작업계획서

1. 터널 굴착작업 사전조사 및 작업계획서 (산업안전보건 기준에 관한 규칙 별표4)

   1) 사전조사 내용
      - 보링(boring) 등 적절한 방법으로 낙반·출수 및 가스폭발 등으로 인한 근로자의 위험을 방지하기 위하여 미리 지형·지질 및 지층상태를 조사

   2) 작업계획서 내용
      ① 굴착의 방법
      ② 터널지보공 및 복공의 시공방법과 용수의 처리방법
      ③ 환기 또는 조명시설을 설치할 때에는 그 방법

14-1-4 터널 굴착작업 사전조사 내용

1. 터널 굴착작업 사전조사 내용 (터널공사 표준안전작업지침)

   지반조사 확인 ➡ 추가조사 ➡ 지반보강(필요시)

   - 지반조사 확인
     - 시추(보오링) 위치
     - 토층분포상태
     - 투수계수
     - 지하수위
     - 지반의 지지력
   - 추가조사
     - 중요구조물의 축조
     - 인접구조물의 지반상태
     - 위험지장물
   - 지반보강(필요시)
     - 지반보강말뚝공법
     - 지반고결공법
     - 그라우팅

14-2-1 터널 굴착공사의 분류

1. 터널 굴착공사의 분류
   1) 굴착방법
      ① 인력굴착
      ② 기계굴착(쇼벨, 로드헤더, 브레이커, 굴착기, TBM)
      ③ 파쇄굴착(유압, 가스압)
      ④ 발파굴착
   2) 굴착공법
      ① 전단면 굴착공법 : 막장 자립이 우수한 경암 지반
      ② 분할 굴착공법 : 암질이 불량하여 자립시간이 짧은 경우에 적용

14-2-2 터널 굴착방법 및 굴착공법 선정시 고려사항

1. 터널 굴착방법 선정시 고려사항
   ① 지반조건, 지하수 유입정도, 근접구조물 유무
   ② 원지반 지보능력
   ③ 지반침하, 진동 및 소음 등 환경영향 반영
   ④ 보조공법의 적용성 고려
   ⑤ 안정성, 시공성, 경제성

2. 터널 굴착공법 선정시 고려사항
   ① 지반조건에 따른 자립시간
   ② 터널크기
   ③ 막장과 굴착면의 안정성
   ④ 지반의 응력 재분배

14-2-3 기계굴착 선정 시 고려사항

1. 개요
   로드 헤더(Load Header), 쉬일드머쉰(Shield Machine), 터널보오링머쉰(T.B.M)
   굴착기계는 작업 안전 계획수립 후 작업

2. 기계굴착 선정 시 고려사항 (터널공사표준안전작업지침 제14조)
   ① 터널굴착단면의 크기 및 형상
   ② 지질구성 및 암반의 강도
   ③ 작업공간
   ④ 용수상태 및 막장의 자립도
   ⑤ 굴진방향에 따른 지질단층의 변화정도

14-2-4 기계굴착 작업안전계획 수립 시 포함사항

1. 기계굴착 작업안전계획 수립 시 포함사항 (터널공사표준안전작업지침 제14조)
   ① 굴착기계 및 운반장비 선정
   ② 굴착단면의 굴착순서 및 방법
   ③ 굴진작업 1주기의 공정순서 및 굴진단위길이
   ④ 버력적재 방법 및 운반경로
   ⑤ 배수 및 환기
   ⑥ 이상 지질 발견시 대처방안
   ⑦ 작업시작전 장비의 점검
   ⑧ 안전담당자 선임

14-2-5 연약지반 굴착 시 준수사항

1. 연약지반 굴착 시 준수사항 (터널공사표준안전작업지침 제15조)
   ① 막장에 연약지반 발생시 포아폴링, 프리그라우팅 등 지반보강 조치 후 굴착
   ② 굴착 전 비상시 대비 뿜어붙이기 콘크리트 준비
   ③ 급결제 항상 준비
   ④ 철망, 소철선, 마대, 강관 등을 갱내의 찾기 쉬운 곳에 준비
   ⑤ 막장에는 항상 작업자 배치
   ⑥ 이상용수 발생, 막장 자립도에 이상 시 즉시 작업 중단 후 조치
   ⑦ 안전담당자 배치
   ⑧ 필요시 수평보오링, 수직보오링을 추가 실시

14-2-6 발파공법의 분류

1. 발파공법의 분류

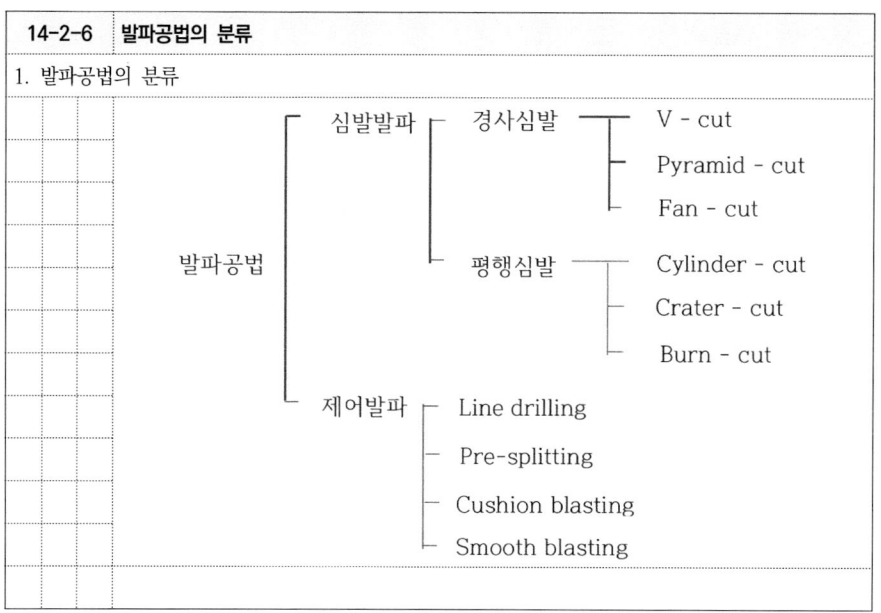

14-2-7 조절 발파공법(=제어발파)   126(10)

1. 개요
   적은 장약량으로 공주위에 균열발생 시켜 공과공을 연결하는 파 단면 형성

2. 조절발파 공법 특징
   ① 원지반 손상 및 여굴이 작고 뜬돌이 적다
   ② 비용이 고가이며, 숙련공이 필요

3. 조절발파 공법 종류

공법	특징
① Line drilling	경암에 유리
② Pre-splitting	화강암 등 발파
③ Cushion blasting	연암에 효과적
④ Smooth blasting	여굴량 최소

14-2-8 발파공법 선정시 고려사항

1. 발파공법 선정시 고려사항
   ① 진동, 소음 등 주변환경에 대한 영향
   ② 천공의 용이성, 천공시간
   ③ 파편의 비산거리, 버력의 크기
   ④ 발파 효율
   ⑤ 막장과 주변암반에 대한 손상(여굴 및 구조물의 안정성)

14-2-9 시험발파

1. 개요

    암반굴착의 버력, 비산, 폭약량, 종류를 결정하고자 실시하는 발파

2. 발파공법의 순서

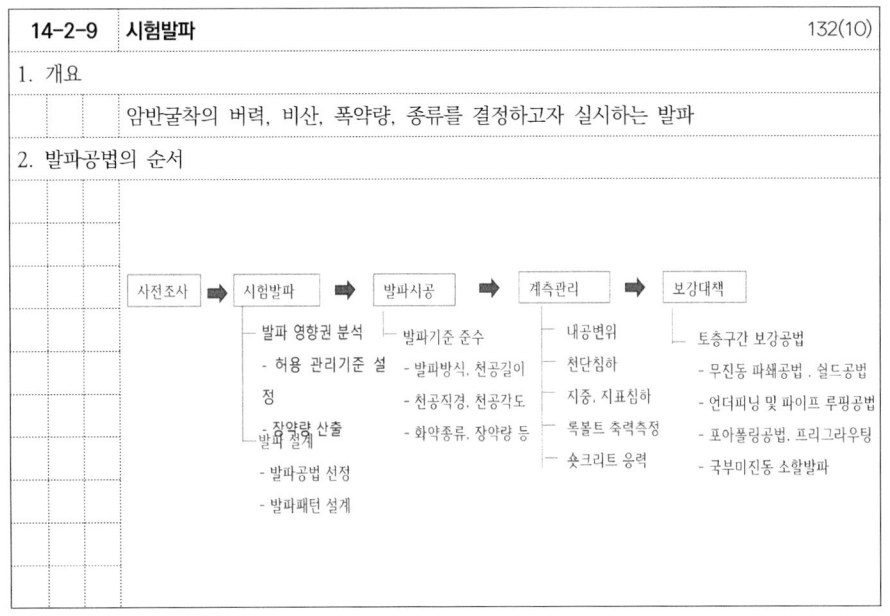

14-2-10 발파 시 연약암질 및 토사층인 경우 검토사항

1. 발파 시 연약암질 및 토사층인 경우 검토사항 (터널공사표준안전작업지침 제6조)

    ① 발파시방의 변경조치

    ② 암반의 암질판별

    ③ 암반지층의 지지력 보강공법

    ④ 발파 및 굴착공법 변경

    ⑤ 시험발파 실시

14-2-11 발파 시 연약암반 및 토층 구간의 보강공법

1. 발파 시 연약암반 및 토층 구간의 보강공법 (터널공사표준안전작업지침 제6조)

    ① 무진동 파쇄공법

    ② 쉴드공법

    ③ 언더피닝 및 파이프 루핑공법

    ④ 포아폴링공법

    ⑤ 프리그라우팅공법

    ⑥ 국부미진동 소할발파

14-2-12 암반의 암질판별 방식

1. 암반의 암질판별 방식

    ① R.Q.D(%)

    ② R.M.R(%)

    ③ 일축압축강도

    ④ 탄성파 속도

시험방법 암질의 분류	R.Q.D (%)	R.M.R (%)	일축압축강도 (kg/㎠)	탄성파 속도 (km/sec)
풍 화 암	<50	<40	<125	<1.2
연 화 암	50~70	40~60	125~400	1.2~2.5
보 통 암	70~85	60~80	400~800	2.5~3.5
경 암	>85	>80	>800	>3.5

암질의 분류

14-2-13 RQD

1. 개요
암반의 상태를 나타내는 암질지수표

2. RQD 공식

$$RQD = \frac{10cm\ 이상\ cone\ 길이\ 합계}{총\ 시추길이} * 100$$

3. RQD 암질상태

RQD	0-25	25-50	50-75	75-90	90-100
상태	매우 나쁨	나쁨	보통	양호	매우 양호

14-2-14 RMR - Rock mass rating (암반분류법)

1. 개요
절리, 지하수, RQD 등 평가하여 암반을 5등급으로 분류하는 방법

2. 평가항목

절리상태	절리간격	RQD	일축압축강도	지하수 상태
30 %	20 %	20 %	15 %	15 %

3. 암반등급 분류

등급	I	II	III	IV	V
평가점수	81-100	61-80	41-60	21-40	20이하
상태	매우 양호	양호	보통	불량	매우 불량

14-3-1 갱구부

1. 갱구부 범위
   ① 갱문구조물 배면으로부터 터널길이 방향으로 터널직경의 1~2배 범위
   ② 토피고 3~5 m에서 터널직경 1.5배의 토피고가 확보되는 범위

2. 갱문의 유형
   1) 면벽형 : 중력식 및 날개식
   2) 돌출형 : 파라펫트식, 원통 깎기식, 벨마우스식

14-3-2 갱구부 시공시 예상되는 문제점 및 주요대책(보조공법)

1. 갱구부 시공 시 문제점
   ① 비탈면 붕괴
   ② 막장부 붕괴
   ③ 편토압
   ④ 지표 침하

2. 갱구부 시공 시 예상되는 문제점의 주요대책
   ① 경사면 보호공
   ② 옹벽
   ③ 압성토
   ④ 앵커공
   ⑤ 수발공
   ⑥ 지반주입(갱구부 강관보강그라우팅)
   ⑦ 가인버트 : (지반변위 억제) 터널 바닥에 설치하는 단면폐합용 임시 지보부재

14-3-3 갱구부 보강작업 시 중점 위험요인 및 안전대책

1. 갱구부 보강작업 시 중점 위험요인 및 안전대책
   ① 그라우팅 주입 장비 호스, 연결부 파손에 의한 날아와 맞음
   - 작업전 주입부 및 연결부 점검
   ② 그라우팅 혼합기 혼합 도중 혼합기 날에 신체접촉으로 베임
   - 혼합 작업시 혼합기에 톱날 접촉 방지조치
   ③ 천공 작업중 회전부 신체 끼임
   - 천공중 장비 주변 출입금지
   ④ 갱구부 보링 작업중 작업대 설치 불량에 의한 단부 개구부에서 떨어짐
   - 작업대에 안전난간 설치
   ⑤ 천공 장비가 갱구부 경사면을 올라오다 경사면에서 무너짐
   - 천공기 이동 주행로 경사도 검토 및 확인, 작업지휘자 배치 및 주행방향 결정
   ⑥ 그라우팅 작업중 경사 사면에서 전도(넘어짐)
   - 경사 사면에서 작업시 안전한 작업발판 설치

14-4-1 NATM 공법 시공순서

1. 개요
    터널 단면을 형성하기 위해 폭약에 의한 발파력을 이용하여 계획된 파괴단면을
    형성하여 지반 내로 굴진해 나가는 작업
2. NATM 공법 시공순서(굴진 Cycle)

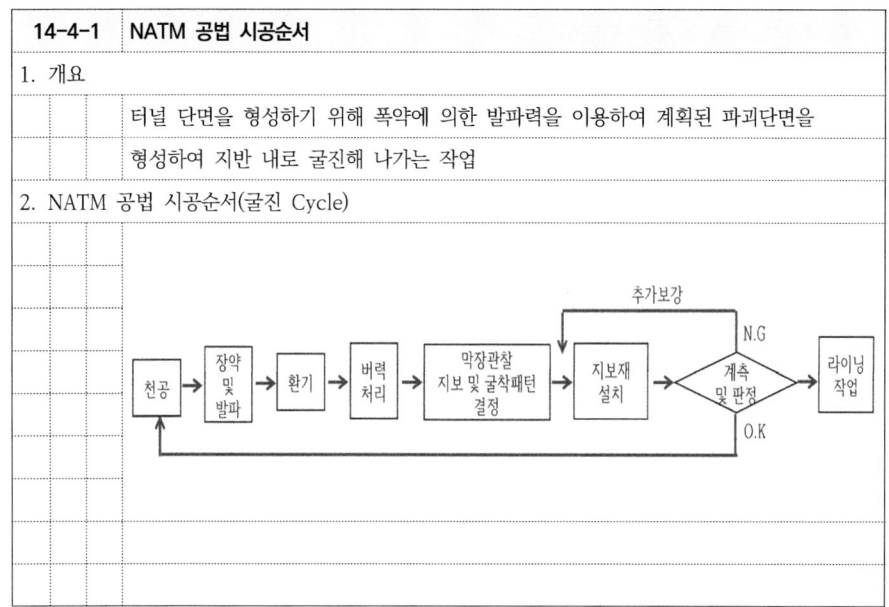

14-4-2 NATM 공법 천공 및 발파작업 시 중점 위험요인 및 안전대책

1. NATM 공법 천공 및 발파작업 시 중점 위험요인
    ① 천공 및 장약작업 중 떨어짐
    ② 천공 작업 중 회전부 신체 끼임
    ③ 발파석 비산에 의한 맞음
    ④ 발파 후 부석제거 불량으로 인한 부석 떨어짐
    ⑤ 불발 잔류 화약의 임의 충격에 폭발
2. NATM 공법 천공 및 발파작업 시 안전대책
    ① 천공 및 장약작업 시 안전한 작업발판 사용 및 안전난간 설치
    ② 천공 중 장비 주변 출입금지조치
    ③ 발파시 위험구역 설정 및 비산방지용 차단막 설치
    ④ 작업 전 부석 제거 확인
    ⑤ 발파 후 잔류 화약 유무 확인

14-4-3 발파작업 시 준수사항   102(25)

1. 발파작업 시 준수사항
    ① 선임된 발파책임자의 지휘에 따라 시행
    ② 발파작업에 대한 특별시방을 준수
    ③ 굴착단면 경계면에는 시방에 명기된 정밀폭약 (FINEX Ⅰ, Ⅱ) 등을 사용
    ④ 지질, 암의 절리 등에 따라 화약량 검토, 시방기준과 대비하여 안전조치
    ⑤ 발파책임자는 모든 근로자의 대피를 확인
    ⑥ 지보공 및 복공에 대하여 필요한 조치의 방호를 한 후 발파
    ⑦ 안전한 거리의 대피 곤란 시 견고하게 방호한 임시대피장소 설치
    ⑧ 화약류 장전하기 전 모든 동력선 및 활선은 장진기기로 부터 분리
    ⑨ 점화회선은 타동력선 및 조명회선으로부터 분리
    ⑩ 발파 전 도화선 연결상태, 저항치 조사 등의 목적으로 도통시험 실시
    ⑪ 발파기 작동상태를 사전 점검
    ⑫ 발파 후 충분한 시간이 경과한 후 접근

14-4-4 발파작업 후 조치사항

1. 발파작업 후 조치사항
    ① 유독가스의 유무를 재확인하고 신속히 환풍기, 송풍기 등을 이용 환기
    ② 발파책임자는 가스배출 완료 즉시 뜬돌 제거, 용출수 유무 확인
    ③ 발파단면 조사하여 지보공, 록볼트, 철망, 뿜어 붙이기 콘크리트 등 보강
    ④ 불발화약류의 조사, 발견시 국부 재발파, 수압제거방식 등으로 잔류화약 처리

| 14-4-5 | face mapping | 120(10) |

1. 개요
   - 막장면의 절취사면 지질구조나 암반상태를 직접 관찰하고 지형, 지질, 지하수 상태, 불연속면 등 기록하는 것

2. face mapping 조사항목
   ① 암석의 종류, 분포
   ② 암석의 풍화
   ③ 용수 유출 유무 및 유출량
   ④ 암반등급 구분
   ⑤ 불연속면 분포 현황

3. face mapping 결과 활용
   ① 계측 보조자료 활용
   ② 막장 안정성 평가
   ③ 암반등급 및 보강 결정

| 14-4-6 | 암반터널의 지반반응곡선 | |

1. 개요
   - 암반과 지보재 사이의 상호관계를 나타낸 곡선
   - 적절한 지보재 설치방법 및 시기 결정

2. 암반터널의 지반반응곡선

AA' : 강성 지보공
AC : 적절한시기 및 적절한 지보공
AeE : 공동이 안정 이전 지보재 항복상태
AF : 가축성이 너무 큰 지보재 사용
GH : 지보재 너무 늦게 설치되어 효력상실

14-5-1 터널공사 지보재   110(25)

1. 개요
- 지보설계는 암반분류(RMR)에 의한 표준 지보패턴을 선정하되 대규모 단층, 용출수과다, 파쇄대층 등의 구간은 별도의 보조지보재(보조공법)를 시공

2. 터널공사 지보재 종류
- ① 숏크리트 : 임시 라이닝 역할, 아치형성, 노출지반 풍화방지
- ② 록볼트 : 주변지반 아치형성, 불연속면 보강
- ③ 강지보재 : 숏크리트 경화 이전의 하중지지, 숏크리트 강성증대

14-5-2 숏크리트   106(10), 110(25), 118(25), 120(25)

1. 개요
- 압축공기 이용 굴착된 지반면에 뿜어 붙이는 콘크리트로 터널 지보재 역할

2. 숏크리트 작용효과
- ① 지반과의 부착과 자체전단 저항효과
- ② 피복효과
- ③ 강지보재 또는 록볼트에 지반압 전달효과
- ④ 휨압축과 축력에 의한 저항효과

14-5-3 숏크리트 리바운드   93(10), 120(25)

1. 개요
- 압축공기에 의해 뿜어 시공면에 붙일 때 안착을 못하고 반발되서 나오는량

$$반발률 = \frac{반발재\ 전중량}{뿜어붙임용\ 재료\ 전중량} * 100$$

2. 숏크리트 리바운드 발생원인
- ① 타설면과의 각도 및 거리 부적정
- ② 타설면 용수발생으로 부착 불량
- ③ 굵은골재 최대치수 부적정, 물시멘트비 높음

3. 숏크리트 리바운드 저감대책
- ① 분사각도 직각 및 1m의 분사거리 유지
- ② 용수처리 철저
- ③ 굵은골재 적정 치수 확보
- ④ 물시멘트비 적게

14-5-4 록볼트   110(25), 118(25)

1. 개요
- 굴착면에 구멍을 뚫어 그 속에 볼트를 끼우고 너트로 고정을 시키는 지보재

2. 록볼트 작용 효과
- ① 봉합작용: 이완된 암괴를 이완되지 않은 원지반에 고정하여 낙하를 방지
- ② 보형성작용: 층상의 절리면을 조여서 전단력 전달 가능하게 하여 합성보로 거동
- ③ 내압작용: 록볼트의 인장력과 같은 힘이 내압으로 벽면에 작용하면 2축응력 상태에 있던 주변 지반이 3축응력 상태로 되는 효과(내하력 저하 억제 작용)
- ④ 아치형성작용: 내압효과로 굴착주변 지반이 내공 측의 내하력이 큰아치 형성
- ⑤ 지반보강작용: 지반의 내하력을 증대, 지반의 항복 후에도 잔류강도 향상을 도모

14-5-5 강지보재

1. 개요
    - 굴착직 후 숏크리트가 타설 전에 굴착면의 변위 최소화를 위한 지보재

2. 강지보재 작용 효과
    - ① 막장면 Forepoling, 경사볼트 등 보조공법의 반력지지점
    - ② 숏크리트, 록볼트의 지보기능 발휘전의 굴착면 안정 도모, 숏크리트 강성 증대
    - ③ 지표침하 등 지반변위의 억제
    - ④ 큰 지압으로 지보재의 강성 증대

14-5-6 터널 보강작업 시 위험요인 및 안전대책

1. 터널 보강작업 시 위험요인 및 안전대책

    1) 숏크리트 타설

위험요인	안전대책
① 분진 흡입	① 방진마스크, 보안경 등 착용
② 분사 중 압송력에 의한 호스 비래	② 호스 접속부 결속상태 수시 점검
③ 분사작업 중 숏크리트 비산	③ 작업 전 암반의 부석 등 사전조사
④ 장비 후진 시 충돌	④ 후진경보기 설치 및 유도자 배치

    2) 록볼트

위험요인	안전대책
① 천공 시 소음 난청발생	① 귀마개 착용
② 작업대차의 유동으로 대차사이 끼임	② 아웃트리거 설치 등 고정조치

    3) 강지보

위험요인	안전대책
① 인양시 와이어로프 파단 낙하	① 와이어로프 이상 여부 확인
② 부석 낙하	② 부석 제거 후 작업
③ 지보공 설치 지연으로 인한 붕괴	③ 보강작업 조기 실시

14-5-7 뿜어붙이기 콘크리트 작업계획수립 시 포함사항

1. 뿜어붙이기 콘크리트 작업계획수립 시 포함사항 (터널공사 표준안전작업지침 제16조)
    - ① 사용목적 및 투입장비
    - ② 건식공법, 습식공법 등 공법의 선택
    - ③ 노즐의 분사출력기준
    - ④ 압송거리
    - ⑤ 분진방지대책
    - ⑥ 재료의 혼입기준
    - ⑦ 리바운드 방지대책
    - ⑧ 작업의 안전수칙

14-5-8 뿜어붙이기 콘크리트 작업 시 준수사항

1. 뿜어붙이기 콘크리트 작업 시 준수사항 (터널공사 표준안전작업지침 제17조)
    - ① 대상암반면의 절리상태, 부석, 탈락, 붕락 등의 사전조사
    - ② 용수 발생구간은 누수공 설치 등 배수처리, 급결제로 지수
    - ③ 압축강도 24시간 이내에 100kgf/㎠ 이상, 28일 강도 200kgf/kg 이상 유지
    - ④ 철망 고정용 앵커는 10㎡당 2본
    - ⑤ 철망 이음부위 겹침 20㎝ 이상
    - ⑥ 철망은 원지반으로부터 1.0㎝ 이상 이격거리 유지
    - ⑦ 굴착 후 빠른시간 내 뿜여붙이기 콘크리트하여 지반 이완변형 최소화
    - ⑧ 분진마스크, 귀마개, 보안경 등 개인 보호구를 지급하고 착용 여부를 확인
    - ⑨ 뿜여붙이기 콘크리트 노즐분사압력은 2~3kgf/㎠
    - ⑩ 물의 압력은 압축공기의 압력보다 1kgf/㎠ 높게 유지
    - ⑪ 작업전 경계부위에 필요한 방호조치
    - ⑫ 콘크리트 낙하로 인한 재해 예방을 위해 적정 비율의 혼합

14-5-9 지반 및 암반의 상태에 따라 뿜어붙이기 콘크리트의 최소 두께 기준

1. 지반 및 암반의 상태에 따라 뿜어붙이기 콘크리트의 최소 두께 기준
   ① 약간 취약한 암반 : 2㎝
   ② 약간 파괴되기 쉬운 암반 : 3㎝
   ③ 파괴되기 쉬운 암반 : 5㎝
   ④ 매우 파괴되기 쉬운 암반 : 7㎝(철망병용)
   ⑤ 팽창성의 암반 : 15㎝(강재 지보공과 철망병용)

14-5-10 록 볼트 설치작업 시 준수사항

1. 록 볼트 설치작업 시 준수사항 (터널공사 표준안전작업지침 제20조)
   ① 설계, 시방에 준하는 적정한 방식 여부 확인(선단정착형, 전면접착형, 병용형)
   ② 현장 부근에서 시험시공, 인발시험 등 시행하여 록 볼트 선정
   ③ 록 볼트 재질은 암반조건, 설계시방 등을 고려하여 선정
   ④ 직경 25㎜의 록 볼트 사용
   ⑤ 조기 접착력이 큰 접착제 선정

14-5-11 록 볼트 설치작업 전 검토사항

1. 록 볼트 설치작업 전 검토사항 (터널공사 표준안전작업지침 제20조)
   ① 지반의 강도
   ② 절리의 간격 및 방향
   ③ 균열의 상태
   ④ 용수상황
   ⑤ 천공직경의 확대유무 및 정도
   ⑥ 보아홀의 거리정도 및 자립여부
   ⑦ 뿜어붙이기 콘크리트 타설방향
   ⑧ 시공관리의 용이성
   ⑨ 정착의 확실성
   ⑩ 경제성

14-5-12 록 볼트 시공 시 준수사항

1. 록 볼트 시공 시 준수사항 (터널공사 표준안전작업지침 제21조)
   ① 굴착 면 직각으로 천공, 볼트 삽입 전 유해한 녹 등 이물질 제거
   ② 삽입 후 즉시 록 볼트의 항복강도 내에서 조임
   ③ 시공후 1일 경과 후 재조임 실시, 소정의 긴장력 도입 확인을 위해 정기적 점검
   ④ 지지판은 지반 붕락방지 위해 암석, 뿜어붙이기 콘크리트 표면에 밀착시공
   ⑤ 뿜어붙이기 콘크리트의 경과 후 빠른 시기에 시공
   ⑥ 용출수 유도, 차수 실시
   ⑦ 경사방향 록 볼트는 소정의 각도 준수
   ⑧ 암반상태, 지질의 상황과 계측결과에 따라 보완 조치
   ⑨ 천공장 규격에 따라 크롤라 드릴 등 천공기 선정
   ⑩ 시공 후 정기적 록 볼트 인발시험
   ⑪ 축력변화 기록, 암반거동 분석하여 록 볼트 추가시공
   ⑫ 개인 보호구 지급 및 착용 상황 확인

14-5-13 계측결과 록 볼트 추가시공 해당하는 경우

1. 계측결과 록 볼트 추가시공 해당하는 경우 (터널공사표준안전작업지침 제21조)
   ① 터널 벽면 변형이 록 볼트 길이의 약 6% 이상으로 판단되는 경우
   ② 인발시험 결과 충분한 인발내력이 얻어지지 않는 경우
   ③ 록 볼트 길이 반 이상으로부터 지반 심부까지 사이 축력분포 최대치인 경우
   ④ 소성영역의 확대가 록 볼트 길이를 초과한 것으로 판단되는 경우

14-5-14 터널 지보공 설치 시 주요 점검사항 136(10)

1. 터널 지보공 설치 시 주요 점검사항
   ① 지보공 부재의 사전점검 실시 여부(부식, 변형)
   ② 지보공 부재의 설치 후 점검 실시 여부(연결상태, 침하상태)
   ③ 발파 후 지보공상태 점검 실시 여부
   ④ 굴착 즉시 지보공 설치 여부
   ⑤ 지보공과 원지반 사이에 공극발생 여부
   ⑥ 불량지반, 용수가 많은 구간에서의 보강대책 수립 여부
   ⑦ 작업대의 설치상태(안전난간, 승강설비, 작업발판, 안전표지판 등)
   ⑧ 근로자의 개인보호구 착용상태

14-5-15 보조공법

1. 개요
   보조공법은 굴착 시 지반의 상황, 용수에 의해 지보효과가 저하되는 경우
   지보재와 병용하여 적용하는 공법

2. 터널 보조공법 적용대상
   ① 저토피 구간
   ② 지반조사 결과 지반이 연약하여 자립성이 낮을 경우
   ③ 터널 인접구조물 보호를 위해 지표나 지중 변위를 억제해야 할 경우
   ④ 용수로 인한 지반이완 방지
   ⑤ 편압작용 구간

14-5-16 터널공사 지보재 보조공법 109(25), 127(25)

1. 터널공사 지보재 보조공법

대책		목적	적용공법
① 지반강화 및 구조적 보강		천단부 안정	강관다단그라우팅
			Forepoling
			Pipe Roof
			경사 Rock Bolt
		막장면, 바닥면 안정	막장면 숏크리트, 록볼트
			가인버트 설치
			약액주입공법
② 용수 대책		지수	약액주입공법
		배수	수발공 시공
			웰 포인트 시공
③ 침하보강		침하 저감	지반 그라우팅 실시

| 14-5-17 | forepoling(포어폴링) | 96(10) |

1. 개요
   - 막장면의 연약층 붕괴가 우려시 강관 등 이용하여 천단부를 일시적 보강하는 공법
2. 목적
   - ① 굴착 천단부의 안정도모
   - ② 막장 전반의 지반보강 및 느슨함 방지
3. 설치기준
   - ① 길이 : 굴진장의 2.5-3배
   - ② 간격 : 매굴진장 마다
   - ③ 범위 : 120°

| 14-5-18 | pipe roof(파이프 루프), 강관다단그라우팅 | 96(10) |

1. 개요
   - 굴착에 따른 변위 최대한 억제하고, 상부시설물 보호하기 위한 공법
   - 시멘트 1회 주입시 파이프 루프, 다단주입시 강관다단그라우팅 공법으로 구분
2. 특징
   - ① 토사 지반에도 보강효과가 탁월
   - ② 중량에 비해 휨강성이 크며, 취급 용이
3. 설치기준
   - ① 재질 : 강관
   - ② 길이 : 6m 이상
   - ③ 횡방향 설치간격 : 30-60cm
   - ④ 횡방향 설치범위 : 90-180°
   - ⑤ 종방향 설치각도 : 0-15°

| 14-5-19 | 언더피닝 및 파이프루핑 보강작업계획수립 시 포함사항 |

1. 언더피닝 및 파이프루핑 보강작업계획수립 시 포함사항 (터널공사 표준안전작업지침 제6조)
   - ① 정밀토층, 지하매설물 등의 사전검토
   - ② 지반지지력구조 계산시 통과차량, 지진 등에 대한 충분한 안전율 적용
   - ③ 강재 지보구간의 경우 취성파괴에 대한 사전 예방대책
   - ④ 재크의 마모, 작동 등의 이상유무 확인
   - ⑤ 가설구조는 응력계, 침하계, 수위계에 의한 주기적 분석의 변위 허용기준 설정
   - ⑥ 언더피닝구간 등의 토사굴착은 사전에 단계별 순서와 토량을 정확하게 산정
   - ⑦ 기계·장비 굴착에 의한 진동 최소화
   - ⑧ 용출수 및 누수 발생 시 급결제 등의 방수 및 배출수 유도시설

14-6-1 배수터널, 비배수터널

1. 개요
   - ① 배수터널 : 지하수 유도 배수관 설치
   - ② 비배수터널 : 터널 전면 방수막설치, 지하수 유입 전면 차단

2. 개념도 및 특징

배수터널	비배수 터널
(부직포+방수, 유공관)	(부직포+방수)
- 터널 천정, 측면부 방수막	- 전 굴착면 방수막 설치
- 내부 배수구 또는 외부 배수구	
① 지하수량 적은곳	① 지하수량 많은곳
② 주변영향 없는 곳	② 지하수위 영향 많은곳

14-6-2 배수 및 방수계획 수립 시 포함사항

1. 개요

   사업주는 터널내의 누수로 인한 붕괴위험 및 근로자의 직업안전을 위하여 지반조사, 추가조사를 근거로 하여 배수 및 방수계획을 수립한 후 그 계획에 의하여 안전조치를 해야 함.

2. 배수 및 방수계획 수립 시 포함사항 (터널공사표준안전작업지침 제29조)
   - ① 지하수위 및 투수계수에 의한 예상 누수량 산출
   - ② 배수펌프 소요대수 및 용량
   - ③ 배수방식의 선정 및 집수구 설치방식
   - ④ 터널내부 누수개소 조사 및 점검 담당자 선임
   - ⑤ 누수량 집수유도 계획 또는 방수계획
   - ⑥ 굴착상부지반의 채수대 조사

14-6-3 누수에 의한 위험방지

1. 누수에 의한 위험방지 준수사항 (터널공사 표준안전작업지침 제29조)
   - ① 터널 내의 누수개소, 누수량 측정담당자 선임
   - ② 누수 발견 시 토사 유출로 인한 상부 지반의 공극 확인
   - ③ 분당 누출 누수량 측정
   - ④ 뿜어붙이기 콘크리트 부위에 토사유출의 용수 발생시 즉시 작업을 중단
   - ⑤ 지중침하, 지표면 침하 등 계측 결과 확인, 정밀지반 조사 후 급결그라우팅 조치
   - ⑥ 집수유도로 설치, 방수 조치

14-6-4 누수 및 용출수 처리 시 확인 사항

1. 누수 및 용출수 처리 시 확인 사항 (터널공사 표준안전작업지침 제29조)
   - ① 누수에 토사의 혼입 정도 여부
   - ② 배면 또는 상부지층의 지하수위 및 지질 상태
   - ③ 누수를 위한 배수로 설치시 탈수 또는 토사유출로 인한 붕괴 위험성 검토
   - ④ 방수로 인한 지수처리 시 배면 과다 수압에 의한 붕괴의 임계 한도
   - ⑤ 용출수량의 단위시간 변화 및 증가량

14-6-5	터널 용수 대책	100(25)
1. 터널 용수 대책		
	1) 용수처리공	
	- 숏크리트 시공시 굴착면에서 많은 용수가 나올 때에는 숏크리트 시공 전에	
	용수를 끌어내는 용수 처리공을 설치(숏크리트 타설면 용수처리방법)	
	① 파이프를 숏크리트 벽면에 설치하여 배수구멍에 의해 배수하는 방법	
	② 반가른 파이프로 물을 끌어내고 파이프 위에서 뿜어내는 방법	
	2) 누수처리공	
	① 지수공법: 누수량이 적고 수압이 작은 경우(모르타르, 우레탄 등 도포)	
	② 도수공법 : 누수량이 많고 지수로 처리곤란 시 적용	
	③ 배면처리 공법	
	- 누수량이 많고 집중적으로 분출하는 경우 적용	
	- 수평시추를 하여 유공관을 삽입하여 배수	

14-6-6	그라우팅 공법	
1. 개요		
	주입재를 지반에 주입하여 지반 강도 및 지수성 증진 등 구조물 안정성 도모	
2. 목적		
	① 굴착 시 주변 지반 붕괴방지	
	② 지반 지수성 증진시켜 용수 방지	
	③ 지반 변위 억제	
3. 주입약액에 따른 분류		
	① SGR	
	② LW	
	③ 우레탄	

14-7-1	라이닝 콘크리트

1. 개요
   터널 공사에서 굴착 후 굴착면을 피복하는 데 사용되는 콘크리트

2. 라이닝 콘크리트 역할
   ① 구조체로서 역학적 기능
   ② 외력 저항(수압, 토압)
   ③ 내구성 향상 및 미관
   ④ 터널 내 점검 및 보수관리 기능

14-7-2	콘크리트 라이닝 공법 선정 시 검토사항

1. 콘크리트 라이닝 공법 선정 시 검토사항
   ① 지질, 암질상태
   ② 단면형상
   ③ 라이닝의 작업능률
   ④ 굴착공법

14-7-3	지반 특성에 따른 콘크리트 라이닝

1. 지반 특성에 따른 콘크리트 라이닝 형상

   -지반 조건이 악화됨에 따라 변하는 순서로 지반특성과 라이닝 형상 변화

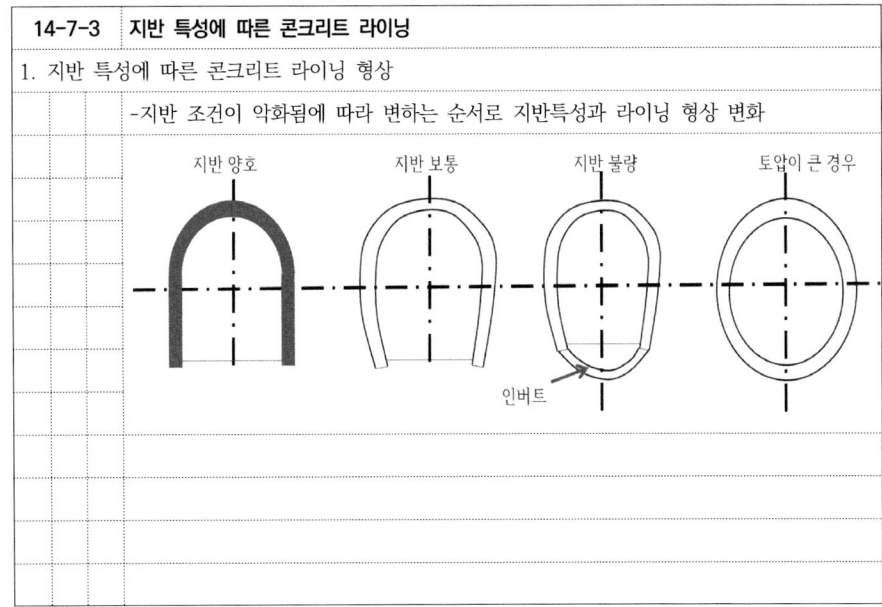

14-7-4	콘크리트 라이닝 시공 시 사전 검토사항

1. 콘크리트 라이닝 시공 시 사전 검토사항 (터널공사 표준안전작업지침 제22조)
   ① 라이닝 콘크리트 배면과 뿜어붙인 콘크리트면 사이의 공극 방지
   ② 콘크리트 재료의 혼합 후 타설 완료 때까지의 소요 시간
   ③ 콘크리트 재료의 분리, 손실, 이물의 혼입 방지 방법의 운반
   ④ 콘크리트 타설 표면 이물질 사전 제거
   ⑤ 1구간의 연속 타설, 좌우대칭 같은 높이로 하여 타설로 거푸집에 편압 방지
   ⑥ 타설 슈트, 벨트컨베이어 등 사용 시 충격, 휘말림 등에 충분한 주의
   ⑦ 터널 천정부의 처짐으로 인한 공극방지 위해 경화 후 접착 그라우팅 시행

14-7-5 터널 구조물 공사 시 위험요인 및 안전대책

1. 터널 구조물 공사 시 위험요인 및 안전대책

   1) 방수작업

위험요인	안전대책
① 방수작업 대차에서 작업 중 추락	① 작업 대차 안전가시설 설치
② 방수시트 부착시 화기 사용으로 화재	② 작업장소 인근 소화기 비치
③ 작업대차 이동 중 부딪침	③ 이동경로상 출입금지 조치
④ 탑승한 채 작업대차 이동중 추락	④ 작업자 탑승한 채 작업대차 이동금지

   2) 라이닝 철근조립

위험요인	안전대책
① 철근 조립 시 작업대차에서 추락	① 작업대차 안전난간대 설치
② 작업대차 상.하 이동 시 추락	② 작업대차 승강설비 설치

   3) 라이닝 콘크리트

위험요인	안전대책
① 폼 셋팅시 끼임	① 근로자간 신호체계 수립
② 콘크리트 배송관 연결 파손에 맞음	② 배관 연결부 타설전 점검
③ 콘크리트 운반차량 출입 시 끼임	③ 신호수 배치

14-7-6 이동식 거푸집 설치 시 준수사항

1. 이동식 거푸집 설치 시 준수사항 (터널공사 표준안전작업지침 제23조)

   ① 이동식 거푸집 제작 시 작업공간 확보
   ② 볼트, 너트 등으로 견고히 고정하며, 휨, 비틀림, 전단 등 응력에 대하여 점검
   ③ 거푸집 이동용 궤도는 침하방지 위해 지반의 다짐, 편평도 사전 점검
   ④ 장시간 방치 시 유압실린더, 플레이트 등의 파손, 이완 재확인하여 교체, 보강조치
   ⑤ 타설 충격에 의한 거푸집 변위방지 목적으로 가설앵커, 쐐기설치

14-7-7 조립식 거푸집 설치 시 준수사항

1. 조립식 거푸집 설치 시 준수사항 (터널공사 표준안전작업지침 제23조)

   ① 제작 조립도의 조립순서 준수
   ② 해체 시 순서에 의해 부재 정리 정돈하고 유해물질 제거
   ③ 조립, 해체 반복작업에 의한 볼트, 너트의 손상률 사전 검토, 충분한 여분 준비
   ④ 라이닝플레이트 등의 절단, 변형, 탈락 시 용접 접합 금지
   ⑤ 벽체 및 천정부 작업시 작업대 설치
   ⑥ 사다리, 안전난간대, 안전대 부착설비, 이동용 바퀴 및 정지장치 등 설치

14-7-8 거푸집을 조립 시 준수사항

1. 거푸집을 조립 시 준수사항 (터널공사 표준안전작업지침 제24조)

   ① 작업 전 콘크리트의 1회 타설량, 타설길이, 타설 속도 고려
   ② 거푸집 측면판은 모르타르가 새어나가지 않도록 원지반에 밀착, 고정
   ③ 콘크리트 양생 기준 준수
   ④ 철근의 앵커구조, 피복규격 등 확인
   ⑤ 철근의 변위, 이동방지용 쐐기 설치 상태 확인

14-8-1 터널 계측　　　　93(10), 112(25), 115(25), 133(10)

1. 개요
   - 굴착에 따른 지반, 주변구조물 및 지보재의 변위와 응력의 변화를 알기위한 방법

2. 터널 계측목적
   - ① 설계, 시공에 계측 결과를 반영
   - ② 주변 구조물 영향 파악
   - ③ 주변 지반 거동 파악
   - ④ 지보재 효과 파악
   - ⑤ 소송 관련 근거자료로 활용
   - ⑥ 향후 공사계획시의 기초자료로 활용

14-8-2 계측관리

1. 개요
   - ① 터널작업시 사전에 계측계획을 수립하고 계획에 따라 계측
   - ② 계측결과를 설계 및 시공에 반영, 측정기준을 명확히 하여 공사 안전성 도모
   - ③ 일상계측과 대표계측 구분하여 관리

2. 계측 계획수립 시 포함사항 (터널공사표준안전작업지침 제26조)
   - ① 측정위치 개소 및 측정의 기능 분류
   - ② 계측시 소요장비
   - ③ 계측빈도
   - ④ 계측결과 분석방법
   - ⑤ 변위 허용치 기준
   - ⑥ 이상 변위시 조치 및 보강대책
   - ⑦ 계측 전담반 운영계획
   - ⑧ 계측관리 기록분석 계통기준 수립

14-8-3 계측측정 기준

1. 계측측정 기준 (터널공사표준안전작업지침 제25조)

① 터널내 육안조사	② 내공변위 측정
③ 천단침하 측정	④ 록 볼트 인발시험
⑤ 지표면 침하측정	⑥ 지중변위 측정
⑦ 지중침하 측정	⑧ 지중수평변위 측정
⑨ 지하수위 측정	⑩ 록 볼트 축력측정
⑪ 뿜어붙이기 콘크리트 응력측정	⑫ 터널내 탄성과 속도 측정
⑬ 주변 구조물의 변형상태 조사	

14-8-4 계측 항목　　　　112(25), 133(10)

1. 개요
   - 일상계측 : 반드시 실시해야 할 항목
   - 대표계측 : 지반조건을 고려하여 필요에 따라 선정하는 항목

2. 계측 항목

일상계측	대표계측
① 갱내 관찰조사	① 지중변위 측정
② 내공변위 측정	② 록볼트 축력 측정
③ 천단침하 측정	③ 라이닝 응력 측정
④ 지표침하 측정	④ 지중침하 측정
⑤ 록볼트 인발 시험	⑤ 갱외 측정
	⑥ 갱내 탄성파 속도 측정

14-8-5 계측기 관리 시 준수사항

1. 계측기 관리 시 준수사항 (터널공사표준안전작업지침 제28조)

   ① 전문교육을 받은 계측 전담원 지정하에 계측

   ② 계측기 관계자 이외 취급 금지

   ③ 계측 결과 분석 후 충분한 기술자료 및 표준지침에 의거 하여 조치

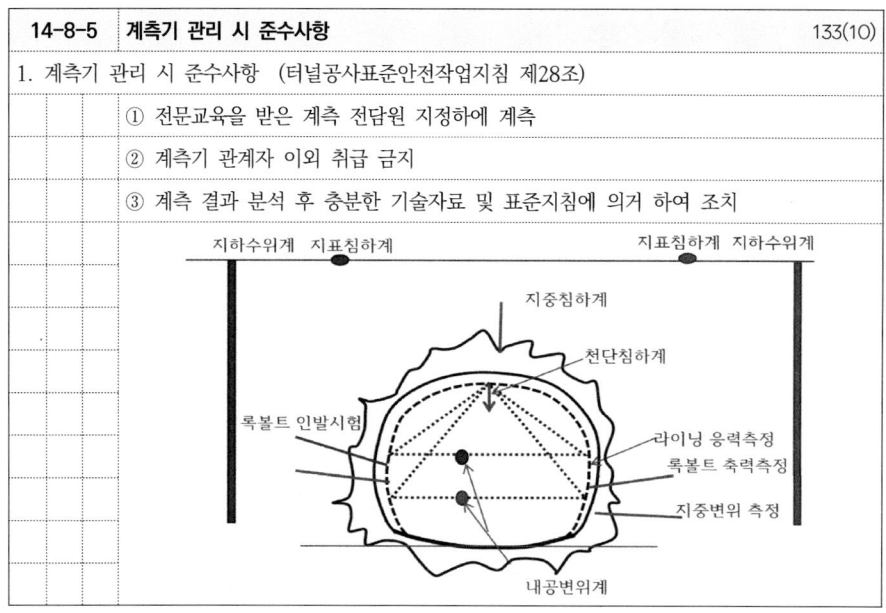

14-9-1 터널 작업환경 저해요인

1. 터널 작업환경 저해요인

   ① 조명시설 미흡
   - 시계불량으로 사고 우려

   ② 환기불량
   - 유해가스 등 건강장해

   ③ 분진
   - 진폐증 등 직업병

   ④ 소음
   - 난청 등 청각장해

   ⑤ 진동
   - 중추신경계 장해

14-9-2 터널 작업환경 안전보건대책

1. 터널 작업환경 안전보건대책

   1) 조명 - 작업면에 대한 조도기준 준수

막장구간	터널중간구간	터널입.출구, 수직구 구간
70 LUX 이상	50 LUX 이상	30 LUX 이상

   2) 환기
   ① 충분한 용량의 환기계획수립 및 설치
   ② 환기가스 처리장치 없는 디젤기관 투입금지
   ③ 발파후 30분이상 환기/ 37도 이하로 환기

   3) 분진
   ① 천공시 습식드릴사용 및 분진제거 작업방식 선택
   ② 숏크리트 습식공법 사용
   ③ 방진마스크, 보안경 등 지급,착용

   4) 소음
   ① 저소음 장비 사용, 저소음 공법 적용
   ② 귀마개 등 방음보호구 착용

   5) 진동 - 방진용 보호구 착용

14-9-3 터널 환기용량 산출기준

1. 터널 환기용량 산출기준 (터널공사표준안전작업지침 제39조)
   ① 발파 후 가스 배출량에 대한 소요환기량
   ② 근로자의 호흡에 필요한 소요환기량
   ③ 디젤기관의 유해가스에 대한 소요환기량
   ④ 숏크리트 분진에 대한 소요환기량
   ⑤ 암반 및 지반자체의 유독가스 발생량

14-9-4 터널 시공 중 환기방식 종류

1. 터널 시공 중 환기방식 종류

소요환기량에 따른 분류	공기흐름에 따른 분류
① 중앙집중환기방식	① 종류식
② 단열식 송풍방식	② 반횡류식
③ 병열식 송풍방식	③ 횡류식

2. 터널 연장에 따른 환기시설 적용

터널 연장	환기시설	비고
500m 이하	자연환기	
500m - 1km	Jet Fan(종류식)	
1km - 2km	단열식 송풍기(반횡류식)	한쪽 덕트만 사용
2km 이상	병열식 송풍기(횡류식)	두 덕트 사용
5km 이상	중앙집중 환기식(종류식)	중앙 수직갱 설치
	연직 송배기식(종류식)	

14-9-5 환기시설 설치 시 준수사항

1. 환기시설 설치 시 준수사항 (터널공사표준안전작업지침 제39조)
   ① 충분한 용량의 환기설비를 설치
   ② 발파 후 유해가스, 분진 및 내연기관의 배기가스 등을 신속히 환기
   ③ 발파 후 30분 이내 배기, 송기가 완료
   ④ 환기가스처리장치가 없는 디젤기관은 터널 내의 투입금지
   ⑤ 터널 내 기온 37℃ 이하로 환기
   ⑥ 소요환기량에 충분한 용량의 설비 설치
   ⑦ 중앙집중환기방식, 단열식 송풍방식, 병열식 송풍방식의 기준에 의한 계획수립

14-10-1 여굴의 원인과 방지대책 106(10), 122(25), 132(25)

1. 개요
터널 설계 굴착면 외측으로 발생하는 공간으로 필요 이상의 굴착부

2. 여굴의 원인
① 발파에 의한 원인
② 천공기능에 의한 원인
③ 지반조건에 의한 원인
④ 사용장비에 의한 원인

3. 여굴 방지대책
① 정밀폭약 및 적정량 사용
② 제어발파공법 적용
③ 숙련 작업자 활용 및 교육
④ 여굴 예상 선진그라우팅 실시
⑤ 적정 사용장비의 선정

14-10-2 편압

1. 개요
토압이 터널에 대하여 좌우대칭이 아니고, 한측으로 치우쳐 작용하는 것

2. 편압 작용 원인
① 사면활동에 의한 편압
② 사면 절취에 의한 편압
③ 하천의 침식에 의한 편압
④ 하천등의 수위저하에 따른 편압

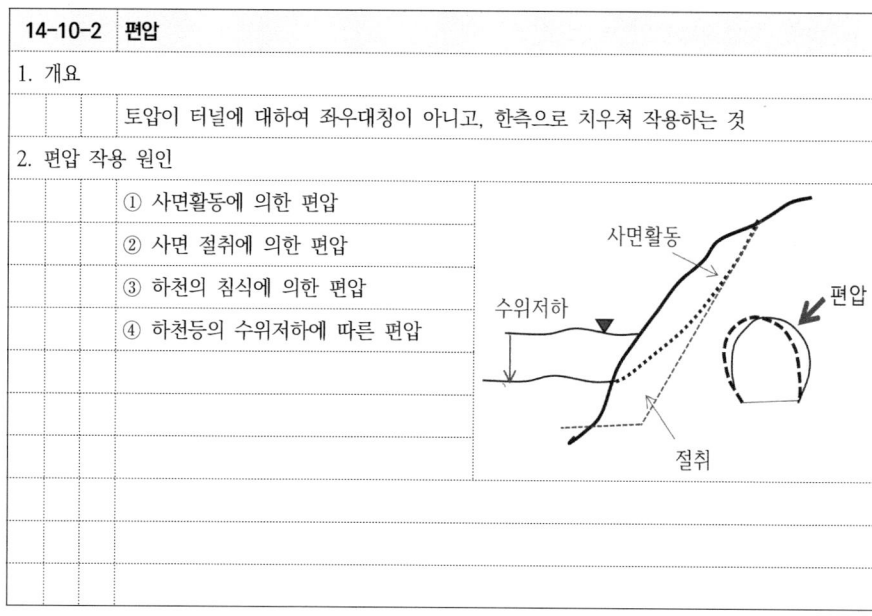

14-10-3 편압에 대한 대책공법 90(10), 108(10)

1. 편압에 대한 대책공법
① 편압경감
 - 터널 상부지반의 절취
② 지반보강
 - 사면보호공
 - 지하수위 저하
③ 저항지압 확보
 - 압성토 설치
 - 보호 콘크리트
④ 라이닝 보강
 - 배면 공동 충진
 - 록볼트 설치
 - 인버트 설치

14-10-4 터널 붕락 유형, 원인

1. 터널 붕락 유형
① 무지보 막장면에서 지하수의 유입과 함께 붕락 발생
② 지반 절리 형상에 따라 막장면과 측벽에서 쐐기 파괴 발생
③ 굴착 저면의 지지력 부족으로 인해 터널이 침하하는 전단 파괴 발생

2. 터널 붕락 사고의 원인
① 막장관찰 결과 미반영 시공
② 연약지반 구간 굴착 시 보강검토 미흡
③ 설치각도가 부적절한 록볼트 시공
④ 록볼트 충진불량
⑤ 과도한 굴진장
⑥ 분할굴착 시 설계기준 미준수
⑦ 용수처리 미흡
⑧ 계측결과에 대한 조치 미흡

14-10-5	터널 붕락사고 방지대책

1. 터널 붕락사고 방지대책
   ① 막장붕괴 우려 시 숏크리트 및 록볼트 시공
   ② 1회 굴진장 짧게 시공
   ③ 연약지반 구간 적절한 보강대책 시행
   ④ 분할 굴착 설계기준 준수
   ⑤ 적절한 보조공법 적용
   ⑥ 약액주입공법 등 용수의 유입 차단
   ⑦ 저토피 구간 가인버트 시공
   ⑧ 자립시간 이내에 적절한 지보공 시공
   ⑨ 계측결과에 대한 적절한 조치 시행

MEMO

26년 대비

건설안전기술사 핵심개념 총정리

제 15 장

교량공사

제 15 장 교량공사

15	교량공사
	1. 총칙
	2. 가설공법
	3. PSC 교량
	4. 문제점
	5. 교량의 계측 및 안전성 평가.관리

15	교량공사
1. 총칙	
	- 102(10). Preflex Beam
	- 108(10). 합성형 거더(Composite Girder)

15	교량공사
2. 가설공법	
	- 114(25). 콘크리트 교량의 가설공법 중 ILM(Incremental Launching Method) 공법 특징과 작업시 사고방지대책에 대하여 설명하시오
	- 107(25). M.S.S(Movable Scaffolding System) 교량 가설공법의 시공순서 및 공정별 중점 안전관리사항에 대하여 설명하시오.
	- 129(25). 교량공사의 FCM(Free Cantilever Method) 공법 및 시공순서에 대하여 기술하고 세그먼트(Segment)시공 중 위험요인과 안전대책 설명하시오.
	- 121(25). F.C.M(Free Cantilever Method)공법의 특징과 가설시 안전대책 설명
	- 119(25). FCM과 MSS 공법에서 사용되는 교량용 이동식 가설구조물의 안전관리방안에 대하여 설명하시오
	- 119(10). 프리캐스트 세그멘탈 공법(Precast Prestressed Segmental Method)
	- 122(25). 강교 가조립의 순서, 가설(架設)공법의 종류와 안전대책 설명

15	교량공사
3. PSC 교량	
	- 134(25). PSC 거더(Prestressed Concrete Girder) 공사 중 사고 예방을 위해 PSC 거더의응력변화와 긴장작업 시 주의사항 및 시공 단계별 안전 유의사항에 대하여 설명하시오.
	- 106(25). 프리스트레스트 콘크리트에 대한 다음 사항을 설명하시오. 가) 정의, 특정, 긴장방법, 시공 시 유의사항 나) PSC 거더 (Girder) 긴장 시 주의사항 및 거치 시 안전조치사항

15	교량공사
4. 문제점	
	1) 교량받침
	- 104(25). 교량공사에서 교량받침(교좌장치)의 파손원인 및 대책과 부반력 발생 시 안전대책에 대하여 설명하시오.
	- 113(10). 교량받침에 작용하는 부반력에 대한 안전대책을 설명하시오.
	- 120(25). 교량 받침(Bearing)의 파손 발생원인 및 방지대책에 대하여 설명하시오.
	2) 측방유동
	- 111(25).120(25). 교대의 측방유동 발생 시 문제점과 발생원인 및 방지대책
	3) 세굴
	- 100(25). 하상준설에 의해 하상고가 낮아짐에 따라 기존교량 기초보강 및 세굴방지공 설치방안
	- 108(25). 교량의 하부구조물의 세굴발생원인 및 방지대책, 조치사항 설명

15	교량공사
5. 교량의 계측 및 안전성 평가.관리	
	1) 계측
	- 109(25). 공용중인 장대 케이블교량의 안전성 분석을 위한 상시 교량계측시스템 (BHMS:Bridge Health Monitoring System)에 대하여 설명하시오
	2) 안전성 평가.관리
	- 101(25). 기존 교량 내하력 조사 내용과 평가
	- 117(25). 교량의 안전도 검사를 위한 구조 내하력 평가방법에 대하여 설명하시오
	- 119(25). 허용응력설계법과 극한강도설계법으로 교량의 내하력 평가방법 설명

15-1-1	교량의 분류
1. 교량의 분류	
	1) 구조형식에 따른 분류
	① 라멘교 : 교량의 상부구조와 하부구조를 강결로 연결하여 문형태로 구성한 구조
	② 거더교 : 거더를 수평으로 걸쳐 배치하고 바닥판을 구성
	③ 현수교 : 주탑에서 늘어뜨린 주케이블에 거더를 현수재로 연결 지지하는 형식
	④ 사장교 : 주탑 시공 후 교량 상판을 케이블로 연결 지지하는 형식
	⑤ 트러스교 : 삼각형으로 연결된 트러스의 강성을 이용한 교량
	⑥ 아치교 : 본체가 아치로 되어 있는 교량
	2) 설계하중
	1등교(DB-24), 2등교(DB-18) , 3등교(DB-13.5)
	3) 사용재료
	콘크리트교, PSC교, 강교 등

15-1-2	교량의 구조
1. 개요	
	교량은 상부구조, 교좌장치, 하부구조로 구성
2. 교량의 구조	

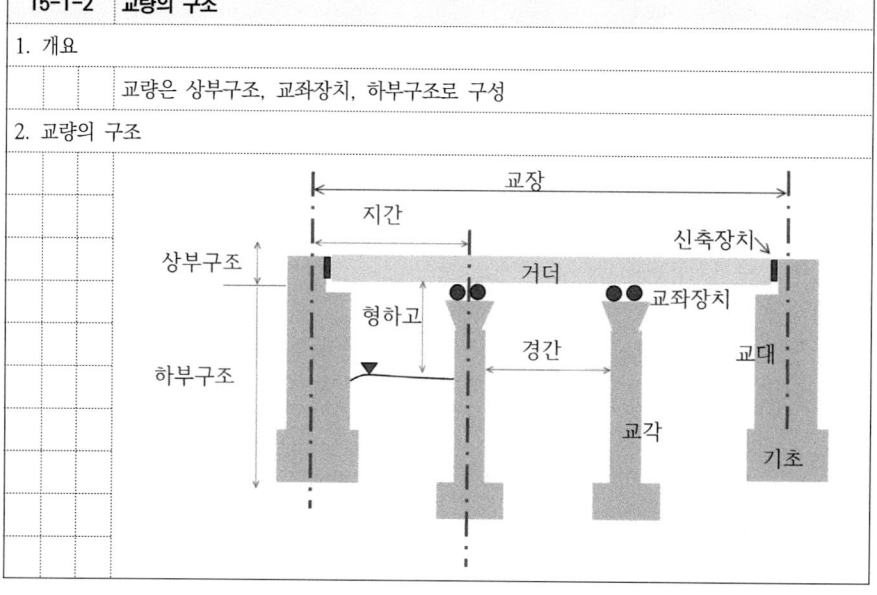

15-1-3 교량의 받침(Bearing)

1. 개요
- 교량 상부하중 하부에 전달하고 이동 및 회전으로 발생되는 상부구조의 변위 제어 감소시켜 2차응력 최소화 하는 장치

2. 교량 받침의 기능
- ① 하중전달
- ② 신축기능 : 상대변위를 원활히 흡수
- ③ 회전기능 : 활하중에 대한 변위 흡수

Roller Type

회전기능	미끄러짐 기능

3. 교량 받침 종류별 특징

① Sliding Type	② Rocker Type	③ Roller Type	④ Fixed Type
단경간 교량에 유리	장경간에서 중량 하중이 작용할 때 유리	큰 상부 하중이 작용할 때 유리	교대단부는 이동되지 않고 회전만 가능

15-1-4 Camber

1. 개요
- 교량 스팬의 처짐을 대비하여 미리 솟음을 주는 것

2. Camber의 목적
- ① 스팬 자중에 대한 처짐방지
- ② Creep 변형에 대한 대비

15-1-5 Preflex Beam   102(10), 108(10)

1. 개요
- camber가 주어진 고강도 강재보에 미리 설계하중을 재하시킨 후 하부 플랜지에 콘크리트 타설하여 제작한 합성 빔

2. 특징
- ① 거더높이 제한 시 유리
- ② 충분한 강성(소음.진동 小)

3. 제작순서
- camber 처리 - 하중재하 - 하부 플랜지 타설 - 상부 플랜지 콘크리트 타설

15-2-1 교량 가설공법

1. 교량 가설공법분류
   1) 현장타설공법
      ① F.S.M 공법 (동바리 공법 : Full Staging Method)
      ② I.L.M 공법 (압출공법 : Incremental Launching Method)
      ③ M.S.S 공법 (이동식 지보 공법 : Movable Scaffolding Method)
      ④ F.C.M 공법 (외팔보 공법 : Free Cantilever Method)
   2) 프리캐스트(Precast) 공법
      ① 프리캐스트 거더 공법(PGM)
      ② 프리캐스트 세그먼트 공법(PSM)

15-2-2 F.S.M 공법 (동바리 공법 : Full Staging Method)

1. 개요

   경간 전체 동바리나 벤트를 설치하고 콘크리트 타설 및 프리스트레스 주는 공법

2. 특징

   ① 교량 높이(형하고)가 낮은 경우 적합
   ② 양호한 지반
   ③ 동바리의 기초침하, 거푸집 변위 및 타설 중 편심하중에 의한 동바리 변위 관리

15-2-3 ILM, MSS, FCM 교량 가설공법의 특징

1. ILM, MSS, FCM 교량 가설공법의 특징

구분	ILM	MSS	FCM
방법	제작장 제작 압출	이동식 거푸집 비계보 이동	이동식 작업차 이동
경간	30-60m	40-50m	50-200m
경제성	고교각	다경간	장경간
안전성	하부조건 무관	비교적 안전	불균형 모멘트 대책
특징	제작장 공간 필요	연약지반에 적용	깊은계곡, 하천
	변단면 시공 불가능	가설장비 대형, 장비고가	F/T 사용대수에
	압출마찰 최소화조치	교각이 높을수록 경제적	따라 공기조절 가능

15-2-4 I.L.M 공법 (압출공법 : Incremental Launching Method) 114(25)

1. 개요

   작업장에서 일정 길이의 Segment 제작 후 추진 잭으로 밀어 교량을 가설

2. 시공순서 (KOSHA C - 10 - 2016)

   Segment제작 - 추진코 부착 - 압출 - 강재 긴장 - 교좌장치 고정

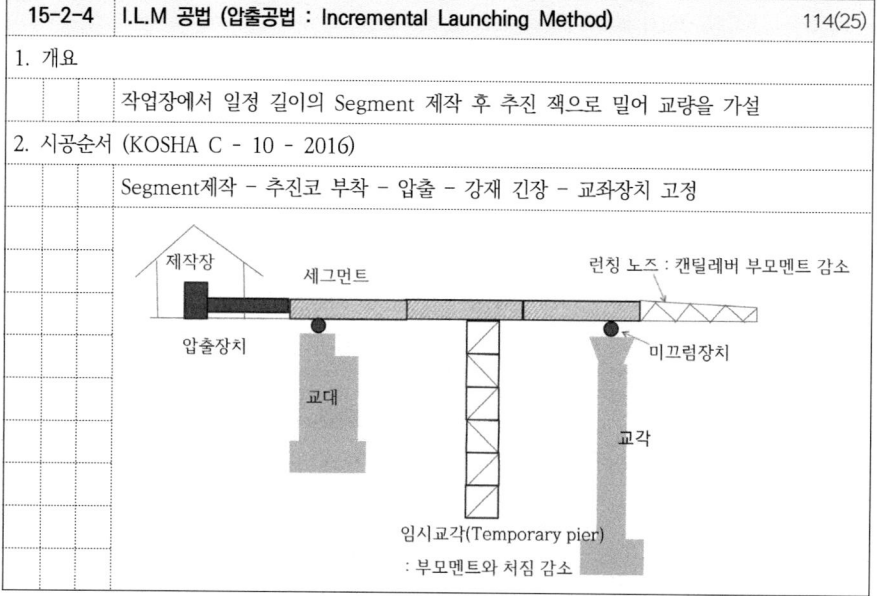

15-2-5 M.S.S 공법 (이동식 지보 공법 : Movable Scaffolding Method) 107(25), 119(25)

1. 개요
   - 거푸집이 부착된 특수한 이동식 지보(비계보와 추진보)를 이용하여 한 경간씩 이동하면서 시공하는 공법

2. 시공순서 (KOSHA C - 35 - 2011)
   - 교각 브라켓부착 - 거푸집이 부착된 이동식 지보 설치 - 타설/양생 - M.S.S 이동

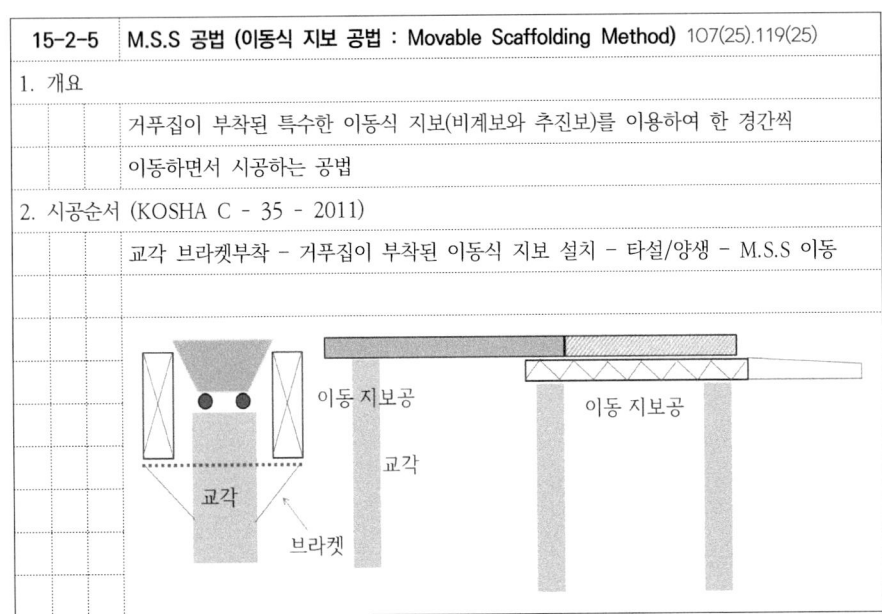

15-2-6 F.C.M 공법 (외팔보 공법 : Free Cantilever Method) 119(25), 129(25)

1. 개요
   - 교각 위에 Form Traveller를 설치해 교각을 중심으로 좌우 1 Segment씩 상부 구조물을 가설하는 공법

2. 시공순서 (KOSHA C - 67 - 2016)
   - 교각공사 - 주두부 시공 - F/T설치 - Segment 시공 - Key Segment 연결

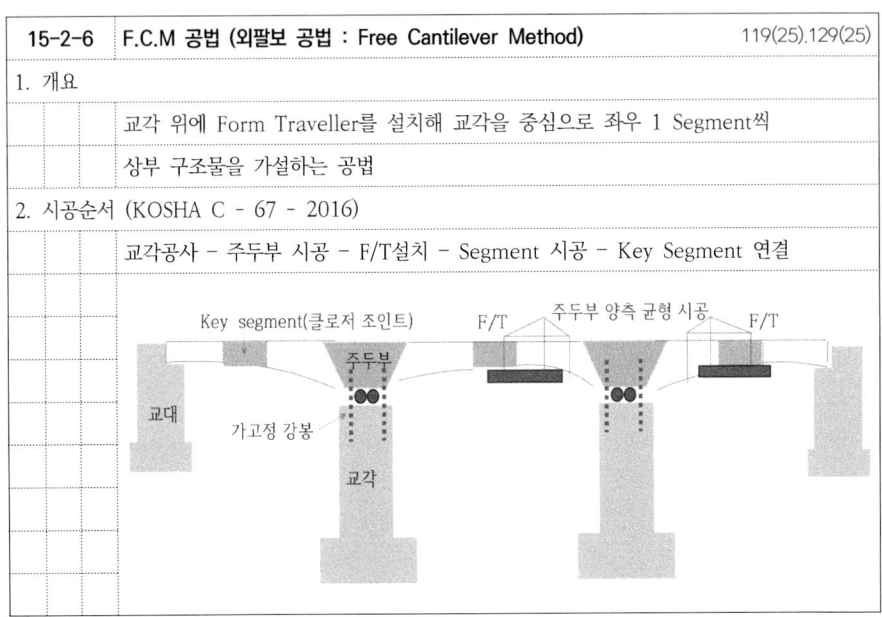

15-2-7 F.C.M 공법의 불균형 모멘트 원인 및 방지대책 119(25), 121(25), 129(25)

1. F.C.M 공법의 불균형 모멘트 원인
   ① 양측 캔틸레버의 자중차이
   ② 가설하중의 편재하
   ③ 한쪽 세그먼트의 선 시공
   ④ F/T 위치 차이
   ⑤ 풍하중에 의한 상향력 차이

2. F.C.M 공법의 불균형 모멘트 원인 및 방지대책
   ① 가벤트 설치
   ② 스테이 케이블 설치
   ③ 가고정 콘크리트 블록 설치
   ④ 가고정 강봉 설치
   - 커플러 체결상태, 긴장력 확보
   ⑤ 양측 균형 시공

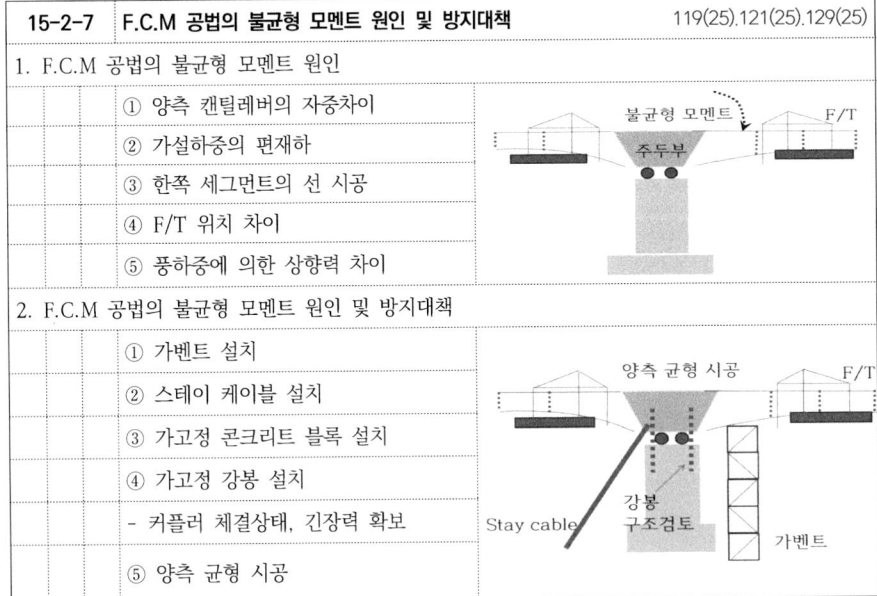

15-2-8 프리캐스트(Precast) 공법

1. 개요
   - 프리캐스트 콘크리트(PC) 공법은 공장이나 현장내에서 제작 후 접합하는 방식

2. 프리캐스트(Precast) 공법 분류
   ① P.G.M(Precast Girder Method)
   - 제작장에서 경간길이로 제작 후 현장에 운반, 가설장비 이용하여 가설
   ② P.S.M(Precast Segment Method)
   - Segment인 거더를 제작장에서 제작 후 가설장비 이용하여 가설

3. 특징
   ① 대형장비 필요
   ② 공기단축
   ③ 기후영향이 없음

15-2-9 P.S.M 공법 (Precast Segment Method)

1. 개요
Segment를 제작장에서 제작하여 가설 현장으로 거치한 후 강선(Tendon)을 이용하여 세그먼트를 서로 연결시켜 상부 구조를 완성하는 공법

2. 시공순서 (KOSHA C - 3 - 2011)
런칭거더 조립, 설치 - 세그먼트 제작, 운반 - 가설 - 강선 인장. 정착

15-2-10 강교의 가설공법

1. 개요
상부구조를 볼트, 리벳, 용접 등으로 강부재를 박스 또는 트러스 구조로 연결

2. 강교의 가설공법 분류
① 지지방식에 의한 분류
: Girder 하부 지지, Girder 상부 지지, 교체 지지, 대형 Block 공법
② 운반 방법에 의한 분류
: 자주식 Crane 이용, 철탑 Crane 설치, Barge 이용, Rail 설치

15-3-1 프리스트레스트 콘크리트(PSC) 교량　　106(25), 134(25)

1. 개요
   - PSC 교량이란 PSC 거더를 지상에서 제작한 후 교각에 인양, 거치하여 상부구조를 형성시키는 작업

2. 프리스트레스트 콘크리트 거더 제작순서 (KOSHA C - 41 - 2011)

   PSC거더(Prestressed concrete girder)
   - 외력에 의한 인장응력을 상쇄시키기 위해 미리 압축응력 도입한 부재

   ②타설 후 양생　③강재 긴장 후 정착
   ①쉬스관 배치　④그라우팅
   Post tension 방식

   ① 쉬스(Sheath)관 : PS강재를 배치하기 위해 콘크리트 타설 전에 미리 배치된 관
   ② PS강재 : 프리스트레스를 가하기 위한 고강도 강재

15-3-2 PSC거더 긴장 시 주의사항　　106(25), 134(25)

1. PSC거더 긴장 시 주의사항 (KOSHA C - 41 - 2011)
   ① 인장장치 후방에는 인장력의 최대반력에 견딜 수 있는 방호벽을 설치
   ② PSC거더의 전도방지조치
   ③ 긴장 작업 시에는 작업지휘자를 선임
   ④ 긴장장치 배면에서의 작업을 금지
   ⑤ 긴장 작업 시 관계자 이외의 접근을 금지
   ⑥ 우천 시 쉬트 등으로 덮는 등 조치

15-3-3 장대 PSC교의 가설공법

1. 장대 PSC교의 가설공법
   ① I.L.M 공법 (압출공법 : Incremental Launching Method)
   ② M.S.S 공법 (이동식 지보 공법 : Movable Scaffolding Method)
   ③ F.C.M 공법 (외팔보 공법 : Free Cantilever Method)
   ④ 프리캐스트 세그먼트 공법(PSM)

15-3-4 PSC교량 작업(거더인양 및 거치) 재해위험요인 및 안전대책　　106(25), 134(25)

1. PSC교량 작업(거더인양 및 거치)시 재해위험요인
   ① 인양고리, 로프 파단에 부재 낙하
   ② 크레인 지브경사각 미준수로 인한 넘어짐
   ③ 지반 지지력 부족으로 인한 크레인 넘어짐
   ④ 거더 거치 중 안전대 미착용으로 인한 떨어짐
   ⑤ 거치 후 전도방지 조치 미실시로 인한 무너짐

2. PSC교량 작업(거더인양 및 거치)시 안전대책
   ① 고리 사전검사 및 로프 손상.변형 등 사용금지
   ② 지브 경사각 준수
   ③ 크레인 작업장소의 지반 보강
   ④ 거더 거치 시 안전대 부착설비 설치 및 안전대체결
   ⑤ 거더 거치 후 전도방지 조치

15-4-1 교량의 부반력 104(25), 113(10)

1. 개요
   - 차량하중 등으로 교량 상판이 들리는 힘
2. 부반력 발생 시 문제점
   - ① 교량상부 구조 전도로 낙교
   - ② 교량 받침기능 상실
3. 부반력 발생 원인
   - ① 곡선교의 반경을 크게 한 경우
   - ② 교량 받침에서 비틀림 모멘트 발생
4. 부반력 제어대책
   - ① 케이블로 제어
   - ② 지점위치 변경
   - ③ 본체강성 확보
   - ④ Out-trigger 방법을 사용

15-4-2 신축이음(Expansion Joint) 파손 원인 및 최소화 방안

1. 개요
   - 교량 상부구조의 온도 변화에 의한 수축, 팽창 및 콘크리트의 Creep 건조수축 및 활하중에 대비하는 이음
2. 신축이음 파손 원인
   - ① 신축이음장치 앵커 시공 불량
   - ② 신축활동 구속
   - ③ 신축량 계산 잘못
   - ④ 신축이음부의 기능 회복 부족
3. 신축이음 파손 최소화 방안
   - ① 충분한 양생
   - ② 적정한 신축장치 선정
   - ③ 신축장치 간격 준수
   - ④ 신축 장치부의 청소

15-4-3 교량받침의 파손원인 및 방지대책 104(25), 120(25)

1. 교량 받침의 파손 원인
   - ① 교좌 설계 오류
   - ② 교좌장치 마모
   - ③ 충전모르타르 균열
   - ④ 집중응력 발생
2. 교량 받침의 파손 방지대책
   - ① 정밀 배치
   - ② 적정한 교좌장치 선정
   - ③ 받침보호용 커버설치
   - ④ 무수축 몰탈 품질관리
   - ⑤ 응력분산 유도
   - ⑥ 받침경사 고려 시공

15-4-4 교대 측방유동 발생원인 111(25), 120(25)

1. 개요
   - 교대 하부 연약지반의 전단파괴에 의한 수평 활동
2. 교대 측방유동 판정 방법
   - ① 측방이동 수정판정지수에 의한 판정 (한국도로공사)
   - ② 원호 활동 안전율에 의한 판정 (Terraghi 공식 적용)
3. 교대 측방유동 발생원인
   - ① 배면 지반침하
   - ② 배면 토압증대
   - ③ 기초처리 불량
   - ④ 교대 배면 성토재 과대중량

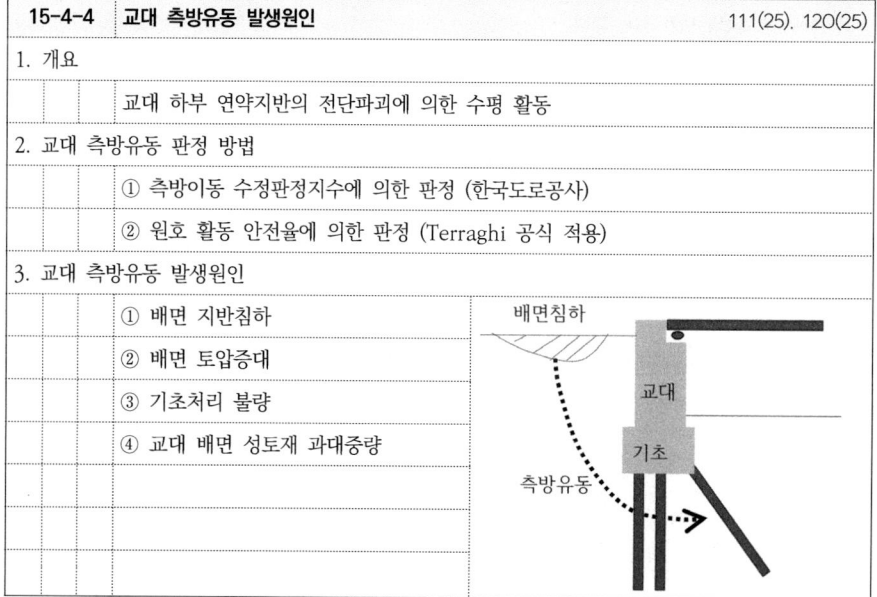

15-4-5 교대 측방유동 방지대책   111(25), 120(25)

1. 교대 측방유동 방지대책
   1) 배면토압경감
      ① 압성토
      ② Approach slab
   2) 뒷채움 성토부의 과대중량 경감
      ① 연속파이프 매설
      ② EPS 공법
   3) 기초부
      ① 케이슨 기초
      ② 말뚝 시공
   4) 연약지반
      ① 약액주입공법
      ② 지반개량

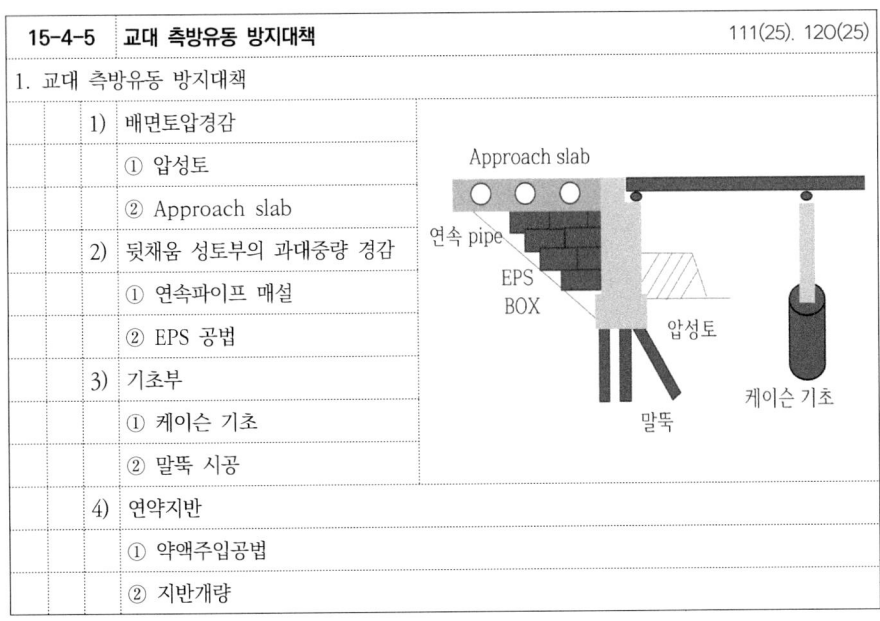

15-4-6 교각의 세굴 발생 원인   100(25), 108(25)

1. 개요
   유수에 의해 교각의 침식이 발생하는 현상
2. 교각의 세굴현상
3. 세굴의 발생 원인
   ① 유로 변경
   ② 홍수 발생
   ③ 유속 증대
   ④ 공동 현상

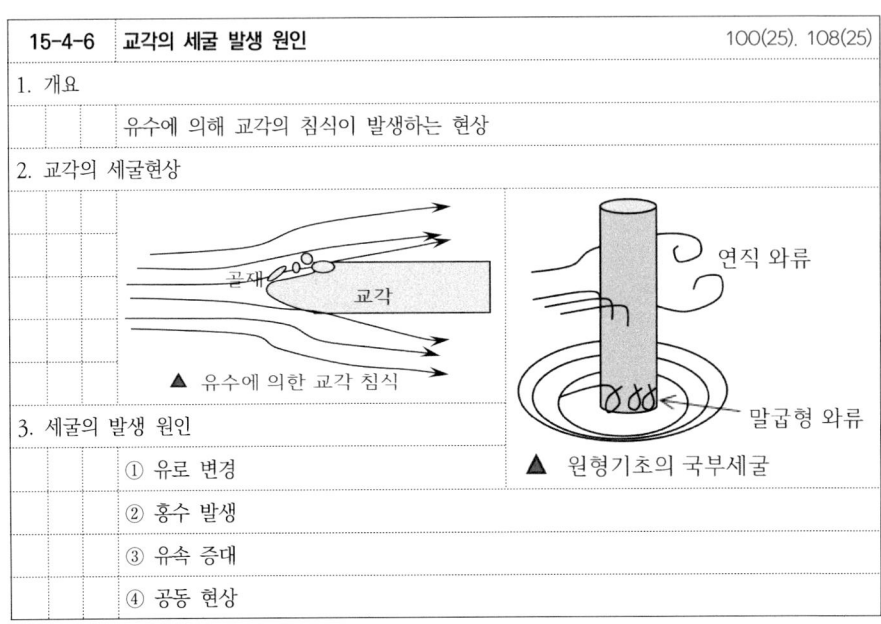

15-4-7 교각의 세굴 방지 대책   100(25), 108(25)

1. 교각의 세굴 방지 대책
   ① Steel Sheet Pile 시공
   ② 세굴 방지석 설치
   ③ Under Pinning 시공
   ④ 깊은 기초 시공
   ⑤ 세굴방지 블럭 설치
   ⑥ Mat 시공
   ⑦ 하상 라이닝 시공
   ⑧ 하상정리

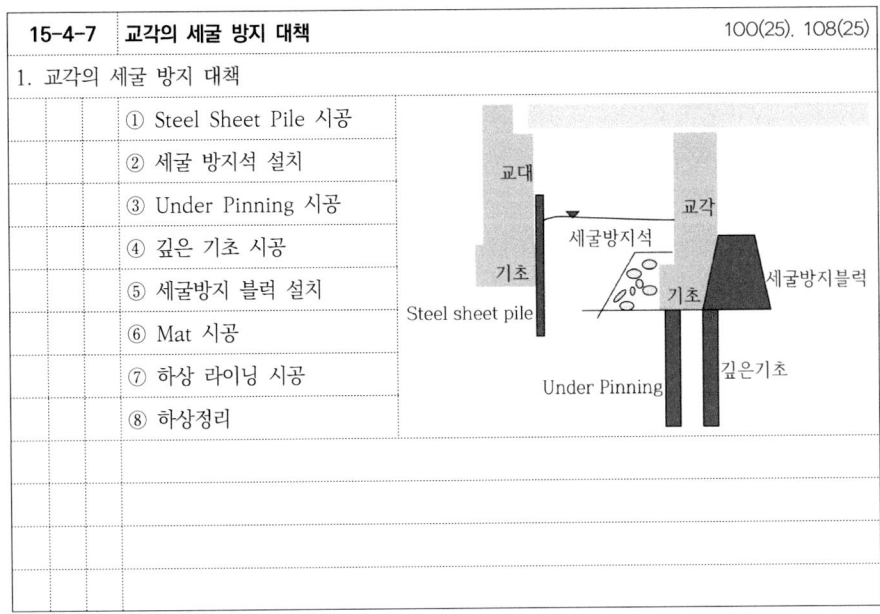

15-5-1	교량의 영구 계측 시스템		109(25)
1. 개요			
	교량 유지관리 핵심요소로, 교량에 영구적인 계측 센서를 부착 다양한 정보를 제공,		
	유지관리 중요한 자료로 확보		
2. 교량의 계측기기 종류 및 설치위치			
	① 지진계 : 기초 상단		
	② 풍향 풍속계 : 주탑 중앙		
	③ 가속도계 : 각 경간 및 중앙부		
	④ 변위계 : 각 경간 및 중앙부		
	⑤ 온도계 : 각 경간 중앙 및 지점부		
	⑥ Cable 장력계 : 각 Cable		
	⑦ 반력 측정계 : 각 교좌장치		

15-5-2	교량의 안전성 평가	
1. 교량의 안전성 평가 목적		
	① 교량의 구조적 결함 및 안전성 내구성 평가	
	② 교량의 수명 연장	
	③ 교량의 유지 관리상 필요한 자료 제공	
2. 안전성 평가 방법		
	① 외관조사 : 상판, 교좌장치, 하부구조	
	② 정적 및 동적 재하시험 : 정적재하, 동적재하	
	③ 재하시험 결과 분석 평가	
	④ 내하력 평가	
	⑤ 종합평가, 판정 결과	

15-5-3	교량의 내하력 평가 방법		101(25), 117(25), 119(25)
1. 개요			
	기존 교량의 여러 기능 및 강도 등의 외력에 대한 저항능력을 평가하여		
	교량의 실용성 안전성에 대하여 판단하는 것		
2. 내하력 평가			
	① DB 하중 (Differential Balance)		
	: DB-24 = 1.8*24 = 43.2Ton (제한 40Ton) 1등교		
	: DB-18 = 1.8*18 = 32.4Ton (제한 30Ton) 2등교		
	② DL 하중 (Differential Line) : 차선 하중		
	③ 종합평가 : 내하력, 내구성, 사용성 평가		

15-5-4	교량의 유지관리 및 보수 보강 방법	
1. 유지관리의 수행 방식		
	① 사후 유지관리 방식 : 정밀안전진단	
	② 예방 유지관리 방식 : 일상 점검	
2. 교량의 보수 방법		
	① 포장 : Patching, Sealing, 절삭 공법(Milling), 표면처리, 재포장	
	② 철근 콘크리트교(바닥판) : 주입공법, 충진 공법(V-Cut)	
	③ 강교 : 용접, 고장력 볼트	
3. 교량의 보강 방법		
	① 콘크리트교 : 종형,횡형 신설, 강판접착, FRP접착, 모르타르 뿜침	
	② 강교 : 보강판, 부재 교환	

저 자 약 력

안 우 현 (안길웅)

*안우현(안길웅) 24.8월에 개명함

건설안전기술사/건축시공기술사 · 산업안전지도사
인하공업전문대학 건축과 졸업 · 서울산업대 건축공학과 편입
(現) 안전명장지도사 사무소 대표(세종)
(現) 강남건축토목학원, 모든공부 건설안전 강사
(現) 건축 및 토목현장 등 다수의 안전컨설팅 업무 수행
(現) 건설안전기술사, 산업안전지도사 등 건설안전분야 및 국가기관, 기업 등 다수의 강의 경력(10년 이상)

26년 대비
건설안전기술사 핵심개념 총정리

2025년 10월 20일 2판 발행
2024년 10월 10일 초판 발행

저　　자	안우현(안길웅)
발 행 인	김은영
발 행 처	오스틴북스
주　　소	경기도 고양시 일산동구 백석동 1351번지
전　　화	070)4123-5716
팩　　스	031)902-5716
등록번호	제396-2010-000009호
e-mail	ssung7805@hanmail.net
홈페이지	www.austinbooks.co.kr
I S B N	979-11-24051-00-9 (13500)
정　　가	46,000원

* 이 책은 저작권법에 따라 보호받는 저작물이므로 무단 전재와 무단복제를 금합니다.
* 파본이나 잘못된 책은 교환해 드립니다.
※ 저자와의 협의에 따라 인지 첩부를 생략함.